UTB **8250**

Eine Arbeitsgemeinschaft der Verlage

Böhlau Verlag · Köln · Weimar · Wien
Verlag Barbara Budrich · Opladen · Farmington Hills
facultas.wuv · Wien
Wilhelm Fink · München
A. Francke Verlag · Tübingen und Basel
Haupt Verlag · Bern · Stuttgart · Wien
Julius Klinkhardt Verlagsbuchhandlung · Bad Heilbrunn
Lucius & Lucius Verlagsgesellschaft · Stuttgart
Mohr Siebeck · Tübingen
Orell Füssli Verlag · Zürich
Ernst Reinhardt Verlag · München · Basel
Ferdinand Schöningh · Paderborn · München · Wien · Zürich
Eugen Ulmer Verlag · Stuttgart
UVK Verlagsgesellschaft · Konstanz
Vandenhoeck & Ruprecht · Göttingen
vdf Hochschulverlag AG an der ETH Zürich

Edgar Wawra, Helmut Dolznig, Ernst Müllner

Chemie erleben

Anorganische, organische und analytische Chemie für Mediziner und Naturwissenschafter

2., überarbeitete Auflage

facultas.wuv

Univ.-Prof. Mag. Dr. Edgar Wawra, Univ.-Prof. Mag. Dr. Ernst Müllner,
Max F. Perutz Laboratories, Department für Medizinische Biochemie an der Medizinischen Universität Wien.
Priv.-Doz. Mag. Dr. Helmut Dolznig,
Department für Medizinische Genetik an der Medizinischen Universität Wien.

Bibliografische Information der Deutschen Nationalbibliothek

Die Deutsche Nationalbibliothek verzeichnet diese Publikation in der Deutschen Nationalbibliografie; detaillierte bibliografische Daten sind im Internet über http://dnb.d-nb.de abrufbar.

2. Auflage 2010

Druck: Pustet, Regensburg
Einbandgestaltung: Atelier Reichert, Stuttgart
Printed in Austria

UTB-Bestellnummer: ISBN 978-3-8252-8250-3

ANALYTISCHE CHEMIE

Vorwort zur 2. Auflage

Der Mensch soll lernen, nur die Ochsen büffeln.

Erich Kästner (1899–1974)

Dieser Text richtet sich an alle, die der Chemie skeptisch bis ablehnend gegenüberstehen. Zu unrecht! Schließlich verwendet man Chemie doch ständig! Jedes Mal, wenn Sie waschen, kleben, streichen oder ein Loch in der Wand vergipsen, betreiben Sie Chemie. Und Kochen ist sowieso angewandte Biochemie! Eine Menge an Gegenständen in Ihrer Küche sind daher auf geheimnisvolle Weise den Geräten in einem chemischen Labor ähnlich (Druckkochtopf, Thermosflasche, Backofen, Spüle, Rührgeräte, Küchenwaage ...).

Tatsächlich haben früher viele Chemiker ihre Forschungen zu Hause in der Küche durchgeführt. Das gab dann regelmäßig Krach mit der Frau *(Chemiker waren damals fast ausschließlich Männer),* die mit den Nebeneffekten der Versuche nicht so recht einverstanden war. *Merke: Chemie ist das, was raucht und stinkt, Physik ist das, was nie gelingt ...*

Die meisten Chemie-Lehrbücher versuchen, eine möglichst „akademische" Auffassung zu vermitteln. Das geht so weit, dass darin zwar seitenweise der Unterschied zwischen „high-spin"- und „low-spin"-Komplexen der Platinmetalle beschrieben wird *(nein, nicht nervös werden, das kommt in diesem Buch nicht vor)*, aber man erfährt nicht, woraus z.B. Backpulver besteht. Die meisten von uns haben aber viel öfter mit Backpulver zu tun als mit Komplexen der Platinmetalle!

Wir haben daher hier die Chemie beschrieben, der man im praktischen Leben begegnet. Und auch die Chemie, über die die Presse berichtet, wenn sie sich mit Problemen wie Klimaveränderung, Umweltsch(m)utz und Ähnlichem beschäftigt. Nicht zuletzt mit der Chemie, die man benötigt, wenn man sich auf ein Studium der Medizin oder Biologie einlässt, in dem ständig chemische Begriffe vorkommen. Es ist also kein Buch für Chemiker, sondern eines für Leute, die sich – oft gegen ihren Willen – unter anderem auch mit Chemie beschäftigen müssen.

Lassen Sie sich beim Lesen nicht von den Details abschrecken. Details braucht man nicht zu lernen, die merkt man sich entweder mit der Zeit, oder man schaut nach! Es ist ein sehr weit verbreiteter Aberglaube, dass Chemie aus dem Auswendiglernen möglichst vieler Formeln besteht. *Wenn das so wäre, hätte ich es niemals zum Chemiker gebracht – ich hasse Auswendiglernen.* Hat man sich jedoch mit den Regeln und Gesetzen so weit beschäftigt, dass man sie versteht, bekommt man mit der Zeit auch ein „Gefühl" dafür, welche Reaktion und welche Formel sinnvoll ist und welche nicht. *Dieses „mit der Zeit" bedeutet natürlich, dass man Chemie nicht an einem Wochenende lernen kann. Gewöhnen Sie sich langsam an die chemische Denkweise und fangen Sie nicht zu knapp vor einer Prüfung zu lernen an. Man sollte keinesfalls mehr als ein langes Hauptkapitel pro Tag durcharbeiten – eher die längeren Kapitel auf mehrere Tage verteilen.* Natürlich muss man sich mit den erwähnten Regeln anhand von Beispielen befassen, dass heißt aber nicht, dass man sich alle mit Gewalt ins Hirn stopfen muss.

Allerdings sind zum Verständnis des Buchtextes gewisse chemische Grundkenntnisse notwendig. So sollte der Leser / die Leserin die einfachsten Gesetze der allgemeinen Chemie beherrschen. Sie / Er sollte wissen, was Säuren und Basen sind, was Redox-Reaktionen und Oxidationszahlen bedeuten. Er / Sie sollte das Massenwirkungsgesetz kennen und eine Ahnung von Reaktionskinetik haben. Sollten Sie mit diesen Grundbegriffen Probleme haben, so empfehlen wir Ihnen als Vorbereitung ein Lehrbuch der allgemeinen Chemie, besonders den Band „Chemie verstehen“ (Wawra, Dolznig, Müllner) aus demselben Verlag. *Letzteres ist ein ganz ausgezeichnetes Buch. Es ist nämlich auch von uns.*

Es mag Ihnen auffallen, dass hier viele Teilgebiete der Chemie behandelt werden, auf Biochemie jedoch gänzlich verzichtet wurde. Nicht weil ich Biochemie nicht mag – ich bin selbst Biochemiker –, sondern weil ich annehme, dass viele von Ihnen sich ohnehin noch ein Lehrbuch der Biochemie anschaffen werden. Es gibt da eine große Zahl an Büchern, die speziell auf die jeweiligen Bedürfnisse der einzelnen Leserkreise zugeschnitten sind. Daher hat es wenig Sinn, Ihnen hier ein paar Grundlagen vorzuwerfen, die in anderen Lehrbüchern ohnehin nochmals und viel ausführlicher behandelt werden. Immer wenn unser Text an der Biochemie kratzt, begnügen wir uns mit ein paar Hinweisen, wie es dort weitergeht, und lassen es dabei bewenden.

Sollten Sie bisher unsere anderen Bücher nicht kennen – *man kann sie unabhängig voneinander lesen* – so brauchen Sie noch einige **Hinweise zum Umgang mit dem Text.**

Sie werden oft kursiv gedruckte Textstellen finden. Dabei handelt es sich um Randbemerkungen und Abschweifungen – nicht immer ganz ernst gemeint –, die über den eigentlichen Stoff hinausgehen.

Versuchen Sie sich auch an den Übungsfragen am Ende jedes Kapitels! Sie sollen Ihnen helfen, den Stoff zu überdenken und den Inhalt verschiedener Abschnitte miteinander zu verknüpfen, zum Teil sind auch zusätzliche Informationen enthalten. Verzweifeln Sie nicht, wenn Ihnen die Lösung nicht sofort einfällt. Manche Fragen verlangen einiges Kopfzerbrechen, besonders schwierige Beispiele sind mit „*“ gekennzeichnet. Wenn Sie sofort die Lösungen im Anhang nachsehen, haben Sie nichts davon, wie so oft ist auch hier **der Weg das Ziel**. Die Beschäftigung mit einem Problem bringt wesentlich mehr Lernerfolg als

Neben dem eigentlichen Text finden Sie in der **Randspalte** Formeln und Ergänzungen, häufig auch eine Zusammenfassung (grau unterlegt) des nebenstehenden Absatzes. **Wichtige Aussagen** – die man sich unbedingt merken sollte – **sind fett gedruckt.**

Das gilt auch für chemische Formeln von **Verbindungen**, die am Rand stehen: die **Namen der besonders wichtigen sind fett** gedruckt.

ganze Abschnitte stur auswendig zu lernen – und ist wesentlich unterhaltsamer. Besonders effizient wäre es natürlich, wenn Sie gemeinsam mit KollegInnen arbeiten. Alles, was man jemandem anderen erklärt kann, versteht man danach auch selbst besser.

Dann gibt es noch Abschnitte, die einspaltig und grau unterlegt sind. Das sind längere „Ausflüge", die sich mit einzelnen Themen oder Anwendungen im Detail beschäftigen. Sie sind vom Haupttext getrennt, damit er nicht zu unübersichtlich wird. Man kann also getrost zuerst den Haupttext weiterlesen und sich mit dem den Inhalt des Rahmens später beschäftigen.

Es ist heute weithin üblich, eine geschlechtsneutrale Schreibweise zu verwenden. Wir machen davon ab hier an dieser Stelle keinen weiteren Gebrauch. Nicht, weil wir etwa glauben, dass Chemie nur etwas für Männer ist. Wir haben viele erfolgreiche Kolleginnen, die das Gegenteil beweisen –, aber wir finden, dass eine derartige Schreibweise den Text schwerer lesbar macht *(siehe z.B. weiter oben)*, und eine gute Lesbarkeit ist uns ein Hauptanliegen. Wenn Sie also Ausdrücke wie „Studenten", „man", „Chemiker" usw. finden, so ersetzen Sie diese in Gedanken bitte durch „StudentInnen", „Mann/Frau", „ChemikerInnen", usw.

Wir haben uns redlich bemüht, bei dieser Neuauflage Fehler der Erstauflage zu korrigieren und auch einiges zu ergänzen, das seitdem aktuell geworden ist. Seien Sie dennoch nicht zu streng, falls Ihnen der eine oder andere Fehler auffällt. *Ein absolut perfektes Buch kann aus entropischen Gründen nur am absoluten Nullpunkt der Temperatur geschrieben werden.* Wenn Sie Fehler bemerken, so wäre ich Ihnen dankbar, wenn Sie diese mitteilen *(edgar.wawra@meduniwien.ac.at)*, damit die nächste Auflage weiter verbessert werden kann.

Und jetzt fangen wir an, viel Spaß beim Lesen und Lernen!

Wien, im Juli 2010

Edgar Wawra

Helmut Dolznig

Ernst Müllner

Department für Medizinische Biochemie, Max F. Perutz Laboratories (MFPL), Medizinische Universität Wien

ANORGANISCHE CHEMIE

1 DIE STRUKTUR DER ELEKTRONENHÜLLE

... Auf der anderen Seite kann ich mit Sicherheit behaupten, dass niemand die Quantenmechanik versteht.

Richard Feynman (1918–1988)

Die Elektronenhülle – und da vor allem die äußersten Elektronen – bestimmen das chemische Verhalten jedes Atoms. Um also chemische Reaktionen zu verstehen, sollte man wissen, wie diese Elektronenhülle aufgebaut ist. Dabei gibt es jedoch einige Schwierigkeiten. Wir sind gewohnt, in den Regeln und Gesetzen der klassischen Newtonschen Mechanik zu denken, und für das tägliche Leben sind diese Gesetze auch ausreichend. Wenn wir jedoch sehr kleine Objekte betrachten, welche die Größe von Atomen oder von Elementarteilchen besitzen, so herrschen die Gesetze der Quantenmechanik, und die sind sehr viel unanschaulicher als die klassische Physik.

Wie sehr klassische Vorstellungen bei der Struktur von Atomen versagen, erkennt man schon daran, dass – würden die Elektronen tatsächlich um den Kern kreisen, wie Planeten um die Sonne – diese Elektronen auf ihrer Kreisbahn ständig Energie in Form von elektromagnetischer Strahlung abgeben müssten. Durch diesen Energieverlust würden sich die Elektronen in einer Spiralbahn dem Kern nähern und schließlich abstürzen. Das Bohrsche Atommodell verhindert diese Spiralbahn, indem es postuliert, dass die Elektronen nur in bestimmten Schalen den Kern umkreisen dürfen. Aber das ist doch – seien wir ehrlich – keine befriedigende Erklärung! Man kann nicht so einfach verbieten, was einem nicht in den Kram passt. Wir müssen uns also an den Gedanken gewöhnen, dass die Elektronen NICHT um den Kern kreisen. Was tun sie aber dann?

1.1 Orbitale

Eines der wichtigsten Gesetze der Quantenmechanik ist die so genannte Unbestimmtheitsrelation: Man kann von einem Elementarteilchen nicht gleichzeitig genau den Ort und die Bewegung (also Richtung und Geschwindigkeit) kennen. Wissen wir genau den Ort, wissen wir nichts über die Bewegung. Kennen wir seine Bewegung genau, so wissen wir nicht wo es ist. Wir können beides aber halbwegs genau wissen, den Ort mit einer gewissen Unschärfe, und die Bewegung mit einer gewissen Unschärfe – und diese Unschärfen sind zwar klein, aber im

Ort und Impuls eines Partikels sind nicht beliebig genau bestimmbar.

Fall eines Elektrons erreichen sie etwa das Ausmaß eines Atoms. Also kann man ein Elektron seinem Atom zuordnen, wo es sich darin aber im Augenblick genau befindet und sich im nächsten Moment befinden wird, kann man nicht feststellen. Das Elektron „verschmiert" sich *(dieser Ausdruck wird tatsächlich verwendet)* über den ganzen Bereich des Atoms.

Um es nochmals klar zu stellen, diese Unschärfe hat nichts damit zu tun, dass unsere Methoden zur Messung nicht empfindlich genug sind, sondern es ist aus theoretischen Gründen UNMÖGLICH, Ort und Bewegung GLEICHZEITIG genau festzulegen. Das hat viele Leute erleichtert, die mit einem streng kausalen Weltbild à la Newton nicht einverstanden waren. Nach Newton könnte man nämlich die gesamte Zukunft unseres Universums vorhersagen, wenn Lage und Bewegung aller Teilchen bekannt wären. Damit wäre alles genau bis in alle Unendlichkeit vorherbestimmt. Der freie Wille – den die Menschen zu besitzen behaupten – ist nur mit Hilfe der Unbestimmtheitsrelation physikalisch haltbar.

Jedes bewegte Teilchen ist eine Welle.

Eine zweite wichtige Erscheinung in der Quantenmechanik ist der Dualismus von Welle und Teilchen. Jedes bewegte Teilchen ist gleichzeitig eine Welle. Dass wir davon nichts bemerken, liegt daran, dass die Wellenlänge z.B. eines fahrenden Autos so irrwitzig klein ist, dass sie unbemerkt bleiben muss. Elektronen dagegen haben Wellenlängen, die etwa in der Größenordnung von Atomen liegen, und daher muss man diese Welleneigenschaften durchaus berücksichtigen, wenn man sich das Verhalten eines Elektrons in seinem Atom überlegt.

Aufenthaltswahrscheinlichkeit:

gibt an, mit welcher Wahrscheinlichkeit wir das einer Welle zugehörige Teilchen in einem bestimmten Bereich finden können.

Nun kann man sich aber unter einer dreidimensionalen Welle, die sich in einem Atom befindet, relativ wenig vorstellen, glücklicherweise gibt es aber eine von den Welleneigenschaften ableitbare Größe, die so genannte **Aufenthaltswahrscheinlichkeit**. Diese sagt uns, mit welcher Wahrscheinlichkeit sich ein Elektron in einem gegebenen Moment in welchem Bereich im Atom befindet. Man kann also sagen, dass sich das Elektron mit 10 %iger Wahrscheinlichkeit gerade in einem bestimmten Raumabschnitt aufhält, mit 20 %iger Wahrscheinlichkeit in einem anderen, und mit 0.1 % Wahrscheinlichkeit wieder wo anders. Es gibt dabei keine scharfen Grenzen, theoretisch kann sich das Elektron dabei auch in einem sehr großen Abstand vom Kern bewegen, nur ist die Wahrscheinlichkeit dafür sehr, sehr gering. Versucht man alle diese Wahrscheinlichkeiten grafisch (dreidimensional!) darzustellen, erhält man etwas, das wie eine verschwommene Wolke aussieht, in deren Mittelpunkt sich der Atomkern befindet. Diese Wolke, also diese Darstellung der Wahrscheinlichkeit ein Elektron zu treffen, nennt man **Orbital**.

Es gibt verschiedene Orbitale. Es gibt kleinere, bei denen das Elektron sich im Mittel näher beim Kern befindet, und größere, in denen es weiter weg ist. Natürlich ist das Elektron lieber in Kernnähe, da es sich dort in einem energetisch günstigeren (= tieferen) Zustand befindet. Auch gibt es hochsymmetrische Orbitale und solche mit etwas geringerer Symmetrie. Hier haben die Elektronen im möglichst symmetrischen Orbital einen energetisch etwas tieferen Zustand. Und da alle Elektronen den möglichst tiefsten Energiezustand anstreben, werden die kleineren (inneren) Orbitale und die mit höherer Symmetrie bevorzugt von Elektronen besetzt.

Orbital:

der Bereich, in dem sich ein Elektron aufhält.

Nun können Orbitale nicht beliebig viele Elektronen aufnehmen. Ein Elektron ist ja nur durch seine Welleneigenschaften charakterisiert, und diese sind untrennbar mit dem Orbital verbunden. Zwei Elektronen mit genau den gleichen Welleneigenschaften kann es nicht geben, also keine zwei Elektronen, die an einem Ort (= an einem Atom) dieselbe Welle besitzen. Das entspräche in der makroskopischen Welt zwei Menschen, die sich an der gleichen Stelle des Raumes aufhalten wollen. Allerdings haben Elektronen noch eine weitere Eigenschaft, den sogenannten Spin. Diesen kann man sich als Rotation des Elektrons um seine eigene Achse vorstellen. Und da es zwei mögliche Rotationsrichtungen gibt (links herum und rechts herum) gibt es auch zwei Möglichkeiten für den Spin (als + und − bezeichnet). Nun können sich zwei Elektronen durchaus dasselbe Orbital teilen, wenn sie nur verschiedenen Spin besitzen – denn dann sind sie ja nicht genau gleich, sondern unterscheidbar. Man kann also jedes Orbital mit maximal zwei Elektronen besetzen. Bei einem Element wie z.B. Lithium (3 Elektronen) werden daher zwei Elektronen das energetisch günstigste (tiefste) Orbital besetzen, das dritte Elektron muss sich mit dem nächstgünstigen Orbital abfinden.

Ein Orbital kann nur maximal zwei Elektronen aufnehmen.

1.2 Quantenzahlen

Wie kann man sich nun merken welche und wie viele Orbitale es gibt? Dafür gibt es die sogenannten Quantenzahlen. Eigentlich beschreiben diese vier Zahlen die Eigenschaften der Elektronen, damit aber automatisch auch die Eigenschaften der Orbitale. Grundsätzlich können zwei Elektronen eines Atoms nicht in allen vier Zahlen gleich sein, mindestens in einer Zahl muss ein Unterschied sein.

Diese Quantenzahlen sind:

Hauptquantenzahl:

räumliche Ausdehnung des Orbitals.

1. **Die Hauptquantenzahl n**. Sie hat etwas mit der Größe des Orbitals zu tun. Damit entspricht die Hauptquantenzahl der Nummer der Schale im alten Bohrschen Atommodell. $n = 1$ bezeichnet also das innerste Orbital (die innerste Schale) $n = 2$ ist etwas weiter außen, usw.

Nebenquantenzahl:

Form des Orbitals.

2. **Die Nebenquantenzahl l**. Sie beschreibt die Form des Orbitals. $l = 0$ entspricht einem kugelsymmetrischen Orbital, $l = 1$ einem Orbital, das etwa wie eine Sanduhr (oder wie eine Hantel) aussieht, $l = 2$ und $l = 3$ ergeben kompliziertere Formen.

Magnetquantenzahl:

räumliche Ausrichtung des Orbitals im Magnetfeld.

3. **Die Magnetquantenzahl m**. Sie beschreibt die Ausrichtung des Orbitals im Raum. Natürlich kann ein völlig kugelsymmetrisches Orbital keine bevorzugte Richtung haben, daher ist dann $m = 0$. Die vorher erwähnten hantelförmigen Orbitale können aber mit ihrer Hauptachse in eine der drei Raumdimensionen zeigen (also in die x, die y oder die z-Richtung des Koordinatensystems), daher gibt es drei Möglichkeiten, die mit $m = -1$, $m = 0$, und $m = +1$ bezeichnet werden.

Spinquantenzahl:

Spin des Elektrons.

4. **Die Spinquantenzahl s**. Sie hat mit der Orbitalform nichts zu tun, sondern bezeichnet den Spin eines Elektrons. Es gibt nur $s = -\frac{1}{2}$ und $s = +\frac{1}{2}$. Wenn sich zwei Elektronen nur in der Spinquantenzahl unterscheiden und alle übrigen Quantenzahlen gleich sind, so besetzen sie gemeinsam dasselbe Orbital.

Für die möglichen Quantenzahlen gibt es ein paar Regeln, die man sich merken muss:

Hauptquantenzahl:
$n = 1, 2, 3, 4, 5, \ldots$

1. Die Hauptquantenzahl **n** ist eine positive ganze Zahl, also 1, 2, 3, 4, 5, usw.

Nebenquantenzahl:
$l = 0 \ldots n-1$

2. Die Nebenquantenzahl **l** richtet sich nach der zugehörigen Hauptquantenzahl und kann dabei alle Werte zwischen 0 und $(n-1)$ annehmen (nur positiv!). *Ist also z.B. die Hauptquantenzahl $n = 3$, so gibt es die möglichen Nebenquantenzahlen 0, 1 und 2 (= $n-1$).*

3. Die Magnetquantenzahl m richtet sich wieder nach der zugehörigen Nebenquantenzahl und kann alle ganzzahligen Werte annehmen, die zwischen −l und +l liegen. *Ist also z.B. die Nebenquantenzahl l = 2, so gibt es die möglichen Magnetquantenzahlen −2, −1, 0, +1, +2.*

Magnetquantenzahl:
m = −l . . . . . +l

Spinquantenzahl:
s = −½, +½

Raucht Ihnen der Kopf? Es sieht kompliziert aus, ist es aber eigentlich nicht. Überlegen wir uns das Ganze schön kleinweise noch einmal:

Die niedrigste Hauptquantenzahl (entspricht der innersten Schale) ist n = 1. Da die maximale Nebenquantenzahl um eines kleiner als die Hauptquantenzahl ist, das ist 0, gibt es nur eine zugehörige Nebenquantenzahl l = 0. Und die Magnetquantenzahl, die von −l bis +l reicht (also von −0 bis +0) kann daher nur ebenfalls m = 0 sein. *Wie vorhin gesagt, entspricht die Magnetquantenzahl der Ausrichtung im Raum. Und da die Nebenquantenzahl n = 0 ein kugelsymmetrisches Orbital bedeutet, darf es davon natürlich nicht mehr als eine Magnetquantenzahl geben, denn eine Kugel hat keine bevorzugte Richtung im Raum.* Wir haben also nur ein Orbital mit den Zahlen n = 1, l = 0, m = 0, das wir mit zwei Elektronen besetzen können (s = −½ und s = +½). *Das entspricht der innersten Schale im Bohrschen Atommodell.*

n = 1, l = 0, m = 0 1s

Die nächsthöhere Hauptquantenzahl n = 2 erlaubt bereits die möglichen Nebenquantenzahlen l = 0 und l = 1. Für l = 0 gilt dasselbe wie vorher, m = 0 *(auch dieses Orbital ist kugelsymmetrisch)*, für l = 1 gibt es die drei möglichen Magnetquantenzahlen m = −1, m = 0 und m = +1. Wir haben also insgesamt vier mögliche Orbitale mit n = 2, davon eines kugelsymmetrisch, die drei anderen richten sich nach den drei Raumachsen aus. Diese vier Orbitale können acht Elektronen aufnehmen.

n = 2, l = 0, m = 0 2s
n = 2, l = 1, m = −1 2p
n = 2, l = 1, m = 0 2p
n = 2, l = 1, m = +1 2p

Wieder eine Hauptquantenzahl weiter, n = 3 ergibt als mögliche Nebenquantenzahlen l = 0, l = 1 und l = 2. Wie vorher, gibt es für l = 0 und l = 1 eine, bzw. drei mögliche Magnetquantenzahlen, für l = 2 muss es dann fünf mögliche Magnetquantenzahlen geben −2, −1, 0, +1, +2. Also gibt es noch fünf mögliche Orbitale mehr, insgesamt für n = 3 also neun Orbitale.

n = 3, l = 0, m = 0 3s
n = 3, l = 1, m = −1 3p
n = 3, l = 1, m = 0 3p
n = 3, l = 1, m = +1 3p
n = 3, l = 2, m = −2 3d
n = 3, l = 2, m = −1 3d
n = 3, l = 2, m = 0 3d
n = 3, l = 2, m = +1 3d
n = 3, l = 2, m = +2 3d

Eigentlich ganz einfach: Wir beginnen mit einem Orbital, dann kommen drei dazu, dann fünf, dann sieben, usw. Wir haben also insgesamt 1 (n = 1), dann 4 (n = 2), dann 9 (n = 3), dann 16 (n = 4) Orbitale für die einzelnen Hauptquantenzahlen. Man kann also die Anzahl der möglichen Orbitale einfach dadurch

n = 4, l = 0, m = 0 4s
n = 4, l = 1, m = −1 4p
n = 4, l = 1, m = 0 4p
n = 4, l = 1, m = +1 4p
n = 4, l = 2, m = −2 4d
n = 4, l = 2, m = −1 4d
n = 4, l = 2, m = 0 4d
n = 4, l = 2, m = +1 4d
n = 4, l = 2, m = +2 4d
n = 4, l = 3, m = −3 4f
n = 4, l = 3, m = −2 4f
n = 4, l = 3, m = −1 4f
n = 4, l = 3, m = 0 4f
n = 4, l = 3, m = +1 4f
n = 4, l = 3, m = +2 4f
n = 4, l = 3, m = +3 4f

Orbitale = n^2
Elektronen = $2n^2$

erhalten, indem man die zugehörige Hauptquantenzahl quadriert, und da jedes Orbital mit maximal zwei Elektronen besetzbar ist, haben wir Platz für zweimal so viele Elektronen, wie Orbitale für jede Hauptquantenzahl zur Verfügung stehen.

Da sich die Orbitale mit verschiedener Nebenquantenzahl in ihrer Form (und daher auch etwas in ihren Eigenschaften) unterscheiden, hat es sich eingebürgert, sie mit kleinen Buchstaben zu bezeichnen. Für die Zahlen l = 0, 1, 2 und 3 hat man die Buchstaben **s, p, d** und **f** gewählt. Und die entsprechende Hauptquantenzahl stellt man davor. Also gibt es ein 1s Orbital, ein 2s und drei 2p Orbitale, ein 3s und drei 3p und fünf 3d Orbitale, ein 4s und drei 4p und fünf 4d und sieben 4f Orbitale usw.

Häufig spricht man in der Chemie immer noch von Schalen, und meint damit die Orbitale einer gemeinsamen Hauptquantenzahl. Da die Orbitale mit höherer Hauptquantenzahl auch weiter außen liegen, ist diese Bezeichnung nicht unbedingt falsch – die schönen glatten Zwiebelschalen des Bohrschen Atommodells sind damit allerdings nicht gemeint.

Mehr über Orbitale (oder Quantenmechanik für Anfänger?)

Der folgende Text ist KEIN „offizieller" Lernstoff. Er versucht, das Wesen von Orbitalen verständlich zu machen und zu erklären, warum diese Orbitale so und nicht anders aussehen. Diese Erklärungen sind – wie alle Modellvorstellungen – Vereinfachungen und wissenschaftlich daher durchaus anfechtbar. Trotzdem glauben wir, dass es Ihnen hilft, das Wesen der Orbitale zu verstehen, und wenn man etwas verstanden hat, merkt man es sich auch leichter. Sollten Sie persönlich nicht dieser Ansicht sein und finden, dass damit alles nur noch komplizierter wird, bleibt es Ihnen unbenommen, die folgenden Erklärungen auszulassen. Dann müssen Sie aber die wichtigsten Orbitaleigenschaften als gegeben hinnehmen und auswendig lernen!

Wir machen ein Gedankenexperiment. Wir nehmen ein Elektron und sperren es in einen eng begrenzten Raum ein. Damit dieser Raum möglichst einfach wird, soll er EINDIMENSIONAL sein. Das Elektron kann sich also nur längs einer Strecke hin- und herbewegen, wobei wir annehmen, dass sein Potenzial und damit seine Energie *(Energie ist hier Potenzial x Ladung)* längs dieser Strecke immer den gleichen Wert annimmt. Am Ende dieser Strecke springt das Potenzial auf unendlich, d.h., das Elektron müsste unendlich viel Energie aufwenden, um diese Strecke zu verlassen. *Natürlich gibt es keine unendli-*

che Energie, das Ganze ist eben ein Gedankenexperiment. Fachleute nennen diesen Bereich, in dem wir unser Elektron gefangen halten, eine „eindimensionale Potenzialschachtel" (Abbildung unten links).

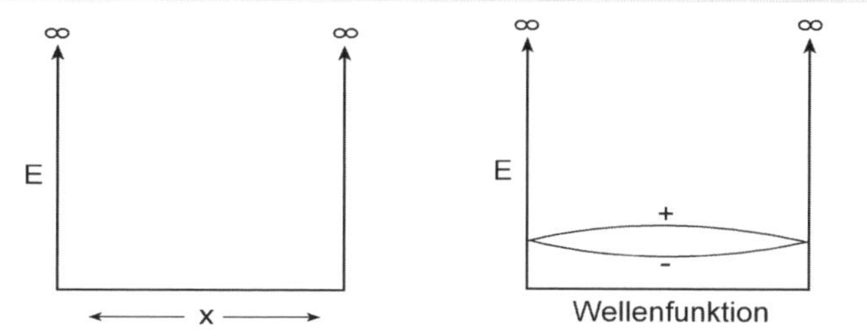

Nun ist unser Elektron aber gleichzeitig Teilchen UND Welle! Das ist aus unserer täglichen Erfahrung heraus nicht einfach zu begreifen, aber in der Quantenmechanik – und damit befassen wir uns jetzt – ist das völlig normal. Also müssen wir uns jetzt überlegen, wie wir eine Welle in unserem Raum eingesperrt halten können – das geht nur als so genannte **„stehende Welle"**. Die Welle des Elektrons lässt sich also darstellen wie eine Gitarrensaite, die an zwei Endpunkten fixiert ist und dazwischen schwingt. Unsere Gitarrensaite – oder unser Elektron – schwingt in der Mitte recht heftig (es bildet sich ein schöner dicker Wellenbauch) und zu den Endpunkten hin immer weniger *(Abbildung oben rechts).*

Was wir jetzt dargestellt haben – die schwingende Gitarrensaite – ist, wenn es sich um ein Elektron handelt, die sogenannte „**Wellenfunktion**". Dort wo der Bauch ist, nimmt unsere Wellenfunktion positive und negative Werte an, nahe den Endpunkten wird die Wellenfunktion immer kleiner und schließlich am Ende – an den sogenannten „**Knotenpunkten**" hat die Wellenfunktion immer den Wert Null. Was sagt die Wellenfunktion über das Elektron aus? Nun, dort wo die Wellenfunktion groß ist (am Bauch) ist die Wahrscheinlichkeit, das Elektron anzutreffen, ebenfalls groß. Man spricht von der „**Aufenthaltswahrscheinlichkeit**" des Elektrons, und diese ist einfach das Quadrat der Wellenfunktion. *Damit ist es auch gleichgültig, ob die Wellenfunktion an einer Stelle gerade positiv oder negativ ist, das Quadrat davon ist immer positiv.* An den Knotenpunkten ist daher die Wahrscheinlichkeit ein Elektron anzutreffen gleich null. *Das Elektron vermeidet also Stellen, wo es Gefahr läuft, sich an einer plötzlichen Barriere von unendlich hoher Energie „die Nase einzuschlagen".* Zeichnet man jetzt die Aufenthaltswahrscheinlichkeit für alle Stellen auf, so erhält man die Darstellung eines **Orbitals**. *Nachdem wir immer noch im eindimensionalen Raum sind, ist unser Orbital eine eindimensionale Linie, die in der Mitte intensiver ist als an den Enden – gar nicht so leicht grafisch darzustellen, also entschuldigen Sie die etwas plumpe Abbildung.*

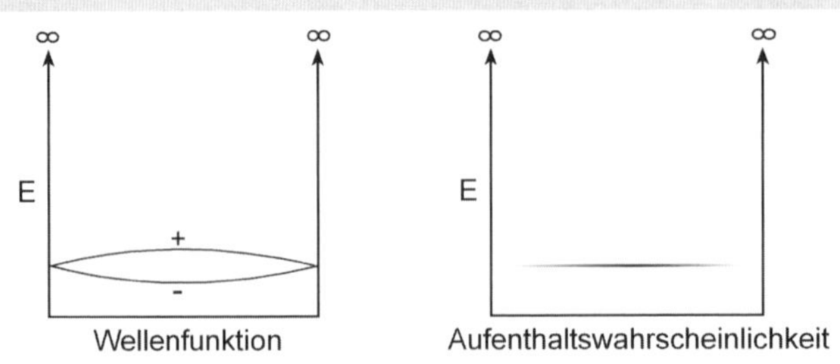

Verlieren Sie sich bitte dabei nicht in falschen Vorstellungen! Man darf sich das Elektron nicht als Teilchen vorstellen, das da herumschwirrt und dem man irgendwelche wellenähnliche Eigenschaften unterschiebt. Das Elektron ist beides, Teilchen und Welle, und je nachdem, welche Versuchsanordnung wir wählen, finden wir das eine oder das andere. Also erst wenn wir das Elektron als Teilchen nachweisen wollen, tut es uns den Gefallen und zeigt sich als Teilchen. Dabei bricht aber gleichzeitig die Wellenfunktion zusammen und alles was davon übrig bleibt ist die Aufenthaltswahrscheinlichkeit, die uns sagt, mit welcher Häufigkeit wir dieses Teilchen da (oder dort) finden werden.

Nun weiß aber jeder Gitarrenspieler (und nicht nur dieser), dass so eine Gitarrensaite auch anders schwingen kann. Es gibt auch so genannte Oberschwingungen mit doppelter oder dreifacher Frequenz, die dadurch entstehen, dass sich in der Mitte der Saite ein weiterer Knotenpunkt ausbildet, oder dass sich sogar zwei (oder mehr) Knotenpunkte ausbilden. Das sieht in unserer Darstellung etwa so aus:

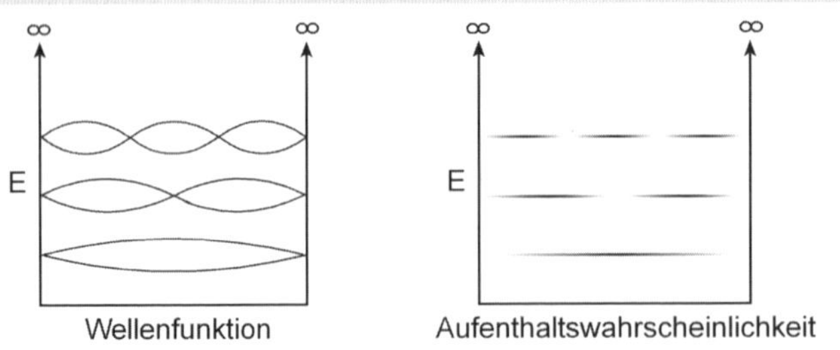

Immer dort wo ein Knotenpunkt ist, kommt das Elektron nicht vor, sodass das entsprechende Orbital zwei- oder dreigeteilt ist. *Natürlich sind auch noch mehr Knotenpunkte möglich, aber mit zwei Knoten wird es am Ende schon kompliziert genug, sodass wir es uns ersparen wollen, Systeme mit 5 und 6 Knoten zu untersuchen.* Beachten Sie bitte: das Orbital mit z.B. einem Knoten (die einmal unterbrochene Linie rechts in der Zeichnung) beschreibt also das Verhalten eines Elektrons, welches sich halb links und halb rechts befindet, aber niemals in der Mitte – nein, es wechselt auch nicht ganz rasch hinüber, es ist wirklich niemals in der Mitte. *Das ist nicht leicht einzusehen, aber trösten Sie sich. Bis jetzt hat noch niemand die Quantenmechanik wirklich ganz verstanden! Aber man kann sie berechnen, und diese Rechnungen geben nachprüfbare und vernünftige Resultate, also muss etwas daran sein.*

Übrigens, diese Oberschwingungen (die mit den zusätzlichen Knotenpunkten) haben wie erwähnt eine höhere Frequenz, eine höhere Frequenz aber bedeutet MEHR ENERGIE. Für ein Elektron ist also ein Zustand mit wenigen Knotenpunkten energetisch günstiger (weil energetisch tiefer). Jedes Elektron wird daher diese energetisch tieferen Zustände bevorzugt einnehmen und nur, wenn es nicht anders geht – wenn z.B. der beste Platz schon besetzt ist – in die energetisch höheren Orbitale ausweichen.

So weit, so gut. Was uns aber eigentlich interessiert, ist das Verhalten eines Elektrons in einem Atom. So ein Atom unterscheidet sich von unserer eindimensionalen Schachtel in zwei grundsätzlichen Eigenschaften. Zunächst ist ein Atom keine Schachtel mit unendlich hohen Rändern. Da sich das Elektron vom Kern angezogen fühlt, befindet sich das geringste Potenzial an der Stelle des Kernes und steigt von da aus allmählich (niemals sprunghaft) nach außen an, wobei der Anstieg mit höherem Abstand vom Kern immer flacher wird – und natürlich wird das Potenzial niemals unendlich hoch, sondern es bleibt in bescheidenen Rahmen. Daher kann ein Elektron auch durchaus einmal den Anziehungsbereich des Kernes verlassen, was zur Bildung eines Ions führt. Unsere Wellenfunktion verliert daher die beiden äußeren Knotenpunkte und wird nach außen hin kontinuierlich immer kleiner. Analog benimmt sich auch unser Orbital, da die Aufenthaltswahrscheinlichkeit das Quadrat der Wellenfunktion ist, wird sie wesentlich rascher klein, aber exakt null wird sie nie. (Die Welle ist immer und überall.) Da man beinahe null in einer Zeichnung schlecht darstellen kann, zeichnet man ein Orbital nur so weit, bis die Wahrscheinlichkeit, ein Elektron anzutreffen, noch einen einigermaßen vernünftigen (von null verschiedenen) Wert behält. *Man kann natürlich spekulieren, was es bedeuten könnte, dass der Einfluss aller uns eigenen Elektronen in unserem Körper theoretisch unendlich weit reicht – aber das ist Esoterik.*

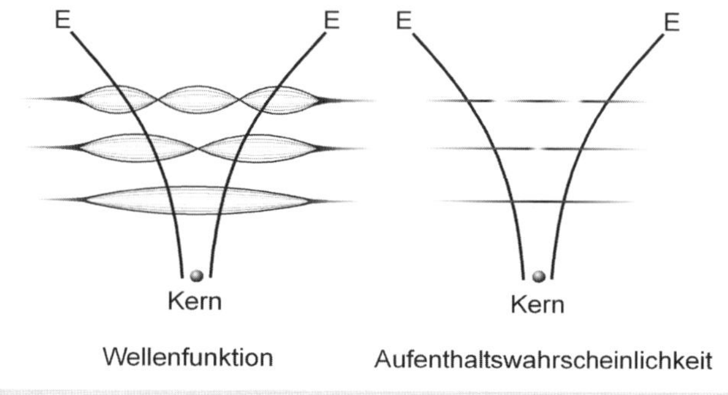

Haben Sie es bemerkt? Wenn man genau in der Mitte unserer Orbital-Striche den Kern selbst annimmt, so ist ein Elektron in einem Orbital ohne Knotenpunkt dem Kern im Mittel relativ nahe, in einem Orbital mit einem Knotenpunkt ist es deutlich weiter weg vom Kern und im Orbital mit zwei Knotenpunkten noch etwas weiter. Gleichzeitig hat es, wie vorhin schon bemerkt, bei mehr Knotenpunkten auch die höhere Energie – das geht analog zum alten Schalenmodell des Atoms, die Elektronen in den äußeren Schalen (= weiter weg) haben ein höheres Energieniveau. Die Orbitale mit verschiedenen Knotenflächen entsprechen also den Schalen des Bohrschen Atommodells (vermindert man die Hauptquantenzahl $n = 1, 2, 3, \ldots$ um jeweils eins, so erhält man die Zahl der Knotenflächen: 0, 1, 2, ...).

Die zweite – und sehr wesentliche – Änderung, die wir berücksichtigen müssen: Atome sind nicht ein- sondern **dreidimensional**. *Na endlich, werden die meisten von Ihnen jetzt sagen, denen das wahrscheinlich schon längst aufgefallen ist.* Aber langsam! Erhöhen wir die Anzahl unserer Dimensionen schrittweise, um zu sehen, was passiert. Machen wir zunächst unser Atom zweidimensional, dann breitet sich die Wellenfunktion in der Ebene aus (und wird dann noch unanschaulicher, als sie das ohnehin schon ist) und die Orbitale bilden dann ebenfalls Flächen. Aus den Knotenpunkten werden aber (wir geben auch hier eine Dimension dazu) Knotenlinien. Unsere Orbitale sind dann also unscharfe Flächen, die von Knotenlinien durchzogen (und getrennt) sind. Noch eine Dimension mehr, und wir haben ein dreidimensionales Atom. Dann sind die Orbitale ebenfalls dreidimensional und sehen aus wie diffuse Wolken, aus unseren Knotenlinien sind **Ebenen** geworden, die diese Wolken voneinander trennen. (Die Wellenfunktion vergessen wir, wer kann sich schon eine dreidimensionale Wellenfunktion vorstellen!) Jetzt bleibt nur noch, uns zu überlegen, wie diese Orbitale geformt sein müssen.

Für die **Hauptquantenzahl** $n = 1$ ist es einfach. Es gibt keine Knotenflächen. Also können wir uns das Orbital als diffuses Wölkchen vorstellen, das den Kern umgibt. (Man bezeichnet die Orbitale oft auch als „Ladungswolken".)

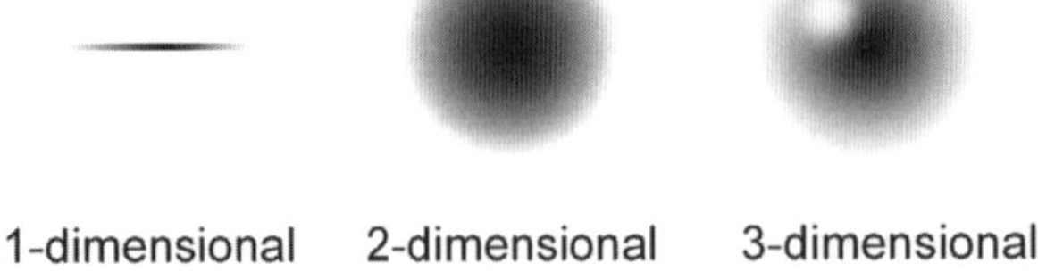

1-dimensional 2-dimensional 3-dimensional

Bei der **Hauptquantenzahl** $n = 2$ müssen wir eine Knotenfläche anordnen. Das wäre in zwei Dimensionen ein Kreis rund um den Kern, der die Ladungswolke in eine kleine innere Fläche und in eine größere, ringförmige Außenfläche trennt. Bei drei Dimensionen nehmen wir als Knoten die Oberfläche einer **Kugel** (eine Kugel ist schön und symmetrisch), die den Kern in gleichem Abstand umgibt. Im Inneren der Kugel ist ein kleines Ladungswölkchen, außen um die Kugel herum eine wesentlich größere Wolke.

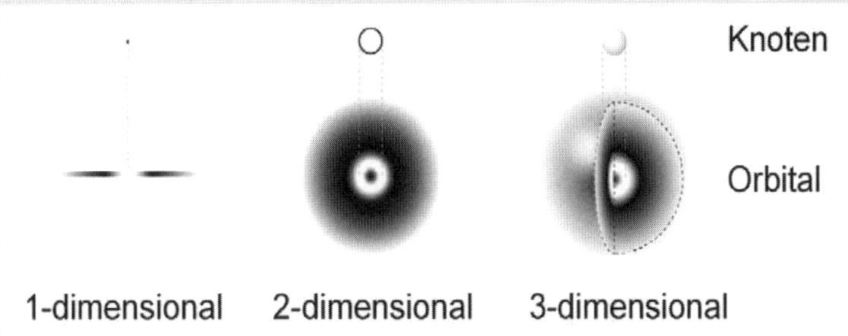

Aber halt. Wir könnten doch auch statt der Kugeloberfläche eine ebene Fläche nehmen. Allerdings müssen wir uns dann darüber klar sein, dass es mehrere Möglichkeiten gibt (genau drei!) eine Ebene in den Raum zu stellen. Diese Ebenen stehen dann senkrecht zueinander – so wie drei Flächen eines Würfels.

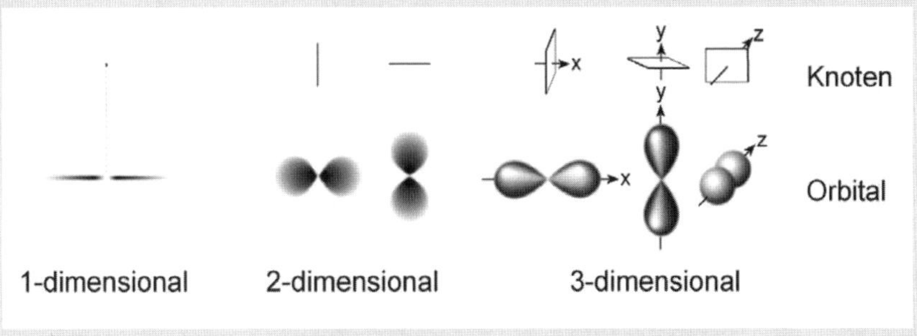

In zwei Dimensionen wären die Knoten dann zwei Gerade, die die „Orbital-Fläche" in zwei gleiche Hälften teilen.

Jetzt könnte jemand einwenden, dass es noch viel mehr Möglichkeiten gibt, um eine Ebene in einen Raum zu stellen, irgendwie schief und so ... Das gilt aber nicht! Man kann sich eine schiefe Ebene nämlich aus der Kombination eine waagrechten mit einer senkrechten Fläche vorstellen, so wie in der Vektoraddition ein schräger Vektor aus einem waagrechten und einem senkrechten gebildet werden kann. Wir dürfen also nur Ebenen verwenden, die nicht aus einer Kombination anderer Ebenen gebildet werden können. Solche Ebenen sind „linear unabhängig" und stehen senkrecht zueinander.

Wir erhalten also noch drei weitere mögliche Orbitale in der Form einer Doppelwolke (oder einer Hantel, oder einer Sanduhr), die sich in **x-, y-** und **z-Richtung** erstrecken. Die beiden Hälften sind durch jeweils eine Knotenfläche getrennt. Welche dieser Orbitale kommen nun tatsächlich vor? Die Antwort ist: ALLE. Wir haben also für die Hauptquantenzahl n = 2 insgesamt VIER MÖGLICHE ORBITALE: ein symmetrisches, und drei, die sich nach den Raumrichtungen orientieren.

Denken Sie jetzt an die übrigen Quantenzahlen: Bei der Hauptquantenzahl n = 2 gibt es die Nebenquantenzahlen l = 0 und l = 1. Dabei bezeichnet l = 0 immer das kugelsymmetrische Orbital (auch bei der Hauptquantenzahl n = 1 tritt l = 0 auf, und steht für das einzige, mögliche, kugelsymmetrische Orbital). Die zweite mögliche Nebenquantenzahl l = 1 lässt aber drei verschiedene Magnetquantenzahlen zu (−1, 0, +1) und diese drei möglichen Nebenquantenzahlen stehen für die drei möglichen Orbitale mit ebenen Knotenfläche – Sie wissen ja, die Magnetquantenzahl hängt mit der räumlichen Orientierung zusammen. Es erübrigt sich fast zu erwähnen, dass die kugelsymmetrischen Orbitale als **s-Orbitale** (s für sphärisch) bezeichnet werden, während man die Orbitale mit einer ebenen Fläche als Knotenebene **p-Orbitale** nennt (p für planar). Um Verwechslungen zu vermeiden, empfiehlt es sich im Zweifelsfall die Hauptquantenzahl vor das Orbital zu schreiben. Wir haben also jetzt ein 2s-Orbital und drei 2p-Orbitale. (Für die Hauptquantenzahl n = 1 existiert nur das 1s-Orbital.)

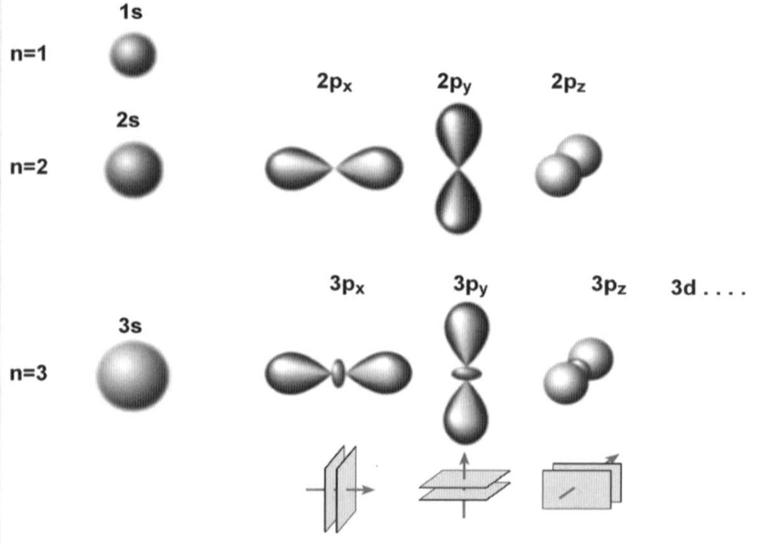

Treiben wir das Spiel noch eine Stufe weiter: Bei der **Hauptquantenzahl n = 3** haben wir 2 Knotenflächen und die möglichen Nebenquantenzahlen 0, 1 und 2. Wieder steht l = 0 für das kugelsymmetrische Orbital, bei den Knotenflächen handelt es sich dann um zwei konzentrische Kugeloberflächen, die wie Schalen einer Zwiebel symmetrisch um den Kern angeordnet sind. Bei $l = 1$ haben wir zwei parallel gestapelte Ebenen (wie Kondensatorplatten oder Schallplatten in einem Ständer), die in den möglichen drei Raumrichtungen stehen, so dass wieder drei p-Orbitale möglich sind, entsprechend den Magnetquantenzahlen −1, 0 und +1. Schließlich müssen wir noch bedenken, dass die beiden Knotenflächen einander auch schneiden können. Bei $l = 2$ und $m = -2, -1, 0, +1, +2$ erhalten wir 5 Möglichkeiten, zwei Flächen im Raum so anzuordnen. (Neben einfachen Anordnungen, wie dass die beiden Ebenen senkrecht aufeinander stehen, müssen wir noch kompliziertere Formen berücksichtigen. Beim dz^2-Orbital z.B. sehen die Knotenflächen aus wie zwei Kegelflächen, die einander mit der Spitze berühren.) Also erlaubt die Hauptquantenzahl $n = 3$ insgesamt neun MÖGLICHE Orbitale, ein 3s, drei 3p und fünf 3d.

Nun können sich in einem Orbital desselben Kerns nur maximal ZWEI ELEKTRONEN aufhalten, eines mit dem Spin +½, das andere mit dem Spin −½. Bei der Hauptquantenzahl $n = 1$ (das entspricht der innersten Schale im Bohrschen Modell) ist also ein Orbital mit maximal 2 Elektronen möglich, Hauptquantenzahl $n = 2$ (die nächste Schale) erlaubt vier Orbitale mit insgesamt acht Elektronen, die Hauptquantenzahl $n = 3$ erlaubt neun Orbitale mit 18 Elektronen ... Und wenn es sich die Elektronen aussuchen können, belegen sie die Orbitale mit der niedrigsten Energie, das sind diejenigen mit den wenigsten Knotenflächen, also die „innersten". In einem Wasserstoff-Atom (ein Proton, ein Elektron) sind durchaus alle möglichen Orbitale vorhanden, das einzelne Elektron wird aber bevorzugt das 1s-Orbital benützen.

1.3 Hybridisierung

Die Elektronenkonfiguration von Lithium haben wir bereits besprochen, zwei Elektronen im innersten Orbital – also in 1s – das dritte in dem mit der nächstniedrigen Energie, das wäre in 2s. Um so etwas leichter aufschreiben zu können, bezeichnet man jedes Orbital, das mit zwei Elektronen besetzt ist, durch einen hochgestellte 2. Also würde man Lithium wie nebenstehend aufschreiben:

Li: $1s^2$, **2s**

Nehmen wir als nächstes Beispiel den Kohlenstoff (6 Elektronen), so sind hier auch schon p-Orbitale in Verwendung. Um die drei p-Orbitale zu unterscheiden, werden sie mit p_x, p_y und p_z bezeichnet. *Die Reihenfolge hat keine Bedeutung, wenn sich ein Elektron in den p-Orbitalen befindet, so schreibt man es gewohnheitsmäßig dem p_x-Orbital zu. Da die drei aber völlig gleichwertig sind, könnte es genauso gut in p_y oder p_z sein.*

Also kommen beim Kohlenstoff die ersten beiden Elektronen in 1s, die nächsten beiden in 2s, und die beiden übrigen verteilen sich in zwei der drei 2p-Orbitale. (Zunächst einzeln, erst wenn alle p-Orbitale mit einem Elektron gefüllt sind, kommt ein zweites Elektron in ein bereits besetztes Orbital.)

C: $1s^2$, $2s^2$, $2p_x$, $2p_y$

Bei Kohlenstoff sind alle vier Bindungen genau gleich, obwohl sich die Valenzelektronen in verschiedenen Orbitalen befinden.

Wir haben also zwei Elektronen in einem Orbital mit der Hauptquantenzahl $n = 1$ und vier Elektronen in Orbitalen mit der Hauptquantenzahl $n = 2$. Diese letzteren vier Elektronen (sie entsprechen der zweiten, unvollständig gefüllten Schale im Bohrschen Atommodell) sind die Valenzelektronen. Nun haben wir aber offensichtlich zwei Sorten von Valenzelektronen, solche die sich im s-Orbital, und solche die sich in p-Orbitalen befinden. Aber nach allem, was wir vom Kohlenstoff wissen, sind alle vier Valenzelektronen im Kohlenstoff gleichwertig! Was stimmt also da nicht?

*Nun gibt es tatsächlich diesen Unterschied in den Valenzelektronen, allerdings nicht bei Kohlenstoff, dafür aber bei Elementen, die wesentlich schwerer sind. Im Periodensystem steht Kohlenstoff in der gleichen Gruppe mit Silizium, Germanium, Zinn und Blei. Schon bei Germanium, mehr noch bei Zinn und vor allem bei Blei passiert es, dass die beiden s-Elektronen bei den Bindungen nicht mehr „mitspielen", sodass also im Blei nur noch die beiden p-Elektronen an Bindungen teilnehmen. Man spricht in diesem Zusammenhang von einem **„inerten Elektronenpaar"**, und meint damit die Valenzelektronen der s-Orbitale, die sich vornehm aus Bindungen heraushalten. Bei Kohlenstoff kommt das aber nicht vor. Wie kann man also erklären, dass dort alle vier Elektronen (und damit meist auch alle vier Bindungen) gleichwertig sind?*

Hybridisierung:

setzt verschiedenartige Orbitale zu (gleichwertigen) Hybridorbitalen zusammen.

Die so genannte Hybridisierungs-Hypothese erklärt dieses Phänomen: Man nimmt dazu an, dass sich in Verbindungen s- und p-Orbitale zu so genannten **Hybrid-Orbitalen** vermischen, von denen jedes Eigenschaften (und Energieniveau) von s und p enthält.

Im Falle des Kohlenstoffs würde das bedeuten, dass aus dem einen s-Orbital und den drei p-Orbitalen vier sogenannte **sp^3-Hybrid-Orbitale** werden (aus vier Orbitalen müssen immer wieder auch vier Orbitale entstehen), die dann natürlich gleichmäßig mit je einem Elektron besetzt sind.

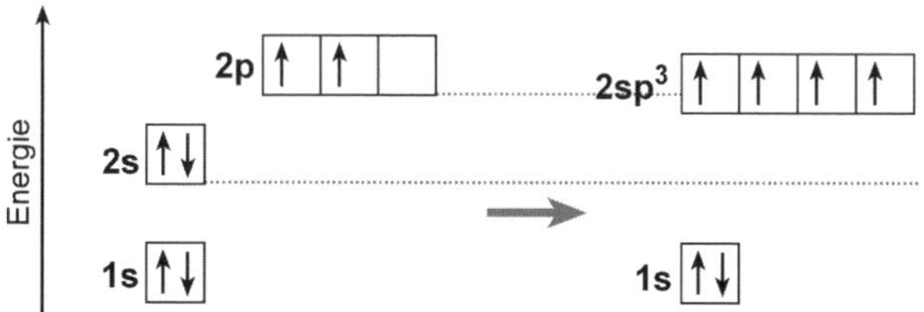

Diese Orbitale sind völlig gleichwertig und liegen energetisch zwischen s und p (näher bei p, da ja mehr p als s beteiligt sind). Sie verteilen sich so um den Kern, dass jedes von jedem möglichst weit entfernt ist. Also stehen sie in den Richtungen vom Kern weg, die den Eckpunkten eines Tetraeders entsprechen. Der von zwei Orbitalen eingeschlossene Winkel ist der Tetraederwinkel 109°28′. *Und aus zahlreichen Untersuchungen wissen wir, dass die Bindungen am Kohlenstoff tatsächlich diesen Winkel einschließen.*

Daher sind z.B. bei Kohlenstoff alle vier Bindungen genau gleich und verteilen sich exakt gleichmäßig im Raum.

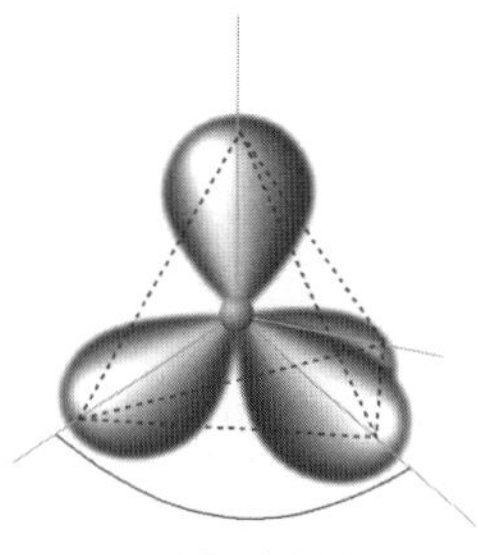

109°28'

Warum tut sich Kohlenstoff das an? Die Hybridisierung tritt nur in Verbindungen auf, nie bei isolierten Atomen. Nun ist aber alles, was symmetrischer ist auch energieärmer. Da durch die Hybridisierung alle Kohlenstoffverbindungen gleichwertig werden, sind die entsprechenden Verbindungen symmetrischer und folglich energetisch günstiger.

Natürlich ist die Erscheinung der Hybridisierung nicht nur auf Kohlenstoff beschränkt *(der ist nur besonders wichtig, wegen seiner Bedeutung für die organische Chemie)*, sondern betrifft alle Elemente, die ihre Valenzelektronen auf s- und p-Orbitale verteilen können (also N, O, P, S, usw.). Es muss dabei auch nicht immer sp^3 hybridisiert werden. So hat Bor nur 5 Elektronen, davon 2 innen im 1s-Orbital. So bleiben außen nur noch drei Elektronen übrig, und daher hybridisieren im Bor nur ein s- mit zwei p-Orbitale (das dritte p-Orbital bleibt unbeteiligt und leer), wir erhalten so drei sp^2-Hybridorbitale von denen jedes ein Elektron aufnimmt. Die drei können natürlich keinen Tetraeder bilden, sondern sie stehen in einer Ebene im Winkel von 120° zueinander.

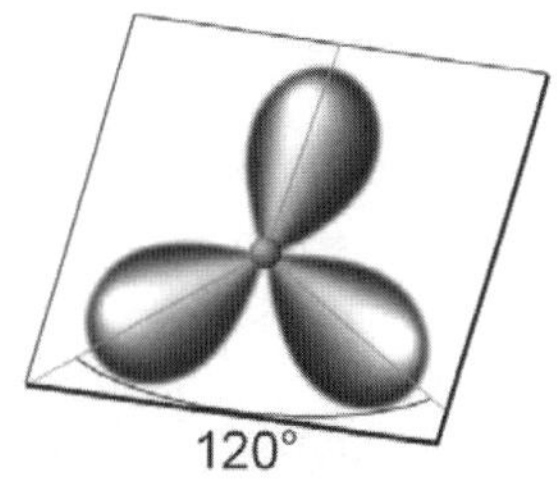

120°

Aber auch bei Kohlenstoff kann es vorkommen, dass dieser nur sp^2 oder gar nur sp hybridisiert – nämlich dann, wenn er Doppel- oder Dreifachbindungen bildet. Dann sind natürlich nicht mehr alle Bindungen gleichwertig. Mehr darüber erfahren Sie in der Organischen Chemie.

sp^3-Hybridisierung:

führt zu Winkeln von 109° zwischen den Bindungen.

sp^2-Hybridisierung:

führt zu Winkeln von 120°.

sp-Hybridisierung:

führt zu einem Winkel von 180°.

Eine Betrachtung über Esel

Unsere tägliche Erfahrung entspricht dem physikalischen Weltbild, das Newton eingeführt hat. Darin gibt es feste Körper, die stillstehen oder sich bewegen, und die diese Bewegung unter dem Einfluss von Kräften verändern. Elementarteilchen folgen jedoch den Gesetzen der Quantenmechanik: Jedes Teilchen ist gleichzeitig auch eine Welle. Man kann nicht genau feststellen, wo sich das Teilchen gerade befindet und wohin es sich bewegt, ... Da das eine ziemlich unanschauliche Betrachtungsweise ist, wird sie von vielen Menschen abgelehnt oder angezweifelt. *„Die spinnen, die Physiker!“ und „Die sollen mir zuerst so ein Atom zeigen, vorher glaube ich es nicht.“* Machen wir uns den Unterschied an einem Beispiel klar.

Ein Philosoph hat einmal Folgendes behauptet: Wenn man einen hungrigen Esel genau in die Mitte zwischen zwei gleich große Heuhaufen stellt, so wird er verhungern. Es ist zwar für den Esel nur ein Schritt zum Heu, aber da beide Haufen genau gleich weit entfernt sind, und genau gleich groß sind, wird er keine Entscheidungshilfe haben, welchem Haufen er sich zuwenden soll. Er wird also unentschlossen in der Mitte stehen bleiben und verhungern. (Was für ein Esel! – *nämlich der Philosoph, wie jeder, der jemals auf dem Land zu tun hatte bestätigen kann, aber das tut hier nichts zur Sache.*)

Dieser unentschlossene Esel ist allerdings der Newtonschen Physik verhaftet. Betrachten wir den Esel quantenmechanisch, so besteht er aus sehr vielen einzelnen Elementarteilchen, welche ständigen Fluktuationen unterworfen sind. Der Esel, den wir sehen, ist eigentlich der Mittelwert aller dieser Fluktuationen. Er steht daher nicht wirklich still, sondern schwankt ganz leicht (für uns unmerklich) hin und her. Die Heuhaufen bestehen auch aus Teilchen und schwanken natürlich auch. Es ist also unmöglich, einen quantenmechanischen Esel so aufzustellen, dass er immer genau die Mitte zwischen den beiden Heuhaufen hält, in einem Augenblick wird er dem einen Heuhaufen näher sein, etwas später vielleicht dem anderen. Also ist es für den Esel leicht, sich in einem gegebenen Moment für den näheren der beiden Haufen zu entscheiden – er wird zu diesem gehen und fressen.

Wie schon erwähnt, sollte es kein Problem sein, experimentell zu unterscheiden, ob der Newtonsche Esel oder der quantenmechanische Esel der Realität entspricht. Wir nehmen einfach einen echten Esel, zwei echte Heuhaufen, stellen alles entsprechend auf, und beobachten was passiert ...

1.4 Bindungen

Die ganze Quantenmechanik wäre in diesem Zusammenhang recht nutzlos, wenn sie uns nicht auch helfen würde, chemische Bindungen besser zu verstehen. Was kann denn ein Grund sein, dass sich zwei Atome miteinander verbinden? Doch nur, dass ihre Elektronen (und zwar bevorzugt die Valenzelektronen) bei dieser Bindung energetisch niedrigere Energiezustände einnehmen können als das im einsamen Atom der Fall ist. Es muss sich also durch die Bindung irgendetwas mit den Orbitalen ändern. Betrachten wir zwei (hypothetische) Atome, jedes mit einem einzelnen Außenelektron in einem Orbital:

Diese beiden Atomorbitale können miteinander verschmelzen und sich zu so genannten **Molekül-Orbitalen** vereinigen. Natürlich werden wieder zwei Orbitale daraus (die Anzahl der Orbitale muss gleich bleiben), wobei diese beiden Orbitale aber energetisch verschieden sind, eines hat ein bisschen mehr Energie als die Atomorbitale vorher, das andere ein bisschen weniger. Wir haben also in Summe nichts gewonnen und nichts verloren.

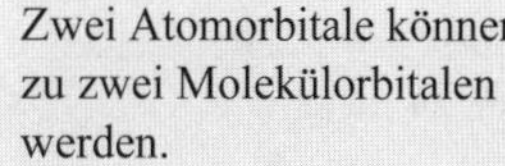
Zwei Atomorbitale können zu zwei Molekülorbitalen werden.

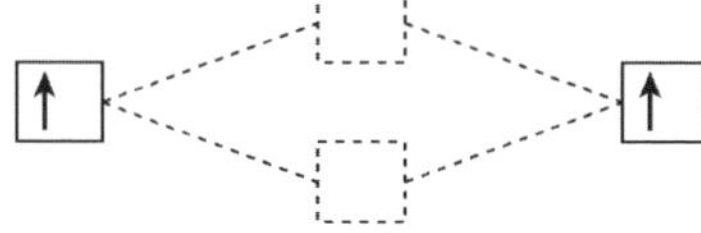

Oder doch? Natürlich haben wir nur zwei Elektronen insgesamt, und die könnten doch beide in das tiefer gelegene Orbital (das **bindende** Orbital) übersiedeln, das andere Orbital (das **antibindende**) bleibt frei. Damit haben unsere beiden Elektronen einen energetisch günstigeren Zustand erreicht, und das ist der Grund warum die beiden Atome beieinander bleiben, diese Molekülorbitale können sich ja nur ausbilden, wenn die Atome sich nahe genug zueinander befinden. *Was wir uns hier erarbeitet haben, wäre die Anordnung in einem H_2-Molekül.*

Das energetisch tiefere der beiden Molekülorbitale bewirkt die Bindung.

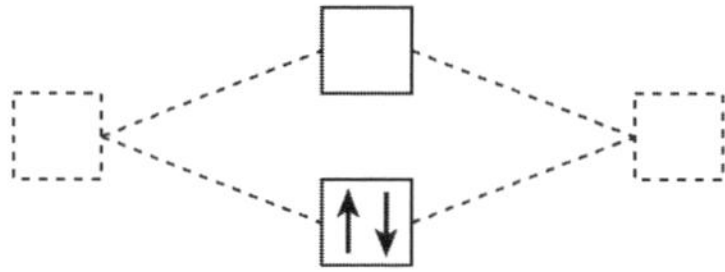

Jetzt verstehen wir auch die so genannte **Oktettregel** (dass Atome gerne acht Elektronen in ihrer äußersten Schale haben, und Bindungen eingehen, um diese Achterschale voll zu be-

Symmetrische Anordnungen von Elektronen sind besonders stabil.

Oktettregel:

acht Elektronen in der äußersten Schale bilden eine besonders stabile, symmetrische Anordnung.

Ionen:

Atome können die Oktettkonfiguration durch Aufnahme oder Abgabe von zusätzlichen Elektronen erreichen – dabei werden sie zu Ionen.

Kovalente Bindung:

Elemente können auch miteinander durch Ausbildung gemeinsamer Molekülorbitale zur Oktettkonfiguration kommen – das gibt eine kovalente Bindung.

kommen): Wir haben gesagt, dass eine möglichst symmetrische Struktur energetisch am günstigsten ist. Wenn Atome einerseits hybridisieren und dabei vier gleichwertige sp^3-Orbitale bilden, so sollen diese vier Orbitale andererseits natürlich möglichst gleichmäßig gefüllt sein, also mit acht Elektronen. Wenn also, sagen wir, Sauerstoff mit seinen sechs Außenelektronen noch gerne zwei Elektronen dazu hätte, so bildet er mit z.B. Wasserstoff Molekülorbitale aus, sodass zweimal je ein Atomorbital des Wasserstoffs mit je einem Orbital des Sauerstoffs Molekülorbitale bildet (zweimal ein bindendes, das mit zwei Elektronen gefüllt ist, und zweimal ein leeres, antibindendes).

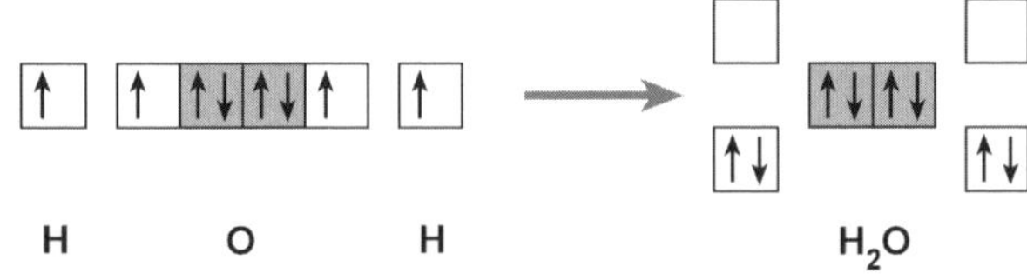

Der Sauerstoff hat dann also vier seiner Außenelektronen weiterhin in seinen eigenen Atomorbitalen, und je eines in den beiden bindenden Molekülorbitalen, wo jeweils noch ein Elektron vom Wasserstoff hinzukommt. Damit ist der Sauerstoff von vier Orbitalen halbwegs gleichmäßig umgeben, die alle mit zwei Elektronen gefüllt sind. Der Winkel zwischen den Orbitalen ist annähernd wieder der Tetraederwinkel (nicht ganz genau, weil die Orbitale eben doch ein bisschen unterschiedlich sind).

Wir haben damit den klassischen Fall einer **kovalenten Bindung**: Jedes Atom stellt für die Bindung ein Elektron zur Verfügung, die dann gemeinsam ein Molekülorbital besetzen. Es ist natürlich auch möglich, dass BEIDE Elektronen von einem Atom kommen, und das andere Atom nur ein leeres Orbital beiträgt. Nehmen wir als Beispiel den Ammoniak, NH_3. Stickstoff hat fünf Außenelektronen, die drei Wasserstoffe je eines. Also gibt es acht Elektronen, die auf vier Orbitale verteilt werden. Darunter sind drei Molekülorbitale zwischen Stickstoff und Wasserstoff, das vierte Orbital gehört dem Stickstoff allein.

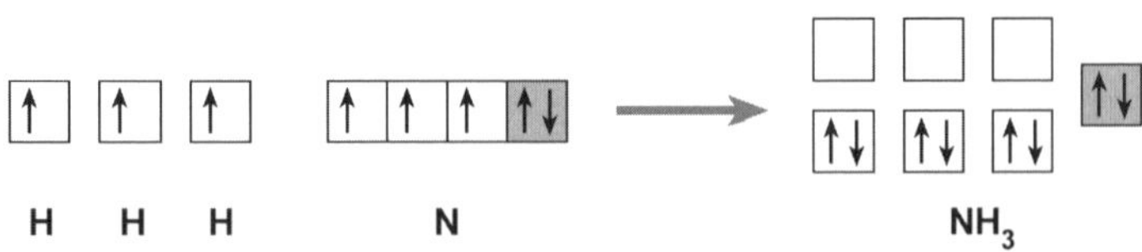

Dieses letzte Orbital kann natürlich auch ein Molekülorbital bilden, allerdings muss dazu sein Partnerorbital leer sein, da ja bereits zwei Elektronen vorhanden sind. Also darf kein viertes Wasserstoffatom mit einem Elektron mitspielen (das wäre dann NH_4, das gibt es aber nicht), wohl aber ein H^+-Ion (so entsteht NH_4^+, das Ammonium-Ion). Als Ergebnis erhalten wir eine hochsymmetrische Struktur, bei der der Stickstoff von vier gleichen Orbitalen mit Bindungen zu vier Wasserstoffen umgeben ist (wobei nachträglich nicht mehr unterschieden werden kann, welcher Wasserstoff das H^+-Ion war). So eine Bindung, bei der ein Partner beide Elektronen liefert, der andere nur ein leeres Orbital bereitstellt, nennt man **koordinative Bindung**.

Koordinative Bindung:

gemeinsame Molekülorbitale, für die EIN Atom BEIDE Elektronen zur Verfügung stellt, führen zu einer koordinativen Bindung.

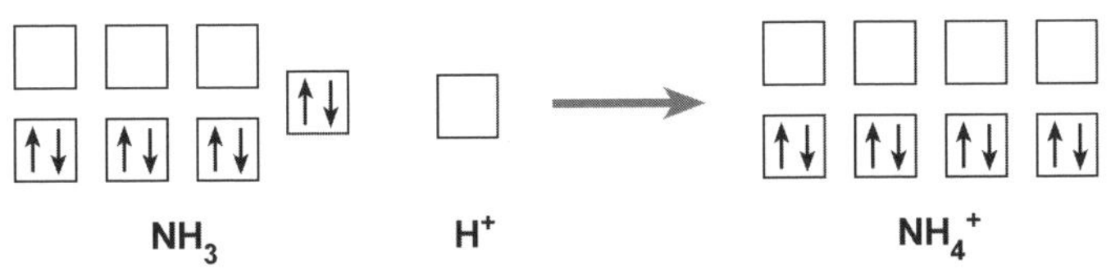

Komplexe:

Verbindungen mit vielen koordinativen Bindungen.

Also kann Stickstoff ebenso wie Kohlenstoff vierbindig sein, da die vier äußeren Orbitale (2 sp^3) sich auf diese Weise an vier möglichen, bindenden Molekülorbitalen beteiligen können.

In Komplexen hat das „**Zentralatom**" mehrere freie Orbitale, es ist von „**Liganden**" umgeben, die die Elektronenpaare beitragen.

Bleibt noch zu erwähnen, dass die vorhin erwähnte Hybridisierung nicht auf s- und p-Orbitale beschränkt ist, bei den schwereren Elementen können z.B. auch d-Orbitale einbezogen werden, es sind dann z.B. sp^3d^2 und sp^3d^3 Hybride möglich, so dass diese Elemente bis zu sechs oder sieben Bindungen mit anderen Atomen eingehen können.

Übungen zu Kapitel 1

Die Übungen zu den einzelnen Kapiteln sollen Ihnen helfen, den vorhergegangenen Text nochmals zu überdenken. Und ein paar neue Erkenntnisse sind auch jedes Mal darin verpackt. Beschäftigen Sie sich also damit, bevor Sie noch das nächste Kapitel beginnen. Die Lösungen der Übungsfragen finden Sie im Anhang.

10. Die Formel von DeBroglie gilt für jedes bewegte Teilchen. Man schätzt damit einen Zusammenhang zwischen Masse und Geschwindigkeit einerseits (also für kinetische Energie) und Wellenlänge andererseits:

$$\lambda = \hbar / m \times u$$

das Planksche Wirkungsquantum $\hbar = 6.6 \times 10^{-34}\ kg \times m^2 \times s^{-1}$

Berechnen Sie die Wellenlänge eines Elektrons mit der Energie 1 eV (Masse $m = 9 \times 10^{-31}$ kg, Geschwindigkeit $u = 5.9 \times 10^5$ m / s) und die eines Golfballes $m = 0.045$ kg, $u = 25$ m / s

11. In unserer Welt gibt es in jedem Atom 1s, 2s, drei 2p, 3s, drei 3p, fünf 3d usw. Orbitale. Stellen Sie sich eine Welt vor, in der nur zwei Dimensionen des Raumes existieren, also eine völlig planare Welt. Wie viele und welche Orbitale gäbe es in diesen zweidimensionalen Atomen?

12. Besorgen Sie sich vier gleiche Luftballons und blasen Sie diese gleich stark auf. Wenn Sie die Ballons an der Einlassöffnung ganz eng aneinander binden, werden alle Ballons gezwungenermaßen eine Position einnehmen, in der sie möglichst weit voneinander entfernt stehen. Sie haben damit ein nettes Modell für die Orbitale in sp^3-Hybridisierung gebaut. Wenn Sie nur drei oder zwei Ballons verwenden, haben Sie ein Modell für sp^2- oder sp-Hybridisierung. Verwenden Sie hingegen verschiedene Ballons, zwei runde und zwei längliche, so erhalten Sie ein Modell von z.B. Wasser (rund sind die freien Elektronenpaare, länglich die Bindungen zu den Wasserstoffen).

13. Untersuchen Sie die Elektronenanordnung in den Molekülorbitalen von He_2 (analog, wie es zu Beginn im Abschnitt 1.4 für H_2 gezeigt wurde). Können Sie damit erklären, warum Edelgase keine Moleküle bilden?

14.* Untersuchen Sie die Elektronenanordnung in den Molekülorbitalen von O_2 und N_2. *Hinweis: es genügt, wenn Sie nur die p-Orbitale berücksichtigen.* Können Sie damit erklären, warum Sauerstoff so viel reaktionsfähiger ist, als Stickstoff?

2 DAS PERIODENSYSTEM

Bereits im 19. Jahrhundert hatte man entdeckt, dass sich bei der Anordnung der Elemente nach ihren relativen Atommassen deren chemische Eigenschaften periodisch wiederholen. Schreibt man diese Perioden zeilenweise untereinander, so sieht man, dass die in der gleichen Gruppe untereinander stehenden Elemente verblüffende Ähnlichkeiten in ihren chemischen Eigenschaften aufweisen. Eine derartig geordnete Liste aller Elemente ergibt das Periodensystem. Die Erklärung dafür konnte jedoch erst im 20. Jahrhundert gefunden werden, als man allmählich begann, den Aufbau der Atome zu verstehen.

Von mehreren Theorien, die alle die vorliegenden Tatsachen erklären, ist meist die einfachste richtig.

William von Ockham (1285–1349)

2.1 Wir bauen das Periodensystem auf

Wir wollen also die Atome, die es geben kann, der Reihe nach untersuchen und uns überlegen, wie deren Elektronenstruktur wohl aussehen mag. Beginnen wir mit dem einfachsten Element, dem Wasserstoff. So ein Wasserstoff-Atom besteht (in der Regel) aus nur einem Proton im Kern und einem Elektron in der Hülle. Natürlich wird dieses eine Elektron das energetisch tiefste Orbital besetzen, das ist das Orbital mit der Hauptquantenzahl n = 1, also das 1s-Orbital.

H: **1 s**

Beim nächsten Atom, dem Helium, mit zwei Protonen im Kern (und zwei Neutronen, aber die interessieren uns hier nicht) und zwei Elektronen in der Hülle können wir dieses 1s-Orbital mit zwei Elektronen besetzen. *Die Elektronen müssen dann verschiedenen Spin haben, aber das schaffen die Elektronen ohne dass wir uns darum kümmern müssen.*

He: 1 s^2

Und so weiter, wir geben immer ein Proton im Kern und ein Elektron in der Hülle dazu. Beim nächsten Element, dem Lithium (je drei Protonen und Elektronen) müssen wir bereits Orbitale mit der Hauptquantenzahl n = 2 benutzen. Dann gibt es aber insgesamt vier mögliche Orbitale, ein 2s- und drei 2p-Orbitale, die sich allerdings in ihren Energieniveaus unterscheiden, das 2s-Orbital ist energetisch etwas tiefer anzusetzen.

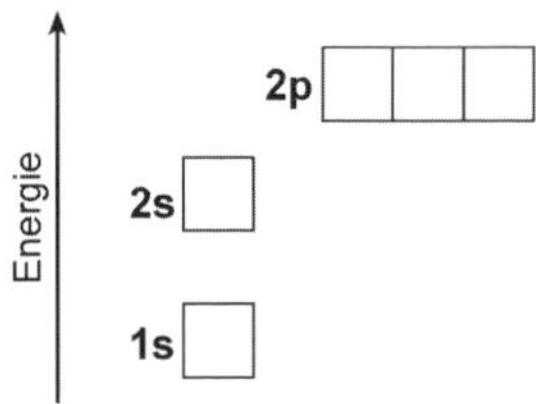

Natürlich wird sich das dritte Elektron daher das 2s-Orbital aussuchen. Und auch beim nächsten Element, dem Beryllium, wird nur das 2s-Orbital besetzt, diesmal allerdings von zwei Elektronen. In der Folge müssen die p-Orbitale besetzt werden.

Li:	$1s^2$ **$2s$**
Be:	$1s^2$ **$2s^2$**
B:	$1s^2$ $2s^2$ **$2p_x$**
C:	$1s^2$ $2s^2$ $2p_x$ **$2p_y$**
N:	$1s^2$ $2s^2$ $2p_x$ $2p_y$ **$2p_z$**
O:	$1s^2$ $2s^2$ **$2p_x^2$** $2p_y$ $2p_z$
F:	$1s^2$ $2s^2$ $2p_x^2$ **$2p_y^2$** $2p_z$
Ne:	$1s^2$ $2s^2$ $2p_x^2$ $2p_y^2$ **$2p_z^2$**

Na:	$1s^2$ $2s^2$ $2p^6$ **$3s$**
Mg:	$1s^2$ $2s^2$ $2p^6$ **$3s^2$**
Al:	$1s^2$ $2s^2$ $2p^6$ $3s^2$ **$3p_x$**
Si:	$1s^2$ $2s^2$ $2p^6$ $3s^2$ $3p_x$ **$3p_y$**
P:	$1s^2$ $2s^2$ $2p^6$ $3s^2$ $3p_x$ $3p_y$ **$3p_z$**
S:	$1s^2$ $2s^2$ $2p^6$ $3s^2$ **$3p_x^2$** $3p_y$ $3p_z$
Cl:	$1s^2$ $2s^2$ $2p^6$ $3s^2$ $3p_x^2$ **$3p_y^2$** $3p_z$
Ar:	$1s^2$ $2s^2$ $2p^6$ $3s^2$ $3p_x^2$ $3p_y^2$ **$3p_z^2$**

Da diese gleichwertig sind, werden sie zunächst nur mit je einem Elektron besetzt (bei Bor, Kohlenstoff und Stickstoff), erst wenn alle drei mit je einem Elektron gefüllt sind, kommt ein zweites Elektron in jedem Orbital hinzu (ab Sauerstoff). So landen wir schließlich beim Neon (10 Elektronen) und haben nun alle Orbitale mit der Hauptquantenzahl $n = 2$ vollständig gefüllt.

Wir machen unverdrossen weiter.

Beim nächsten Element (Natrium) müssen Elektronen bereits auch Orbitale mit der Hauptquantenzahl $n = 3$ benutzen. Die energetischen Verhältnisse sind ähnlich wie vorher, es wird also wieder das 3s-Orbital mit zunächst einem, dann mit zwei Elektronen besetzt, bevor die p-Orbitale zum Zug kommen. Und die p-Orbitale werden wieder zuerst mit je einem Elektron besiedelt, erst wenn keines davon mehr leer ist, wird doppelt besetzt. Zuletzt landen wir wieder bei einem Element, in dem alle 3s- und 3p-Orbitale vollständig aufgefüllt sind, dem Argon.

Nun überlegen wir uns die jetzt erhaltenen Strukturen und erinnern uns gleichzeitig daran, dass für die chemischen Eigenschaften eines Elements die äußeren Elektronen maßgebend sind – also die Elektronen in teilweise besetzten Orbitalen, denn die sind es ja, welche chemische Bindungen eingehen. Offensichtlich werden also die Elemente, bei denen die Orbitale einer Hauptquantenzahl komplett gefüllt sind (also He, Ne, Ar) sehr ähnliche Eigenschaften aufweisen. Ebenso werden Elemente, die eine beliebige ähnliche Besetzung in den äußersten Orbitalen zeigen, untereinander ähnlich sein (also Li mit 2s und Na mit 3s, oder C mit $2s^2$ $2p_x$ $2p_y$ und Si mit $3s^2$ $3p_x$ $3p_y$). Da sich diese Anordnung periodisch wiederholt, können wir die entsprechenden Elemente untereinander schreiben und erhalten:

							He
Li	**Be**	**B**	**C**	**N**	**O**	**F**	**Ne**
Na	**Mg**	**Al**	**Si**	**P**	**S**	**Cl**	**Ar**

Den Wasserstoff haben wir bei dieser Aufstellung vorläufig weggelassen. Würden Sie den Wasserstoff eher über Li schreiben, da ja 1s besetzt ist, oder doch lieber über F, da ja nur noch ein Elektron zu einer komplett gefüllten Hauptquantenzahl $n = 1$ fehlt?

Nun ist aber – wie wir ja wissen – die Hauptquantenzahl n = 3 damit noch längst nicht erschöpft, es gibt ja noch die d-Orbitale. Wir würden also erwarten, dass die nächsten Elemente beginnen, diese zu füllen. Falsch gedacht! Die nächsten Elemente sind Kalium und Kalzium, und diese stecken die weiteren Elektronen in das 4s-Orbital! Der Grund dafür liegt in der energetischen Lage der Orbitale, die sieht nämlich so aus:

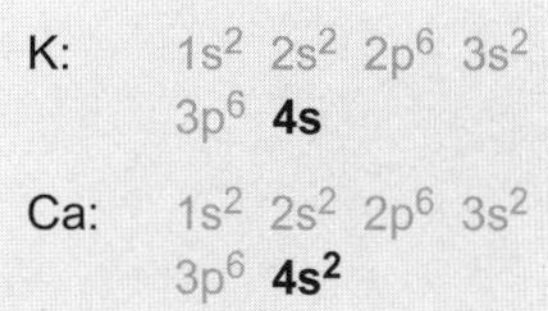

K: $1s^2$ $2s^2$ $2p^6$ $3s^2$ $3p^6$ **4s**

Ca: $1s^2$ $2s^2$ $2p^6$ $3s^2$ $3p^6$ **$4s^2$**

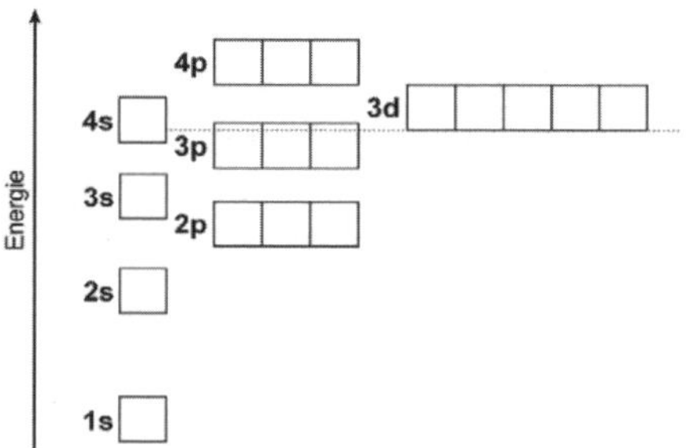

Die 4s-Orbitale liegen energetisch tiefer als die 3d-Orbitale und werden daher zuerst gefüllt! Erst wenn diese besetzt sind, finden die d-Orbitale Verwendung. *Die Atome patzen also die Hauptquantenzahl n = 4 an, bevor sie noch mit n = 3 fertig geworden sind – ein höchst schlampiges Benehmen.* Wir können daher Kalium und Kalzium in unserer Aufstellung noch unter Natrium und Magnesium schreiben, und erst danach kommen 10 Elemente, die keine Verwandten in unserer bisherigen Liste haben, da jetzt allmählich die 3d-Orbitale gefüllt werden. Natürlich wieder zunächst mit je einem Elektron, erst wenn alle fünf Orbitale einfach besetzt sind, kommt ein zweites Elektron hinzu. Diese 10 Elemente müssen also eigene, neue Spalten in unserem Periodensystem bekommen.

Sc: $1s^2$ $2s^2$ $2p^6$ $3s^2$ $3p^6$ $4s^2$ **3d**

Ti: $1s^2$ $2s^2$ $2p^6$ $3s^2$ $3p^6$ $4s^2$ **$3d^2$**

:

:

:

Cu: $1s^2$ $2s^2$ $2p^6$ $3s^2$ $3p^6$ $4s^2$ **$3d^9$**

Zn: $1s^2$ $2s^2$ $2p^6$ $3s^2$ $3p^6$ $4s^2$ **$3d^{10}$**

																	He
Li	Be											B	C	N	O	F	Ne
Na	Mg											Al	Si	P	S	Cl	Ar
K	**Ca**	**Sc**	**Ti**	**V**	**Cr**	**Mn**	**Fe**	**Co**	**Ni**	**Cu**	**Zn**						

So, und nachdem wir die 3d-Orbitale erledigt haben, geht es wie gewohnt mit den 4p-Orbitalen weiter (4s haben wir ja schon gefüllt), so dass wir die nächsten Elemente wieder unter ihre entsprechenden Verwandten (mit der Auffüllung in 3p) schreiben dürfen.

Ga: $1s^2$ $2s^2$ $2p^6$ $3s^2$ $3p^6$ $4s^2$ $3d^{10}$ **4p**

Ge: $1s^2$ $2s^2$ $2p^6$ $3s^2$ $3p^6$ $4s^2$ $3d^{10}$ **$4p^2$**

:

Br: $1s^2$ $2s^2$ $2p^6$ $3s^2$ $3p^6$ $4s^2$ $3d^{10}$ **$4p^5$**

Kr: $1s^2$ $2s^2$ $2p^6$ $3s^2$ $3p^6$ $4s^2$ $3d^{10}$ **$4p^6$**

																	He
Li	Be											B	C	N	O	F	Ne
Na	Mg											Al	Si	P	S	Cl	Ar
K	Ca	Sc	Ti	V	Cr	Mn	Fe	Co	Ni	Cu	Zn	**Ga**	**Ge**	**As**	**Se**	**Br**	**Kr**

Nun wiederholt sich das Ganze in der nächsten Zeile: Natürlich sind wieder die 4d-Orbitale energetisch ungünstiger als das 5s-Orbital, sodass zunächst in 5s aufgefüllt wird (Rubidium und Strontium), dann erst werden die nächsten zehn Elektronen in 4d gefüllt (Ytterbium bis Cadmium), und dann wird wieder in den 5p-Orbitalen fortgesetzt (Indium bis Xenon). *„Wo bleiben die 4f-Orbitale?“ werden Sie jetzt fragen. Die kommen später!*

																	He
Li	Be											B	C	N	O	F	Ne
Na	Mg											Al	Si	P	S	Cl	Ar
K	Ca	Sc	Ti	V	Cr	Mn	Fe	Co	Ni	Cu	Zn	Ga	Ge	As	Se	Br	Kr
Rb	**Sr**	**Y**	**Zr**	**Nb**	**Mo**	**Tc**	**Ru**	**Rh**	**Pd**	**Ag**	**Cd**	**In**	**Sn**	**Sb**	**Te**	**I**	**Xe**

Analog beginnt die nächste Periode: mit zwei Elektronen für das 6s-Orbital (Cäsium und Barium), dann geht es in 5d weiter (Lanthan) – ABER nachdem ein einziges Elektron in 5d getreten ist, beginnen jetzt die vorher vernachlässigten 4f-Orbitale ihr Recht zu fordern. *Es wäre sonst auch allmählich eintönig geworden.* Also müssen wir die nächsten 14 Elektronen in die 4f-Orbitale füllen. Das ergibt 14 sehr ähnliche Elemente, für die man im Periodensystem normalerweise keine neuen Spalten extra einrichtet, sondern die man quasi als Fußnote unter (oder hinter) das Lanthan pfercht. Dann füllt man die 5d-Orbitale fertig auf (noch neun Elemente, vom Hafnium bis zum Quecksilber), und schließlich kommen wieder die 6p-Orbitale an die Reihe (sechs Elemente, vom Thallium bis zum Radon).

																	He
Li	Be											B	C	N	O	F	Ne
Na	Mg											Al	Si	P	S	Cl	Ar
K	Ca	Sc	Ti	V	Cr	Mn	Fe	Co	Ni	Cu	Zn	Ga	Ge	As	Se	Br	Kr
Rb	Sr	Y	Zr	Nb	Mo	Tc	Ru	Rh	Pd	Ag	Cd	In	Sn	Sb	Te	I	Xe
Cs	**Ba**	**La***	**Hf**	**Ta**	**W**	**Re**	**Os**	**Ir**	**Pt**	**Au**	**Hg**	**Tl**	**Pb**	**Bi**	**Po**	**At**	**Rn**

* noch weitere 14 untereinander sehr ähnliche Elemente

Und es geht in der gleichen Weise weiter. Die nächste Periode beginnt wieder mit zwei Elektronen in 7s (Francium und Radium), einem einzelnen Elektron in 6d (Actinium) und dann kommen nochmals 14 Elektronen für die 5f-Orbitale.

Hier können wir aufhören. *Endlich, werden Sie sagen.* Von den letztgenannten 14 Elementen – alle sind radioaktiv – kommen nur noch die ersten drei in der Natur vor. Die anderen konnten nur künstlich erzeugt werden. Die Letzten aus dieser Reihe sind echte Kuriositäten, von denen nur wenige Atome jemals existiert haben.

Schreiben wir unser Periodensystem also noch ein letztes Mal, und diesmal vollständig, auf. *Dem Wasserstoff geben wir einen Platz irgendwo in der Mitte der ersten Reihe.*

								H									He
Li	Be											B	C	N	O	F	Ne
Na	Mg											Al	Si	P	S	Cl	Ar
K	Ca	Sc	Ti	V	Cr	Mn	Fe	Co	Ni	Cu	Zn	Ga	Ge	As	Se	Br	Kr
Rb	Sr	Y	Zr	Nb	Mo	Tc	Ru	Rh	Pd	Ag	Cd	In	Sn	Sb	Te	I	Xe
Cs	Ba	La*	Hf	Ta	W	Re	Os	Ir	Pt	Au	Hg	Tl	Pb	Bi	Po	At	Rn
Fr	**Ra**	**Ac****															

* noch weitere 14 untereinander sehr ähnliche Elemente

** eine Reihe von radioaktiven Elementen

Sie sollen jetzt sicher nicht das Periodensystem stur auswendig lernen. Man sollte zwar, wenn man Chemie betreibt, wissen, wo die wichtigsten Elemente stehen, das prägt sich einem aber mit der Zeit von selbst ein, wenn man sich mit den Eigenschaften dieser Elemente beschäftigt und dabei das Periodensystem als Hilfe benutzt. Aus der Stellung im Periodensystem lassen sich nämlich vielerlei systematische Voraussagen über die chemischen Eigenschaften von Elementen treffen.

Sie sollen aber verstanden haben, wie das Periodensystem aufgebaut ist, und warum es gerade so aussieht. Wenn wir uns in der Folge den einzelnen Elementen zuwenden, werden wir deren Verhalten nämlich weitgehend anhand des Periodensystems erklären – dann wird die Chemie nämlich logisch und man erspart sich das lästige Auswendiglernen.

2.2 Ein paar Namen

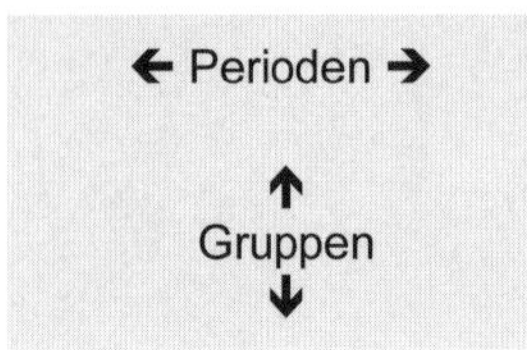

Sie werden es schon bemerkt haben, die Zeilen des Periodensystems werden **Perioden**, die (senkrechten) Spalten **Gruppen** genannt. Die Gruppen haben Namen, von denen man sich einige merken muss. In der letzten, achten Gruppe stehen jene Elemente, die alle äußeren s- und p-Orbitale mit insgesamt acht Elektronen gefüllt haben. Die Atome dieser Elemente haben es daher nicht nötig, Verbindungen einzugehen, sie bilden einatomige Gase – die **Edelgase.** Eine solche Anordnung der Elektronen nennt man die **Edelgas-Konfiguration**. Gleich neben den Edelgasen, in der siebenten Gruppe stehen jene Elemente, denen nur noch je ein einziges Elektron zur Edelgas-Konfiguration fehlt. Sie sind daher besonders reaktionsfähig, bilden gerne Salze mit Metallen und heißen **Halogene** (= Salzbildner). Auf der gegenüberliegenden Seite des Periodensystems haben wir die Gruppen mit wenigen Außenelektronen. Die Elemente der ersten Gruppe (ein Elektron im s-Orbital) nennt man **Alkali-Metalle**, die der Gruppe daneben haben den Namen **Erdalkali-Metalle**. *Die Elemente der dritten Gruppe wurden früher als Erdmetalle bezeichnet, die Elemente der sechsten Gruppe als Chalkogene (= Erzbildner). Heute sind diese Namen aber ungebräuchlich.* Die Hauptgruppen drei bis sechs werden oft nur mit der Gruppennummer bezeichnet, häufig werden sie jedoch auch nach dem jeweils ersten Element Bor-Gruppe, Kohlenstoff-Gruppe, Stickstoff-Gruppe und Sauerstoff-Gruppe genannt.

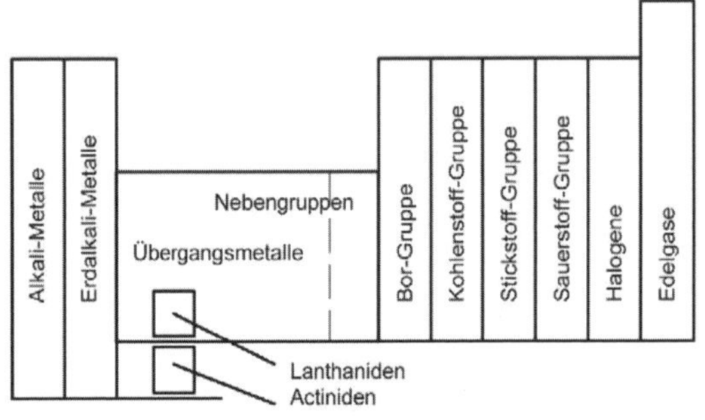

Die Elemente der kurzen Gruppen (also die Elemente von Scandium bis Zink und die darunter stehenden Elemente) kann man als **Nebengruppen-Elemente** bezeichnen. Häufiger ist die Bezeichnung **Übergangselemente**, allerdings gilt dieses Wort nur für diejenigen Elemente, welche einen unvollständig gefüllten Satz an d-Orbitalen aufweisen.

Damit gehören natürlich die Elemente Zink, Cadmium und Quecksilber (letzte kurze Gruppe ganz rechts) NICHT zu den Übergangselementen, da bei diesen ja die d-Orbitale bereits mit zehn Elektronen vollständig gefüllt sind. Tatsächlich haben diese Elemente auch Eigenschaften, welche sie von den Übergangselementen deutlich abgrenzen. Sie haben vielmehr Ähnlichkeiten mit den Elementen der benachbarten Hauptgruppen.

Schließlich gibt es noch die Elemente, die unvollständig gefüllte f-Orbitale besitzen. Diese werden je nach dem jeweils vorhergehenden Element der Reihe als **Lanthaniden** (früher wurde diese Reihe auch „seltene Erden" genannt) und als **Actiniden** bezeichnet.

2.3 Was kann man damit anfangen?

Wenn man die Eigenschaften eines Elements kennt, so kann man relativ leicht Rückschlüsse auf seine Nachbarn im Periodensystem ziehen. Im Periodensystem gibt es selten sprunghafte Änderungen der Eigenschaften zwischen benachbarten Elementen. Natürlich nehmen die Elemente einer Gruppe nach unten an Kernladung und Masse zu, sodass sich auch allmählich die Eigenschaften ändern. Diese Änderung fällt vor allem in der Kohlenstoff-, der Stickstoff- und der Sauerstoff-Gruppe auf. Dieser Übergang erfolgt jedoch langsam und es bleiben noch genug Ähnlichkeiten, um die Verwandtschaft erkennen zu lassen. Auch benehmen sich die jeweils ersten Elemente einer Gruppe etwas uncharakteristisch, sodass immer das jeweils zweitoberste Element der eigentliche Repräsentant der Gruppe ist. (So ist Chlor ein wesentlich „typischeres" Halogen als Fluor, oder Natrium das „typischere" Alkalimetall, nicht Lithium.)

Die jeweils obersten Elemente jeder Gruppe weichen in ihren Eigenschaften von den übrigen etwas ab.

Das alleroberste Element, der Wasserstoff, ist gar keiner Gruppe zuzuordnen, er steht völlig isoliert und allein.

H gehört zu KEINER Gruppe.

Von einer Gruppe zur nächsten gibt es deutlich größere Unterschiede, aber auch hier ist eine gewisse Kontinuität zu bemerken. Da nun aber die Unterschiede zwischen der Gruppe der Erdalkalimetalle und der Bor-Gruppe nicht gar so gewaltig sind, müssen die in den höheren Perioden dazwischen liegenden Elemente der Nebengruppen notgedrungen noch geringere Unterschiede von Gruppe zu Gruppe aufweisen, sich also allesamt sehr ähnlich verhalten. Das tun sie auch, abgesehen von der Tatsache, dass Übergangselemente insgesamt einige Eigenheiten aufweisen, die sie von den Elementen der Hauptgruppen unterscheidet. Die Lanthaniden (und Actiniden) sind untereinander besonders ähnlich. Es hat ziemlich lange gedauert, bis Chemiker imstande waren sie zu unterscheiden und voneinander zu trennen.

In der Natur gibt es etwa 90 Elemente, etliche weitere wurde künstlich hergestellt.

Genau genommen ist unser Periodensystem unvollständig, da wir es mit den Actiniden beendeten. Ehrgeizige Physiker haben in den letzten Jahren noch weitere neue Elemente künstlich hergestellt. Allerdings sind diese unstabil (also radioaktiv) und sehr kurzlebig. *So weit mir derzeit bekannt ist, ist man bis zum Element mit der Ordnungszahl 118, dem Unuoctium vorgestoßen. Das wäre bereits wieder ein Edelgas. Allerdings sind davon nur genau drei Atome nachgewiesen worden – und die sind innerhalb der ersten Millisekunde auch schon wieder zerfallen.* Grundsätzlich haben nur die Elemente bis Wismut ($_{83}Bi$) stabile Isotope, alle schwereren sind unstabil, obwohl in einigen Fällen (z.B. beim Uran) die Halbwertszeit so lang ist, dass seit der Erschaffung des Universums noch etwas davon in der Natur übrig geblieben ist. *Zwischen Wasserstoff und Wismut gibt es nur zwei Elemente, die keine stabilen Isotope besitzen, nämlich Technetium* $_{43}Tc$ *und Prometium* $_{61}Pm$*. Und allerneueste Messungen (Jahr 2003) haben ergeben, dass auch von Wismut kein stabiles Isotop existiert. Allerdings hat* ^{209}Bi *eine so eine unglaublich lange Halbwertszeit (*2×10^{19} *Jahre), dass seine Radioaktivität nicht auffällt.*

Nur 80 Elemente haben mindestens ein stabiles Isotop.

2.4 Ein paar Grundregeln

Atom- und Ionenradien:

nehmen zu

von rechts nach links

von oben nach unten

Selbstverständlich sind schwerere Atome größer. Also wird der **Atomradius** (und der **Ionenradius**) im Periodensystem größer je weiter man nach unten geht. Nicht so offensichtlich ist, dass der Atomradius innerhalb einer Periode von links nach rechts abnimmt, obwohl auch hier die Atome schwerer werden. Da im Kern aber mehr positive Ladungen sind, werden die Elektronen stärker angezogen und sind daher näher am Kern. Erst wenn die Elektronen gezwungen sind in Orbitale mit höherer Hauptquantenzahl auszuweichen (wenn sie also mit Beginn der nächsten Periode auch eine neue „Schale" beginnen), steigt der Atomradius wieder sprunghaft an.

Wird aus dem neutralen Atom ein Ion, so müssen entweder Elektronen hinzugefügt oder entrissen werden. Beim Zufügen wird Energie frei, das hinzugetretene Elektron hat in seinem neu bezogenen Atomorbital ein tieferes Energieniveau als wenn es beliebig weit vom Kern weg ist. Nimmt man dem Kern umgekehrt Elektronen weg, so muss man dafür Energie aufwenden. Die Energie, die man braucht, um ein Elektron zu entfernen, nennt man **Ionisierungsenergie** (oder **Ionisierungspotenzial**), die Energie die man erhält, wenn man ein Elektron zugibt, nennt man **Elektronenaffinität**. Bei beiden handelt es sich um Energie, nur das Vorzeichen ist verschieden. Da das Atom die Ionisierungsenergie bekommt, so ist diese positiv zu rechnen. *Wir müssen die Energie aufwenden, das Atom bekommt sie. Man geht immer vom betrachteten System – dem Atom – aus.* Die Elektronenaffinität wird negativ gewertet, da ja das Atom dabei Energie verliert. Natürlich sind beide niedrig, wenn das in Frage kommende Elektron locker gebunden ist (also bei Elementen links im Periodensystem). Beide sind hoch, wenn die Elektronen eng gebunden sind (bei rechts stehenden Elementen). In den unteren Perioden schirmen die vielen dazwischen liegenden inneren Orbitale die äußeren Elektronen stärker vom Kern ab, sodass sie ebenfalls lockererer gebunden sind. Beides, Ionisierungsenergie und Elektronenaffinität, sinken also im Periodensystem von oben nach unten und von rechts nach links.

Ionisierungsenergie
Elektronenaffinität
Elektronegativität
nehmen zu:
von links nach rechts
von unten nach oben

Genau so verhält sich auch die **Elektronegativität**. Sie gibt ja an, wie stark ein Atom in einer Bindung mit einem anderen Atom das bindende Elektronenpaar an sich zieht.

Am besten merkt man sich, dass Fluor, das im Periodensystem ganz rechts oben steht (Edelgase und Wasserstoff ausgenommen), die höchste Ionisierungsenergie, die höchste Elektronenaffinität und auch die höchste Elektronegativität besitzt. Von allen anderen Stellen im Periodensystem steigen diese Werte zum Fluor hin an. Nur die Atom- und Ionenradien verhalten sich umgekehrt.

Sie finden eine ausführliche Behandlung der Atomradien, der Ionisierungsenergie und der Elektronenaffinität sowie der Elektronegativität in unserem Buch „Chemie verstehen". *Sollten Sie dieses Buch noch nicht gelesen oder – schlimmer – noch gar nicht gekauft haben, so können Sie Zahlenwerte für die soeben erwähnten Begriffe auch im Anhang dieses Werkes nachschlagen.*

Die Anzahl und Bindungsstärke der Außenelektronen legt natürlich auch fest, ob ein Element **Metall** oder **Nichtmetall** ist.

Im Periodensystem

stehen:

Metalle links (unten)

Nichtmetalle rechts (oben)

Grenzfälle zwischen beiden Möglichkeiten (die so genannten **Halbmetalle** oder Metalloide) sind etwa B, Si, Ge, As, Sb, Te, Po. Sucht man diese Elemente im Periodensystem auf, so bilden sie eine gezackte Linie (die so genannte Zintl-Linie), die etwa die Grenze zwischen Metall und Nichtmetall darstellt. Links davon stehen Metalle, rechts Nichtmetalle. *Allerdings ist die Grenze nicht völlig eindeutig sowie es auch nicht ganz klar ist, was alles Halbmetalle sind. Bedenken Sie, dass Kohlenstoff – ein Nichtmetall – immerhin einige Metalleigenschaften hat: Graphit leitet elektrischen Strom. Oder Zinn, bekanntermaßen ein Metall, verwandelt sich bei Temperaturen unter 13°C langsam in ein Nichtmetall.*

Für Hauptgruppen gilt:

Die Zahl der Valenzelektronen ergibt die maximale positive Oxidationszahl.

Da man aus dem Periodensystem erkennt, wie viele Elektronen ein Element aufnehmen oder abgeben müsste um die bevorzugte Edelgaskonfiguration zu erreichen (also die vollständige Auffüllung aller s- und p-Orbitale der äußersten besetzten Schale mit je zwei Elektronen), kann man die maximal mögliche Oxidationszahl ausrechnen. Die Alkalimetalle brauchen nur ein Elektron abzugeben (ergibt also Na^+, K^+, usw.), haben daher in Verbindung die Oxidationszahl +I. Erdalkalimetalle müssen 2 Elektronen abgeben, für sie gilt also +II, für die Metalle der Bor-Gruppe gilt +III.

Für Nichtmetalle gilt:

Die Zahl der auf das nächste Edelgas fehlenden Elektronen ergibt die maximale negative Oxidationszahl.

In den unteren Perioden nehmen s^2 Elektronen (inertes Elektronenpaar) oft nicht teil an den Bindungen.

Die Elemente der Kohlenstoffgruppe können folglich +IV erreichen, allerdings kann z.B. Kohlenstoff genauso gut vier Elektronen aufnehmen, was zur Oxidationszahl −IV führt. (Wir sprechen hier von MAXIMALER Oxidationszahl, tatsächlich kann Kohlenstoff in Verbindungen alle Werte zwischen −IV und +IV annehmen.) Je weiter unten in dieser Kohlenstoff-Gruppe ein Element steht, desto mehr metallische Eigenschaften hat es, so dass die positiven Oxidationsstufen vorherrschen. Allerdings tritt dann der bereits erwähnte Effekt des **inerten Elektronenpaares** auf (Kapitel 1.3): Die beiden Elektronen im äußeren s-Orbital beteiligen sich nicht an Bindungen, so dass die Oxidationsstufe +II bei Zinn häufig auftritt und bei Blei sogar dominiert.

Das Abzählen der notwendigen Elektronen kann man nun weiter durch die Gruppen fortsetzen, bis man bei den Halogenen endet, die Oxidationszahlen zwischen −I und +VII haben können. Bei den Übergangselementen wird es allerdings komplizierter, da sich neben den Elektronen der s- auch die der d-Orbitale an Bindungen beteiligen können. Das ergibt eine reiche Vielfalt an möglichen Oxidationszahlen.

2.5 Verschiedene Arten von Nichtmetallen

Metalle sind Elemente, die in reiner Form in Metallbindung vorliegen. Als Definition gilt also der Zustand, in dem das reine Element auftritt. In Verbindungen zeigen Metalle zwar eine Reihe von charakteristischen Eigenschaften, aber Ausnahmen von diesen Regeln sind häufig. So müssen Metalle nicht unbedingt nur Kationen bilden – es gibt auch Metalle in Anionen. Und auch bei Metallen kommen negative Oxidationszahlen vor – allerdings viel seltener.

Trotzdem sind Metalle eine relativ homogene Gruppe. Bei den Nichtmetallen gibt es viel mehr Unterschiede. Man kann diese nach der Art der Moleküle, die sie in elementarer Form bilden, weiter unterteilen:

1. Da gibt es einmal die einatomigen Elemente, das sind die Edelgase.
2. Weiters gibt es zweiatomige Elemente, das sind die Halogene, Wasserstoff, Sauerstoff und Stickstoff (schwarz in der Abbildung unten rechts; vergleichen Sie auch mit der Abbildung auf der nächsten Seite). Auch hier sind die meisten Elemente Gase, nur die schwereren Halogene nicht. Iod schmilzt und verdampft aber immer noch bei sehr viel niedrigerer Temperatur als z.B. Silizium.
3. Und dann gibt es eine Gruppe von Nichtmetallen, die es ablehnen, als Elemente zweiatomige Moleküle zu bilden, bei denen finden sich lieber viele Atome zu Ketten oder Ringen zusammen. Daher sind diese Stoffe bei Raumtemperatur alle fest. Dazu gehören Kohlenstoff, Phosphor, Schwefel und Selen (dunkelgrau).
4. Schon bei Selen (und Kohlenstoff) kommt es vor, dass in diesen von kovalenten Bindungen beherrschten Strukturen einzelne, verschiebbare Elektronen auftreten, die einen gewissen „metallischen" Charakter bewirken. Noch stärker tritt dieser metallische Charakter bei den Halbmetallen auf, sie haben ebenfalls kovalente Bindungen, aber viele Bindungselektronen sind beweglich – wenn auch nicht so leicht verschiebbar wie in den Metallen. Die Halbmetalle haben wir bereits aufgezählt (hellgrau; Abschnitt 2.4). *Allerdings gibt es Chemiker, die auch Selen zu den Halbmetallen zählen, andere wieder rechnen Polonium zu den Metallen.*

Nichtmetalle:

lassen sich einteilen in solche, die in elementarer Form

- einatomige
- zweiatomige
- mehratomige

Moleküle bilden.

Halbmetalle:

stehen zwischen Metall und Nichtmetall (die Grenzen sind nicht genau definierbar).

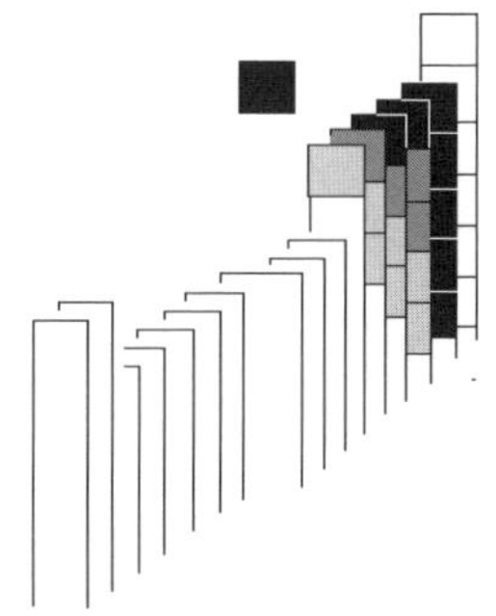

								H									He
Li	Be											**B**	C	N	O	F	Ne
Na	Mg											Al	**Si**	P	S	Cl	Ar
K	Ca	Sc	Ti	V	Cr	Mn	Fe	Co	Ni	Cu	Zn	Ga	**Ge**	**As**	Se	Br	Kr
Rb	Sr	Y	Zr	Nb	Mo	Tc	Ru	Rh	Pd	Ag	Cd	In	Sn	**Sb**	**Te**	I	Xn
Cs	Ba	La	Hf	Ta	W	Re	Os	Ir	Pt	Au	Hg	Tl	Pb	Bi	**Po**	At	Rn
Fr	Ra	Ac															

Übungen zu Kapitel 2

20. Es gibt verschiedene Merksätze, mit denen man sich Teile des Periodensystems merken kann. Einer für die zweite Periode (Li, Be, B, C, N, O, F, Ne) wäre zum Beispiel: „**Li**ebe **Be**rta, **b**itte **k**omm **n**icht **o**hne **f**risches **Ne**gligé.“ Versuchen Sie selbst einen ähnlichen Satz zu finden (auch wenn es Ihnen nicht gelingt, so lernen Sie dabei automatisch doch das Periodensystem kennen.)

21. Die englischen Namen der meisten Elemente sind den deutschen Bezeichnungen sehr ähnlich. Es gibt aber Ausnahmen. Suchen Sie die deutschen Namen folgender Elemente: Carbon, Copper, Hydrogen, Iron, Lead, Mercury, Nitrogen, Oxygen, Potassium, Silicon, Sodium, Sulfur, Tin.

22. Schreiben Sie für folgende Elemente die Elektronenverteilung (also wie Li: $1s^2$ 2s) auf:

    Fe, Se, Zr, I

23. Suchen Sie die Liste der Halbmetalle (aus Abschnitt 2.4) und vergleichen Sie diese mit der Tabelle der Ionisierungsenergien und Elektronegativitäten im Anhang. Können Sie Regeln aufstellen, welche Werte für Metalle, Halbmetalle und Nichtmetalle gelten?

3 DIE ELEMENTE DER HAUPTGRUPPEN

Jede Wissenschaft ist entweder Physik oder Briefmarkensammeln.

Ernst Rutherford (1871–1937)

In diesem und im nächsten Kapitel müssen wir uns mit den Eigenschaften und dem chemischen Verhalten der einzelnen Elemente befassen. So eine Aufzählung ist natürlich stinkfad und der Grund dafür, warum anorganische Chemie so unbeliebt ist.

Um es leichter – und interessanter – zu machen, konzentrieren wir uns hier auf die praktische Anwendung der verschiedenen Stoffe, wir wollen erfahren, wo man ihnen im täglichen Leben begegnet, und wir gehen auch auf mögliche biologische Bedeutungen ein. Dagegen verzichte ich weitgehend auf Beschreibungen, wo man welche Stoffe in der Natur findet oder wie man sie herstellt – wer von uns kommt schon in die Situation, z.B. sein Kupfer selbst finden oder herstellen zu müssen. (Auch Goldgräber wird es heutzutage nur mehr wenige unter uns geben.)

Sie sollten aber die Namen der Elemente wenigstens kennen und eine ungefähre Vorstellung haben, wo man im Periodensystem (und in Lehr- und Tabellenbüchern) suchen muss, wenn man etwas über ein bestimmtes Element wissen will. Und Sie sollten vor allem die gemeinsamen Regeln kennen und daraus zu einem gefühlsmäßigen Verständnis für chemische Zusammenhänge gelangen. Lernen Sie also die beiden folgenden Kapitel nicht mit Putz und Stingel auswendig, sondern lesen Sie alles aufmerksam durch, versuchen Sie die Zusammenhänge zu erfassen, und einzelne Details, die sich Ihnen nicht von selbst einprägen vergessen Sie eben wieder. Details kann man nachschlagen!

3.1 Die Edelgase

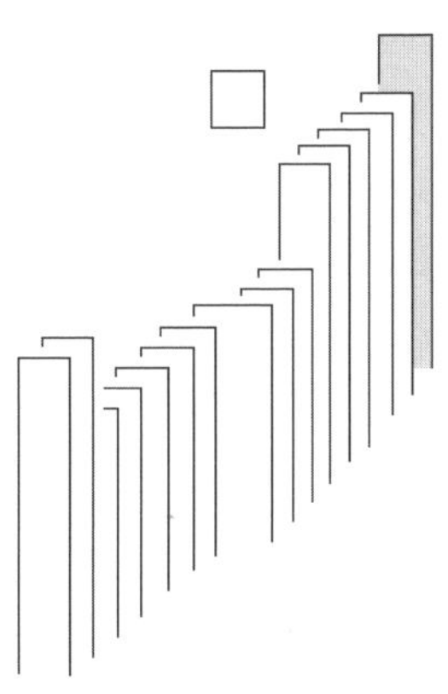

Alle Edelgase sind einatomige Gase und extrem reaktionsträge. *„Argos“ heißt faul. Es gibt zwar tatsächlich Verbindungen von Edelgasen, weil es eben doch irgendwie möglich ist, die Elektronen so anzuordnen, dass sie noch ein bisschen stabiler sind als in der normalen Edelgaskonfiguration, das sind jedoch chemische Kuriositäten – interessant, aber ohne jede praktische Bedeutung.*

Helium	He
Neon	Ne
Argon	Ar
Krypton	Kr
Xenon	Xe
Radon	Rn *

die mit „*“ bezeichneten Elemente sind radioaktiv.

Argon kommt zu etwa 1 % in der Luft vor, alle anderen Edelgase sind auf der Erde äußerst selten. Zwar ist Helium das zweithäufigste Element im Universum, es tritt aber bevorzugt in Sternen auf – auch in unserer Sonne – und dort ist es eher unzugänglich. Von Radon sind alle Isotope instabil (also radioaktiv), es entsteht in der Natur beim Zerfall von Radium.

Man verwendet Edelgase als inerte Schutz- und Trägergase, in der Gaschromatographie (Kapitel 10.5.2) und als „Taucherluft“ (gemischt mit 20 % Sauerstoff). Helium wird auch für Ballonfüllungen verwendet, Neon zur Beleuchtung *(in „Neonröhren“). Die heute viel üblicheren „Leuchtstoffröhren“ sind etwas anderes, sie enthalten kein Neon.*

3.2 Wasserstoff

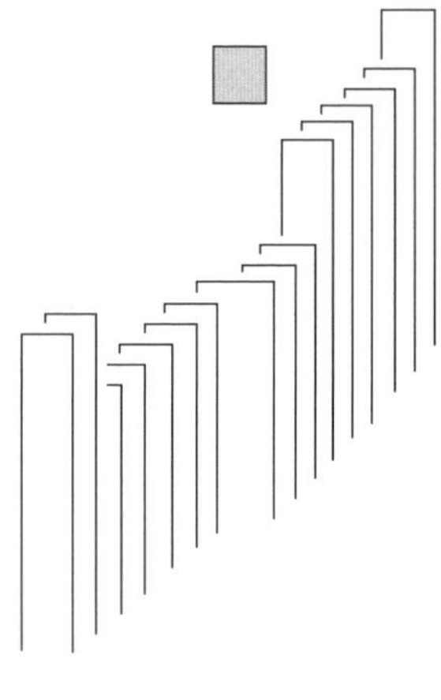

Wasserstoff	H

Reiner Wasserstoff kommt als H_2-Molekül vor.

Dieses Element gehört zu keiner bestimmten Gruppe des Periodensystems. Oft wird Wasserstoff trotzdem über die erste Gruppe geschrieben (*irgendwohin muss man ihn ja schreiben*), er hat aber mit den Alkalimetallen gar nichts zu tun. Im Weltall ist er das häufigste Element überhaupt, auch in der Erdkruste ist er noch recht häufig, kommt aber fast ausschließlich in Verbindungen vor *(besonders viel davon als Wasser, no na!)*. Reiner Wasserstoff H_2 ist das leichteste existierende Gas, das daher gerne zur Füllung von Ballons verwendet wird. Allerdings ist dieses Gas brennbar, bzw. ist die Mischung von Wasserstoff und Sauerstoff explosiv, das so genannte „Knallgas“. In der technischen Chemie wird Wasserstoff in großer Menge verwendet, die Anlagerung von Wasserstoff an andere Stoffe nennt man **Hydrierung**. Dabei benutzt man meist Katalysatoren (Platin, Palladium), welche die Eigenschaft haben, den Wasserstoff an ihrer Oberfläche zu binden, sodass am Ort der Reaktion eine extrem hohe Wasserstoffkonzentration zur Verfügung steht. (Hohe Konzentration bedeutet – nach dem Massenwirkungsgesetz – dass die Reaktion zur anderen Seite verschoben wird und daher gut abläuft, weil die Reaktionspartner einander leichter finden.)

Wegen seines geringen Gewichtes ist Wasserstoff natürlich der ideale Brennstoff und Treibstoff – für Raketen wird er daher gerne verwendet. Er wäre auch ein idealer Treibstoff für Autos, statt der Abgase entsteht beim Verbrennen lediglich Wasser. Nur ist Wasserstoff schwer in einem Tank zu halten (Siedepunkt

$-253°C$) *– so ein Behälter muss entweder sehr gut gegen Wärme isoliert sein, oder hohen Druck aushalten, oder mit speziellen wasserstoffbindenden Stoffen gefüllt sein. Und es muss sicher gestellt sein, dass der Tank bei einem Unfall nicht in einer gewaltigen Explosion endet.*

H: **1 s**

In Verbindungen kann Wasserstoff maximal ein Elektron abgeben oder aufnehmen, also sind nur Oxidationszahlen von −I bis +I möglich. Mit elektronegativeren Elementen (also mit allen Nichtmetallen bis inklusive Kohlenstoff) hat er also +I. Mit Metallen bildet er so genannte **Hydride** mit der Oxidationszahl −I.

Oxidationszahlen: −I, +I

NaH	$LiAlH_4$
Natrium-hydrid	Lithium-aluminium-hydrid

Ein Nomenklaturproblem: Hydro- und Hydrato-

Die Vorsilbe Hydro- (aus dem Griechischen) bedeutet Wasser (denken Sie an die hydraulische Presse oder an den Hydranten). Als der Wasserstoff 1781 entdeckt wurde, hat man festgestellt, dass bei dessen Verbrennung Wasser entsteht, und das neue Element daher als Hydrogenium (Wasserbildner) bezeichnet. Und damit nahm das Verhängnis seinen Anfang.

Menschen sind nämlich faul! Und sie neigen dazu, Abkürzungen zu verwenden, besonders in Fällen, wo es „ohnehin ganz klar ist, was gemeint ist" – klar für denjenigen, der die Abkürzung einführt, oft aber nicht für seine Mitmenschen. Und daher wird die Silbe Hydro- abwechselnd für Wasser und für Wasserstoff verwendet.

Es wäre alles leichter, hätte man sich geeinigt, für Wasser immer Hydrat(o)- und für Wasserstoff immer Hydrogen(o)- zu verwenden (oder zumindest eines der beiden, dann wäre das ominöse Hydro- für das andere frei geworden). Tatsächlich gibt es eine Reihe von Beispielen dafür: Die Hydrathülle bezeichnet eine Hülle von Wassermolekülen und das Hydrat ist eine Verbindung, in der Wasser enthalten ist. Man spricht auch von hydratisiert, wenn Wasser angelagert ist.

Auch die Silbe Hydrogen- wird verwendet, denken Sie z.B. an Natrium-di-hydrogen-phosphat (NaH_2PO_4), das ja wirklich zwei ersetzbare Wasserstoffe (di-hydrogen) enthält.

Aber bei vielen Wasserstoffverbindungen wird das -gen- eingespart und nur das Hydro- (oder Hydr-) bleibt übrig: ein Hydrid ist eine Verbindung von Wasserstoff mit einem anderen Element (z.B. Natriumhydrid, NaH), wenn man hydriert, so lagert man Wasserstoff an und wenn man dehydriert, spaltet man Wasserstoff ab. Aber ein Anhydrid ist eine Verbindung, der WASSER weggenommen wurde. *Eigentlich idiotisch: Ein Hydrid ist eine Verbindung mit Wasserstoff, ein Anhydrid eine Verbindung ohne Wasser.* Ein Hydroxid ist eine Verbindung, welche die Gruppe $-OH$ enthält (hydr + oxid, Wasserstoff + Sauerstoff). Hydro-chinon ist ein Chinon mit Wasserstoff, aber die Hydrolyse ist eine Spaltung durch WASSER. *Eine Spaltung mit Hilfe von Wasserstoff muss man dagegen als Hydrogenolyse bezeichnen.*

Habe ich Sie genug verwirrt? Ja, Sie meinen, es reicht! Aber wie soll man sich das merken? Am leichtesten so: Hydrat(o)- bedeutet immer Wasser. Hydrogen- und Hydrogeno- immer Wasserstoff, ebenso wie auch Hydro- und Hydr- Wasserstoff bedeutet, mit den beiden wichtigsten **Ausnahmen**: **Anhydrid** und **Hydrolyse**, welche sich auf Wasser beziehen. *Es gibt weitere Ausnahmen, wie z.B. den Hydrocephalus = Wasserkopf, die aber in diesem Zusammenhang nicht von allzu großer Bedeutung sind.*

3.3 Halogene

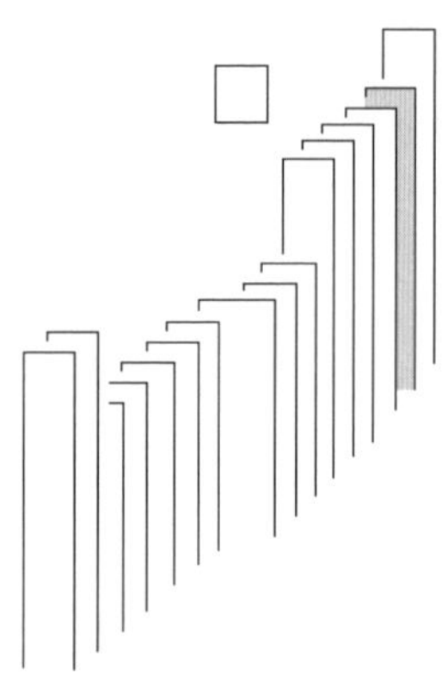

Fluor	F
Chlor	Cl
Brom	Br
Iod	I
Astat	At*

Früher wurde Iod als „Jod" geschrieben, Symbol „J"

Der Name Halogen bedeutet „Salzbildner". Wegen der großen Reaktionsfähigkeit kommt keines dieser Elemente frei in der Natur vor. Glücklicherweise, denn alle sind giftig (*Chlor wurde im ersten Weltkrieg auch als Kampfgas eingesetzt*)! Verbindungen von Fluor und Chlor sind in der Erdkruste relativ häufig, die beiden anderen (Brom, Iod) relativ selten. *Astat kommt in der Natur nicht vor, da es davon ausschließlich radioaktive Isotope gibt, das langlebigste davon hat nur einige Stunden Halbwertszeit.* In elementarer Form bilden Halogene zweiatomige Moleküle. Unter Normalbedingungen sind Fluor und Chlor Gase (F_2 gelblich, Cl_2 gelbgrün), Brom (Br_2) ist eine braune Flüssigkeit, Iod (I_2) bildet dunkle, metallisch schimmernde Kristalle. Chlor wird als Desinfektions- und als Bleichmittel verwendet, Iod wurde früher in wässriger oder alkoholischer Lösung zur Wunddesinfektion verwendet, es wirkt aber doch sehr ätzend, es gibt heute bessere Mittel. (Eigentlich löst sich Iod nicht in reinem Wasser, man muss dem Wasser Kaliumiodid KI zusetzen, dann bekommt man Iod als Komplex von $K^+[I_3]^-$ in Lösung.)

3.3.1 Reaktionen und Verbindungen

Auch hier gilt die Regel, dass Fluor, das erste Element der Gruppe, ein etwas abweichendes Verhalten zeigt. Das „typische" Halogen ist daher Chlor.

Da den Atomen jeweils nur noch ein Elektron zur nächsthöheren Edelgaskonfiguration fehlt, sind sie natürlich besonders gierig, sich dieses eine Elektron zu verschaffen. Alle sind daher starke Oxidationsmittel (Fluor am stärksten) und in Verbindungen stark elektronegativ. In allen seinen Verbindungen hat Fluor daher die Oxidationszahl − I, die anderen können Oxidationszahlen von − I bis + VII annehmen.

Cl: $1s^2\ 2s^2\ 2p^6$ **$3s^2\ 3p^5$**

Die Oxidationszahl erhöht sich, wenn der betreffende Stoff oxidiert wird. Ein Oxidationsmittel oxidiert einen anderen Stoff und wird dabei selbst reduziert, verringert also im Reaktionsverlauf seine Oxidationszahl. Logischerweise wird also eine Substanz dann ein starkes Oxidationsmittel sein, wenn es neben der aktuellen Oxidationszahl noch eine weitere, niedrigere gibt, die bevorzugt eingenommen wird. Niedriger bedeutet hier auch negativ oder stärker negativ. Da bei den Halogenen die Oxidationszahl − I bevorzugt ist, sind die freien Elemente (Oxidationszahl null) und alle Verbindungen mit positiven Oxidationszahlen gute Oxidationsmittel.

Oxidationszahlen:

F: **−I**

Cl, Br, I: **−I** bis **+VII**

Die Regel gilt natürlich allgemein: Tritt ein Element in Verbindung in mehreren Oxidationszahlen auf, sagen wir + II und + IV, so ist die + IV-Verbindung ein Oxidationsmittel, die + II-Verbindung ein Reduktionsmittel. Welches davon stark und welches schwach ist, hängt aber davon ab, welche der beiden Oxidationszahlen stabiler ist. Wenn z.B. die Oxidationszahl + IV stabiler ist, wollen die entsprechenden Verbindungen nicht in + II übergehen, sind also schwach. Dagegen werden + II-Verbindungen nach dem ersehnten + IV-Zustand streben, werden also starke Reduktionsmittel sein.

Mit **Wasserstoff** reagieren alle Halogene zu zweiatomigen Halogenwasserstoffen. Es handelt sich um Gase, die in wässriger Lösung starke Säuren sind. Fluor ist natürlich wieder die Ausnahme: Da die HF-Moleküle Wasserstoffbrücken bilden, kommt es zur Bildung von Molekül-Aggregaten, daher ist HF bei Normaltemperatur gerade noch ein Gas (oder gerade noch flüssig, Siedepunkt ist etwa 20°C) und eine viel schwächere Säure. Die wässrige Lösung von Fluorwasserstoff heißt **Fluss-Säure.** Sie ist sehr stark ätzend und löst Glas und andere Silikate, sie wird daher zum Ätzen von Glas verwendet. *Vorsicht! Bei einer Verätzung mit Fluss-Säure sind Sie ein interessanter Fall für jede Hautklinik, ist sehr schmerzhaft und heilt extrem schwer.* **Salzsäure**, die wässrige Lösung von **Chlorwasserstoff**, ist eine beliebte Säure im chemischen Labor, sie kommt

HF, HCl, HBr, HJ

Fluorwasserstoff, Chlorwasserstoff, Bromwasserstoff, Iodwasserstoff.

aber auch in unserem Magensaft (und sehr verdünnt im Speichel) vor. Die Salze dieser Säuren heißen Halogenide (Endsilbe **-id**, also Fluor**id**, Chlor**id**, Brom**id**, Iod**id**). Sie sind meist gut wasserlöslich – mit einigen Ausnahmen, wie den Halogeniden von Silber oder Quecksilber. Das bekannteste Salz ist Natriumchlorid NaCl, das **Kochsalz** in unserer Küche.

Sauerstoffsäuren:

Der Wasserstoff ist an Sauerstoff gebunden, und dieser weiter an das jeweilige Element.

HOCl

Unterchlorige Säure
Salze: Hypochlorite

$HClO_2$

Chlorige Säure
Salze: Chlorite

$HClO_3$

Chlorsäure
Salze: Chlorate

$HClO_4$

Perchlorsäure
Salze: Perchlorate

Mit Sauerstoff bilden Halogene eine Anzahl von Oxiden, die meisten sind unbeständig (explodieren gerne) und praktisch eher unbedeutend. Wichtiger sind die **Sauerstoffsäuren** der Halogene – die gibt es mit Cl, Br und I. Grundsätzlich werden Sauerstoffsäuren so benannt, dass die jeweils stabilste (wichtigste, häufigste) Säure direkt nach dem Element benannt wird, die Salze bekommen die Endung **-at**. Das wäre im Fall von Chlor die **Chlorsäure** (Salze heißen **Chlorate**). Wenn es noch eine Säure mit mehr Sauerstoff gibt, so bekommt diese die Vorsilbe **Per-** (als Abkürzung von Hyper-), also **Perchlorsäure** und **Perchlorate**. Gibt es eine Säure mit weniger Sauerstoff, bekommt diese die Endsilbe **-ige** und deren Salze die Endsilbe **–it**. Also **chlorige Säure** und **Chlorite**. Und wenn es gar auch eine Säure mit noch weniger Sauerstoff gibt, bekommt sie dazu noch die Vorsilbe **Hypo-** oder **Unter-**, also **Unterchlorige Säure** (Hypochlorige Säure) und **Hypochlorite**.

Bei der Dissoziation dieser Säuren bilden sich die entsprechenden Anionen. Die negative Ladung verteilt sich dabei auf die zurück bleibenden Sauerstoffe, also sind die Anionen natürlich um so stabiler, je mehr Sauerstoffe vorhanden sind. Stabileres Anion bedeutet, dass im Gleichgewicht zwischen Säure und Anion mehr vom Anion vorhanden ist, dass also die Säure stärker dissoziiert. Mehr Sauerstoffe im Molekül bedeuten also stärkere Säure, daher steigt die Säurestärke von der unterchlorigen Säure zur Perchlorsäure stark an.

$$H{-}O{-}ClO_3 \rightleftharpoons H^+ + {}^{\ominus}O{-}ClO_3 \leftrightarrow O{=}Cl(O^{\ominus})(=O)_2 \leftrightarrow O{=}Cl({-}O^{\ominus})(=O)_2 \leftrightarrow O{=}Cl(=O)_2({-}O^{\ominus})$$

Dissoziation von Perchlorsäure mit Grenzstrukturen des Anions

Perchlorsäure ist so ziemlich die stärkste Säure, die wir kennen (pK_S-Wert ist etwa 8!). Natürlich sind alle diese Säuren (und ihre Salze) gute Oxidationsmittel, leider neigen Chlorsäure und Perchlorsäure (und beider Salze) zu Explosionen.

Hypochlorite (und besonders Chlorkalk) sind wichtige und häufig verwendete Desinfektionsmittel, vom Trinkwasser bis zum Schwimmbad, vom Schnuller fürs Baby bis zur Seuchenbekämpfung im Katastrophenfall. Auch als Bleichmittel werden sie verwendet – *prinzipiell kann man mit allen starken Oxidationsmitteln bleichen und desinfizieren.* Man erhält diese Stoffe leicht durch Einleiten von Chlorgas in Wasser oder in Natronlauge oder in gelöschten Kalk:

$$Cl_2 + H_2O \rightleftharpoons HCl + \underset{\text{Unterchlorige Säure}}{HOCl}$$

$$Cl_2 + 2\,NaOH \rightleftharpoons NaCl + \underset{\text{Natriumhypochlorit}}{NaOCl} + H_2O$$

$$Cl_2 + Ca(OH)_2 \rightleftharpoons \underset{\text{Chlorkalk}}{CaCl(OCl)} + H_2O$$

Beachten Sie, dass in jeder dieser Reaktionen Chlor aus der Oxidationszahl Null (Cl_2) in die beiden Oxidationszahlen −I und +I wechselt. Man könnte sagen, dass von Cl_2 eines der beiden Chlor-Atome das andere oxidiert und dabei natürlich selbst reduziert wird. Chlor **disproportioniert** hier. Da kein weiteres Oxidations- oder Reduktionsmittel beteiligt ist, muss die Summe aller Oxidationszahlen vorher und nachher den gleichen Wert ergeben: $2 \times 0 = +1 - 1$

Disproportionierung:

Ein Stoff wechselt von einer Oxidationszahl in zwei andere (eine höher, eine niedriger).

Die Verwendung von Hypochlorit

Hypochlorit ist das weltweit am meisten verwendete Desinfektionsmittel. Und kein Keim ist imstande dagegen Resistenzen zu entwickeln. Also wird es unter anderem gerne dem Leitungswasser zugesetzt, um Infektionen über das Trinkwasser zu verhindern. Natürlich gibt es hier Bedenken, da freiwerdendes Chlor mit Spuren von organischen Stoffen zu giftigen oder karzinogenen Produkten reagieren kann. Man muss aber diese – vermutlich sehr geringe – Gefahr gegen die Risiken von Infektionen abwägen. Tatsächlich hat man in Peru deshalb einmal die Chlorierung von Trinkwasser eingestellt, in der unmittelbaren Folge gab es eine Cholera-Epidemie mit etwa 10 000 Toten!

Auf eine andere Gefahr in Verbindung mit Hypochlorit muss jeder von uns selbst aufpassen: Kombiniert man Hypochlorit mit einer Säure, so entweicht giftiges Chlorgas. *Das ist die Rückreaktion der oben angegebenen Reakti-*

onsgleichungen. Also niemals Hypochlorit gemeinsam mit einer Säure – und sei es so etwas harmloses wie Speise-Essig – anwenden. Das passiert gelegentlich, wenn Hausfrauen oder Hausmänner aus Zeitersparnis Desinfektionsmittel und Entkalkungsmittel (enthalten starke Säuren) gleichzeitig anwenden. *So nach dem Motto: Hypochlorit ist gut weil es desinfiziert, Entkalker ist auch gut, wie gut muss dann erst Hypochlorit und Entkalker gemeinsam sein.* Sollte Ihnen so etwas passieren, hilft eigentlich nur rasche Flucht (oder eine Gasmaske), mit Chlor sollte man besser nicht spielen.

Und sollten Sie oder Ihr Kind versehentlich einen Schluck der Hypochloritlösung getrunken haben (ist ziemlich unwahrscheinlich, riecht schlecht und schmeckt schlecht), dann sollten Sie als Maßnahme zur ersten Hilfe die Magensäure neutralisieren. Also sehr viel Wasser trinken, möglichst welches, das mit Bicarbonat (= Speisesoda, Backpulver) versetzt worden ist.

3.4 Die Sauerstoff-Gruppe (Chalkogene)

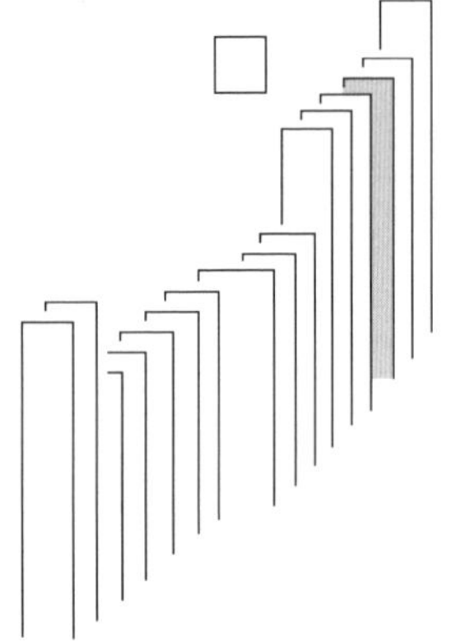

Sauerstoff:	O
Schwefel:	S
Selen:	Se
Tellur:	Te
Polonium:	Po*

In elementarer Form ist Sauerstoff ein Gas, die anderen Elemente dieser Gruppe sind fest.

Der Name „Chalkogen" bedeutet Erzbildner. Sauerstoff und Schwefel sind typische Nichtmetalle, Selen hat schon einige Eigenschaften eines Halbmetalls, Tellur ist ganz klar ein Halbmetall und Polonium steht am Übergang vom Halbmetall zum Metall. Sauerstoff ist das häufigste Element der Erdkruste, auch Schwefel ist noch relativ häufig, die nächsten beiden sind relativ selten. *Polonium (nur radioaktive Isotope) kommt nur in winzigen Spuren vor.*

In elementarer Form kommt **Sauerstoff** gasförmig als O_2 in der Atmosphäre vor (Luft besteht zu 21 % aus Sauerstoff). Eine wesentlich unstabilere Form, das **Ozon** O_3, tritt nur in geringen Mengen in der Atmosphäre auf. Beide Formen sind starke Oxidationsmittel und daher giftig, allerdings haben die meisten Lebewesen – auch wir Menschen – es im Laufe der Evolution geschafft, Mechanismen zu entwickeln, die die Giftwirkung von O_2 (nicht von O_3!) unschädlich machen. *Nicht alle, es gibt immer noch so genannte anaerobe Mikroorganismen, für die Sauerstoff ein tödliches Gift ist.* Der meiste Sauerstoff findet sich aber in Form von Verbindungen. *Jeder Kieselstein und jeder Felsen enthält Sauerstoff, und natürlich auch Wasser.* Allgemein ist Sauerstoff das am häufigsten verwendete Oxidationsmittel. Man benötigt reinen Sauerstoff auch zum Schweißen (mit Azetylen oder mit Wasserstoff) und in der Weltraumfahrt bei Raketen mit flüssigem Treibstoff.

Schwefel findet sich ebenfalls hauptsächlich in Verbindungen, es gibt aber Vorkommen von reinem Schwefel. Da Schwefel die Neigung hat, mit sich selbst Verbindungen der Formel S_n einzugehen (n kann dabei zwischen 2 und 10^6 liegen!), gibt es eine verwirrende Anzahl von Modifikationen. Nur eine davon, der bekannte gelbe Schwefel (α-Schwefel), ist davon unter Normalbedingungen stabil, die anderen Formen lagern sich bei Raumtemperatur (meist sehr langsam) in α-Schwefel um.

Auch von Selen und Tellur gibt es vielerlei Modifikationen, manche mit halbmetallischem Charakter.

3.4.1 Reaktionen und Verbindungen des Sauerstoffs

Da einem Sauerstoff-Atom nur noch zwei Elektronen zur Oktettkonfiguration fehlen, ist es bestrebt, sich diese beiden Elektronen zu besorgen. Gelingt es, ergibt das natürlich die Oxidationszahl −II. Die wichtigste derartige Reaktion ist die Oxidation von beliebigen Stoffen durch den elementaren Sauerstoff der Luft. Je nach Partner verläuft diese Reaktion mehr oder weniger spektakulär.

O: $1s^2$ $2s^2$ $2p^4$

Oxidationszahl: −II

$$2\,H_2 + O_2 \rightleftharpoons 2\,H_2O$$

$$C + O_2 \rightleftharpoons CO_2$$

$$2\,Fe + O_2 \rightleftharpoons 2\,FeO$$

Wenn man Wasserstoff mit Sauerstoff mischt, erhält man **Knallgas**. Ein Funke genügt, und die Mischung reagiert in einer lauten Explosion *(daher der Name)*. Die zweite Reaktion kennt jeder: Kohle verbrennt an der Luft, es gibt schöne Flammen und angenehme Wärme. Eisen reagiert dagegen viel langsamer mit Luft, es rostet und wird zu Eisenoxid. *Nicht immer geht die Reaktion mit Metallen so langsam, Natrium oder Magnesium würden brennen, und wenn man statt Luft reinen Sauerstoff nimmt, brennt Eisen ebenfalls.* Aber es gibt noch viel mehr Beispiele: Auch die Verwertung von Zucker $C_6H_{12}O_6$ in unserem Stoffwechsel kann man als **Verbrennung** auffassen:

Verbrennung:

die Oxidation von Stoffen durch (Luft-)Sauerstoff.

$$C_6H_{12}O_6 + 6\,O_2 \rightleftharpoons 6\,CO_2 + 6\,H_2O$$

Natürlich darf man hier den Ausdruck „Verbrennung“ nicht zu wörtlich nehmen. Sie haben natürlich keinen Ofen in Ihrem

Bauch, in den Sie ständig Zucker nachlegen. In biologischen Systemen verläuft dieser Vorgang über sehr viele Zwischenschritte, bei vielen davon wird Energie in kleinen Portionen frei, die dann auf andere Moleküle in Form von chemischer Energie übertragen wird.

In allen genannten Fällen entstehen **Oxide**. Die betroffenen Stoffe erhöhen ihre Oxidationszahl, sie werden oxidiert. Sauerstoff ist das Oxidationsmittel und ändert seine Oxidationszahl von Null (elementarer Sauerstoff) nach −II, er wird also selbst reduziert. Nun unterscheiden sich aber Oxide von Metallen und Oxide von Nichtmetallen in einigen grundsätzlichen Eigenschaften. *Was jetzt folgt sind Faustregeln, die nicht immer und überall gelten müssen. Aber da sie auf mehr als 90% aller Verbindungen zutreffen, macht es Sinn, diese Regeln zu kennen.* Zunächst einmal können Oxide mit Wasser reagieren, die dabei entstehenden Hydroxide verhalten sich aber durchaus unterschiedlich.

$$CO_2 + H_2O \rightleftharpoons H_2CO_3 \rightleftharpoons 2\,H^+ + CO_3^-$$

$$FeO + H_2O \rightleftharpoons Fe(OH)_2 \rightleftharpoons Fe^{2+} + 2\,OH^-$$

Oxide der Nichtmetalle:

sind meist gasförmig und reagieren mit Wasser zu sauren Verbindungen.

Oxide von Metallen:

sind fest und reagieren mit Wasser zu meist basischen Verbindungen.

Oxide von Nichtmetallen bilden mit Wasser Sauerstoffsäuren (diese Oxide sind die Anhydride der Säuren), Oxide von Metallen dagegen bilden mit Wasser mehr oder weniger BASISCHE Hydroxide. Weiters sind Oxide von Nichtmetallen meist Gase (gleichgültig ob Kohlenstoff oder Schwefel oder Stickstoff verbrannt wird), die Oxide von Metallen haben eine salzartige Struktur mit einem Kristallgitter aus Metall-Kationen und Sauerstoff-Anionen, sie sind daher fest. Wenn also kompliziertere Stoffe verbrennen (schon Kohle oder Holz ist kompliziert, ganz zu schweigen von dem, was in einer Müllverbrennungs-Anlage passiert) sind die Abgase logischerweise sauer, die zurückbleibende Asche dagegen ist basisch. *Denken Sie an den sauren Regen, der aus dem verbrannten Schwefel der Industrieabgase entsteht. Und denken Sie daran, dass man früher die basischen Eigenschaften der Asche ausgenützt hat, z.B. als Reinigungsmittel oder zur Herstellung von Seife.*

Das wichtigste aller Oxide ist natürlich **Wasser**. Es dürfte sich erübrigen, hier jetzt die Bedeutung und Verwendung von Wasser aufzuzählen. Nur einige ganz spezielle Eigenschaften des

Wassers sollen kurz *(?!)* erwähnt werden, weil genau diese Eigenschaften das ganze Leben auf unserer Erde prägen.

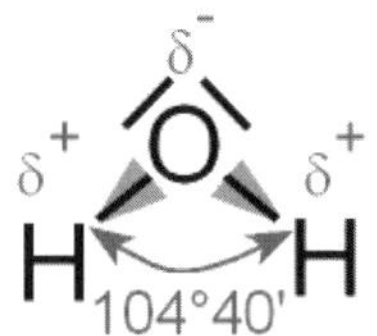

Wasser

Im Wasser ist jeder Sauerstoff von acht Elektronen umgeben, zwei nicht bindenden Elektronenpaaren und zwei Elektronenpaaren, die eine polare Bindung zu je einem Wasserstoff-Atom herstellen. Diese vier Elektronenpaare verteilen sich nicht ganz gleichmäßig (sonst hätten wir denselben Bindungswinkel wie im Kohlenstoff, 109°), aber doch weitgehend so, dass der Winkel zwischen den beiden H−O Bindungen 104° beträgt. Dank dieses Winkels und den beiden stark polaren Bindungen zu den H-Atomen ist Wasser ein starker Dipol. Darauf beruht die Eigenschaft des Wassers, als polares Lösungsmittel Salze und andere polare Stoffe zu lösen.

Wasser:

- ist ein starker Dipol.
- Daher ist Wasser ein polares Lösungsmittel.
- In flüssigem Wasser und im Eis sind die Moleküle über Wasserstoffbrücken verbunden.
- Unter Normalbedingungen schmilzt Wasser bei 0°C und verdampft bei 100°C.

Nur im Dampf gibt es einzelne H_2O-Moleküle. In flüssiger und erst recht in fester Form werden die Moleküle über zahlreiche Wasserstoffbrücken miteinander verbunden. Nur deshalb ist Wasser überhaupt flüssig und wird bei relativ hoher Temperatur fest. *Vergleichen sie die Schmelz- und Siedepunkte von Wasser, also 0°C und 100°C, mit denen von Ammoniak NH_3, nämlich −78°C und −33°C, und sie erkennen die Bedeutung dieser Wasserstoffbrücken. Ohne diese würde es außerhalb der Polregionen auf unserer Erde kein flüssiges Wasser geben – aber auch kein Cola und kein Bier!* Nun hat Eis durch die regelmäßig angeordneten Wasserstoffbrücken eine weniger dichte Struktur als flüssiges Wasser, in dem diese Brücken ungeordnet sind und die Moleküle enger beisammen stehen. Daher schrumpft Eis wenn es schmilzt. Man kann auch sagen, flüssiges Wasser hat eine höhere Dichte als Eis, deswegen schwimmen Eisberge und deswegen frieren Teiche oben zu. *Wäre Eis schwerer, würde es sich am Grund bilden und die Lebewesen in unseren Gewässern hätten im Winter die größten Probleme!* Wegen der besonderen Struktur hat Wasser eine besonders hohe spezifische Wärme (von allen Stoffen hat nur noch Ammoniak eine höhere), das heißt, man braucht viel Energie um Wasser zu erwärmen und dieses warme Wasser kann dann natürlich auch wieder viel Wärme abgeben. *Das ist nicht nur für Zentralheizungen wichtig, auch die Ozeane unserer Erde können daher klimatische Temperaturextreme ausgleichen.* Auch beim Schmelzen von Eis (oder Schnee) wird viel Wärme verbraucht: Um Eis von 0°C in Wasser von 0°C umzuwandeln, bedarf es so viel Energie wie man brauchen würde um dieselbe Wassermenge um 80°C zu erwärmen. *Eis* *schmilzt langsam und unter erheblicher Wärmeaufnahme, daher kühlen Eiswürfel unsere Getränke so gut und deshalb patzen wir uns nicht pausenlos an, wenn wir im Sommer Speiseeis schlecken. Vor allem aber schmilzt der Schnee auf unseren Bergen nicht sofort und vollständig am ersten warmen Frühlingstag und schwappt als Überschwemmung durch die Täler!*

Wasser ist ein Ampholyt.

Wasser ist auch der wichtigste **Ampholyt**, d.h. Wasser kann je nach Umständen als Säure oder Base reagieren:

$$\underset{\text{Säure}}{H_2O} \rightleftharpoons H^+ + \underset{\text{Base}}{OH^-} \qquad \underset{\text{Base}}{H_2O} + H^+ \rightleftharpoons \underset{\text{Säure}}{H_3O^+}$$

Das sind unvollständige Reaktionen. Wie wir wissen, gibt es keine freien H^+-Ionen, wir brauchen für eine vollständige Protolyse-Reaktion immer einen Partner, der die H^+-Ionen abgibt oder aufnimmt. Dieser Partner kann aber auch Wasser selbst sein, wenn wir also von H^+-Ionen im Wasser sprechen, so meinen wir IMMER H_3O^+.

Nun kommen beide Reaktionen auch in reinem Wasser spontan vor. In Wasser gibt es also immer OH^--Ionen und H^+-Ionen (eigentlich H_3O^+-Ionen):

$$2\,H_2O \rightleftharpoons H_3O^+ + OH^-$$

In Wasser und in jeder wässrigen Lösung gilt:

$[H_3O^+] \times [OH^-] = 10^{-14}$ mol/l

pH-Wert:
der negative dekadische Logarithmus der Konzentration an H^+ (eigentlich H_3O^+) Ionen.

Das Gleichgewicht liegt allerdings sehr weit auf der Seite des undissoziierten Wassers. In reinem Wasser kommen daher nur je 10^{-7} mol/l H_3O^+und OH^--Ionen vor. Wasser, das mit sauren Stoffen verunreinigt ist, enthält natürlich mehr H_3O^+-Ionen und weniger OH^--Ionen, kommen basische Stoffe im Wasser vor, ist es umgekehrt. *Selbstverständlich muss das Gleichgewicht zwischen H_3O^+ und OH^- nach den Regeln des Massenwirkungsgesetzes der obigen Gleichung entsprechend erhalten bleiben, so dass das Produkt $[H_3O^+] \times [OH^-]$ immer 10^{-14} mol/l ergibt.* Um also anzugeben, wie sauer oder basisch eine wässrige Lösung ist, genügt es, die Konzentration an H_3O^+-Ionen zu bestimmen. Praktisch ist es aber üblicher, den negativen Logarithmus dieser Konzentration anzugeben, das ist der **pH-Wert**. *Sie sehen also, dass der pH-Wert eine unmittelbare Folge der Eigenschaften des Wassers ist, und nur deshalb seine Berechtigung hat, weil Wasser als Lösungsmittel so enorm wichtig ist und sich die meiste Chemie – und ALLES Leben wie wir es kennen – in wässrigen Lösungen abspielt.*

Knallgas

Man kann Wasser durch Elektrolyse in seine Bestandteile trennen. Hält man zwei Elektroden in das Wasser und legt Spannung an, so entsteht an der **Anode** (= positive Elektrode) Sauerstoff, an der **Kathode** (= negative Elektrode) Wasserstoff. Man kann die beiden Gase getrennt auffangen und verwenden.

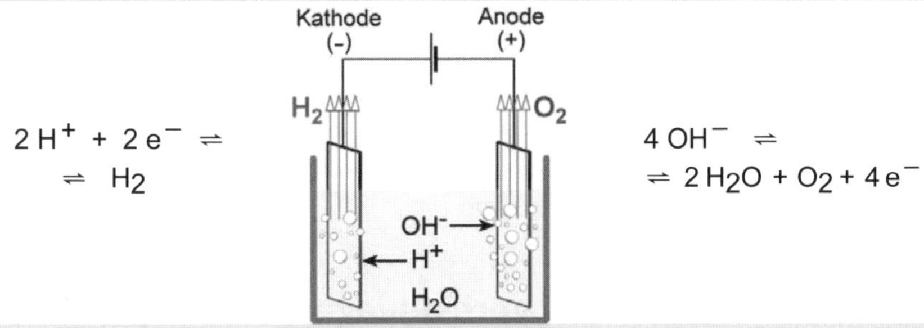

Mischt man die Gase, erhält man ein explosives Gemisch, das so genannte Knallgas. *Halten Sie ein brennendes Streichholz hinein, dann wird Ihnen sofort klar, warum das Gasgemisch so heißt.*

$$2\,H_2 + O_2 \rightleftharpoons 2\,H_2O$$

Das ist ein schönes Beispiel für eine Reaktion, die freiwillig ablaufen möchte – Wasser ist energetisch sehr viel günstiger als die Mischung von Wasserstoff und Sauerstoff – aber die Aktivierungsenergie ist für eine spontane Reaktion zu hoch. Erst wenn man an einer Stelle die Temperatur erhöht (durch das brennende Streichholz), kann die Reaktion ablaufen. Man kann stattdessen auch fein verteiltes Platin (wirkt als Katalysator) zusetzen, dann reagiert die Mischung, ohne dass man sie zünden muss.

Im **Wasserstoffperoxid** (früher auch oft Wasserstoffsuperoxid genannt) sind zwei Sauerstoff-Atome miteinander durch eine Einfachbindung verbunden, an den verbleibenden Bindungen hängt je ein Wasserstoffatom. Da die beiden Bindungen am Sauerstoff wieder gewinkelt sind, bekommt das ganze Molekül eine Form, die an ein Hausdach erinnert. Da die Bindung zwischen zwei Sauerstoffen zur Oxidationszahl nichts beiträgt, hat Sauerstoff hier die Oxidationszahl −I. Natürlich ist diese Anordnung recht instabil, H_2O_2 ist ein starkes Oxidationsmittel, unter Einwirkung von Licht, Wärme oder Katalysatoren (Spuren von Schwermetallen, oder Enzyme, oder Blutfarbstoff) zerfällt es leicht in Wasser und Sauerstoff:

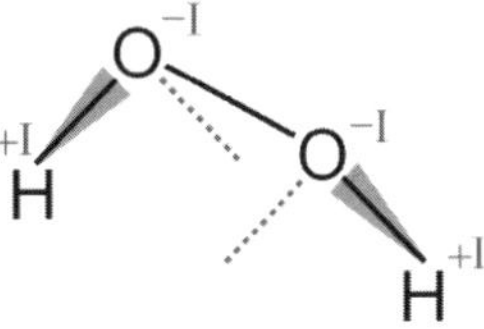

Wasserstoffperoxid

$$2\,H_2O_2 \rightleftharpoons 2\,H_2O + O_2$$

Peroxid-Bindung:

–O–O–

Na_2O_2	BaO_2
Natrium-peroxid	Barium-peroxid

Da reines Wasserstoffperoxid explosiv ist, wird es normal nur als 3 %-ige oder 30 %-ige wässrige Lösung gehandelt. *Verdünnt ist es relativ harmlos, aber eine 30 %-ige Lösung ist schon recht aggressiv und verursacht beim Kontakt mit Haut weiße, unangenehm juckende Verätzungen.* Es ist stärker saurer als Wasser, mit Alkali- und Erdalkalimetallen bildet es Salze, die **Peroxide**. Es gibt aber auch organische Peroxide, die ebenfalls die Bindung –O–O– enthalten. Verwendet wird H_2O_2 als Desinfektions- und Bleichmittel, auch zur Konservierung von Trinkwasser und Lebensmitteln, sowie zur Synthese von Peroxiden.

3.4.2 Reaktionen und Verbindungen der übrigen Chalkogene

S: $1s^2\,2s^2\,2p^6\,\mathbf{3s^2\,3p^4}$

Oxidationszahlen

–II, +IV, +VI

(Andere sind sehr selten.)

Die übrigen Elemente dieser Gruppe haben natürlich ebenfalls die Tendenz zwei Elektronen aufzunehmen (Oxidationszahl daher –II), mit stärker elektronegativen Elementen sind aber auch Oxidationszahlen +VI (Abgabe aller Valenzelektronen) und + IV (nur Abgabe der p-Elektronen) möglich.

H_2S

Schwefelwasserstoff (-säure)

Salze: Sulfide

Schwefelwasserstoff H_2S ist ein sehr giftiges Gas, das unangenehm (nach faulen Eiern) stinkt – glücklicherweise, denn der Gestank warnt rechtzeitig, sodass Vergiftungen selten sind. Es handelt es sich um eine schwache Säure, die Salze heißen **Sulfide** (Endung **-id**, analog zu Chlor**id**, Carb**id**, usw.). Die meisten Sulfide sind schlecht in Wasser löslich, viele Metalle kommen so in der Erdrinde als Erze in Sulfidform vor. *Es gibt auch H_2Se und H_2Te, ebenfalls sehr giftige Gase, die angeblich sogar noch viel mehr stinken. Auch von den weiter unten beschriebenen anderen Schwefelverbindungen gibt es meist analoge Selen- und Tellur-Verbindungen, diese sind aber nur von theoretischem Interesse und sollen uns nicht weiter beschäftigen.*

SO_2

Schwefeldioxid

Schwefeldioxid SO_2 entsteht beim Verbrennen von Schwefel und schwefelhaltigen Stoffen. Es ist ebenfalls ein giftiges Gas von stechendem Geruch *(verbrannte Streichhölzer riechen danach)* und wirkt stark reizend auf die Atemwege, es kann Asthmaanfälle auslösen. In niedriger Konzentration wird es zur Desinfektion und zur Konservierung von Nahrungsmitteln verwendet (Ausschwefeln von Weinfässern!). Da es von unserem

Körper leicht in ungiftiges Sulfat umgewandelt werden kann, sind geringe Mengen ungefährlich. Schwefeldioxid ist das Anhydrid der **schwefeligen Säure**:

H_2SO_3
Schwefelige Säure
Salze: Sulfite

$$SO_2 + 2\,H_2O \rightleftharpoons H_2SO_3$$

Das Gleichgewicht der Reaktion liegt weit auf der Seite von SO_2, die schwefelige Säure ist also unbeständig und eine mäßig starke Säure. Die Salze heißen **Sulfite**.

K_2SO_3
Kaliumsulfit

Auch **Schwefeltrioxid** SO_3 ist ein Gas, es ist das Anhydrid der **Schwefelsäure**:

SO_3
Schwefeltrioxid

$$SO_3 + 2\,H_2O \rightleftharpoons H_2SO_4$$

Hier liegt das Gleichgewicht weit auf der Seite der Schwefelsäure, die ist beständig und eine starke Säure. Reine Schwefelsäure ist eine ölige Flüssigkeit, die stark oxidierend und wasseranziehend wirkt – organische Stoffe werden oft „verkohlt" (gleichzeitig oxidiert und entwässert). Mit Wasser reagiert konzentrierte Schwefelsäure stark exotherm (also Vorsicht beim Verdünnen). Die Salze heißen **Sulfate**. Es gibt auch **Hydrogensulfate**, bei denen nur ein Wasserstoffatom der Säure durch Metall ersetzt ist. Die Sulfate fast aller Metalle sind gut wasserlöslich (Verbindungen mit Ca, Sr, Ba, Pb sind dabei die Ausnahmen).

H_2SO_4
Schwefelsäure
Salze: Sulfite

Na_2SO_4
Natriumsulfat

$NaHSO_4$
Natriumhydrogensulfat

Schwefelsäure ist die wichtigste Säure in der chemischen Großindustrie. Es gibt nur wenige chemische Produkte, bei deren Herstellung Schwefelsäure keine Rolle spielt. Die Produktion von Schwefelsäure wird sogar als Maß für die Kapazität der chemischen Wirtschaft eines Landes verwendet.

Denkt man sich in der Schwefelsäure einen Sauerstoff durch einen Schwefel ersetzt, erhält man die Thio-Schwefelsäure, $H_2S_2O_3$. Sie ist sehr unbeständig, aber es gibt stabile Salze, die **Thiosulfate**, die wichtige Reduktionsmittel in Labor und Technik sind. Natriumthiosulfat wird als Fixiersalz in der Photographie verwendet (siehe Kapitel 4.2.1).

$Na_2S_2O_3$
Natriumthiosulfat

```
     O               S               O
     ‖               ‖               ‖
H–O–S–O–H       H–O–S–O–H       H–O–S–Cl
     ‖               ‖               ‖
     O               O               O
```

Schwefelsäure — Thioschwefelsäure — Chlorsulfonsäure

Man kann auch eine HO-Gruppe der Schwefelsäure durch ein Halogen ersetzen und erhält dann die entsprechenden Halogenschwefelsäuren, z.B. die Chlorschwefelsäure (auch **Chlorsulfonsäure** genannt).

Photozellen und Kopierer

Selen steht an der Grenze vom Nichtleiter zum Halbleiter. In metallischem Selen sind die Valenzelektronen relativ fest gebunden. Sichtbares Licht reicht aber aus, um die Elektronen frei zu setzen, dann wird Selen elektrisch leitend. Diese Eigenschaft wird bei der Herstellung von Photozellen ausgenützt, mit denen man Lichtimpulse in elektrische Impulse umwandeln kann. *Zum Beispiel für Alarmanlagen: Ein Strahl von (unsichtbarem) Licht leuchtet ständig auf eine Photozelle. Wenn der ungeschickte Einbrecher den Lichtstrahl unterbricht, ändert sich die Leitfähigkeit der Zelle und der Alarm schrillt los. Kennt jeder, der einschlägige Kriminalfilme gesehen hat.*

Aber auch moderne Kopierer benutzen diese Eigenschaft von Selen. Sie enthalten eine mit Selen beschichtete Walze, die elektrisch aufgeladen wird. Beim Kopieren wird das Bild auf diese Walze projiziert, wo Licht auftrifft wird die Walze leitend und die elektrische Ladung fließt ab. Dann wird schwarzes Pulver darauf gestaubt, das nur dort haftet, wo noch elektrische Ladungen zurück geblieben sind, also an den dunklen Stellen der Projektion. Die Walze wird dann gegen ein Papier gepresst und die schwarze Farbe heiß auf das Papier aufgeschmolzen. Das Ergebnis ist ein Abbild der ursprünglichen Vorlage.

3.5 Die Stickstoffgruppe

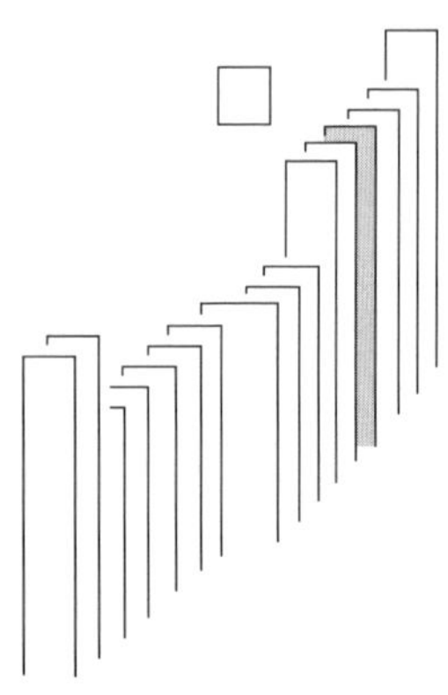

Stickstoff ist ein Nichtmetall, Wismut ein Metall, die dazwischen liegenden Elemente gehen allmählich von Nichtmetall zu Metall über. An der Erdoberfläche ist Phosphor häufiger als Stickstoff, die anderen Elemente sind selten. Die einzige elementare Form des Stickstoffs, N_2, ist gleichzeitig die stabilste Stickstoffverbindung überhaupt (sehr reaktionsträge), 78 % der Luft bestehen aus N_2. Phosphor ist extrem reaktionsfähig und kommt daher in der Natur nur in Verbindungen vor. Im Labor kann man verschiedene Modifikationen von elementarem Phosphor herstellen. Die bekanntesten sind der giftige, sehr leicht entzündliche weiße Phosphor (besteht aus P_4-Molekülen) und der ungiftige, stabilere rote Phosphor. Letzteren verwendet man in den Reibflächen der Schachteln von Sicherheits-Streichhölzern. Arsen, Antimon und Wismut kommen meist als Erze, zuweilen auch elementar vor, sie werden für manche Legierungen verwendet.

Stickstoff:	N
Phosphor:	P
Arsen:	As
Antimon:	Sb
Wismut:	Bi*

3.5.1 Reaktionen und Verbindungen des Stickstoffs

Aus der Elektronenverteilung des Stickstoffes ergibt sich, dass dem Atom nur noch drei Elektronen zur Edelgaskonfiguration fehlen, unter Aufnahme dieser drei Elektronen erreicht es daher einerseits die Oxidationszahl −III. Andererseits kann ein elektronegativeres Element – vor allem Sauerstoff – die fünf Valenzelektronen auch beanspruchen, sodass positive Oxidationszahlen bis maximal fünf möglich sind.

In elementarer Form ist Stickstoff ein Gas, die anderen sind fest.

N: $1s^2$ $\mathbf{2s^2}$ $\mathbf{2p^3}$

Oxidationszahlen:
−III bis +V

Die wichtigste Verbindung des Stickstoffs mit Wasserstoff ist der **Ammoniak** NH_3, ein stechend riechendes, farbloses Gas, das relativ leicht zu verflüssigen ist *(Siedepunkt −33°C)* und eine gewisse Analogie zu Wasser aufweist. *Flüssiger Ammoniak ist ein Dipol, ein gutes polares Lösungsmittel, enthält Wasserstoffbrücken zwischen den Molekülen, usw.* Seine wässrige Lösung wird im Labor und im Haushalt (als „Salmiak-Geist") verwendet. Es ist eine mäßig starke Base, da es leicht H^+ aufnehmen kann:

$$NH_3 + H^+ \rightleftharpoons NH_4^+$$

Dabei reagiert das freie Elektronenpaar des NH_3 mit dem H^+-Ion. Die Bindung ist also der klassische Fall einer koordinativen Bindung. Im NH_4^+ sind dann die vier Wasserstoffe nicht unterscheidbar, der Stickstoff ist sp^3-hybridisiert und die Wasserstoffe stehen symmetrisch an den Ecken eines Tetraeders. Das so gebildete **Ammonium**-Ion NH_4^+ kann als Kation wie ein Metall Salze bilden. Ammonium-Salze sind in ihren Eigenschaften den entsprechenden Kalium-Salzen sehr ähnlich.

NH_3	NH_4^+
Ammoniak	**Ammonium**

Stickstoff ist wichtig für jedes Lebewesen, da N_2 aber so reaktionsträge ist, können Pflanzen den Stickstoff der Luft nicht nützen. Nur Bakterien sind imstande, aus elementarem Stickstoff Verbindungen aufzubauen, daher halten sich einige Pflanzenarten (Leguminosen) diese Bakterien als „Haustiere". Die übrigen Pflanzen waren immer auf natürlichen Dünger (also organisches Material, wie Jauche, Mist, u.a.) angewiesen. Erst *zu Beginn des 20. Jahrhunderts ist es Chemikern gelungen, den Stickstoff der Luft mit Wasserstoff zu Ammoniak umzusetzen, aus dem dann weiter Salpetersäure und daraus wieder die verschiedenen Stickstoff-Dünger hergestellt werden.*

H_2N-NH_2
Hydrazin

H_2N-OH
Hydroxylamin

HN_3
Stickstoffwasserstoffsäure
Salze: Azide

Es gibt noch einige andere Wasserstoffverbindungen des Stickstoffs, z.B. **Hydrazin**, das man als Analogon zu H_2O_2 auffassen kann (allerdings ist es eher ein schwaches Reduktionsmittel) und **Hydroxylamin** H_2N-OH (*eine Hälfte Hydrazin, eine Hälfte H_2O_2)*. Besonders spannend ist die **Stickstoffwasserstoffsäure**: als Säure etwas schwächer als Essigsäure ist sie sehr giftig und extrem explosiv. Ihre Salze (heißen **Azide**) mit Schwermetallen explodieren schon durch heftige Schläge und werden daher als Initialzünder (z.B. für Patronen) verwendet. Natriumazid ist ein wenig stabiler, seine Detonation wird zum Aufblasen von Airbags in Autos benutzt. Überhaupt ist so ziemlich die gesamte Chemie der Stickstoff-Wasserstoff-Verbindungen eine brisante Angelegenheit, auch Hydroxylamin ist explosiv, und Hydrazin ist immerhin als Raketentreibstoff in Verwendung. *Ach ja, es gibt auch Azide mit Halogenen, z.B. ClN_3 oder IN_3, alle sind – sie werden es schon erraten haben – hochexplosiv!*

Oxide:

N_2O

NO

N_2O_3

NO_2 (und N_2O_4)

N_2O_5

Mit Sauerstoff kann Stickstoff alle denkbaren **Oxide** mit den Oxidationszahlen +I bis +V bilden, also N_2O, NO, N_2O_3, NO_2 (und N_2O_4), N_2O_5. Davon sind aber N_2O_5 und N_2O_3 instabil, das eine zerfällt leicht zu N_2O_4 und O_2, das andere disproportioniert in die jeweils höhere und niedrigere Oxidationszahl:

$$2\,N_2O_5 \rightleftharpoons 2\,N_2O_4 + O_2 \qquad N_2O_3 \rightleftharpoons NO + NO_2$$

Allerdings sind gerade diese beiden unstabilen Oxide die Anhydride der beiden stabilsten Sauerstoffsäuren des Stickstoffs (Salpetersäure und Salpetrige Säure, siehe weiter unten).

Distickstoffoxid N_2O ist ein farbloses, reaktionsträges Gas. Unter dem Namen „Lachgas" wurde es früher für leichte Narkosen verwendet (zum Beispiel beim Zahnarzt).

Stickstoffmonoxid NO (oder auch Stickstoffoxid) ist ein farbloses, sehr giftiges Gas. Mit Luft reagiert es leicht zu Stickstoffdioxid.

$$2\,NO + O_2 \rightleftharpoons 2\,NO_2$$

Stickstoffdioxid NO_2 ist ein rotbraunes Gas. (NO_2 wandelt sich spontan teilweise in N_2O_4 um. Im Gleichgewicht hat man immer ein Mischung beider Gase). Diese so genannten nitrosen Gase, die bei vielen Reaktionen entstehen, sind Gemische verschiedener Stickoxyde, wobei NO_2 die braune Färbung verursacht. *Oft werden Stickoxide bzw. nitrose Gase mit NO_x abgekürzt, das soll eine wenig definierte Mischung verschiedener Stickoxide mit variablem Sauerstoffanteil bezeichnen.*

Zwei Sauerstoffsäuren des Stickstoffs sind wichtig: die **Salpetersäure** HNO_3 und die **salpetrige Säure** HNO_2. Ihre Anhydride sind die beiden bereits erwähnten Oxide N_2O_5 und N_2O_3.

$$2\,HNO_3 \rightleftharpoons N_2O_5 + H_2O \qquad 2\,HNO_2 \rightleftharpoons N_2O_3 + H_2O$$

Salpetersäure ist die wichtigste Säure des Stickstoffs, eine farblose Flüssigkeit, die sich mit Wasser beliebig mischt. Salpetersäure ist beständig und eine recht starke Säure, außerdem ist sie ein Oxidationsmittel, das in konzentrierter Form auch edle Metalle wie Kupfer und Silber löst, nicht jedoch Gold und Platinmetalle. Sie wird daher als **„Scheidewasser“** zur Unterscheidung von Silber und Gold verwendet. Mischt man Salpetersäure mit Salzsäure im Verhältnis 1:3, so erhält man das so genannte **„Königswasser“**, das auch Gold (den „König der Metalle“) lösen kann. In der Mischung bilden sich nämlich dann Chlor und Nitrosylchlorid, beide sind so starke Oxidationsmittel, dass sie sogar Gold oxidieren können:

HNO_3
Salpetersäure
Salze: Nitrate

$$HNO_3 + 3\,HCl \rightleftharpoons \underset{\text{Nitrosylchlorid}}{NOCl} + Cl_2 + 2\,H_2O$$

Technisch bedeutend ist die Mischung von konzentrierter Salpeter- und Schwefelsäure in der organischen Chemie. Diese so genannte **„Nitriersäure“** wird zur Herstellung vieler Nitroverbindungen wie Nitrozellulose, Nitroglycerin, usw. benutzt. *Also schon wieder Sprengstoffe!*

Salpetersäure bildet mit allen Metallen gut wasserlösliche Salze, die **Nitrate**. Ammoniumnitrat wird in riesigen Mengen als Stickstoffdünger produziert. *Auch Ammoniumnitrat ist explosiv, das ist jenes Düngersalz, mit dem so viele Halbwüchsige experimentieren – und die Unfallkliniken sind nachher mit dem Retten der Augen und mit dem Wiederannähen von Fingern beschäftigt.* Früher kannte man nur die natürlich vorkommen-

NH_4NO_3
Ammoniumnitrat

KNO_3

Kaliumnitrat, Kalisalpeter

$NaNO_3$

Natriumnitrat, Chilesalpeter

den Nitrate Natriumnitrat $NaNO_3$ („Chilesalpeter") und Kaliumnitrat KNO_3 („Kalisalpeter"). Neben der Verwendung als Düngemittel sind sie auch wichtiger Bestandteil des Schwarzpulvers – früher war es als Schießpulver wichtig, heute wird es nur noch in Feuerwerks- und Knallkörpern verwendet.

Sie werden bemerkt haben, dass die Grundregel „die stabilste Sauerstoffsäure wird direkt nach dem Element benannt" hier durchbrochen ist. Man müsste eigentlich Stickstoffsäure oder Sticksäure sagen und sagt doch Salpetersäure. Das liegt eben daran, dass vor der Erfindung der Ammoniaksynthese die natürlich vorkommenden Salpeter die einzige Quelle für Stickstoffverbindungen waren und alles andere daraus hergestellt werden musste. Sonst stimmt die Regel aber gut, beachten Sie die weitgehende Analogie von Salpeter- und Schwefelsäure – starke Säure, beständig – und von schwefeliger und salpetriger Säure – schwächer und unbeständig.

HNO_2

salpetrige Säure

Salze: Nitrite

$NaNO_2$

Natriumnitrit, „Pökelsalz"

Salpetrige Säure ist unbeständig und existiert in reiner Form gar nicht. Verdünnt in wässriger Lösung zerfällt sie leicht in Stickoxide und Salpetersäure. Salpetrige Säure ist eine mäßig starke Säure (immerhin stärker als Essigsäure). Je nach Partner kann sie als Oxidations- oder Reduktionsmittel wirken. Es existieren nur wenige stabile Salze (vor allem mit Alkali- und Erdalkalimetallen). Natriumnitrit wird als Pökelsalz bei der Herstellung von Schinken und Wurstwaren verwendet, es wirkt keimtötend und verursacht die appetitliche Rosa-Farbe.

Stickstoffmonoxid kann mehr als man vermutet

Dieses Gas war uns lange Zeit nur als Umweltverschmutzer aus Autoabgasen ein Begriff. Es dauerte bis zum Ende des 20. Jahrhunderts, bis man entdeckte, dass NO auch in unserem Stoffwechsel entsteht und im Körper wichtige Funktionen hat. Es erhöht z.B. die Leistung unseres Gedächtnisses, und zwar spielt es die Rolle eines „Botenstoffes" in unserem Gehirn. Eine weitere Funktion ist die Abwehr von Fremdkeimen. Die Makrophagen unseres Körpers töten Bakterien oder auch mutierte Zellen, indem sie ihnen eine tödliche Dosis NO verpassen. *Der so genannte „septische Schock" in der Intensivmedizin dürfte darauf beruhen, dass bei massiver Infektion die Makrophagen überreagieren, und zu viel NO produzieren. Dadurch sinkt der Blutdruck lebensbedrohend, als Gegenmittel verabreicht man Inhibitoren, die die NO-bildenden Enzyme blockieren.*

Die spektakulärste Wirkung von NO ist jedoch die blutdrucksenkende und muskelrelaxierende Wirkung. NO wird in den Blutgefäßen freigesetzt und entspannt die umgebenden Muskelzellen, dadurch sinkt der Blutdruck. Jetzt kann man plötzlich erklären, warum Medikamente wie Amylnitrit und Nitroglycerin – die im Körperinneren NO abspalten – gegen Angina pectoris (Krampf der Herzkranzgefäße) wirken. Und bei Männern lösen erotische Reize die Bildung von NO im Penis aus, die resultierende Muskelerschlaffung bewirkt, dass Blut in den Schwellkörper strömen kann und es zur Erektion kommt. Weil das nicht immer wunschgemäß klappt, ist es naheliegend, diesen erfreulichen Mechanismus etwas zu unterstützen. Das populäre Medikament „Viagra" wirkt, indem es an die Blutgefäße des Penis NO abgibt.

3.5.2 Reaktionen und Verbindungen von Phosphor

P: $1s^2\ 2s^2\ 2p^6$ **$3s^2\ 3p^3$**

Oxidationszahlen:
−III bis +V
häufig: **+III, +V**

Phosphorsäure ist ein wesentlicher Bestandteil aller biologischen Systeme, dagegen ist elementarer Phosphor und viele der übrigen Phosphor-Verbindungen giftig. Mit Wasserstoff bildet Phosphor PH_3, **Phosphin**, das nur formal dem Ammoniak entspricht: Phosphor ist darin nicht sp^3-hybridisiert, die H-Atome bilden daher einen Winkel von nahezu 90° und das freie Elektronenpaar befindet sich im s-Orbital. Phosphin ist wesentlich instabiler als Ammoniak, es ist ein giftiges und brennbares Gas.

PH_3
Phosphin

In der Kälte oxidiert Phosphor an Luft zunächst zu P_4O_6 und weiter zu P_4O_{10}. *Beim langsamen Übergang von P_4O_6 zu P_4O_{10} wird Energie in Form von Photonen frei, daher das Leuchten des Phosphors, das ihm den Namen gab.* Bei erhöhter Temperatur verbrennt Phosphor zu diesen Verbindungen. Sehr oft werden diese beiden Oxide als P_2O_3 und als P_2O_5 geschrieben und daher als **Phosphortrioxid** und **Phosphorpentoxid** bezeichnet. Das ist einfacher, aber eben nicht ganz korrekt, es befinden sich nämlich immer vier P-Atome im Molekül. Diese beiden Oxide sind Anhydride von zwei wichtigen Säuren des Phosphors, der **phosphorigen Säure** H_3PO_3 und der **Phosphorsäure** H_3PO_4:

P_4O_6
Tetraphosphorhexaoxid
(„**Phosphortrioxid**")

P_4O_{10}
Tetraphosphordekaoxid
(„**Phosphorpentoxid**")

$$4\,H_3PO_3 \rightleftharpoons P_4O_6 + 6\,H_2O$$
$$4\,H_3PO_4 \rightleftharpoons P_4O_{10} + 6\,H_2O$$

Vor allem in der zweiten Reaktion liegt das Gleichgewicht extrem weit auf der Seite der Phosphorsäure. Phosphorpentoxid nimmt extrem gierig Wasser auf und ist daher ein beliebtes Trocknungsmittel im chemischen Labor.

```
      O
      ‖
H−O−P−O−H
      |
      H
```

H_3PO_3
Phosphorige Säure
Salze: Phosphite

```
        O
        ‖
H–O–P–O–H
        |
        O
        |
        H
```

H_3PO_4

Phosphorsäure, Orthophosphorsäure

Salze: Phosphate

```
        O
        ‖
H–O–P–H
        |
        H
```

H_3PO_2

Hyperphosphorige Säure

Die beiden erwähnten Säuren sind beide stabile, mäßig starke Säuren (in der ersten Dissoziationsstufe, die anderen Stufen sind natürlich wesentlich schwächer). *Beachten Sie, dass die phosphorige Säure eine zweiwertige Säure ist, das dritte H-Atom, das direkt am Phosphor hängt, dissoziiert nicht.* **Phosphate** werden in riesigem Umfang als Dünger in der Landwirtschaft eingesetzt. *Das beliebte „Superphosphat" ist eine Mischung aus Calciumphosphat und Calciumsulfat (= Gips).*

Daneben gibt es noch eine verwirrende Vielfalt von anderen Sauerstoffsäuren des Phosphors. Es gibt eine hyperphosphorige Säure H_3PO_2 (einwertig, nur ein Wasserstoff kann abdissoziieren), es gibt Peroxyphosphorsäuren, es gibt verschiedene Polyphosphorsäuren (die aus Hunderten bis Tausenden miteinander verknüpften Phosphorsäure-Einheiten bestehen), es gibt Metaphosphorsäuren, die durch Abspaltung von Wasser aus (Ortho)-Phosphorsäuren entstehen, mit allgemeiner Formel $(HPO_3)_n$, und es gibt noch alles mögliche andere ...

Phosphorsäure und Phosphate

Phosphorsäure ist für jeden Organismus lebensnotwendig. Sie ist Bestandteil der Nukleinsäuren, der Knochen, der Zellmembranen; Phosphate spielen eine Hauptrolle im Energiestoffwechsel, usw. Glücklicherweise ist es für uns fast unmöglich an Phosphat-Mangel zu leiden, auch in der einseitigsten Ernährung ist genug Phosphat verfügbar. Pflanzen sind in einer anderen Situation, sie können je nach Bodenbeschaffenheit leicht in einen Phosphatmangel geraten, daher sind Phosphate wichtige Dünger in der Agrarchemie.

Phosphorsäure wird außerdem gerne als Rostumwandler verwendet: Statt Eisenoxid bildet sich Eisenphosphat, welches das Metall vor weiterer Oxidation schützt, oder aus Chromoxid wird Chromphosphat, deshalb kann man mit Cola so gut die Stoßstangen seines Autos putzen. Die üblichen Rostschutzfarben und Metallreiniger enthalten meist Phosphorsäure. Sie ist auch ein wesentlicher Bestandteil von industriell hergestellten Getränken.

Es ist also richtig, dass man, wenn man Cola mag, eigentlich einen Industriereiniger trinkt! Das ist für unseren Stoffwechsel aber bedeutungslos, Phosphat ist Phosphat, gleichgültig aus welcher Quelle es stammt.

Vor einigen Jahren wurden Phosphate als besonders umweltbelastend verteufelt. Man fand, dass die Phosphate aus Düngern, aus Wasch- und Reinigungsmitteln erheblich an der Verschmutzung von Flüssen und Seen beteiligt sind. Das freigesetzte Phosphat führt zu einer Eutrophierung des Wassers (das ist eine Anreicherung mit unerwünschten Nährstoffen), sodass vermehrtes Algenwachstum auftrat. Also begannen die Hersteller von Waschmitteln nach Alternativen zu suchen und phosphatfreie Produkte zu vermarkten – diese haben aber dann wieder andere Nachteile. Inzwischen glaubt man, dass es schlauer wäre, stattdessen die Kläranlagen so zu verbessern, dass man das Phosphat aus den Abwässern wiedergewinnen kann. Bei diesen Verfahren werden gleichzeitig auch giftige Schwermetalle aus dem Abwasser entfernt, der zurückbleibende Klärschlamm wäre dann ungiftig und könnte als Dünger verwendet werden.

3.5.3 Verbindungen von Arsen, Antimon und Wismut

As: $1s^2\ 2s^2\ 2p^6\ 3s^2\ 3p^6$ **$4s^2$** $3d^{10}$ **$4p^3$**

Oxidationszahlen:

+III, (As, Sb auch +V)

andere sind selten

Es gibt von allen drei Elementen Wasserstoffverbindungen analog zum PH_3 (also AsH_3, SbH_3, BiH_3), die in der Gruppe nach unten hin immer instabiler werden. *AsH_3 hatte früher Bedeutung in der Gerichtsmedizin: Man konnte das Gas aus Gewebeproben freisetzen, durch Hitze zerfällt es in Arsen, das man so sichtbar machen und den Geschworenen zeigen konnte. Diese „Marsh'sche Probe" erlaubte es zum ersten Mal, Gift in Leichen nachzuweisen. Vorher (schon bei den alten Römern) war Arsenik sehr beliebt bei Giftmördern – und die Chance erwischt zu werden war minimal.*

As_4O_6
„Arsentrioxid", „**Arsenik**"

As_4O_{10}
„Arsenpentoxid"

H_3AsO_4
Orthoarsensäure

Da sich Arsenverbindungen im Körper ähnlich wie Phosphorverbindungen verhalten, sind alle giftig, sofern sie löslich sind. Allerdings wirken kleine Mengen Arsen anregend und belebend, sodass **Arsenik** früher (noch im 19. Jahrhundert) als Medikament und Stimulans sehr beliebt war. *Es tritt auch ein Gewöhnungseffekt auf, durch regelmäßige kleine Arsenmengen kann man gegen eine ansonsten tödliche Dosis unempfindlich werden.*

Sb_4O_6, Sb_4O_{10}

Bi_2O_3

Auch die Sauerstoffverbindungen existieren grundsätzlich in Analogie zu den entsprechenden Phosphorverbindungen. Allerdings gilt auch hier wieder die Regel, dass die Stabilität von Verbindungen mit der höchsten Oxidationszahl innerhalb der Gruppe von oben nach unten abnimmt. Gibt es also von Arsen noch alle Oxide und auch einige Sauerstoffsäuren mit den Oxidationszahlen +III und +V, so ist von Wismut nur noch ein Oxid mit +III bekannt. As(+III)-Oxid ist sauer, Sb(+III)-Oxid amphoter, Bi(+III)-Oxid basisch.

Das heißt: Mit Wasser bilden sich die entsprechenden Hydroxide, die dann als Säure, Ampholyt oder Base reagieren. Der

Sauerstoff in diesen Hydroxiden hat als besonders elektronegatives Element natürlich die Tendenz, die Bindungselektronen möglichst weit (am besten ganz) an sich zu ziehen. Gegenüber einem ebenfalls elektronegativen Nichtmetall, wie z.B. Schwefel oder auch Arsen, gelingt ihm das natürlich schlecht, also nimmt er dem Wasserstoff auf der anderen Seite die Elektronen weg, sodass der dann leicht als H^+ *abdissoziieren kann: wir haben eine Säure. Hängt die HO-Gruppe dagegen an einem wenig elektronegativen Metall, so ist dieses ganz zufrieden selbst ein Kation bilden zu dürfen und trennt sich von der OH-Gruppe, sodass das Hydroxid basisch reagiert. (Die eigentliche Base ist natürlich das* OH^-*-Ion.)*

Ampholyte:

reagieren „amphoter", je nach pH-Wert als Säure oder als Base.

Dazwischen gibt es aber einen weiten Bereich an Elementen, die als Hydroxid ungern, aber doch die OH-Gruppe auslassen. Das sind Halbmetalle oder Metalle, die im Periodensystem nahe am Übergang vom Halbmetall zum Metall liegen. Sie geben entweder nur sehr wenige OH^-*-Ionen ab und wirken daher schwach basisch oder sie entscheiden gar nach den äußeren Umständen, ob sie* OH^- *oder* H^+ *abdissoziieren wollen, das sind Ampholyte. Wie ein Ampholyt reagiert, richtet sich nach dem pH-Wert der Umgebung. Sind viele* H^+*-Ionen vorhanden, reagiert er als Base, sind wenige* H^+*-Ionen vorhanden, reagiert er als Säure.*

Starb Mozart durch Gift?

Obwohl Verbindungen von Antimon giftig sind, können wir es in unserer Nahrung nicht ganz vermeiden. Allerdings stellen die Spuren, die wir täglich zu uns nehmen, keine Gefahr dar, wir scheiden Antimon rasch wieder aus und speichern es nirgends in unserem Organismus. Größere Mengen Antimon führen aber zu Übelkeit, Kopfschmerzen, Ohnmachten und Depressionen, noch mehr kann innerhalb von einigen Tagen zum Tod führen – obwohl davon auch wiederholtes Erbrechen ausgelöst wird.

Im 18. Jahrhundert war Antimon aber ein sehr beliebtes Medikament. Es wurde besonders als Brechmittel geschätzt, wobei die dabei angewendeten Mengen der tödlichen Dosis mitunter recht nahe kamen. Es gibt eine Theorie, nach der Mozart an den Folgen einer Antimonvergiftung starb. Die Symptome würden übereinstimmen. Allerdings dürfte Mozart nicht von irgendwelchen Feinden oder Konkurrenten vergiftet worden sein, sondern viel eher durch eine Fehlbehandlung – sei es durch Ärzte, sei es durch sich selbst. Mozart war nämlich ein Hypochonder und schluckte ständig die verschiedensten Medikamente. Seine Schulden bei den Wiener Apothekern waren enorm. Da Mozart, damals gerade wieder mittellos, in einem unbekannten Armengrab beigesetzt wurde, kann man seine Leiche nicht finden und exhumieren – sonst wäre es vielleicht heute noch möglich, das Gift nachträglich zu bestimmen.

3.6 Die Kohlenstoffgruppe

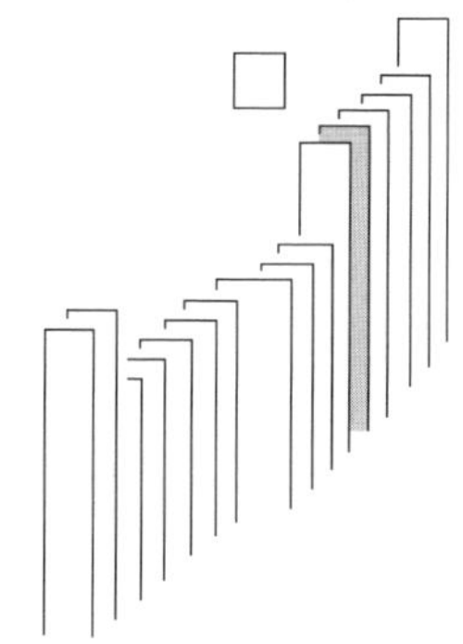

Kohlenstoff ist ein Nichtmetall (mit einigen wenigen halbmetallischen Eigenschaften), Silizium und Germanium sind die „typischen" Halbmetalle, Zinn und Blei sind echte Metalle. Silizium ist das zweithäufigste Element in der Erdkruste (nach Sauerstoff), die anderen sind wesentlich weniger häufig. Außer Kohlenstoff, der auch elementar vorkommt, findet man diese Elemente in der Natur nur in Verbindungen.

Kohlenstoff:	C
Silizium:	Si
Germanium:	Ge
Zinn:	Sn
Blei:	Pb

Kohlenstoff gibt es rein in zwei Modifikationen, Diamant und Graphit. Als **Diamant** ist er ein typisches Nichtmetall, jedes einzelne C-Atom ist durch vier Bindungen (tetraedrisch ausgerichtet) mit seinen Nachbarn verbunden, sodass jeder Diamant ein einziges Molekül ist – daher auch seine extreme Härte. *Die meisten Diamanten werden in der Industrie zum Schneiden und Schleifen verwendet, nur die ausgesucht schönen Stücke hängt man sich um den Hals oder steckt sie an den Finger.* **Graphit** besteht aus Schichten, in denen die C-Atome durch Einzel- und Doppelbindungen verbunden sind. Da dabei nicht alle Elektronen streng lokalisiert sind, leitet Graphit den elektrischen Strom *(und wird daher in der Elektroindustrie verwendet)*. Da man diese Schichten abreiben kann, verwendet man Graphit auch als Schmier- und Gleitmittel und für Minen von Bleistiften *(die schon sehr lange kein Blei mehr enthalten)*. Die verschiedenen **Kohlesorten** (Braunkohle, Steinkohle, Holzkohle, Koks) sind nicht reiner Kohlenstoff, sondern ein kompliziertes Gemisch aus organischen Verbindungen mit erheblichen Mengen Wasserstoff. **Ruß** dagegen besteht aus winzigen, graphit-ähnlichen Kristallen.

Raumstruktur Diamant

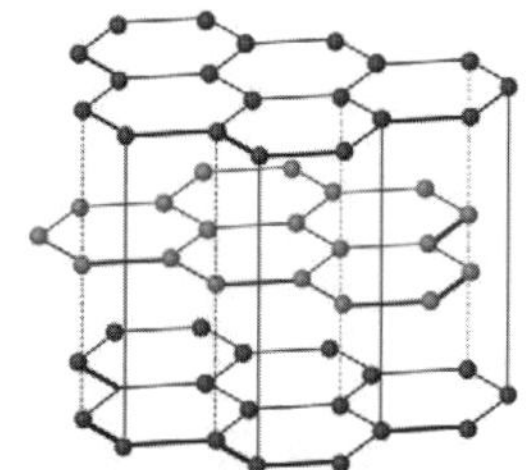

Raumstruktur Graphit

Aktivkohle

Holzkohle entsteht heute nicht mehr in Kohlemeilern, sondern durch Erhitzen unter Luftabschluss (die so genannte „Holzdestillation"). Man kann „Holzkohle" auch aus anderen pflanzlichen oder tierischen Abfällen herstellen. Diese Kohle ist extrem porös. Besonders gereinigte Holzkohle heißt Aktivkohle, sie enthält pro Gramm etwa hundert Quadratmeter innere Oberfläche! Diese riesige Oberfläche kann große Mengen an Stoffen adsorbieren. Daher setzt man Aktivkohle zur Reinigung und Entfärbung von Flüssigkeiten und Gasen ein. Die üblichen Filter in Gasmasken enthalten Aktivkohle, giftige Gase werden von der Kohle aufgenommen und nur die normalen Luftbestandteile durchgelassen. Und bei Beschwerden im Darmbereich schluckt man „Tierkohle" (carbo animalis), die im Darm dann Giftstoffe (Toxine) adsorbieren soll.

Silizium und Germanium sind in reiner Form metallisch glänzende Stoffe, sie haben als **Halbleiter** enorme Bedeutung.

Obwohl Zinn ein Metall ist, ist es unterhalb von 13°C in einer nichtmetallischen Modifikation stabil. *Die gefürchtete Zinnpest beruht darauf, dass sich das Metall in der Kälte langsam in diese nichtmetallische Form umwandelt. In ungeheizten Kirchen sind so allmählich die Orgelpfeifen zu weißem Pulver zerbröselt.* Metallisches Zinn ist so weich, dass man es zu papierdünnen Folien auswalzen kann (als „Stanniol" bezeichnet, wird aber heute meist durch die viel billigeren Aluminiumfolien ersetzt). Auch der Gebrauch von Zinngeschirr ist nur noch von historischem Interesse. Das meiste Zinn wird heute verwendet, um Eisenblech als Rostschutz zu überziehen (= **Weißblech**). Wichtige Legierungen sind **Bronze** (mit Kupfer) und **Lötzinn**, auch Weichlot genannt (mit Blei).

Blei ist sehr weich und leicht zu verarbeiten, allerdings ist es ziemlich giftig. Viel Blei wird für die Platten von Akkumulatoren (z.B. die Batterien unserer Autos) verbraucht. Legiert findet es Verwendung als Schrot (für die Jagd), als Metall für Lettern (in „alten" Druckereien) und als Lagermetall. *Die Verwendung von Bleirohren ist gänzlich verschwunden, Kunststoffrohre sind billiger, haltbarer, leichter miteinander zu verbinden – und vor allem ungiftig.*

Leiter und Halbleiter

Ein Metall ist eine regelmäßige Struktur aus positiv geladenen Ionen, zwischen denen sich überschüssige Elektronen befinden. Diese Elektronen sind nahezu frei beweglich und leiten daher den elektrischen Strom, es sind Leiter. Diamant wäre ein Beispiel für einen Isolator, hier sind alle Valenzelektronen an Bindungen beteiligt und unbeweglich. Auch Silizium und Germanium haben eine Elektronenanordnung, die dem des Diamanten entspricht, hier sind die Elektronen aber viel weniger stark gebunden und können mit etwas Aufwand freigesetzt werden. Silizium und Germanium isolieren also bei niedriger Spannung, erhöht man die Spannung jedoch, werden Elektronen losgerissen und beginnen Strom zu leiten. Stoffe mit diesen Eigenschaften nennt man **Halbleiter**. *Auch bei Temperaturerhöhung leiten sie besser, weil die Elektronen leichter freigesetzt werden, während metallische Leiter bei höherer Temperatur schlechter leiten, da die vermehrte Bewegung der Metallionen den Elektronenfluss stört.*

Allerdings leiten Halbleiter sehr wenig Strom. Das kann man verbessern, indem man sie extrem reinigt, und ihnen dann eine genau bemessene Menge an Fremdstoffen zusetzt. Diese müssen Atome sein, die entweder ein Elektron mehr oder ein Elektron weniger besitzen als der Halbleiter. Also Elemente, die im Periodensystem unmittelbar rechts oder links vom Halbleiter stehen. *Für Silizium nimmt man Phosphor oder Aluminium, für Germanium Arsen oder Gallium.* Man nennt diesen Vorgang das **Dotieren** des Halbleiters. Ein zusätzliches Elektron bleibt nicht an Ort und Stelle, sondern kann im Halbleiter herumwandern, sodass jetzt eine gewisse Anzahl von beweglichen Elektronen für die Stromleitung vorhanden ist. Umgekehrt bedeutet ein Elektron zu wenig eine Lücke in der sonst regelmäßigen Elektronenanordnung. Auch diese Lücke kann sich bewegen und verhält sich physikalisch wie eine positive Ladung, sie kann also Strom leiten.

```
   |    |    |    |              |    |    |    |
 —Ge—Ge—Ge—Ge—           —Ge—Ge—Ge—Ge—
   |   •⊕  |    |              |    |⊖  |    |
 —Ge—Ga—Ge—Ge—           —Ge—As—Ge—Ge—
   |    |    |    |              |    |    |    |
 —Ge—Ge—Ge—Ge—           —Ge—Ge—Ge—Ge—
   |    |    |    |              |    |    |    |
 —Ge—Ge—Ge—Ge—           —Ge—Ge—Ge—Ge—
   |    |    |    |              |    |    |    |
```

p- und n-Germanium

Spannend wird das Ganze, wenn man positiv und negativ dotierte Halbleiter kombiniert, sie also hintereinander in einen Stromkreis bringt. An der Grenzfläche zwischen den beiden Dotierungen kann der Strom nämlich nur in eine Richtung fließen. Klar, die positiven und die negativen Überschussladungen wandern in verschiedene Richtungen. Schaltet man den Stromkreis so, dass die beiden voneinander weg wandern, befindet sich im Grenzbereich bald keine Ladung mehr, die Grenze wird zum Nichtleiter und der Stromfluss unterbrochen. Nach diesem Prinzip funktionieren elektronische Bauteile (**Dioden**), die Wechselstrom gleichrichten können.

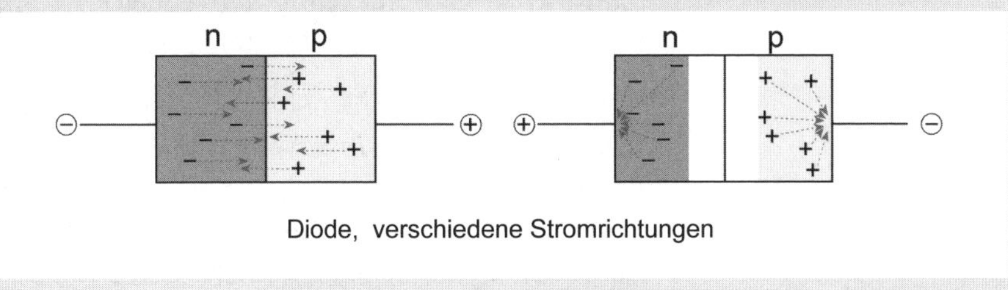

Diode, verschiedene Stromrichtungen

3.6.1 Reaktionen und Verbindungen des Kohlenstoffs

C: $1s^2$ $2s^2$ $2p^2$

Oxidationszahlen:

alle von **−IV bis +IV**

Da Kohlenstoff genau in der Mitte des Periodensystems steht, hat er die Wahl, entweder die nächsthöhere oder die nächstniedrigere Edelgaskonfiguration anzustreben. Er wird also maximal 4 Elektronen abgeben oder aufnehmen wollen. Also gibt es die Oxidationszahlen −IV und +IV und alle dazwischen liegenden Werte. Da Kohlenstoff gleichermaßen Elektronen aufnehmen oder abgeben kann, haben die C-Atome die Neigung, sich untereinander zu verbinden, eine Eigenschaft, die auch andere im Periodensystem benachbarte Elemente besitzen, die aber nirgends so extrem ausgeprägt ist wie bei Kohlenstoff. Folglich gibt es eine extreme Vielfalt an Kohlenstoffverbindungen – so viele, dass sie ein eigenes Teilgebiet der Chemie ausmachen. Diese „organische" Chemie ist Gegenstand des zweiten Teils dieses Buches, jetzt sollen hier nur so genannte „anorganische" Kohlenstoffverbindungen behandelt werden.

Dazu gehören weder die Kohlenwasserstoffe (enthalten nur Kohlenstoff und Wasserstoff), noch Verbindungen, welche daneben Halogene enthalten. Traditionell zur anorganischen Chemie rechnet man hingegen alle Oxide des Kohlenstoffs, von denen CO und CO_2 von Bedeutung sind.

CO
Kohlenmonoxid

Kohlenmonoxid CO ist ein farb- und geruchloses Gas, es bildet gerne als Ligand Komplexe mit Übergangsmetallen (**Carbonyle**). Giftig ist es, weil es dies auch mit dem Eisen im Hämoglobin tut, sodass dieses keinen Sauerstoff mehr aufnehmen kann. Kohlenmonoxid entsteht bei unvollständiger Verbrennung von Holz, Kohle, Kohlenwasserstoffen u.a. Häufige Ursache von tödlichen Unfällen sind daher defekte Koch- und Heizgeräte, aber auch in den Abgasen von Autos ist viel Kohlenmonoxid enthalten. *Und man sollte wissen, dass normale Gasmasken gegen Kohlenmonoxid NICHT schützen, dafür braucht es ganz spezielle CO-Filter vor den Masken!* In der chemischen Industrie ist CO ein häufig verwendetes Reduktionsmittel. Es findet sich in einigen wichtigen technischen Gasgemischen („Generatorgas" ist CO + N_2, „Wassergas" ist CO + H_2).

Die Spuren von CO in unserer Umwelt reichen aus, um einige Prozent unseres Hämoglobins unwirksam zu machen, bei Rauchern steigt dieser Wert auf etwa 10 %. Aber erst wenn mehr als 30 % blockiert sind, zeigen sich die Symptome: Benommenheit, Schwindelgefühl, Kopf- und Brustschmerzen. Alarmzei-

chen sollten auch deutlich gelbe Flammen von Gasgeräten oder starke Rußentwicklung sein. Schon bei einem Prozent CO in der Atemluft werden mehr als 50 % des Hämoglobins unwirksam und der Tod tritt innerhalb einer Stunde ein. Vor dieser Zeit hilft als Gegenmittel nur viel frische Luft oder besser – wenn verfügbar – reiner Sauerstoff. Opfer einer CO-Vergiftung erkennt man an der rosigen Verfärbung der Haut: der Hämoglobin-CO-Komplex hat eine besonders schöne, hellrote Farbe.

CO_2
Kohlendioxid

Kohlendioxid CO_2 ist das Endprodukt jeder vollständigen Oxidation von Kohlenstoff und Kohlenstoffverbindungen. Es entsteht bei deren Verbrennung, aber auch im Stoffwechsel jedes Lebewesens. Das Gas ist farb- und geruchlos und nur in höherer Konzentration in der Luft giftig – eigentlich erstickend, weil zu wenig Sauerstoff vorhanden ist. Da es nicht brennt und Flammen erstickt, wird es auch in Feuerlöschern verwendet. Das Gas wird bei −78°C fest, flüssiges Kohlendioxid gibt es ausschließlich unter höherem Druck. *Denken Sie an das Zustandsdiagramm der Stoffe: Unterhalb eines bestimmten Druckes gibt es keine flüssige Phase, dann geht „fest" direkt in „gasförmig" über. Bei Kohlendioxid tritt dieser Fall schon bei normalem Druck ein.* Dieses feste Kohlendioxid findet als so genanntes „Trockeneis" so manche Anwendung: als Kühlmittel im Labor und für den Versand von empfindlichen Produkten, oder für Bühneneffekte. *Bei Raumtemperatur verdampft es zu effektvoll aussehenden Nebelschwaden. Wirft man Trockeneis-Stücke in Drinks, kann man einen esoterisch-unheimlichen Anblick genießen, die Flüssigkeit blubbert und weiße Dämpfe wallen auf. Ich würde das Getränk jedoch stehen lassen: Industriell hergestelltes Trockeneis enthält meist Öl- und Schmutzrückstände aus den Kompressoren, die ich nicht unbedingt mittrinken möchte.*

H_2CO_3
Kohlensäure
Salze: Carbonate

CO_2 löst sich hervorragend in Wasser, viele unserer Getränke enthalten es, entweder künstlich zugesetzt (in Sodawasser und industriell hergestellten Limonaden) oder als Nebenprodukt der alkoholischen Gärung (in Bier, Schaumwein, u.a.). Dabei reagiert es mit Wasser zur **Kohlensäure**, deren Anhydrid es ist:

$$H_2CO_3 \rightleftharpoons CO_2 + H_2O$$

Allerdings ist das Gleichgewicht weit auf der Seite von CO_2. Die Kohlensäure ist eine schwache und unbeständige Säure. Als reine Substanz ist sie nicht herstellbar, ihre Salze kommen

$CaCO_3$

Calciumcarbonat
(= Kalk, Kreide, Marmor)

$CaCO_3 \cdot MgCO_3$

(Dolomit)

jedoch in riesigen Mengen in der Erdrinde vor. Vor allem **Calciumcarbonat** bildet allein (als Kalk, Marmor, Kreide) oder gemeinsam mit Magnesiumcarbonat (als Dolomit) ganze Gebirgszüge. Nahezu alle Carbonate sind in Wasser sehr schwer löslich. *Das ist auch gut so, sonst würden viele unserer Berge mit dem Regen davonschwimmen.* In allen stärkeren Säuren lösen sich Carbonate allerdings. Die Säure verbindet sich mit den Kationen und setzt die Kohlensäure als Wasser und Kohlendioxid frei:

$$2\,H^+ + SO_4^{2-} + CaCO_3 \rightleftharpoons Ca^{2+} + SO_4^{2-} + CO_2 + H_2O$$

Na_2CO_3

Natriumcarbonat, „Soda“

K_2CO_3

Kaliumcarbonat
„Pottasche“

$NaHCO_3$

Natriumhydrogencarbonat, (= Natriumbicarbonat), „Speisesoda“

Das CO_2 entweicht und verursacht das „Aufschäumen“, das Carbonaten eigen ist, sobald sie mit Säure in Kontakt kommen. *Wenn also der Regen sauer genug ist, z.B. durch saure Industrieabgase, so löst sich der Kalk tatsächlich darin auf.* Leicht wasserlöslich sind nur die Carbonate der Alkalimetalle. Natriumcarbonat wird als „**Soda**“ bezeichnet, Kaliumcarbonat als „**Pottasche**“. *Davon leiten sich auch die englischen Namen für Natrium und Kalium ab, nämlich „sodium“ und „potassium“.* Vor allem Soda ist ein Schlüsselprodukt der chemischen Industrie, große Mengen werden für die Produktion von Seife, von Glas, zur Wasser-Enthärtung und für die Darstellung anderer Natriumverbindungen benötigt. Im Gegensatz zu der sehr alkalischen Sodalösung ist das primäre Natriumsalz, **Natriumhydrogencarbonat,** nur schwach alkalisch. Es wird gerne als Hausmittel zur Neutralisation überschüssiger Magensäure verwendet („Speisesoda“) und dient auch als Backpulver. *Die erhöhte Temperatur im Backrohr zersetzt das Backpulver, es bildet sich unter anderem CO_2, das den Kuchen schön aufgehen lässt.* Mischt man es mit einer festen organischen Säure, erhält man ein Pulver, das beim Lösen in Wasser sofort CO_2 entwickelt, so eine Mischung wird für Brausepulver und Brausetabletten verwendet.

CS_2

Schwefelkohlenstoff

Dem Kohlendioxid analog ist Schwefelkohlenstoff, eine bei niedriger Temperatur siedende Flüssigkeit mit eigentümlichem Geruch. Es ist ein gutes Lösungsmittel für Phosphor, Schwefel, Fette, Kautschuk, ...

Es gibt eine ganze Reihe von Kohlenstoffverbindungen, in denen Stickstoff auftritt. Besonders bekannt *(oder sollte man sagen berüchtigt)* ist **Cyanwasserstoff**. Ein nach bitteren Mandeln riechendes Gas (oder auch eine Flüssigkeit, der Siedepunkt ist 25°C), das in wässriger Lösung als sehr schwache Säure dissoziiert, die **Blausäure**. *Cyanwasserstoff ist etwa so giftig wie Schwefelwasserstoff, allerdings ist der Geruch weitaus schwächer, sodass man nicht frühzeitig und bei niederen Konzentrationen gewarnt wird. Während es kaum Unfälle mit Schwefelwasserstoff gibt – man hält einfach den Gestank nicht lange genug aus – sind Vergiftungen mit Blausäure nicht ungewöhnlich.* Technisch wichtig sind die Natrium- und Kaliumsalze. Sie werden in großen Mengen für organische Synthesen und zur Goldgewinnung benötigt (Cyanid-Ionen sind gute Liganden in Komplexen, sie können Gold als Komplex aus Gestein herauslösen). Natürlich sind sie ebenfalls giftig – **Kaliumcyanid** ist das allen Krimilesern bekannte Zyankali – da jede stärkere Säure, also auch Magensäure, daraus Blausäure freisetzt. *Wenn man also Cyanid irrtümlich mit Säure versetzt hat, hilft – wenn überhaupt – nur mehr Atem anhalten und rennen. Ansonsten ist das einfachste Gegenmittel bei Cyanidvergiftungen Natriumthiosulfat (= Fixiersalz, siehe Abschnitt 3.4.2).*

HCN

Cyanwasserstoff, **„Blausäure“**

Salze: Cyanide

NaCN

Natriumcyanid

KCN

Kaliumcyanid, („Zyankali“)

Wenn man sich in der Blausäure zwischen H-Atom und N-Atom noch einen Sauerstoff oder Schwefel denkt, kommt man zu zwei weiteren Säuren, der **Cyansäure** HOCN und der **Thiocyansäure** HSCN (auch Rhodanwasserstoff genannt). Die Säuren sind unbeständig, es gibt aber stabile Salze. Während **Cyanate** ähnlich giftig sind wie Cyanide, sind **Thiocyanate** (meist als **Rhodanide** bezeichnet) ziemlich ungiftig und werden in Labors und Photolabors häufig verwendet.

HOCN

Cyansäure,

Salze: Cyanate

HSCN

Thiocyansäure, Rhodanwasserstoff(-säure)

Salze: Thiocyanate, Rhodanide

In den bisher behandelten Verbindungen hatte der Kohlenstoff ein elektronegativeres Element als Partner. Es gibt aber natürlich auch Verbindungen, in denen der Kohlenstoff selbst das elektronegativere Element ist, also Verbindungen mit Metallen oder Halbmetallen, sie werden **Carbide** genannt. *Ganz systematisch: Verbindungen, die nur zwei Elemente enthalten, bekommen die Endsilbe -id, vergleichen Sie mit Chlorid, Sulfid, Oxid, Hydrid, usw.* Ist der Unterschied der Elektronegativität gering, enthalten diese Carbide kovalente Bindungen. **Siliziumcarbid** SiC ist reaktionsträge und besonders hart. Es wird unter dem Namen „Carborundum“ als Polier- und Schleifmittel verwendet (z.B. im Schmirgelpapier). **Borcarbid** $B_{12}C_3$ ist das härteste bekannte Material überhaupt, es ritzt sogar Diamanten. Dagegen sind die Carbide der Metalle der ersten drei Hauptgruppen salzartige Verbindungen und gegen Wasser nicht sta-

SiC

Siliziumcarbid

$B_{12}C_3$

Borcarbid

CaC_2
Calciumcarbid

bil. Das bekannteste davon ist **Calciumcarbid** CaC_2. Mit Wasser entsteht daraus Ethin (= Acetylen) – Sie finden diese Reaktion in Kapitel 7.3.2. *Das ist das Prinzip der Carbidlampe, wie man sie früher zur Beleuchtung verwendet hat: Wasser tropft auf ein Stück Calciumcarbid, das freiwerdende Acetylen wird angezündet, es verbrennt mit heißer, sehr heller Flamme – und es ward Licht.*

3.6.2 Reaktionen und Verbindungen der übrigen Elemente

Si: $1s^2\ 2s^2\ 2p^6$ $\mathbf{3s^2\ 3p^2}$

Oxidationszahlen:

oben dominiert **+ IV**,
unten dominiert **+ II**,
andere sind selten.

Während die meisten Nichtmetalle grundsätzlich mehrere Oxidationsstufen einnehmen können, haben Metalle der Hauptgruppen nur eine oder zwei stabile Oxidationszahlen. Eine mögliche Oxidationszahl entspricht dabei immer der Gruppennummer (also der Zahl der Valenzelektronen). Wegen des inerten Elektronenpaares gibt es in den Gruppen 3 bis 6 noch eine um zwei verminderte Oxidationszahl, die um so wichtiger wird, je weiter unten das entsprechende Element im Periodensystem steht, sodass in der sechsten Periode (Tl bis Po) diese niedrigere Oxidationszahl eindeutig dominiert.

Diese Regel kann man natürlich auch auf die vierte Gruppe anwenden, die Oxidationszahl + II, die bei Silizium nicht auftritt, ist bei Blei deutlich stabiler als + IV. Andere Oxidationszahlen sind selten. Alle vier Elemente bilden die zum Methan (CH_4) analogen Verbindungen mit Wasserstoff, diese sind aber unstabil und entzünden sich an der Luft von selbst.

```
  |       |       |
—Si—O—Si—O—Si—
  |       |       |
  O       O       O
  |       |       |
—Si—O—Si—O—Si—
  |       |       |
  O       O       O
  |       |       |
—Si—O—Si—O—Si—
  |       |       |
```

Quarz SiO_2

Mit Sauerstoff bildet Silizium nur ein einziges Oxid, den **Quarz** SiO_2. Dieser hat es aber in sich: Die chemische Formel gibt nämlich nur die stöchiometrische Zusammensetzung wieder. Es gibt aber keine SiO_2-Atome, sondern Quarz bildet ein dreidimensionales Raumnetz, bei dem die Si-Atome jeweils durch Sauerstoffbrücken miteinander verbunden sind. Da es mehrere Möglichkeiten der Raumstruktur gibt, existieren auch insgesamt sechs verschiedene Modifikationen von Quarz. *Die dreidimensionale Struktur gibt dem Quarz natürlich auch die Härte, die wir von den „Kieselsteinen" kennen.* Noch viel komplizierter wird es, wenn wir uns Wasser dazu denken, damit würden wir (formal) die **Kieselsäure** erhalten, die in dieser Form aber unbeständig ist. Stellen wir uns aber dreidimensionale Quarzstrukturen vor, in denen an Stelle der Sauerstoffbrücken teilweise OH^--Gruppen an den Si-Atomen hängen, das

H_4SiO_4
Kieselsäure
Salze: Silikate

sind dann **Polykieselsäuren**. Wenn die H-Atome durch verschiedene Metall-Kationen ersetzt sind, so erhalten wir **Silikate**. Da gibt es natürlich unendlich viele Möglichkeiten, und dass an einigen Stellen auch noch Anionen wie OH^- und F^- im Gitter stehen können, macht alles nur noch komplizierter. Damit befinden wir uns im Gebiet der Mineralien – vom Edelstein bis zum Feldspat. So ziemlich alles, was in der Natur an Steinen herumliegt – wenn es nicht gerade Kalk oder Dolomit ist –, ist Quarz oder ein Silikat, bzw. enthält Silikate. Auch Tone sind Silikate, und damit alle unsere Töpfererzeugnisse, wie Steingut, Steinzeug, Porzellan, und natürlich auch Ziegel. Zement wird ebenfalls aus Silikaten hergestellt.

Die Chemie der Silikate erinnert ein wenig an die organische Chemie der Polymere. Es gibt sogar ein Zwischenglied: Ketten von Silizium und Sauerstoff, an denen noch organische Gruppen hängen. Diese **Silikone** können je nach Struktur und Kettenlänge Öle, Fette oder gummiartige Stoffe sein. Ihre Widerstandsfähigkeit gegen Chemikalien und ihre hohe Temperaturbeständigkeit macht sie zu interessanten Werkstoffen. *So können Schläuche aus Silikon bei hohen Temperaturen sterilisiert werden, was wir Ihnen bei anderem Schlauchmaterial nicht raten würden.*

$$-O-\underset{CH_3}{\overset{CH_3}{\underset{|}{\overset{|}{Si}}}}-O-\underset{CH_3}{\overset{CH_3}{\underset{|}{\overset{|}{Si}}}}-O-\underset{CH_3}{\overset{CH_3}{\underset{|}{\overset{|}{Si}}}}-O-$$

ein Silikon

Nimm 60 Teile Sand, 180 Teile Asche aus Meerespflanzen, fünf Teile Kreide und du erhältst Glas

Aus der Bibliothek Assurbanipals (669-627 v.Chr.)

Glas ist eine Flüssigkeit

Das will man kaum glauben, sieht Glas doch offensichtlich wie ein Feststoff aus. Aber Glas ist eine unterkühlte Schmelze, das heißt, eine Mischung aus geschmolzenen Stoffen, die beim Abkühlen immer zähflüssiger und härter geworden ist, und dabei irgendwie vergessen hat, sich in einen echten Festkörper umzuwandeln. Deshalb hat Glas keinen Schmelzpunkt, wenn man es erhitzt, wird es langsam weicher und weicher – eine Eigenschaft, die für die Herstellung von Glasgeräten wichtig ist. Ein geschickter Glasbläser benutzt die unterschiedliche Weichheit bei verschiedenen Temperaturen um mit dem heißen Glas unglaubliche Dinge anzustellen. Dass Glas auch bei Raumtemperatur noch fließt, erkennt man daran, dass die Scherben von zerbrochenen Gegenständen unmittelbar nach dem Bruch meist sehr scharf sind, lässt man die Scherben ein paar Wochen liegen, verlieren die Kanten dann von selbst diese höllische Schärfe. Und das Glas in sehr alten Fenstern ist unten dicker als oben, weil die Scheiben ganz langsam nach unten rinnen.

Glas ist schon sehr lange bekannt. Eigentlich ist es der erste „Kunststoff", den die Menschheit erfunden hat. Um einfaches Glas herzustellen, wird Quarzsand mit Carbonaten der Alkali- und Erdalkalimetalle geschmolzen.

Dabei zersetzen sich die Carbonate zu den entsprechenden Oxiden. Gewöhnliches Glas enthält annähernd 75 % SiO_2, der Rest ist zu etwa gleichen Anteilen Calcium- und Natriumoxid. Spuren von Metalloxiden geben dem Glas verschiedene Farben. Ersetzt man das Natriumoxid durch Kaliumoxid erhält man schwerer schmelzbares „Kristallglas“, durch Zusatz anderer Metalloxide erhält man Gläser mit besonderen Eigenschaften, z.B. stärkerer Lichtbrechung („Bleikristall“) oder erhöhter Temperaturbeständigkeit (temperaturbeständige Laborgläser enthalten Aluminium- und Boroxid). Man kann auch trübende Zusätze (wie Titanoxid) in die Glasschmelze mischen, dann erhält man Emaille.

Quarzglas ist eine Schmelze von reinem SiO_2, es ist viel schwerer zu verarbeiten und daher weit teurer als normales Glas. Es ist aber sehr temperaturbeständig (geringer thermischer Ausdehnungskoeffizient) und vor allem auch für UV-Licht durchlässig. Daher verwendet man es für Spezialzwecke wie UV-Lampen, Linsen und Küvetten in Photometern, u.a.

GeO, GeO_2

SnO, SnO_2

PbO, PbO_2

Die Elemente Germanium, Zinn und Blei bilden Oxide der beiden Oxidationszahlen +II und +IV. Mit Wasser bilden sich die entsprechenden Hydroxide, z.B. $Sn(OH)_2$, wobei die Basizität wie gewohnt nach unten hin zunimmt: Die Hydroxide von Zinn sind amphoter, die von Blei basisch. Da bei Zinn die Oxidationsstufe +IV stabiler ist, wirken $Sn(OH)_2$ und andere Sn^{2+}-Verbindungen als starke Reduktionsmittel (gehen dabei in die Stufe +IV über), umgekehrt sind Pb^{4+}-Verbindungen starke Oxidationsmittel (da Blei viel lieber in +II vorkommt).

Die oxidierende Wirkung von Pb(+IV)-Verbindungen wird im **Bleiakkumulator** ausgenützt. *Eine normale Autobatterie ist ein Bleiakkumulator.* Darin besteht ein Pol aus Bleiplatten, der andere aus PbO_2. Entnimmt man der Batterie Strom, so geht das Blei unter Elektronenabgabe in Pb^{2+} über, das PbO_2 nimmt Elektronen auf und wird ebenfalls zu Pb^{2+}.

$$-\text{Pol} \qquad \overset{0}{Pb} + SO_4^{2-} \underset{\text{laden}}{\overset{\text{entladen}}{\rightleftharpoons}} \overset{+II}{Pb^{2+}}SO_4^{2-} + 2\,e^-$$

$$+\text{Pol} \qquad \overset{+IV}{PbO_2} + SO_4^{2-} + 4\,H^+ + 2\,e^- \underset{\text{laden}}{\overset{\text{entladen}}{\rightleftharpoons}} \overset{+II}{Pb^{2+}}SO_4^{2-} + 2\,H_2O$$

Wenn man eine Batterie wieder auflädt, „pumpt“ man Elektronen beim −Pol hinein und „saugt“ sie beim +Pol heraus. Dann reagiert alles in der umgekehrten Richtung, also von rechts nach links: Aus Pb^{2+} *wird wieder metallisches Blei, bzw. am anderen Pol* PbO_2.

Blei ist giftig

Blei ist ein so genanntes kumulierendes Gift *(was aber nichts mit dem Akkumulator zu tun hat)*, d.h. es sammelt sich allmählich im Körper an. Symptome einer Bleivergiftung sind Kopf- und Leibschmerzen, Verstopfung, Lethargie, Anämie, Unfruchtbarkeit. Blei löst auch Fehlgeburten aus. Glücklicherweise sind fast alle Bleiverbindungen schwer löslich. Zwar ist reines Blei sehr reaktionsfähig, es überzieht sich dabei aber sofort mit einer dünnen undurchlässigen und unlöslichen Schicht, sodass es gegenüber den meisten Chemikalien unempfindlich erscheint. Daher kann man mit Gegenständen aus Blei hantieren (Bleigießen zu Silvester) ohne sich gleich zu vergiften. Im sechzehnten Jahrhundert benützten vornehme Damen weißen Puder aus Bleiverbindungen um ihre Hautunreinheiten zu verdecken. Leider löste sich das Blei im Fett der Haut und verursachte Vergiftungen, die die Haut erst recht schädigten und Ausschläge hervorriefen. Da die Damen aber nicht wussten, wodurch ihre Haut ruiniert worden war, nahmen sie erst recht mehr Puder, um den Schaden zu verbergen, der davon natürlich weiter zunahm, ...

Es gibt aber auch einige wasserlösliche Bleiverbindungen, zum Beispiel Bleiacetat, es schmeckt süß und wird daher auch als Bleizucker bezeichnet. Im alten Rom war Honig selten und teuer, Zucker war überhaupt eine exotische Kuriosität, sodass man tatsächlich Speisen und Wein mit Bleiverbindungen gesüßt hat. Offenbar hat sich die römische Oberschicht chronisch mit Blei vergiftet – vielleicht ist ihr Reich auch deshalb zusammengebrochen?

Heute sind wir natürlich so schlau (?), dass wir kein Blei mehr in unsere Nahrung geben, wir haben es stattdessen jahrzehntelang eingeatmet! Bis etwa Ende der siebziger Jahre des 20. Jahrhunderts war Benzin für Autos mit Bleiverbindungen versetzt, um den Treibstoff „klopffest“ zu machen (also um vorzeitige Zündungen zu vermeiden). Erst als die Bleikonzentration in der durch Abgase angereicherten Luft besorgniserregend wurde, ging man auf bleifreies Benzin über, in dem andere Zusätze für die gewünschte Klopffestigkeit sorgten. Wie schnell das half, kann man noch heute an französischen Jahrgangsweinen messen. Weine, die in Autobahnnähe gezogen wurden, erreichten 1978 die höchsten Bleikonzentrationen, später sanken diese deutlich und erreichten schon 1990 einen Bruchteil des früheren Werts. Wenn man viel Wein vom Jahrgang 1978 trinkt, kann man sich noch heute eine Bleivergiftung holen. Machen Sie sich deshalb keine Sorgen, der 78er Jahrgang war ganz hervorragend und für unsereinen ist heute jede Flasche davon ohnehin unerschwinglich teuer.

3.7 Die Bor-Gruppe

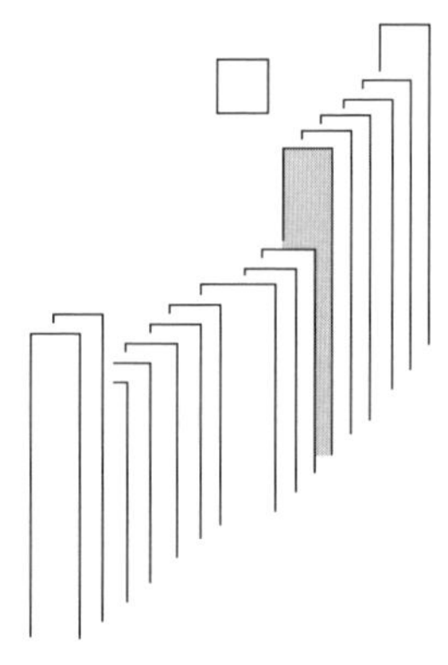

Bor ist ein Nichtmetall (mit ein paar halbmetallischen Eigenschaften), die übrigen Elemente dieser Gruppe sind Metalle. Aluminium ist das dritthäufigste Element in der Erdrinde, die anderen sind eher selten. Keines davon kommt in der Natur als Element, sondern alle nur in Verbindungen vor – das gilt übrigens für alle Elemente der ersten drei Hauptgruppen. Aluminium hat eine enorme praktische Bedeutung als Leichtmetall in Technik und Haushalt. Es ist sehr unedel und müsste schon bei Raumtemperatur mit Sauerstoff oder Wasser reagieren. Das Metall überzieht sich jedoch an der Luft mit einer hauchdünnen Oxidschicht, die sehr fest und wasserunlöslich ist und vor jeder weiteren Reaktion schützt.

Bor:	B
Aluminium:	Al
Gallium:	Ga
Indium:	In
Thallium:	Tl

Heute ist Aluminium ein billiges Metall. Es gibt auch genug davon. Als Aluminium entdeckt wurde, war es unheimlich schwer herzustellen und daher eines der kostbarsten Metalle überhaupt. Kaiser Napoleon der Dritte besaß ein Essbesteck und eine Baby-Klapper aus Aluminium – nur um protzig zeigen zu können, wie reich er war!

3.7.1 Verbindungen von Bor

B: $1s^2$ **$2s^2$ $2p^1$**

Oxidationszahl: +III

B_2H_6, B_4H_{10}, B_5H_9, B_5H_{11}, B_6H_{10}, B_9H_{15}, ...
einige Borane ...

$(B_2O_3)_n$
Boroxid, Bortrioxid

$B(OH)_3$
Borsäure
Salze: Borate

Als Nichtmetall bildet Bor nur kovalente Verbindungen, es gibt also keine B^{3+}-Ionen. Das schafft aber Probleme, da sich mit nur drei Außenelektronen eine Edelgaskonfiguration nicht so leicht ausgeht. Dank dieser „Elektronenmangelverbindungen“ haben Borverbindungen eine ganz spezielle und ungewöhnliche Chemie – *die wir uns hier aber weitgehend ersparen wollen!* Mit Wasserstoff bildet Bor so genannte „**Borane**“, eine Reihe von Verbindungen, die an die Reihe der gesättigten Kohlenwasserstoffe erinnert (siehe Kapitel 7.1). Am stabilsten sind die Verbindungen des Bors mit Sauerstoff, $(B_2O_3)_n$ ist das wichtigste Oxid. Mit Wasser wird daraus **Borsäure** (eigentlich Orthoborsäure), eine sehr schwache Säure, die als sehr mildes Desinfektions- und Konservierungsmittel in der Medizin und Lebensmittelindustrie verwendet wird. Boroxid und Borate werden auch in der Glasindustrie verwendet – *Boroxid macht Laborgläser schlagfest und widerstandsfähig gegen Temperaturschwankungen.* Ähnlich wie bei den Phosphorsäuren und den Kieselsäuren gibt es auch hier Polysäuren, Metasäuren, u.a.

Das bekannteste Mineral ist Borax, auch dessen Struktur ist ein dreidimensionales Gitter und wesentlich komplizierter als es die übliche (vereinfachte) Formel vermuten lässt. In Waschmittel werden **Perborate** verwendet, das darin komplex gebundene H_2O_2 wird beim Waschen frei und wirkt bleichend.

$Na_2B_4O_7 \cdot 10H_2O$
Borax

$NaBO_2.H_2O_2.3H_2O$
Natriumperborat

3.7.2 Verbindungen der Metalle dieser Gruppe

Auch hier haben wir wieder die Erscheinung des „inerten Elektronenpaares". Die Oxidationszahl +I ist daher bei Thallium die stabilste, bei Gallium und Indium sehr unstabil und bei Aluminium nicht vorhanden. Als Metalle bilden alle diese Elemente Salze und salzartige Verbindungen. Die Basizität der Oxide (bzw. der Hydroxide) nimmt wie zu erwarten nach unten hin zu, $Al(OH)_3$ ist noch eine sehr schwache Säure – etwas amphoter – TlOH ist bereits stark basisch. Al_2SO_4 wird in großen Mengen zum Leimen von Papier verwendet. **Alaune** sind Doppelsalze (Sulfate) von Aluminium und Alkalimetallen, z.B. $KAl(SO_4)_2.12H_2O$. *Hier treten noch Anklänge der komplizierten Bor-Chemie beim Aluminium auf, in manchen Verbindungen neigt auch Aluminium noch zum Dimerisieren.* Alaune werden in der Färberei verwendet, sie „beizen" Stoffe und ermöglichen dadurch die anschließende Bindung des eigentlichen Farbstoffes. Aluminumverbindungen wirken adstringierend (= ziehen Haut und Schleimhäute zusammen) und wirken daher gegen Entzündungen und Blutungen: „**Essigsaure Tonerde**" besteht aus Aluminiumacetat.

Al: $1s^2\ 2s^2\ 2p^6$ $\mathbf{3s^2\ 3p^1}$

Oxidationszahlen:

Al:	**+III**
Ga:	(+I) **+III**
In:	(+I) **+III**
Tl:	**+I** (+III)

$KAl(SO_4)_2.12H_2O$
„(Kali-)Alaun"

Vor einigen Jahren machte man sich Sorgen über mögliche toxische Wirkungen und warnte vor Töpfen und Bratpfannen aus Aluminium. Im Gehirn von Patienten, die an Alzheimer litten, wurden Ablagerungen von Aluminiumsilikat gefunden, und man verdächtigte Aluminium diese Krankheit auszulösen. Inzwischen ist man ziemlich sicher, dass das eher eine Folge der Krankheit, als die Ursache ist. Übermäßig hohe Aluminiumkonzentrationen führen tatsächlich zu Vergiftungen, diese Extremkonzentrationen sind aber weit von dem entfernt, was wir unter normalen Lebensbedingungen aufnehmen. Tatsächlich ist Aluminium so häufig in unserer Umwelt, dass man es nicht vermeiden kann. Das meiste Aluminium nehmen übrigens Teetrinker auf, da diese Pflanze die Eigenheit hat, Aluminum aus dem Boden anzureichern.

Tl_2SO_4
Thalliumsulfat

Alle Thalliumverbindungen sind sehr giftig. Thalliumsulfat ist gut wasserlöslich, farb- und geschmacklos. Besonders unangenehm: Die Wirkung setzt erst nach einer Woche ein, und die Symptome lassen sich leicht mit anderen Krankheiten verwechseln. *Wenn Sie also Thalliumsulfat als „Erbschaftspulver" verwenden wollen, haben sie bequem Zeit, sich ein Alibi zu verschaffen.* Daher sind Thalliumverbindungen in den meisten Industrieländern verboten. Im mittleren Osten und in den Ländern der dritten Welt ist Thallium allerdings immer noch in Gebrauch, als Enthaarungsmittel und zur Beseitigung von Ratten, Ungeziefer und politischen Gegnern. *Kein Witz, es gibt genug bewiesene Fälle!*

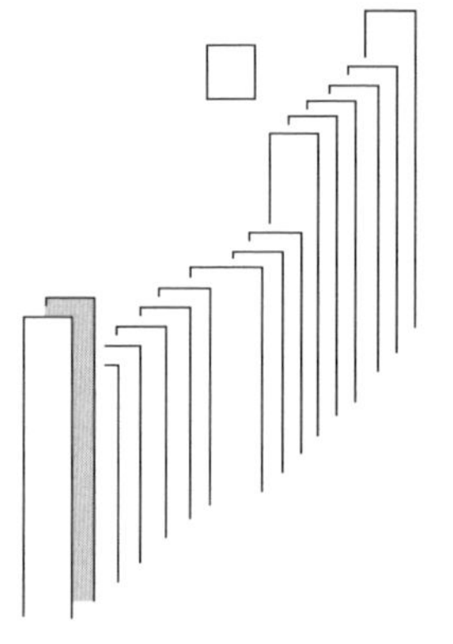

Beryllium:	Be
Magnesium:	Mg
Calcium:	Ca
Strontium:	Sr
Barium:	Ba
Radium:	Ra*

3.8 Erdalkalimetalle

Bei allen Erdalkalien handelt es sich um sehr reaktionsfähige Metalle. Nur Verbindungen von Magnesium und Calcium sind in der Erdkruste relativ häufig, die anderen sind selten bis sehr selten *(Radium hat nur instabile, radioaktive Isotope).*

Magnesium und Beryllium überziehen sich an der Luft mit einem schützenden Oxidfilm und finden daher auch als Metalle Verwendung. Magnesium wird hauptsächlich in Legierungen mit Aluminium verwendet. *Magnesium verbrennt mit sehr heller Flamme, es wird daher für Feuerwerke verwendet und wurde in den Urzeiten der Photographie als Blitzlichtpulver benutzt.* Beryllium ist das einzige hochschmelzende Leichtmetall (Schmelzpunkt 1278°C) und wird für einige Spezialzwecke (für Kernreaktoren, Röntgenapparate, u.a.) verwendet. Beryllium ist giftig, als Staub schädigt es vor allem die Lungen.

3.8.1 Verbindungen der Erdalkalimetalle

Be: $1s^2$ $\mathbf{2s^2}$
Mg: $1s^2$ $2s^2$ $2p^6$ $\mathbf{3s^2}$

Oxidationszahl: +II

Erdalkalimetalle bilden – mit Ausnahme von Beryllium – bevorzugt zweiwertige Kationen. *Freie Be^{2+}-Ionen gibt es nicht, Berylliumverbindungen sind alle kovalent oder Komplexe.* Berylliumhydroxid ist amphoter, die anderen sind basisch, wobei die Basizität wie gewohnt nach unten zunimmt. Die Halogenide (mit Ausnahme der Fluoride) und Nitrate sind gut wasserlöslich. **Calciumchlorid** ist stark hygroskopisch (= wasseranziehend) und wird in chemischen Labors als Trocknungsmittel verwendet.

$CaCl_2$
Calciumchlorid

Schlecht wasserlöslich sind alle Carbonate, weiters die Sulfate und Phosphate von Calcium abwärts. **Magnesiumsulfat** (= Bittersalz) ist gut wasserlöslich, es wirkt als Laxativ – *die vornehme Bezeichnung für ein Abführmittel.* Eine biologisch besonders wichtige Magnesiumverbindung ist **Chlorophyll**, jedes Molekül davon enthält ein komplex gebundenes Magnesiumatom. Die Bedeutung von Magnesium- und Calciumcarbonat als Gesteinsbildner wurde bereits bei den Carbonaten (Abschnitt 3.6.1) gewürdigt. Calciumsulfat findet als **Gips** Verwendung, Calciumphosphat bildet als **Hydroxylapatit** den anorganischen Grundbestandteil der Knochensubstanz. Noch härter ist **Fluorapatit**, in dem die Hydroxyl-Gruppe durch Fluorid-Ionen ersetzt wurde (z.B. im Zahnschmelz).

$MgSO_4.7H_2O$
Magnesiumsulfat, „Bittersalz"

$CaSO_4.\frac{1}{2}\,H_2O$, $CaSO_4.2H_2O$
Calciumsulfat, „Gips"

$Ca_5(PO_4)_3OH$
Hydroxylapatit

$Ca_5(PO_4)_3F$
Fluorapatit

Zwar sind alle löslichen Bariumverbindungen giftig, **Bariumsulfat** kann aber trotzdem als Röntgen-Kontrastmittel verwendet werden, da es praktisch unlöslich ist, *auch in der Magensäure.*

$BaSO_4$
Bariumsulfat

Baustoffe: Kalk

Kalk ist Calciumcarbonat, und daraus bestehen ganze Gebirge. Alle diese Berge bestehen übrigens aus den Resten der Schalen von Tieren aus der Urzeit. Kreide ist eine besonders reine Form davon, die einzelnen Tierschalen sind noch relativ wenig zusammengepresst, sodass man Kreide zerbröckeln und damit auf der Tafel schreiben kann.

Will man Kalk zum Bauen verwenden, muss man ihn vorher brennen. Dabei entweicht Kohlendioxid und zurück bleibt Calciumoxid:

$$CaCO_3 \rightleftharpoons CaO + CO_2$$

Das gebildete CaO (= gebrannter Kalk) wird nun mit Wasser angerührt („gelöscht") und man erhält Calciumhydroxid:

$$CaO + H_2O \rightleftharpoons Ca(OH)_2$$

Dieser „gelöschte Kalk" vermischt mit Sand gibt den so genannten „Kalkmörtel", mit dem man in traditioneller Bauweise Häuser baut. Allmählich verdunstet das Wasser, dafür wird aus der Luft CO_2 aufgenommen, sodass aus dem Mörtel wieder Kalkstein wird, der nun als feste Masse den Sand – und die Ziegel – verbindet. (Dieses Aushärten des Mörtels dauert seine Zeit – bei dicken Mauern durchaus einige Jahre.)

$$Ca(OH)_2 + CO_2 \rightleftharpoons CaCO_3 + H_2O$$

Solange der Mörtel noch frisch ist, ist er mäßig stark basisch. Er kann durchaus die Haut (und vor allem die Augen!) verätzen (Gegenmittel: schwache Säuren, also verdünnter Essig, Zitronensaft, Coca-Cola, u.a.).

Zement

Zement besteht vor allem aus Calcium-Silikaten und -Aluminaten mit den verschiedensten Beimengungen. Mit Wasser vermischt reagiert er langsam zu komplizierten Verbindungen. Als Ergebnis erhält man ein hartes, wasserunlösliches Material. Zement braucht also keine Luft (wie Kalk-Mörtel) um fest zu werden, man kann auch unter Wasser damit bauen.

Zement mit Sand und Wasser gibt Zementmörtel, mit dem man ähnlich wie mit Kalkmörtel Ziegel verbinden kann. Zement mit gröberem Sand oder Schotter und Wasser gibt Beton – den kann man in Formen gießen und erstarren lassen. Aber auch andere Baustoffe wie Spachtelmassen, Fliesenkleber u.a. enthalten Zement als Grundstoff.

Da frischer Beton oder Zementmörtel weniger basisch ist als Kalkmörtel, sind Verätzungen damit kaum möglich. *Man soll ihn trotzdem nicht mutwillig angreifen, und in die Augen würde ich mir das Zeug keinesfalls schmieren.*

Gips

Gips ist Calciumsulfat, mit zwei Teilen Kristallwasser, also $CaSO_4.2H_2O$. Bei diesem Kristallwasser darf man sich nicht vorstellen, dass der Stoff nass ist, sondern es werden im Kristallgitter zwischen den Ionen regelmäßig Wassermoleküle eingeschlossen. Dieses Wasser steht in einem stöchiometrischen Verhältnis, und Salze, die mehrere Formen mit unterschiedlich viel Kristallwasser bilden, sind keine Seltenheit. Beim „Brennen" des Gipses wird dieser erhitzt und dabei ein Teil des Kristallwassers entfernt (gibt $CaSO_4.\frac{1}{2}\,H_2O$). Rührt man das Pulver von gebranntem Gips mit Wasser an, so nimmt dieser das Wasser wieder als Kristallwasser auf und wird dabei fest. *Viele Leute glauben, dass das Wasser beim Gipsen verdunstet und deshalb wird der Gips fest, das könnte aber nie so schnell gehen.* Gips braucht also (wie Zement) keine Luft zum Verfestigen. Allerdings ist fester Gips viel weicher als Beton – und vor allem, er ist schwach wasserlöslich und daher für Außenarbeiten ungeeignet. *Also keine Staumauern aus Gips bauen!*

3.9 Alkalimetalle

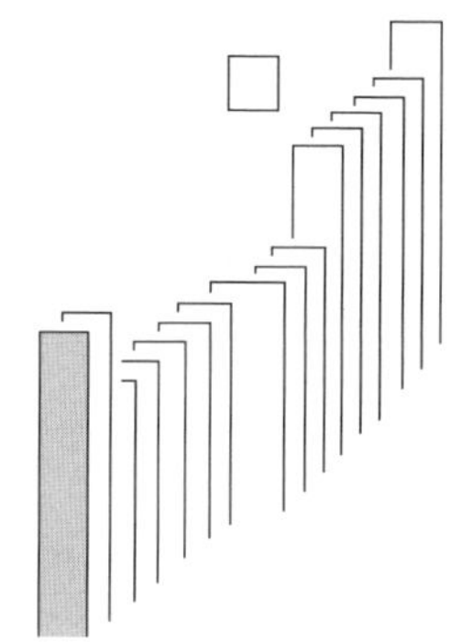

Bei allen Alkalimetallen handelt es sich um chemisch extrem reaktionsfähige Metalle, von denen nur Natrium und Kalium in der Natur häufig vorkommen *(Franzium hat nur radioaktive Isotope)*. Die reinen Metalle sind silbrig glänzend, sehr weich und müssen unter Luftabschluss aufbewahrt werden. *Sie reagieren spontan mit Feuchtigkeit oder Sauerstoff, und das mitunter ziemlich heftig, was die praktische Anwendung dieser Metalle erheblich einschränkt.* Lithium und eine Mischung von Kalium mit Natrium finden als flüssige Wärmetauscher Verwendung (vorwiegend in Kernkraftwerken).

Lithium:	Li
Natrium:	Na
Kalium:	K
Rubidium:	Rb
Cäsium:	Cs
Franzium	Fr*

3.9.1 Reaktionen und Verbindungen

Alle Alkalimetalle sind sehr unedel, sie reagieren sehr heftig mit Sauerstoff oder Wasser und sind daher besonders starke Reduktionsmittel.

$$2\,Na + 2\,H_2O \rightleftharpoons 2\,NaOH + H_2$$

Li: $1s^2$ $\mathbf{2s^1}$
Na: $1s^2$ $2s^2$ $2p^6$ $\mathbf{3s^1}$

Oxidationszahl: +I

In allen Verbindungen kommt nur die Oxidationszahl +I vor, sie bilden typische Salze. Die Hydroxide sind alle stark basisch. *Wässrige Lösungen der Hydroxide werden auch Laugen genannt, also Natronlauge, Kalilauge, usw.* Mit ganz wenigen Ausnahmen sind alle Salze gut wasserlöslich. Die bekannteste Verbindung von Natrium ist „Salz" (Kochsalz, Steinsalz), also **Natriumchlorid**, das für die Bereitung von Speisen unentbehrlich ist. Es ist auch wichtiger Bestandteil des Meerwassers. *Verunreinigungen von Magnesiumchlorid bewirken, dass Steinsalz und vor allem Meersalz hygroskopisch (= wasseranziehend) sind, reines Natriumchlorid zieht kein Wasser an.* **Natriumiodat** wird dem Steinsalz künstlich zugesetzt, um die Konsumenten vor Iodmangel zu bewahren. **Natriumsulfat** wird Glaubersalz genannt und wirkt laxierend (= abführend), *sowie auch Magnesiumsulfat, die laxiernde Wirkung wird also vom Sulfat verursacht.* Die Carbonate von Natrium und Kalium wurden bereits erwähnt (Abschnitt 3.6.1), ebenso die Nitrate (Abschnitt 3.5.1).

$NaOH$
Natriumhydroxid „Natronlauge"

KOH
Kaliumhydroxid „Kalilauge"

$NaCl$
Natriumchlorid, „Salz", „Kochsalz", „Steinsalz"

Na_2SO_4
Natriumsulfat „Glaubersalz"

Übungen zu Kapitel 3

Die hier und im Folgenden mit „" gekennzeichneten Übungsbeispiele sind ziemlich knifflig und als Denksportaufgaben zu verstehen.*

30. Um das wie viel-fache ist Heliumgas schwerer als das gleiche Volumen an Wasserstoffgas? *Hinweis: im Anhang finden Sie die relativen Atommassen.*

31. Bestimmen Sie für alle Säuren des Chlors die Oxidationszahl von Cl.

32*. Was ist schwerer, feuchte Luft oder trockene Luft?

33. In Abschnitt 3.3 finden Sie vier Reaktionsgleichungen, die die Verbrennung von Wasserstoff, Kohlenstoff, Eisen und Zucker beschreiben. Bestimmen Sie von allen beteiligten Atomen die Oxidationszahl.

34*. Eine so genannte 100 %-ige Lösung eines Stoffes bedeutet, dass nur dieser Stoff vorhanden ist (*ist also eigentlich keine Lösung, sondern ein Reinstoff*). Nun kann man aber Schwefelsäure bereiten, die formal 115 % H_2SO_4 enthält: Erst wenn man mit Wasser verdünnt, erhält man eine 100 %-ige Lösung. Wie ist so etwas möglich?

35. Was entsteht aus NO_2 und Wasser unter Disproportionierung?

36. Eine Regel für die Säurestärke von Sauerstoffsäuren sagt, dass die Säure umso stärker ist, je mehr die Anzahl der vorhandenen Sauerstoffatome die Zahl der abdissoziierbaren Wasserstoffe übersteigt. (Vergleichen Sie mit HOCl, $HClO_2$, $HClO_3$, $HClO_4$, die K_S-Werte sind etwa 3×10^{-8}, 10^{-2}, 10^{3}, 10^{8}, die Werte steigen also um etwa 10^{5} pro zusätzlichem Sauerstoffatom.) Die Regel stimmt gut für schwefelige Säure und Schwefelsäure, für salpetrige Säure und Salpetersäure, jedoch nicht für phosphorige Säure und Phosphorsäure. Warum?

37. Schreiben Sie die Struktur der Moleküle CO_2 und CO auf und verteilen Sie dabei die Valenzelektronen so, dass dabei die Oktettregel erfüllt ist. Welches andere Gas hat die gleiche Elektronenverteilung wie CO?

38. Backpulver entwickelt in der Hitze CO_2. Schreiben Sie die Reaktionsgleichung auf *(und bedenken Sie, dass Sie das Produkt nachher essen wollen).*

39. Welche Elemente der Hauptgruppen kommen in der Natur in elementarer Form vor?

4 DIE ELEMENTE DER NEBENGRUPPEN

Die Phönizier haben das Geld erfunden – aber warum so wenig?

Johann Nepomuk Nestroy (1801–1862)

Alle Elemente der Nebengruppen sind typische Metalle. Sie haben alle zwei Elektronen im äußersten s-Orbital und eine variable Anzahl von Elektronen in den zweitäußersten d-Orbitalen. Da sich also Valenzelektronen in d-Orbitalen befinden, gibt es eine Reihe von gemeinsamen Eigenschaften, die auf diese d-Orbitale zurückführbar sind. Nur bei den Elementen der Zink-Gruppe, in denen die d-Orbitale vollständig besetzt sind, spielen diese keine Rolle mehr. Daher verhalten sich die Elemente dieser einen Gruppe ähnlich wie Hauptgruppen-Elemente.

Nebengruppenelemente sind typische Metalle;

Elemente der Zink-Gruppe unterscheiden sich von den Übergangselementen.

4.1 Die Zink-Gruppe

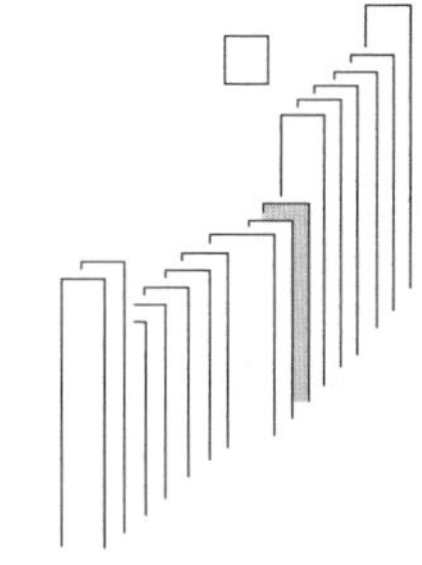

Zink ist ein technisch wichtiges Metall. Es wird zum Verzinken von Eisen (als Rostschutz) verwendet, in reiner Form als Blech für Dachrinnen und Dachbedeckungen und für galvanische Elemente (billige Taschenlampenbatterien haben eine Zink- und eine Kohlenstoff-Elektrode). Wichtig ist ferner **Messing**, eine Legierung aus Zink und Kupfer. Als Spurenelement ist Zn lebensnotwendig (es ist Bestandteil von Enzymen und anderen Proteinen).

Zink:	Zn
Cadmium:	Cd
Quecksilber	Hg

Cadmium findet zunehmend Verwendung in aufladbaren Batterien (die Nickel-Cadmium-Akkus). *Früher waren Cadmiumverbindungen in vielen Farben enthalten, sie werden jetzt aber immer mehr durch andere – weniger giftige – Pigmente ersetzt.*

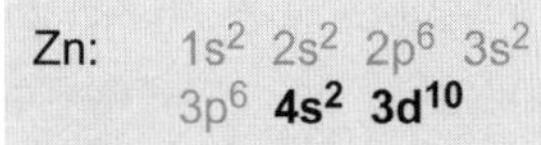

Quecksilber hat die bemerkenswerte Eigenschaft bei Raumtemperatur **flüssig** zu sein (als einziges Metall). Diese Eigenschaft wird vielfältig ausgenützt (in Thermometern, Manometern, für elektrische Schalter, usw.) Legierungen von Quecksilber mit anderen Metallen heißen **Amalgame**. In Folge seines relativ niedrigen Siedepunkts gibt es leicht (auch bei Raumtemperatur) giftige Quecksilberdämpfe ab. Atmet man diese Dämpfe ein, so macht unser Körper organische Quecksilberverbindungen daraus, die fettlöslich sind, sich im Körper verteilen und besonders im Fettgewebe anreichern.

Oxidationszahl +II

ZnO

Zinkoxid

Wegen der zwei s-Elektronen bilden alle drei Elemente nur Verbindungen mit der Oxidationszahl +II. Zinkoxid ZnO ist

$HgCl_2$
Quecksilber(II)-chlorid
„Sublimat"

Hg: formale Oxidationszahl auch +I

Hg_2Cl_2 =
= $Cl^- Hg^+ - Hg^+ Cl^-$

Quecksilber (I) chlorid
„Kalomel"

die Grundlage für Zinksalbe *(z.B. Lippensalbe gegen Fieberblasen)*. Alle Cadmium- und Quecksilberverbindungen sind – sofern sie löslich sind – sehr giftig. Die meisten Quecksilberverbindungen sind allerdings schwer löslich, mit der wichtigen Ausnahme $HgCl_2$, das unter dem Namen „Sublimat" als Desinfektionsmittel verwendet wird.

Formal gibt es von Quecksilber auch Verbindungen mit der Oxidationszahl +I, dann sind aber immer zwei Quecksilberatome miteinander kovalent verbunden, sodass nur je eine Ionenbeziehung besteht (also eine Situation ähnlich wie für Sauerstoff in H_2O_2). Quecksilber(I)-Chlorid („Kalomel") hat also die Formel Hg_2Cl_2 und nicht HgCl.

Amalgam ist in aller Munde

Zahnärztliches Amalgam ist eine Mischung von Metallpulver (aus Silber, Zinn und Kupfer) mit Quecksilber. Werden die Komponenten gemischt, entsteht eine plastisch verformbare Paste, die innerhalb der nächsten 30–40 Minuten allmählich hart wird und nach etwa 24 Stunden die Endfestigkeit erreicht. Ist das Amalgam einmal fest, gibt es freiwillig kein Quecksilber mehr ab, durch den Abrieb beim Kauen entsteht allerdings eine geringe Quecksilberbelastung, etwa vergleichbar mit der Quecksilbermenge, die man aufnimmt, wenn man z.B. Seefisch isst. Nur in ganz, ganz seltenen Fällen tritt eine echte Quecksilberallergie auf, dann empfiehlt es sich, Amalgamplomben zu entfernen.

Eine merkliche Quecksilberbelastung gibt es also eigentlich nur beim Setzen neuer Plomben – und bei der Entfernung von alten! Das Ausbohren alter Plomben sollte daher nur unter Einsatz geeigneter Absaugvorrichtungen erfolgen, die verhindern, dass man zu viel Amalgamstaub einatmet oder schluckt. Und KEINESFALLS sollte man sich Amalgamfüllungen während der Schwangerschaft oder der Stillzeit entfernen lassen (auch keine neuen setzen lassen)!

Weit verbreitet ist die Meinung, dass die böse Industrie und die bösen Zahnärzte bewusst die Leute mit Amalgam vergiften, um so Ihr Geschäft zu machen – sogar Ausdrücke wie „Quecksilber-Mafia" tauchen in diesem Zusammenhang auf. Aber überlegen Sie doch einmal kurz: Da alternative (Kunststoff- oder Keramik)-Füllungen wesentlich teurer sind, sollte es doch im Interesse dieser „Geschäftemacher" liegen, den Leuten diese teureren Füllungen einzureden, daran verdient man doch viel mehr?

Ein Tipp: Lassen Sie Ihre alten Amalgamplomben an Ort und Stelle – solange sie eben halten. Und bei neuen Plomben opfern Sie die paar Euro für eine Kunststofffüllung – die sieht auch schöner aus.

4.2 Die Übergangselemente

Übergangselemente sind dadurch charakterisiert, dass sie in der jeweils äußersten Schale (= höchste Quantenzahl) 2s-Elektronen besitzen, während die d-Orbitale der zweitäußersten Schale unvollständig gefüllt sind. Allerdings tritt bei der Auffüllung der d-Orbitale eine Unregelmäßigkeit auf, die ich uns in Kapitel 2.1 erspart habe und die wir hier kurz behandeln müssen.

Sc:	$1s^2$ $2s^2$ $2p^6$ $3s^2$ $3p^6$ $4s^2$ **$3d^1$**
Ti:	$1s^2$ $2s^2$ $2p^6$ $3s^2$ $3p^6$ $4s^2$ **$3d^2$**
V:	$1s^2$ $2s^2$ $2p^6$ $3s^2$ $3p^6$ $4s^2$ **$3d^3$**
Cr:	$1s^2$ $2s^2$ $2p^6$ $3s^2$ $3p^6$ **$4s^1$** **$3d^5$**
Mn:	$1s^2$ $2s^2$ $2p^6$ $3s^2$ $3p^6$ **$4s^2$** $3d^5$
Fe:	$1s^2$ $2s^2$ $2p^6$ $3s^2$ $3p^6$ $4s^2$ **$3d^6$**
Co:	$1s^2$ $2s^2$ $2p^6$ $3s^2$ $3p^6$ $4s^2$ **$3d^7$**
Ni:	$1s^2$ $2s^2$ $2p^6$ $3s^2$ $3p^6$ $4s^2$ **$3d^8$**
Cu:	$1s^2$ $2s^2$ $2p^6$ $3s^2$ $3p^6$ **$4s^1$** **$3d^{10}$**
Zn:	$1s^2$ $2s^2$ $2p^6$ $3s^2$ $3p^6$ **$4s^2$** $3d^{10}$

Gleichmäßig gefüllte Orbitale mit gleicher Haupt- und Nebenquantenzahl sind nämlich bevorzugt stabil, also ist es energetisch günstiger, wenn sich in den d-Orbitalen fünf oder zehn Elektronen befinden (also je eins oder je zwei in jedem Orbital). Das bewirkt, dass sowohl beim Chrom als auch beim Kupfer je ein s-Elektron in die d-Orbitale überwechselt, also haben Cr und Cu nur je ein 4s-Elektron. (Das ist wichtig und erklärt die Existenz von z.B. Cu^+-Verbindungen.)

Durch die veränderte Situation in 4s hat Cu deutlich andere Eigenschaften als das benachbarte Nickel, dagegen haben Eisen, Kobalt und Nickel so viele Gemeinsamkeiten, dass man sie (und die Elemente, die darunter stehen) ausnahmsweise als gemeinsame Gruppe im Periodensystem behandelt.

Viele mögliche Oxidationszahlen

Nun gelten die rechts angegebenen Elektronenkonfigurationen natürlich nur für das einzelne Atom. In Bindungen können sich Elektronen in andere Orbitale verlagern, Orbitale können miteinander hybridisieren, usw. Das macht die Chemie dieser Elemente ein wenig unübersichtlich. Es gibt meist sehr viele mögliche (und stabile) Oxidationszahlen für dasselbe Element. Außerdem sind d-Orbitale ganz oder teilweise unbesetzt. Solche leeren Orbitale können sich aber an koordinativen Bindungen beteiligen. Daher sind die Übergangselemente die typischen Zentralatome von Komplexen. (Die Elemente der Hauptgruppen bilden seltener und meist nur schwächere Komplexe.) Dabei ist es oft Definitionssache, was man als Komplex bezeichnet. So umgeben sich Eisen-Ionen in wässriger Lösung mit je 6 Wassermolekülen, man kann das als in Wasser hydrati-

Gute Zentralatome in Komplexen

siertes Fe^{3+} betrachten, oder auch als einen Komplex der Form $[Fe(H_2O)_6]^{3+}$.

Verbindungen von Übergangselementen sind meist sehr farbenfroh.

Da es viele mögliche Elektronenkonfigurationen gibt, deren Energieunterschied gering ist, kann durch Licht leicht ein Elektron in einen anderen Zustand überführt werden. Diese Wechselwirkung mit Licht bewirkt, dass Verbindungen von Übergangselementen oft leuchtend gefärbt sind. (Verbindungen anderer Elemente sind entweder farblos, oder haben nur stumpfe Farben von gelb über braun bis schwarz.)

4.2.1 Die Kupfer-Gruppe

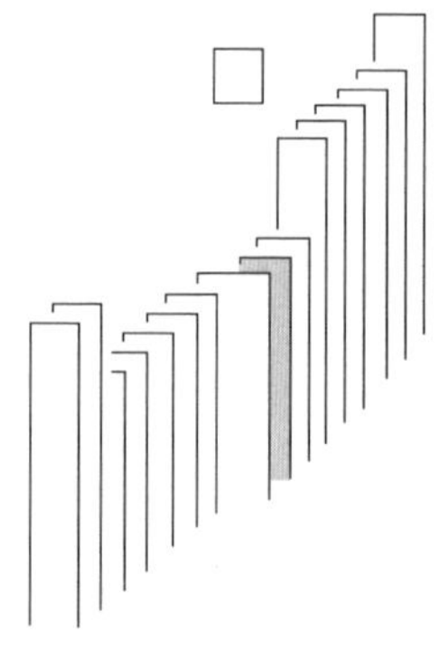

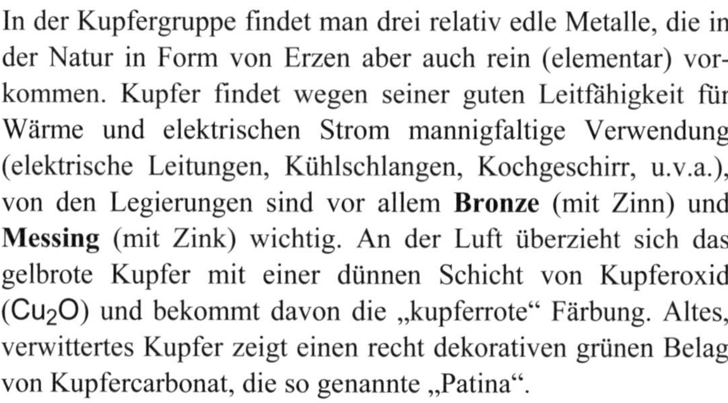

In der Kupfergruppe findet man drei relativ edle Metalle, die in der Natur in Form von Erzen aber auch rein (elementar) vorkommen. Kupfer findet wegen seiner guten Leitfähigkeit für Wärme und elektrischen Strom mannigfaltige Verwendung (elektrische Leitungen, Kühlschlangen, Kochgeschirr, u.v.a.), von den Legierungen sind vor allem **Bronze** (mit Zinn) und **Messing** (mit Zink) wichtig. An der Luft überzieht sich das gelbrote Kupfer mit einer dünnen Schicht von Kupferoxid (Cu_2O) und bekommt davon die „kupferrote" Färbung. Altes, verwittertes Kupfer zeigt einen recht dekorativen grünen Belag von Kupfercarbonat, die so genannte „Patina".

Kupfer:	Cu
Silber:	Ag
Gold:	Au

Silber und Gold haben vor allem Bedeutung als reine Metalle für Schmuck, Münzen, Zahnersatz, usw. Man kann Silber und Gold zu sehr dünnen Folien auswalzen. *Diese werden aber nicht zum Einwickeln von Schokolade verwendet (sehr kostspielig), das so genannte „Silberpapier" war früher eine Folie von Zinn („Stanniol"), heute verwendet man statt dessen das viel billigere Aluminium.*

Was macht man wirklich mit Gold?

Gold war das erste Metall, das den Menschen bekannt war. Man findet nämlich (selten, aber doch) reine Körner davon, während andere Metalle aus den Erzen gewonnen werden müssen. Seit langem genügen diese paar Nuggets den Menschen jedoch nicht mehr. Man gräbt mit riesigen Maschinen nach goldhaltigem Gestein, das dann mühevoll zerrieben und sortiert und ausgelaugt wird, unter enormer Belastung der Umwelt mit giftigen Chemikalien, bis man endlich ein paar Gramm Gold aus vielen Tonnen Gestein erhalten hat. Und was macht man dann damit wirklich?

Eigentlich ist Gold ziemlich unbrauchbar. Gut, man kann Münzen daraus herstellen, wie aus nahezu jedem Metall. Es bleibt schön glänzend, daher kann man Schmuckstücke daraus fertigen und sich diese irgendwo an den Körper hängen oder stecken. Aus Legierungen von Gold mit anderen Metallen stellt man Zahnersatz her. In den letzten Jahrzehnten verwendet man Gold für die Kontakte in Computern, diese rosten dann nicht (die Kontakte, die Computer rosten schon). Aber das allermeiste Gold wird – weil es ja so wertvoll ist – in den unterirdischen Tresoren der diversen Nationalbanken gelagert. So kommt paradoxerweise sehr viel Gold wieder zurück in den Boden aus dem man es zuvor mühsam ausgebuddelt hat. Die Erde gibt – die Erde nimmt es wieder.

Silber leitet noch besser als Kupfer, ist aber doch zu teuer, um z.B. zu elektrischen Leitungen verarbeitet zu werden.

Einerseits ist Kupfer als Spurenelement für alle Lebewesen notwendig, andererseits wirken Kupfer und Silber toxisch auf Mikroorganismen – es hat also durchaus Sinn, für Krankenzimmer, OP-Räume u.ä. die Türschnallen zu versilbern oder aus Messing herzustellen.

Wie reinigt man Silber?

Silber ist ein edles Metall. Edel heißt zwar, dass es nicht rostet, also an der Luft von Sauerstoff (fast) nicht oxidiert wird (es bildet sich nur eine ganz dünne Oxidschicht), trotzdem werden Silbergegenstände mit der Zeit unansehnlich. Das liegt daran, dass in der Luft (vor allem in bewohnten Räumen) immer Spuren von Schwefelwasserstoff vorkommen, und der reagiert mit der dünnen Silberoxidschicht zu schwarzem Silbersulfid:

$$Ag_2O + H_2S \rightleftharpoons Ag_2S + H_2O$$

Um diesen hässlichen schwarzen Belag loszuwerden, kann man Silber mit Scheuermitteln putzen. *Generationen von Dienstmädchen haben früher in den Häusern ihrer Herrschaften die Zeit mit dem Putzen des Silbergeschirrs verbracht.* Dabei scheuert man die Sulfidschichte herunter und das Silber wird wieder schön blank, der Gegenstand wird dadurch aber langsam kleiner und kleiner (und weniger wert). Gescheiter ist es, das Silbersulfid wieder zu Silber zu reduzieren. Man nimmt einfach ein anderes, ein unedles Metall und legt es gemeinsam mit dem Silber in eine wässrige Salzlösung (die Salzionen beschleunigen die Reaktion). Dann wird aus dem Silbersulfid wieder reines Silber, und aus dem Metall (hier Aluminium) wird Sulfid:

$$3\,Ag_2S + 2\,Al \rightleftharpoons 6\,Ag + Al_2S_3$$

Es gibt Firmen, die Metallfolie und das Salz für teures Geld verkaufen. Chemisch gebildete Leute können hingegen sparen, einfach ein Stück Alufolie (gibt es in jedem Haushalt zum Einwickeln der Wurstsemmel, Sie können auch das „Silberpapier“ einer Tafel Schokolade nehmen) und etwas Kochsalz (noch besser Soda oder Backpulver) in eine Schüssel mit heißem Wasser geben (in kaltem Wasser dauert es viel länger), das Silberbesteck dazu, und etwas Geduld. (Das Silber muss das Aluminium berühren.) Nach einiger Zeit strahlt alles Silber in neuem Glanz!

Cu: $1s^2\ 2s^2\ 2p^6\ 3s^2\ 3p^6$ $\mathbf{4s^1\ 3d^{10}}$

Oxidationszahlen:

+I +II (+III)

Das eine einsame Elektron im äußeren s-Orbital begünstigt natürlich die Ausbildung von Verbindungen mit der Oxidationszahl +I. Wegen der geringen Energieunterschiede zwischen dem äußersten s- und den zweitäußersten d-Orbitalen kann aber auch ein Elektron von den d-Orbitalen in das äußerste s-Orbital wechseln, dann gibt es zwei s-Elektronen und dieser Zustand erlaubt die Oxidationszahl +II. Es kann auch noch ein weiteres Elektron aus den d-Orbitalen entfernt werden, damit gibt es auch die Oxidationszahl +III, sie kommt allerdings nur in Komplexen vor.

Grundsätzlich ist bei Kupfer die Oxidationszahl +II stabiler, sodass Cu(I)-Verbindungen stark reduzierend wirken. Verbindungen von zweiwertigem Kupfer werden in Landwirtschaft und Gartenbau zur Bekämpfung von Pilzen eingesetzt. Bei Silber und Gold ist dagegen die Oxidationszahl +I die stabilste. Wichtig sind die Halogenide von Silber, sie sind schwer löslich und zersetzen sich unter Lichteinwirkung (→ Fotografie).

Fotografie

Die wichtigste Verwendung von Silber, für die es bis jetzt keinen Ersatzstoff gibt, ist immer noch die Anwendung in der Fotografie. *Münzen mit Edelmetall kann man schließlich auch aus Goldlegierungen herstellen, Löffel aus Stahl. „Klassisch“ fotografieren kann man dagegen nur mit Silber. Menschen mit Geld haben daher lange nicht nur in Gold sondern auch in Silber investiert, in der Erwartung, dass es immer knapper werden wird. Allerdings hat die Digitalfotografie dazu geführt, dass Bilder ohne Film und ohne Silber im Computer entstehen. Traditionelle Fotografie existiert daher nur noch im Hobbybereich und für Spezialzwecke, etwa in der Astronomie oder Medizin.*

Silberhalogenide sind lichtempfindlich. Die Energie eines auftreffenden Lichtquants bewirkt, dass das Halogenid in seine Bestandteile zerfällt, nach der Formel

$$2\,AgBr \rightleftharpoons 2\,Ag + Br_2$$

Das reduzierte, metallische Silber bildet – fein verteilt – eine schwarze Schicht. Überall dort, wo also Licht auftrifft, schwärzt sich die Oberfläche und wir erhalten ein Negativ (in Wirklichkeit helle Stellen sind am Negativ dunkel). Wenn wir das Negativ noch einmal fotografieren, kehrt sich alles wieder um (die dunklen Stellen am Negativ werden nach der zweiten Fotografie hell) und wir erhalten das Positiv.

So ein fotografischer Film besteht also im Wesentlichen aus einer durchsichtigen Folie, auf der Silberbromidkristalle mit Hilfe von Gelatine aufgeklebt sind. Nun reduziert ein einziges Lichtquant nur ein einziges Silber-Atom. Wir müssen also ziemlich lange belichten, bis alles Silber dunkel ist, und wir das Bild sehen können. *Die ersten Fotografen haben mit Belichtungszeiten von mehreren Stunden gearbeitet.* Da das unpraktisch ist, hat man folgenden Ausweg gefunden:

Wenn man Silberbromidkörner belichtet, ist oft nur ein einziges Atom im ganzen Korn zu metallischem Silber reduziert. (Das entstandene Bild von einzelnen Atomen ist für uns unsichtbar, ein so genanntes latentes Bild.) Danach behandelt man es mit einem milden Reduktionsmittel (= Entwickler) und reduziert weiteres Silber. Der Entwickler benützt aber metallisches Silber als Katalysator und reduziert bevorzugt dort, wo bereits einzelne metallische Silberatome vorhanden sind, sodass zunächst die Körner, die zumindest ein solches Silberatom enthielten, vollständig reduziert werden. Bricht man den Prozess rechtzeitig ab, bleiben die anderen Körner übrig und wir erhalten unser Bild. Dieses Bild dürfen wir allerdings nur im Dunkeln betrachten, da weiteres einfallendes Licht mit der Zeit die verbleibenden, unreduzierten Silberbromidkörner ebenfalls schwärzen würde. Um das zu vermeiden, entfernen wir das unbenützte Silberbromid, indem wir es mit Hilfe von Natriumthiosulfat als Komplex aus der Schicht herauslösen:

$$AgBr + 3\,Na_2S_2O_3 \rightleftharpoons Na_5[Ag(S_2O_3)_3] + NaBr$$

Diese Reaktionsgleichung braucht man sich NICHT zu merken!

Dieser letzte Schritt heißt „fixieren“, Natriumthiosulfat wird daher auch als „Fixiersalz“ bezeichnet.

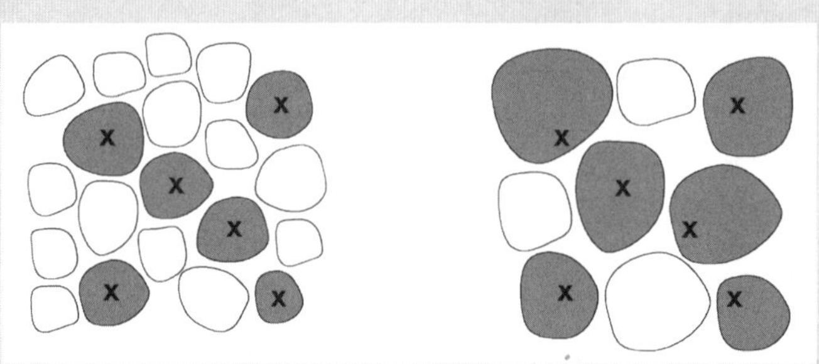

Jetzt verstehen Sie sicher auch, wie man die Lichtempfindlichkeit eines fotografischen Films steigern kann. Verwendet man einfach größere Körner von Silberbromid, so braucht man weniger Körner um eine gegebene Fläche zu schwärzen, daher genügen weniger Lichtquanten für diese wenigen Körner. Nur besteht Ihr Bild dann aus größeren Körnern (lichtempfindliche Filme sind „grobkörniger"), sodass Sie nachher nicht allzu stark vergrößern dürfen, weil sonst die Körner sichtbar werden und stören. *Die andere Möglichkeit: Sie verwenden mehr Licht, indem Sie sich eine teure Kamera mit einem möglichst großen Objektiv leisten, das viel Licht auf Ihren Film versammelt – deswegen schleppen Profi-Fotografen immer so große Apparate herum, auch die mit Digitalkameras.*

4.2.2 Die Eisen-Gruppe

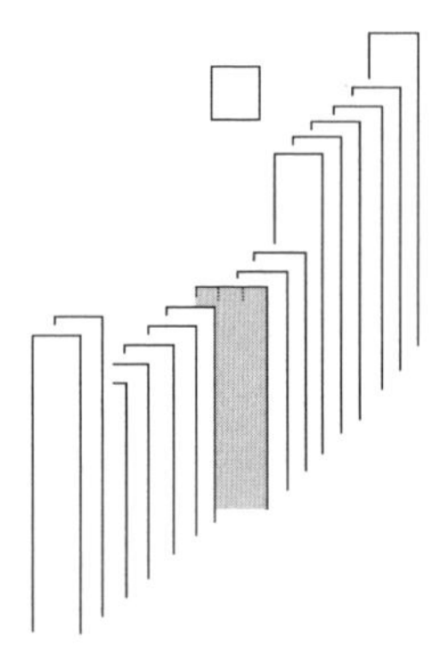

Eisen:	Fe
Kobalt:	Co
Nickel:	Ni

Ruthenium:	Ru
Rhenium:	Rh
Palladium:	Pd

Mit der Eisengruppe haben wir eine Ausnahme: Wir kombinieren drei nebeneinanderstehende Spalten im Periodensystem zu einer einzigen Gruppe. Das ist deswegen sinnvoll, weil diese benachbarten Elemente einander chemisch wirklich sehr ähnlich sind. Um so mehr Elektronen sich nämlich in den d-Orbitalen befinden, um so weniger zeigen diese Bereitschaft, sich an chemischen Bindungen zu beteiligen, sodass fast nur noch die beiden Elektronen des äußersten s-Orbitals die chemischen Eigenschaften bestimmen. Zum Ausgleich unterscheiden sich dafür besonders in dieser Gruppe die jeweils ersten Elemente besonders stark vom Rest, sodass man die ersten drei Elemente als „Eisenmetalle" bezeichnet und die übrigen unter „Platinmetalle" zusammenfasst.

Die **„Eisenmetalle":** In der Erdkruste kommt viel Eisen vor (der Kern der Erde dürfte zum Großteil aus Eisen bestehen, in diesem Fall wäre Eisen überhaupt das häufigste Element auf der Erde). Kobalt und Nickel sind in der Kruste eher selten. Alle drei Metalle sind **ferromagnetisch**, d.h. sie werden in einem Magnetfeld selbst magnetisch. Die vielfältigen Anwendungen von Eisen sind bekannt und brauchen hier wohl nicht extra erwähnt zu werden. Kobalt benutzt man in Legierungen und als Zusatz zu Glas, es färbt dieses schön blau. Nickel wird ebenfalls für Legierungen gebraucht. Da es aber auch an feuchter Luft nicht rostet, wird es als reines Metall für Münzen oder als Überzug („vernickelt") für Haus- und Küchengeräte verwendet.

Osmium: Os
Iridium: Ir
Platin: Pt

„Eisenmetalle":
Fe, Co, Ni

Eisen und Stahl

Chemisch wirklich reines Eisen ist weich und fast so schlaff wie Papier. Es kann so nicht verwendet werden. Eisen in praktischer Verwendung ist immer eine Legierung, vor allem mit Kohlenstoff.

Das Roh- oder Gusseisen aus dem Hochofen enthält etwa 10 % Kohlenstoff, damit wird der Schmelzpunkt erniedrigt und die Schmelze dünnflüssig, sodass es leicht in Formen gegossen werden kann. Allerdings ist festes Gusseisen spröde und lässt sich nicht durch Schmieden bearbeiten. Unter Belastung kann es brechen.

Vermindert man den Kohlenstoffgehalt auf unter 1.5 %, so erhält man Stahl. Geschmolzener Stahl ist zähflüssig und zum Gießen ungeeignet, dafür ist er unterhalb seines Schmelzpunktes weich und zäh und kann durch Hämmern, Walzen, Pressen usw. verformt werden Dieser einfache Stahl ist erkaltet hart und nicht spröde. Durch weitere Zusätze erhält man eine Vielzahl von verschiedenen legierten Stählen für alle möglichen Anwendungen. Je nach den gewünschten Eigenschaften werden dem Stahl daher Silizium, Mangan, Chrom, Nickel, Wolfram, Molybdän, Vanadin und noch andere Elemente zugesetzt.

In Verbindungen von Elementen der Eisengruppe dominiert natürlich die Oxidationszahl +II (beide s-Elektronen entfernt), daneben gibt es für Eisen noch die Oxidationszahlen +III und sehr selten und wenig stabil +I, +IV und +VI. Die Oxidationszahl +III ist bei Kobalt wesentlich weniger beständig als bei Eisen und tritt bei Nickel gar nicht mehr auf. Von Kobalt gibt es auch noch +I Verbindungen.

Fe: $1s^2\ 2s^2\ 2p^6\ 3s^2\ 3p^6$ $\mathbf{4s^2\ 3d^6}$
Co: $1s^2\ 2s^2\ 2p^6\ 3s^2\ 3p^6$ $\mathbf{4s^2\ 3d^7}$
Ni: $1s^2\ 2s^2\ 2p^6\ 3s^2\ 3p^6$ $\mathbf{4s^2\ 3d^8}$

Rost ist vorwiegend FeO(OH) in Mischung mit den drei bekannten Eisenoxiden FeO, Fe_2O_3, Fe_3O_4. Auch in Erzen kommt Eisen meist in Form dieser Oxide vor, seltener auch als Carbonat. Ein weiteres bekanntes Erz ist FeS_2 („Schwefelkies", „Pyrit"), ein Disulfid aus Fe^{2+}- und $S_2{}^{2-}$-Ionen. *Pyrit ist gelb und metallisch glänzend, was oft zu Verwechslungen*

Oxidationszahlen:
Fe: (+I), **+II**, **+III**, (+IV, +VI)
Co: (+I), **+II**, (+III)
Ni: **+II**

FeO, Fe_2O_3, Fe_3O_4
Eisenoxide

FeS_2 $\quad Fe^{2+} \; S^- - S^-$

Pyrit, „Schwefelkies"

mit Gold verleitete. Groß war dann die Enttäuschung, wenn der gesammelte Schatz sich schließlich als wertlos entpuppte.

Eisen kommt in vielen Komplexen vor, die meist schön und intensiv gefärbt sind. Diese kräftigen Farben dienen auch dem qualitativen und quantitativen Nachweis von Eisen. Der biologisch wichtigste Eisenkomplex ist das **Hämoglobin** in unserem Blut.

Kobalt und Nickel bilden ebenfalls neben einfachen Verbindungen viele Komplexe mit zum Teil hochinteressanten Strukturen – ein weites Feld für begeisterte Chemiker.

Biologisch sind alle drei Metalle lebensnotwendig, Kobalt und Nickel allerdings nur in Spuren, wogegen der menschliche Körper immerhin einige Gramm Eisen enthält (3/4 davon im Hämoglobin). *Aber es gibt viele Menschen, die gegen das Metall Nickel allergisch sind. Sie bekommen Juckreiz oder schmerzhafte Ausschläge, wenn sie nickelhältigen Modeschmuck tragen. Das ist eigentlich verwunderlich, normalerweise kann man nur gegen halbwegs große Moleküle allergisch sein, Metalle oder Metallionen sind dafür einfach zu klein. Bedenkt man jedoch die extreme Bereitschaft von Nickel, Komplexe zu bilden, so kann man sich vorstellen, dass Spuren des Metalls sich im Schweiß und Fett der Haut lösen und sich dort zu komplizierten (und großen) Verbindungen zusammenfinden, die dann Allergien auslösen können.*

Hochofenprozess

Eisen kommt in der Natur in Form seiner Erze, vor allem als Eisenoxid, vor. Um daraus metallisches Eisen zu erhalten, müssen diese Oxide reduziert werden. Als Reduktionsmittel verwendet man Kohlenmonoxid, welches dem Eisen den Sauerstoff entzieht und dabei selbst zu Kohlendioxid wird:

$$Fe_2O_3 + 3\,CO \rightleftharpoons 2\,Fe + 3\,CO_2$$

Das benötigte Kohlenmonoxid erhält man durch unvollständige Verbrennung von Kohlenstoff (man nimmt dafür Koks):

$$2\,C + O_2 \rightleftharpoons 2\,CO$$

In einem Hochofen werden also (vereinfacht) Schichten von Eisenerz abwechselnd mit Schichten von Koks eingefüllt, von unten wird Luft eingeblasen, die in der untersten Schicht zu CO verbrennt, das CO steigt in die darüber liegende Erzschicht und reduziert das Eisenoxid zu Eisen, usw. Die dabei frei werdende Hitze bewirkt, dass das entstandene Eisen flüssig bleibt und unten herausrinnt. Man erhält so das Roheisen, auch Gusseisen genannt.

„Platinmetalle“:

Ru, Rh, Pd
Os, Ir, Pt

Die **„Platinmetalle“** sind in der Erdkruste sehr selten. Sie sind alle edel und hochschmelzend, leider aber auch teuer. Platin wird in der Zahntechnik, in der Schmuckindustrie und (wegen seiner großen chemischen Widerstandsfähigkeit) für Laborgeräte verwendet. Iridium allein oder in Legierung mit Platin ist besonders hart (Verwendung für Spitzen von Schreibfedern; das „Urmeter“ in Paris besteht aus einer Pt-Ir-Legierung). Palladium und auch Platin werden in großer Menge in der Chemie als Katalysatoren eingesetzt. Iridium wird auch gerne als Belag für teure Spiegel verwenden. *Früher war Osmium in den Glühdrähten der Glühbirnen. Heute nimmt man dafür Wolfram, weil es viel billiger ist.*

Platinmetalle besitzen noch mehr verschiedene Oxidationszahlen als Eisenmetalle. Die meisten bekannten Verbindungen sind Komplexe.

Platin zum Wegwerfen?

Heutzutage ist Platin teurer als Gold. Man kann es auch vielseitiger verwenden. Das war nicht immer so, früher hat man nur Gold geschätzt. Und da Platin ähnlich schwer ist wie Gold, hat damals die Spanische Regierung befürchtet, dass mit dem vorhandenen Platin falsche Goldmünzen hergestellt werden könnten. Daher wurden die gesamten Platinvorräte Spaniens (einige Tonnen) ins Meer geworfen. Das war im sechzehnten Jahrhundert! Heute tut ihnen das wahrscheinlich sehr leid.

4.2.3 Die Mangan-Gruppe

Mangan kommt in der Natur besonders häufig vor, Technetium dagegen gar nicht, da alle seine Isotope radioaktiv und kurzlebig sind. Es gibt Technetium also nur als Abfall von Kernspaltungen. Als reines Metall wird Mangan nicht verwendet, als Legierungsbestandteil verschiedener Arten von Stahl ist es aber von Bedeutung.

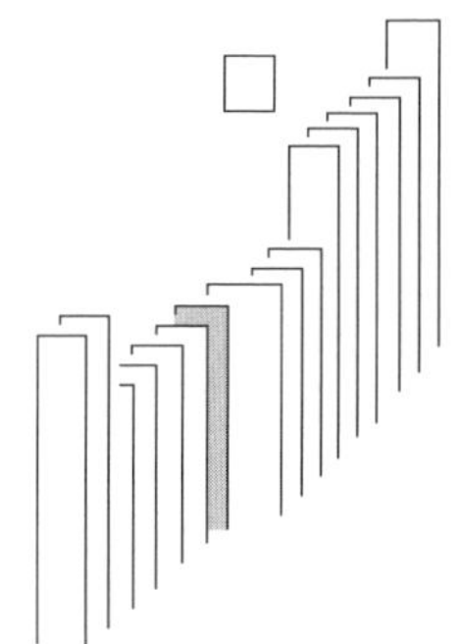

Betrachtet man die Elektronenkonfiguration von z.B. Mangan, so erkennt man, dass sieben Valenzelektronen in leicht unterschiedlichen Energieniveaus zur Verfügung stehen. In Komplexen ist es sogar möglich, dass noch bis zu maximal drei Elek-

Mangan:	Mn
Technetium:	Tc*
Rhenium:	Re

Mn: $1s^2$ $2s^2$ $2p^6$ $3s^2$ $3p^6$ **$4s^2$ $3d^5$**

Oxidationszahlen:

alle von −III bis +VII

+II, (+III), (+IV), **+VII**

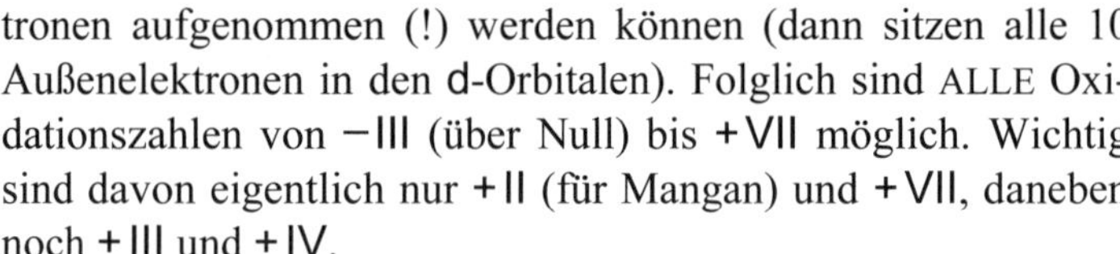
tronen aufgenommen (!) werden können (dann sitzen alle 10 Außenelektronen in den d-Orbitalen). Folglich sind ALLE Oxidationszahlen von −III (über Null) bis +VII möglich. Wichtig sind davon eigentlich nur +II (für Mangan) und +VII, daneben noch +III und +IV.

Bekannt ist vor allem Kalium-Permanganat $KMnO_4$, eine tiefrote Verbindung, die in Labors häufig als starkes **Oxidationsmittel** eingesetzt wird. Wegen dieser oxidativen Wirkung wird es u.a. auch als Desinfektionsmittel verwendet. Es reagiert leicht von +VII zu +II (oder auch zu +IV) nach der Gleichung:

$KMnO_4$
Kalium-Permanganat

$$MnO_4^- + 8\,H^+ + 5\,e^- \rightleftharpoons Mn^{2+} + 4\,H_2O$$

MnO_2
Braunstein

Braunstein MnO_2 kommt in der Natur vor, seine oxidierende Wirkung (von +IV zu +II) wird in Taschenlampen-Batterien und zum Bleichen von Glasschmelzen (so genannte „Glasmacherseife") ausgenützt.

Von der Oxidationsstufe +II gibt es von Mangan Salze mit allen gängigen Anionen. Diese Salze sind alle auffallend schwach gefärbt. *Was wieder beweist, dass fünf Elektronen in den d-Orbitalen eine sehr stabile Anordnung bilden, sodass sich diese Elektronen durch Licht schlecht anregen lassen.* Man findet gewisse Ähnlichkeiten zwischen diesen Salzen und den entsprechenden Magnesium-Salzen, was vielleicht erklärt, warum Mangan – obwohl als Spurenelement lebensnotwendig – in höherer Konzentration giftig ist. (Allerdings sind Mangan-Salze der Oxidationsstufe +II weniger giftig als Permanganate.)

4.2.4 Die Chrom-Gruppe

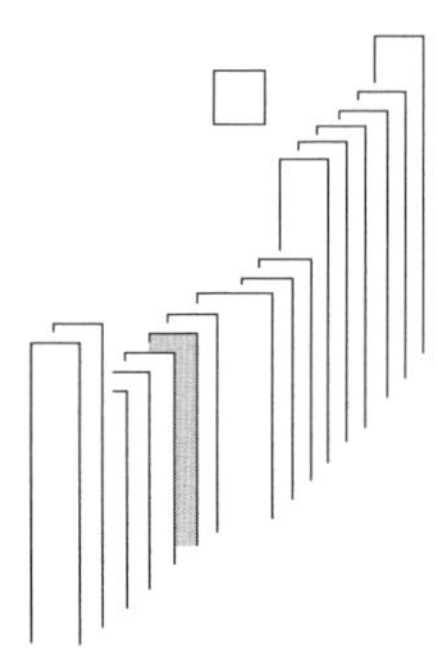

Chrom findet man in der Natur relativ häufig, die anderen beiden Metalle sind eher selten. Alle drei Metalle werden vor allem als Zusatz für Stahllegierungen verwendet. Bekannt ist Chrom vor allem wegen seiner Verwendung zur Oberflächenbeschichtung („verchromen") von anderen Metallen. Dabei ist Chrom eigentlich relativ unedel, es überzieht sich aber mit einer nur wenige Moleküle dicken Oxidschicht, die undurchlässig gegen jede weitere Oxidation ist. Wolfram hat den höchsten Schmelzpunkt aller Metalle (3380°C) und wird daher für Glühdrähte von Glühlampen verwendet.

In Verbindungen gibt es – ähnlich wie bei Mangan – wieder eine Vielzahl von Oxidationszahlen, diesmal alles zwischen −II bis +VI, wobei aber nur +III und +VI (bei Chrom auch noch +II) von Bedeutung sind. Folgerichtig sind Verbindungen mit der Oxidationszahl +VI Oxidationsmittel, Verbindungen mit niedrigeren Oxidationszahlen Reduktionsmittel. Chromverbindungen sind schön farbig – daher der Name, *chromos* = Farbe – und giftig (vor allem die +VI Verbindungen, die +III Verbindungen kaum.)

Chrom:	Cr
Molybdän:	Mo
Wolfram:	W

Cr: $1s^2\ 2s^2\ 2p^6\ 3s^2\ 3p^6$ $\mathbf{4s^1\ 3d^5}$

Oxidationszahlen

alle von −II bis +VI

(+II), **+III**, **+VI**

Aus Chromat kann sich Dichromat bilden, nach der Gleichung:

$$2\,CrO_4^{2-} + 2\,H^+ \rightleftharpoons Cr_2O_7^{2-} + H_2O$$

Chromat Dichromat

Achtung, das ist KEINE Oxidation, die Oxidationszahlen ändern sich ja nicht! Natürlich hängt das Gleichgewicht dieser Reaktion vom pH-Wert ab. In saurer Lösung ist daher Dichromat beständig, in alkalischer Lösung Chromat. *Das ist wichtig für die Verwendung. Dichromat wirkt viel stärker oxidierend als Chromat, trotz gleicher Oxidationszahl (+VI). Daher wird Dichromat gelöst in Schwefelsäure – die so genannte „Chromschwefelsäure" – im Labor als Oxidationsmittel und zur Reinigung von stark verschmutzten Glasgeräten benutzt.*

K_2CrO_4

Kaliumchromat

$K_2Cr_2O_7$

Kaliumdichromat

4.2.5 Die Vanadin-Gruppe

Vanadium (und auch Niob) findet Verwendung als Legierungsbestandteil von bestimmten Spezial-Stählen. Für die Verbindungen dieser Elemente (es gibt alle Oxidationszahlen von −I bis +V) interessieren sich nur wirkliche Chemie-Spezialisten – *also nichts für uns.*

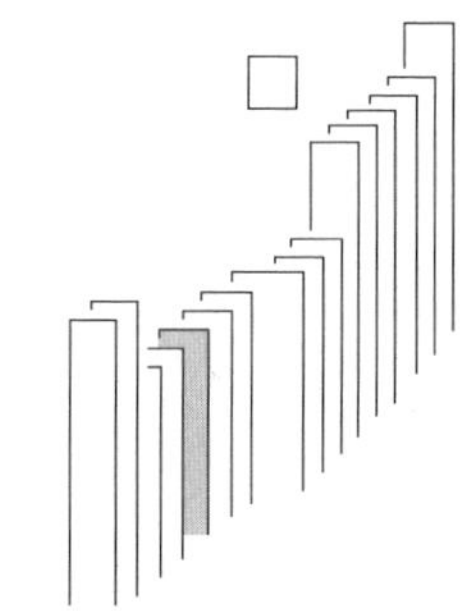

Vanadium (Vanadin):	V
Niob:	Nb
Tantal:	Ta

4.2.6 Die Titan-Gruppe

In der Erdkruste sind die beiden ersten Elemente sehr häufig. Trotzdem ist Titan relativ teuer, weil es sich aus seinen Erzen nur äußerst schwierig rein herstellen lässt. Das ist schade, denn Titan hat ähnliche mechanische Eigenschaften wie Stahl, ist aber nur halb so schwer! Natürlich findet es daher Anwendung, wo immer man Festigkeit mit geringem Gewicht kombinieren will (Raketen, Flugzeuge, Motoren, Rotoren in Zentrifugen, usw.). Da Titan (wie alle Elemente dieser Gruppe) völlig un-

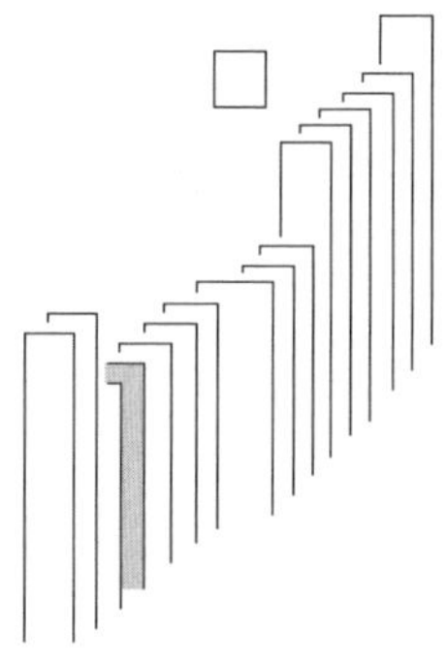

Titan:	Ti
Zirkon:	Zr
Hafnium:	Hf

Ti: $1s^2$ $2s^2$ $2p^6$ $3s^2$ $3p^6$ **$4s^2$ $3d^2$**

Oxidationszahlen
+IV (+III, +II)

giftig ist, wird es auch in der Chirurgie (für Knochennägel und Schrauben, für Schienen, für künstliche Gelenke, usw.) angewendet. Zirkon dient vor allem für die innere Auskleidung von Kernreaktoren.

Die Verbindungen haben erwartungsgemäß meist die Oxidationszahl +IV, daneben kommen auch noch +III und +II vor. Titandioxid TiO_2 ist das wichtigste weiße Farbpigment, es darf sogar als Lebensmittelzusatz verwendet werden. ZrO_2 braucht man für superfeste Keramikwerkstoffe, die härter und hochschmelzender sind als jedes Metall. *Zirkonverbindungen werden seit neuesten auch als Anti-Transpirant in Deos verwendet: „Zirkon in den Tennissocken – hält den ärgsten Schweißfuß trocken."*

4.2.7 Die Scandium-Gruppe

Scandium:	Sc
Yttrium:	Y
Lanthan:	La
Aktinium:	Ac*

Ich erwähne diese Gruppe nur der Vollständigkeit halber. Man braucht diese Elemente für nichts. *Sie stehen also nur da, damit unser Periodensystem kein Loch hat.* Lanthan und Actinium sind auch „Platzhalter" für je 14 weitere Elemente, die so genannten „inneren Übergangselemente".

4.3 Die inneren Übergangselemente

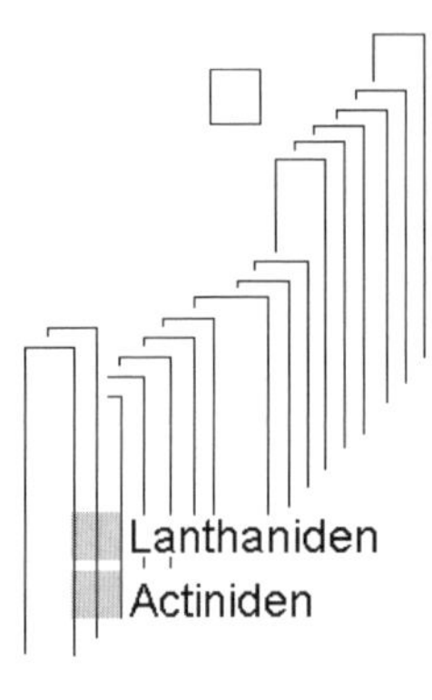

Diese Elemente, die durch Auffüllen der 4f-Orbitale, bzw. der 5f-Orbitale aufgebaut werden, nennt man auch **„innere Übergangselemente"**. Im chemischen Verhalten sind sie einander extrem ähnlich, da sie ja in zwei äußeren Schalen die gleiche Elektronenanordnung aufweisen.

Die **Lanthaniden** (oder auch Lanthan**o**iden), füllen die 4f Schale auf, in einer Serie von 14 Elementen. *Ich verzichte darauf, die Namen aufzuschreiben, weil sich die ohnehin kein Mensch merken will. Man hat die Lanthaniden auch als „seltene Erden" bezeichnet, so selten sind sie aber gar nicht.* Bedeutung hat eigentlich nur **Cer** (Ce) bekommen: in einer Legierung mit Eisen dient es als „Feuerstein" in Feuerzeugen *(hat nichts mit dem Mineral Feuerstein zu tun, aus dem unsere Vorfahren ihre Werkzeuge fertigten)* und als Cer-Oxid ist es Bestandteil von Glühstrümpfen. *Wer weiß heute noch was ein Glühstrumpf ist? Den hat man vor der Erfindung der Glühbirne* *für die Gasbeleuchtung verwendet. So ein Glühstrumpf ist eine Mischung aus Cer-Oxid und Thorium-Oxid. Das Cer wird durch eine Gasflamme zum Leuchten gebracht. Leute, die weit von einer Steckdose entfernt sind – also beim Camping mit Zelt oder Wohnwagen –, verwenden so etwas heute noch gerne. Eine Gasflasche mit Glühstrumpf brennt viel länger als eine Batterie-betriebene Taschenlampe.* Neuerdings wird Cer-Oxid auch Dieselkraftstoffen zugesetzt. Das Cer erleichtert als Katalysator die vollständige Verbrennung und vermindert daher die Bildung von Rußteilchen in den Abgasen.

Wichtiger sind die **Actiniden** (füllen die 5f Schale auf). Alle sind radioaktiv. Trotzdem findet man einige in der Natur. Uran und Thorium haben eine so lange Halbwertszeit, dass seit der Erschaffung unseres Universums noch etwas übrig ist. *^{232}Th hat 10 Milliarden Jahre Halbwertszeit, das geht sich also locker aus.* Andere sind zwar kurzlebiger, entstehen aber beim Zerfall von Uran oder Thorium, sodass immer wieder etwas nachgeliefert wird. *Letzten Endes zerfällt alles zu Blei.* Elemente, die schwerer als Uran sind, gibt es in der Natur nicht, sie können nur künstlich hergestellt werden.

Neben **Thorium** (Th) – das für einige spezielle Legierungen verwendet wird – ist vor allem **Uran** (U) von Bedeutung: Als Brennstoff in **Kernreaktoren** und für die Herstellung von Waffen – „normale“ Anwendungen gibt es dafür eigentlich kaum *(außer man bezeichnet die schwere und daher sehr durchdringende Uran-Munition als eine solche).*

Uran und Plutonium

In der Natur kommt vor allem ^{238}U vor, das als Kernbrennstoff ungeeignet ist. Für Atombomben und Kernreaktoren braucht man nämlich ^{235}U, das aber nur zu 0.7% im natürlichen Uran vorkommt. Man muss die beiden Isotope voneinander trennen oder zumindest einen Teil des unbrauchbaren ^{238}U abtrennen, sodass man „angereichertes Uran“ mit einem Anteil von zumindest einigen Prozent ^{235}U erhält. *Umso reiner das ^{235}U ist, desto „besser“ wird die Bombe.* Chemisch kann man aber Isotope voneinander nicht trennen, es geht nur physikalisch, wobei der Unterschied der Kernmassen (nur etwa 1 %) ausgenützt werden muss. Diese Anreicherung ist enorm schwierig (Stichwort Gaszentrifugen) und stellt höchste Anforderungen an die Technologie.

Wenn man aber einmal genug Material hat, um einen Kernreaktor zu betreiben, so passiert Folgendes: Bei der Kernspaltung wird ^{235}U verbraucht, das ^{238}U daneben fängt überschüssige Neutronen (die bei der Kernspaltung ja frei werden) ab und wandelt sich dabei um:

$$^{238}U + n \rightarrow {}^{239}U \rightarrow {}^{239}Np \rightarrow {}^{239}Pu$$

Die Zwischenprodukte sind sehr kurzlebig, schließlich entsteht Plutonium, mit einer Halbwertszeit von immerhin 24 000 Jahren. Dieses Plutonium ist aber selbst genauso spaltbar wie ^{235}U, sodass also im Kernreaktor das verbrauchte Uran laufend durch Plutonium ersetzt werden kann und der Kernbrennstoff viel länger anhält. Man hat sogar Kernreaktoren konstruiert – die so genannten „schnellen Brüter" –, welche MEHR Plutonium produzieren als sie an ^{235}U verbrauchen.

Die Kehrseite der Medaille ist allerdings, dass damit spaltbares Material zur Verfügung steht, welches viel leichter zu reinigen und anzureichern ist als Uran. Plutonium ist ja chemisch von Uran verschieden, und kann daher auch mit normalen chemischen Methoden abgetrennt werden. Man kann also viel leichter waffenfähiges Material für eine Bombe herstellen. Die oft strapazierte Vorstellung von der Terroristengruppe, die heimlich in der Garage Bomben bastelt, ist allerdings übertrieben. So einfach sind Kernwaffen nicht herzustellen und da Plutonium sehr giftig ist, würden sich die Terroristen dabei eher selbst ausrotten. Aber Schwellenländer wie Indien und Pakistan haben es innerhalb einiger Jahre (mit enormen Aufwand) geschafft, auf diese Weise „ihre" Atombombe zu bauen.

Übungen zu Kapitel 4

40. Wie viele verschiedene Arten von Valenzelektronen haben die Elemente Hg, Pt, Ce?

41. Der menschliche Körper enthält in seinem Hämoglobin etwa 3 g Eisen. Eine tödliche Vergiftung beginnt, wenn etwa 50 % der Sauerstoff-Bindungsstellen des Hämoglobins durch Kohlenmonoxid blockiert sind. Wie viele Liter Gas (unter Normalbedingungen) sind das?

42. Wie groß ist die Oxidationszahl von Eisen in Fe_3O_4?

43*. Versetzt man Braunstein mit Salzsäure so entsteht Chlorgas. Schreiben Sie die Reaktionsgleichung auf. *Hinweis: Beachten Sie die Stabilität der Oxidationszahlen von Mangan!*

5 CHEMIE IN UND UM UNS

Alle Dinge sind giftig, es kommt nur auf die Dosis an!

Paracelsus (1493–1541)

Dieses Kapitel befasst sich mit den Stoffen, die in unserem Körper eine Rolle spielen, die für uns giftig sind oder die allgemein von unserer Umgebung auf uns einwirken. Man würde natürlich erwarten, dass diese Einflüsse besonders gut untersucht und charakterisiert sind. Leider stimmt das nur teilweise, denn dabei gibt es eine prinzipielle Schwierigkeit: Man kann einfach mit Menschen nicht so ohne weiteres all die Untersuchungen durchführen, die einem z.B. im Labor mit einer Bakterienkolonie erlaubt sind. Erstens, weil sich die Menschen das (zu Recht!) nicht gefallen lassen würden, zweitens, weil viele Versuche wegen der längeren Lebens- und Generationszeit des Menschen im Vergleich zu den Bakterien zu lange dauern würden und drittens, aus statistischen Gründen: In einer Bakterienkolonie existieren viele Millionen Organismen, es ist aber schwierig bis unmöglich, Versuche unter ähnlich kontrollierbaren Bedingungen mit vielen Millionen Menschen zu machen. Man darf sich also nicht wundern, wenn biologische Funktionen wichtiger Stoffe erst relativ spät entdeckt wurden *(vergleichen Sie mit NO aus Kapitel 3.5.1)* oder vielleicht sogar noch unentdeckt sind und wenn sich vieles immer wieder als falsch herausstellt, das auf Grund von einigen vorschnellen Schlüssen lange Zeit als gesicherte Tatsache gegolten hat.

Nun versucht man natürlich Einflüsse von Substanzen im Tierexperiment zu erforschen. Doch dabei gibt es nahezu die gleichen Hindernisse. Da Tierversuche sehr teuer sind, muss man mit einer relativ geringen Anzahl von Tieren auskommen – einigen hundert, wo hunderttausende gefragt wären – und man muss die Experimente zeitlich begrenzen, schließlich will man ja die Ergebnisse möglichst rasch und nicht erst im nächsten Jahrhundert. Daher werden gezwungenermaßen zusätzliche Annahmen getroffen, um Ausmaß und Dauer der Versuche innerhalb vernünftiger Grenzen zu halten. Man steigert also die Menge der angewendeten Substanz und impliziert, dass z.B. die dreißigfache Dosis in einer Woche einen ähnlichen Effekt bewirkt wie die einfache Dosis innerhalb von dreißig Wochen. Oder man nimmt an, dass, wenn ein Tier von der dreißigfachen Dosis krank wird, dann von dreißig Tieren, die die einfache Dosis bekommen hätten, auch eines krank geworden wäre.

Klingt doch logisch!? Oder? Wenn ich ein Monat lang täglich am Abend ein Glas Wein trinke, so ist das durchaus bekömmlich und ich werde keine Probleme damit haben. Trinke ich dagegen die dreißig Gläser Wein des Monats auf eimal aus, so ist das Resultat – eine Alkoholvergiftung – damit durchaus nicht vergleichbar. Oder wenn alle dreißig Gläser Wein zwar an einem Abend getrunken werden, aber von dreißig verschiedenen Leuten, so wird dann wohl auch nicht im Durchschnitt einer davon betrunken sein?

Dazu kommt noch das Problem, dass verschiedene Spezies nicht ganz genau den gleichen Stoffwechsel haben, sodass manchmal eine Substanz in verschiedenen Arten unterschiedlich wirkt. Ein gutes Beispiel dafür ist die Toxizität von Dioxinen. *Dioxine sind eine Stoffklasse von über zweihundert Verbindungen, nur 17 davon sind giftig.* Bestimmt man die tödliche Dosis des giftigsten aller Dioxine, als TCDD bezeichnet, so zeigt sich im Tierversuch an Meerschweinchen eine unerhörte Giftwirkung. Hamster jedoch, die äußerlich dem Meerschwein recht ähnlich schauen, sind dagegen 5000 mal unempfindlicher! *(Dieser Faktor 5000 in der Toxizität entspricht etwa dem Unterschied zwischen Zyankali und Kochsalz!)* Wir kennen die tödliche Dosis von TCDD für den Menschen daher nicht (und werden sie auch hoffentlich nie herausfinden müssen). Bei den berüchtigten Unfällen mit Dioxinen (z.B. in Seveso) gab es zwar Massenvergiftungen, die dann zu Symptomen wie Hautverätzungen und Chlorakne, auch zum Verdacht auf ein erhöhtes Krebsrisiko führten, aber es gab keine Todesfälle. *Da Dioxine in geringen Mengen immer entstehen, wenn chlorhaltige Stoffe verbrannt werden, also auch bei einem Feuer von Holz, könnte man spekulieren, dass der Mensch im Verlauf der Jahrtausende, die er vor Lagerfeuern sitzend verbracht hat, einigermaßen resistent dagegen geworden ist. Aber wir wissen nichts darüber.* Natürlich vergleicht man gerne mit Versuchstieren, die dem Menschen möglichst nahe verwandt sind. Für Affen liegt die tödliche Dosis an TCDD etwa in der Mitte zwischen Hamster und Meerschweinchen – das wäre dann etwa so giftig wie Nikotin, also immer noch ein sehr schweres Gift. *Allerdings hat Nikotin eine nicht annähernd so schlechte Presse wie Dioxin, warum wohl?*

Sind Tierversuche also völlig sinnlos? Keineswegs, irgendwie muss man ja überprüfen, ob eine Substanz (z.B. ein neues, vielversprechendes Medikament) frei von gefährlichen Nebenwirkungen ist. Wenn sich daher eine Substanz trotz hundert- oder tausendfacher Überdosierung im Tierversuch (möglichst in mehreren Arten) als unschädlich erweist, so kann man mit einer gewissen Berechtigung annehmen, dass sie auch für Menschen harmlos ist. Und genau das ist es, was man ja im Normalfall zeigen will. Doch vor leichtfertigen Umkehrschlüssen sollte man sich in Acht nehmen.

5.1 Die Nichtmetalle in unserem Körper

Da unser Körper zu mehr als 60 % aus Wasser besteht, müssen schon aus diesem Grund **Sauerstoff** und **Wasserstoff** darin dominieren. Aber diese Elemente bauen auch die organische Substanz unseres Körpers auf, zusammen mit vor allem **Kohlenstoff** und **Stickstoff**, die Hauptmenge des Letzteren befindet sich in den Proteinen (= „Eiweiß"). **Phosphor** ist bedeutend als Bestandteil von Nukleinsäuren und von für den Energiestoffwechsel notwendigen Phosphorsäure-Estern, doch der größte Teil davon ist anorganisches Phosphat in den Knochen. Eine Vielzahl der biologischen Verbindungen und alle Proteine enthalten **Schwefel**. Und schließlich ist **Chlor** das wichtigste Anion im extrazellulären Bereich (die intrazellulären Anionen sind Proteine, Phosphat, Carbonat und Anionen organischer Säuren). Diese Elemente sind natürlich in allen Organismen enthalten, gleichgültig was wir essen, wir erhalten auf jeden Fall genug davon. *Das gilt auch für Tiere, jedoch nicht für Pflanzen, die ihre Biomasse aus einfachen Verbindungen aufbauen müssen. Wasser und Kohlendioxid bekommen sie zwar leicht, aber Stickstoff, Phosphor und Schwefel ist oft knapp und muss als Dünger zugeführt werden.*

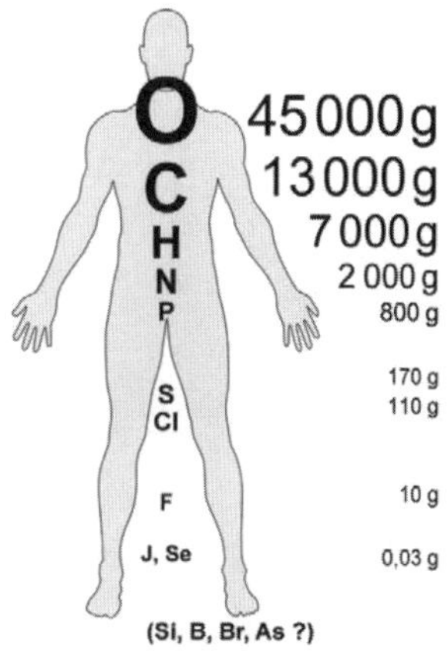

Nichtmetalle im menschlichen Körper (Werte für einen 70 kg schweren Erwachsenen).

Fluor ist vielleicht nicht unbedingt lebensnotwendig, es ist aber wichtig für unser Wohlbefinden. Versuchstiere, die fluorfrei ernährt wurden, zeigen Wachstumsstörungen, Anämien und Unfruchtbarkeit. Das meiste Fluor befindet sich im Schmelz unserer Zähne. Hier wird im Hydroxylapatit die HO^--Gruppe gegen F^- ausgetauscht (siehe Kapitel 3.8.1). Das Material wird dadurch härter und widerstandsfähiger gegen Säuren. Ein Zusammenhang zwischen erhöhter Fluoraufnahme und verminderter Anfälligkeit gegen Karies beim Menschen ist vielfach nachgewiesen. Fluor hilft auch gegen Osteoporose (Knochenschwund). Neben der Härtung der Knochensubstanz stimuliert es auch die Osteoblasten, das sind die Zellen, die die neue Knochenmatrix synthetisieren. Da es häufig zu Fluor-Mangel kommen kann, setzt man Fluorid in vielen Ländern dem Trinkwasser zu. Diese Maßnahme ist allerdings umstritten, nicht zuletzt deshalb, weil ja der Trinkwasserkonsum individuell stark variiert – *viele Menschen bevorzugen andere Getränke* – und Fluor nicht so genau dosiert werden kann. Und ein Überschuss an Fluor ist schädlich. Man greift daher als Alternative zu Fluorid in Tablettenform oder zu fluoridhaltiger Zahnpaste.

Es kommt relativ häufig zu einem Mangel an Fluor oder Iod.

Iod hat nur eine einzige bekannte – aber essentielle – Funktion im Körper. Es ist Bestandteil der Schilddrüsenhormone. Wenn diese Hormone nicht ausreichend vorhanden sind, kommt es bei Kindern zu Störungen des Wachstums und der geistigen Entwicklung, bei Erwachsenen zur Bildung von Struma (= „Kropf"). Da Iodmangel in vielen Gegenden häufig ist – mit Ausnahme von Meeresprodukten enthalten Nahrungsmittel wenig Iod – werden in vielen Ländern dem Kochsalz Spuren von Iodat zugesetzt.

Zwar brauchen wir nur ganz geringe Mengen **Selen**, die sind aber lebenswichtig. Man kennt zumindest zwei wichtige, körpereigene Enzyme, die Selen als Bestandteil enthalten. Und Selen scheint vor der Wirkung anderer Gifte wie Quecksilber, Cadmium, Arsen und Blei zu schützen. In der Regel enthält unsere Nahrung genug Selen, es gibt jedoch in China einige Gegenden, in denen der Boden besonders arm an Selen ist, sodass dort Mangelerscheinungen auftreten können. Die Folge sind Herzkrankheiten und ein erhöhtes Krebsrisiko. Daher spielen in der chinesischen Medizin selenhaltige Medikamente seit langem eine bedeutende Rolle. Der gegenwärtige Trend zu fernöstlicher und alternativer Medizin führt aber dazu, dass auch bei uns Leute diese Medikamente einnehmen, die keineswegs unter Selenmangel leiden. *„Wenn schon ein bisschen Selen für mich gut ist, wie gut muss dann erst viel Selen für mich sein."* Zu Unrecht, Selen ist nämlich sehr giftig! Die ersten Zeichen einer Überdosierung sind Mund- und Körpergeruch – der Körper versucht das überschüssige Selen auszuscheiden und die meisten Selenverbindungen stinken! Und eine einmalige Dosis ab 50 Milligramm kann tödlich sein!

Bei den meisten anderen Spurenelementen ist ein Mangel (sehr) selten.

Es gibt noch einige weitere Nicht- oder Halbmetalle, die man in wechselnden Mengen in unserem Körper findet und von denen man nicht sicher ist, ob und welche Funktion sie haben oder ob sie einfach als Verunreinigung auftreten. Im Tierversuch (an

– *unglücklichen* – Hühnern) konnte man zeigen, dass **Silizium** lebensnotwendig ist, dagegen scheint **Bor** nur in Pflanzen eine Rolle zu spielen. Über eine mögliche Bedeutung von **Brom** oder **Arsen** wird spekuliert, es gibt aber keine wirklich konkreten Hinweise.

5.2 Die Metalle in unserem Körper

Die nebenstehende Abbildung zeigt die Metalle, die unser Körper braucht. Mengenmäßig am bedeutendsten ist **Calcium**, das in Verbindungen wie Hydroxylapatit $Ca_5(PO_4)_3OH$ Hauptbestandteil unserer Knochen ist. Daneben hat Calcium aber noch eine Reihe anderer Funktionen, u.a. bei der Zellteilung, bei der Blutgerinnung oder bei der Muskelkontraktion. Sinkt bei ungenügender Ernährung der Calciumspiegel im Blut, so wird Calcium aus dem Skelett freigesetzt. Die Knochensubstanz wird wieder ersetzt, sobald aus der Nahrung genügend Calcium aufgenommen werden kann.

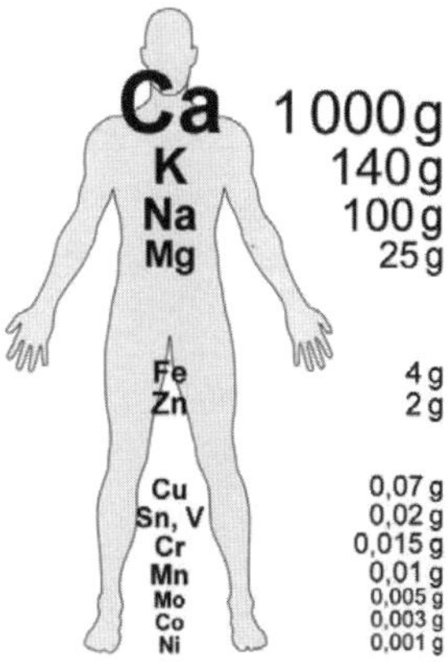

Metalle im menschlichen Körper.

Normalerweise hat ein Erwachsener keine Probleme bei normaler Ernährung genug Calcium zu erhalten. Kinder und Jugendliche, aber auch werdende und stillende Mütter haben einen erhöhten Bedarf *(klar, sie müssen Knochensubstanz neu aufbauen)* und sollten daher mehr calciumreiche Nahrung zu sich nehmen, das wären etwa Milch, Käse, Eier, Fisch, Brot, aber auch – lecker – Schokolade. Störungen im Knochenaufbau sind allerdings häufiger auf den Mangel an Vitamin D als auf einen Calciummangel zurückzuführen, da dieses Vitamin für die Mineralisierung des Knochens notwendig ist. *Besonders viel Vitamin D kommt in Ölen, Eiern und Fischen vor. Essen Sie also Ölsardinen auf Schwarzbrot, dann haben sie beides, Vitamin D und Calcium! Aber wie bekommt man unsere Kinder dazu, Ölsardinen zu essen? Wo moderne Kinder doch auf Pommes frites mit Ketchup konditioniert sind?*

Die beiden Antagonisten **Kalium** und **Natrium** sind die hauptsächlichen Kationen in den Körperflüssigkeiten, wobei Kalium vor allem im Zellinneren, Natrium überwiegend in den extrazellulären Flüssigkeiten vorkommt. Dieser Unterschied ist vor allem auch notwendig für die Reizleitung in den Nerven- und Muskelfasern. Wir scheiden ständig beide Elemente mit Harn und Schweiß aus, aber unsere Nahrung enthält mehr als ausreichende Mengen, um die Verluste jederzeit wieder wettzumachen – auch ohne dass wir die Speisen salzen. Kochsalz ($NaCl$)

Manche Leute schwören auf Meersalz, weil es angeblich viel gesünder ist als das übliche Steinsalz. Sie übersehen dabei nur, dass auch Steinsalz der Überrest eines – allerdings längst verschwundenen – Meeres ist.

hat einen schlechten Ruf, da es blutdrucksteigernd wirkt. Tatsächlich sollten Leute, die unter erhöhtem Blutdruck leiden, ihre Nahrung möglichst wenig salzen. Man kann aber hohen Blutdruck nicht durch extrem natriumarme Kost senken (obwohl das manchmal behauptet wird) und schon gar nicht hilft eine erhöhte Aufnahme von Kalium-Salzen. Zwar müssen wir ohnehin mehr Kalium als Natrium aus der Nahrung aufnehmen, in hoher Dosis wirkt Kalium aber giftig! Auch will unser Körper ein Gleichgewicht zwischen Kalium und Natrium aufrechterhalten. *Bier enthält viel Kalium, vielleicht schmecken deshalb gesalzene Brezel u.ä. so gut zu Bier.*

Bei extremem Durchfall kann der Verlust an Kalium und Natrium lebensgefährlich werden, die Aufnahme ist dann natürlich auch behindert, sodass es zu einem Zusammenbruch des Elektrolyt-Haushaltes kommen kann. Also bei Durchfall unbedingt die Elektrolyte ersetzen. *Mineralwasser trinken oder eine Lösung von einem Teelöffel Kochsalz und acht Teelöffel Zucker in einem halben Liter Wasser. Ein noch besseres Rezept ist mit Wasser verdünnter Orangensaft mit einem Teelöffel Kochsalz und zwei bis drei Löffeln Honig. Orangensaft enthält viel Kalium und der Honig oder Zucker ermöglicht die Resorption der Salze im Darm. Bier würde zwar ebenfalls viel Kalium enthalten, aber wer will schon gesalzenes Bier mit Honig trinken?*

Pflanzen benötigen **Magnesium** vor allem als Zentralatom im Chlorophyllmolekül. Menschen benötigen Magnesium für eine Reihe von Enzymen, es ist aber auch Bestandteil von Knochen und Zähnen. Die geringen Magnesiummengen, die wir täglich brauchen, sind in der normalen Nahrung immer vorhanden, nur im hohen Alter, bei extrem unausgewogener Ernährung oder Alkoholismus kann Magnesiummangel auftreten – das führt zu chronischer Müdigkeit und Lethargie, zu Reizbarkeit und Depressionen.

Viel häufiger sind Mangelerscheinungen bei **Eisen**. Zwar enthält unsere Nahrung deutlich mehr als wir benötigen, das meiste davon jedoch in einer chemischen Form, die für uns nicht verwertbar ist. Eisen ist wichtig für die Blutbildung (Hämoglobin, der rote Farbstoff in den Erythrozyten, enthält Eisen), kommt aber auch in einer Vielzahl von Enzymen vor. Wir haben im Körper einige ganz spezielle Proteine, die nur für den Transport und die Speicherung von Eisen zuständig sind. Blutverlust führt zu einem gesteigerter Bedarf an Eisen, deshalb benötigen Frauen *(und Blutspender)* auch regelmäßig mehr davon (*schwangere Frauen natürlich noch mehr)*. Nahrungsmittel, die viel Eisen enthalten sind Leber, Fleisch, Eier, Schwarzbrot, Hülsenfrüchte *(aber auch Kaviar und Rotwein, wenn es der Geldbeutel erlaubt)*.

Während Frauen auf genügende Eisenzufuhr achten sollten, müssen Männer eher aufpassen, dass sie genug **Zink** bekommen. Zink ist ein wesentlicher Bestandteil in vielen Enzymen und anderen Proteinen. Besonders im nahen und mittleren Osten ist der Boden arm an Zink, dort treten häufig Mangelsymptome auf. *Das sind Minderwuchs und verzögerte Sexualentwicklung bei Jugendlichen. Bei Erwachsenen sind es Unlust, Müdigkeit, Sexualschwäche – also das Bild des grantigen alten Mannes. Es wird aber nichts helfen, wenn Sie jetzt anfangen, Ihren Opa mit Zink zu füttern, in unserer Nahrung ist wahrscheinlich genug Zink und ein Zuviel davon bringt gar nichts.* Fleisch, Fisch, Austern, die meisten Käse, aber auch Hefe, Kleie, Sonnenblumenkerne sind reich an Zink. Da das Sperma besonders viel Zink enthält, haben Männer höheren Bedarf als Frauen. Umgekehrt wirkt eine überhöhte Zinkaufnahme deswegen aber nicht potenzsteigernd. *Das hätten manche gerne! Zinksalze sind ungiftig genug, dass man sie unbeschadet einnehmen kann, es wurde also schon oft und vergeblich probiert. Austern enthalten besonders viel Zink, aber die Idee, dass sie deshalb die Liebesfähigkeit steigern, ist eine Legende.*

Bei Frauen ist Eisenmangel häufig, bei Männern kann (selten) Zinkmangel eine Rolle spielen.

Von den restlichen Metallen benötigen wir nur ganz geringe Mengen – zumeist sind diese als Bestandteile von Enzymen von Bedeutung. In einigen Fällen (Sn, V, Cr, Ni) kennt man die Funktion auch gar nicht und vermutet nur, dass sie für uns wichtig sind. *Wundern Sie sich deshalb nicht, wenn sich die Liste der essentiellen Spurenelemente im Lauf der Zeit ändert und auch von Lehrbuch zu Lehrbuch schwankt.* So etwas ist auch schwierig festzustellen – man kann diese Elemente nicht einfach probeweise aus der Nahrung entfernen, da die winzigen Mengen, die wir benötigen, überall in unserer Umgebung als Verunreinigung vorkommen. Sofern man sich nicht extrem einseitig ernährt, braucht man sich daher auch keine Sorgen zu machen, dass einem eines dieser Elemente ausgeht. *Das Theater, das über die „wertvollen Spurenelemente" gemacht wird, dient vorwiegend der Industrie, die uns damit ihre verschiedenen Tabletten andrehen will.* Im Gegenteil, die meisten dieser Metalle sind sogar giftig, wenn man zu viel davon aufnimmt.

Auch lebenswichtige Spurenelemente können giftig wirken, wenn zu viel davon aufgenommen wird.

5.3 Warum sind manche Stoffe giftig?

Gifte sind Stoffe, die den gesunden Körper schädigen, indem sie einen essentiellen biologischen Prozess blockieren.

Gifte:

stören die geregelte Funktion des Körpers, sehr häufig blockieren sie bestimmte Enzyme.

Im einfachsten Fall handelt es sich dabei um Substanzen, die eine große **chemische Ähnlichkeit** mit etwas anderem aufweisen, das für den Körper wichtig ist. Der Körper lässt sich durch diese Ähnlichkeit täuschen, nimmt die falsche Substanz auf und kommt dann in Schwierigkeiten, weil die biologische Funktion natürlich nicht erfüllt wird. Wenn also ein Enzym, das Zink enthalten sollte, stattdessen Cadmium bindet, ist es inaktiv und kann seine Reaktion nicht mehr katalysieren. Man braucht also nur im Periodensystem nach biologisch wichtigen Elementen suchen, sehr häufig sind die unmittelbar darunter stehenden Elemente giftig. So stören Sr^{2+} und Ba^{2+} den Knochenaufbau, weil sie an Stelle von Ca^{2+} treten, und so erklärt man auch die Giftigkeit von Be (statt Mg), Cd (statt Zn), As (statt P) und Se (statt S). Auch die Giftigkeit vieler Phosphorverbindungen beruht auf diesem Prinzip: Da nur Phosphorsäure und Phosphate eine biologische Rolle spielen, wirken andere, ähnliche Phosphorverbindungen giftig.

Viele Gifte wirken wegen ihrer chemischen Ähnlichkeit mit körpereigenen Substanzen.

Der Körper verwechselt jedoch auch Metallionen, die im Periodensystem nicht unmittelbar untereinander stehen. So ist ein Überschuss von Mn^{2+} giftig, weil es in Ladung und Ionenradius dem Mg^{2+} sehr ähnlich ist, und das gleiche gilt für Tl^{+}, das mit K^{+}, und für Cd^{2+}, das mit Ca^{2+} verwechselt wird.

Es gibt Gifte, die ganz spezifisch bestimmte biologische Strukturen angreifen.

Andere Stoffe werden zwar mit nichts verwechselt, reagieren aber ganz **spezifisch** mit körpereigenen Substanzen. Kohlenmonoxid – das sich ans Hämoglobin bindet und den Sauerstofftransport verhindert – ist das bekannteste Beispiel. Andere Vertreter sind Schwermetalle wie Quecksilber und Blei: Mit Schwefelwasserstoff H_2S reagieren sie zu extrem schwerlöslichen Sulfiden. Ganz ähnlich bilden sie aber auch unlösliche Verbindungen mit den SH-Gruppen von Proteinen. Da diese SH-Gruppen für die Funktion der meisten Proteine notwendig sind, werden viele Enzyme auf diese Weise inaktiviert.

Eine große Gruppe – vor allem von nichtmetallischen Giften – sind einfach sehr starke **Oxidationsmittel**, dazu gehören Stoffe wie Ozon, Wasserstoffperoxid, Chlor, Jod, Hypochlorit, Phosgen, u.a. *Phosgen $COCl_2$ kann man sich als Derivat der Kohlensäure vorstellen, indem man die beiden OH-Gruppen der*

Kohlensäure durch Chlor ersetzt. Sie zerstören durch Oxidation lebenswichtige Stoffe im Körper. Allerdings wirkt jedes Oxidationsmittel nur einmal und ist danach ungiftig – z.B. wird aus Chlor harmloses Chlorid –, sodass man diese Stoffe gut als **Desinfektionsmittel** verwenden kann. Wenn sie ihren Dienst getan haben, sind die Rückstände unbedenklich. *Man würde natürlich erwarten, dass starke Reduktionsmittel ebenfalls sehr giftig sind. Wir leben aber in einer oxidierenden Umwelt, Reduktionsmittel sind normalerweise vom Luftsauerstoff bereits inaktiviert, bevor sie uns erreichen können.*

Starke Oxidationsmittel sind giftig.

Selbstverständlich will der Körper jedes Gift, das er aufgenommen hat, möglichst rasch wieder loswerden. Dabei spielt vor allem die Leber eine wichtige Rolle. Sie kann viele Substanzen chemisch inaktivieren oder zumindest in eine besser wasserlösliche Form überführen, die dann umso leichter ausgeschieden wird. Es gibt aber Gifte, für die unser Körper über keinen Ausscheidungsmechanismus verfügt. Diese werden daher in bestimmten Körperregionen abgelagert. Das geht nur so lange gut, bis die Lagerkapazitäten erschöpft sind oder bis diese Lager aufgelöst werden müssen. Ist z.B. ein Gift im Fettgewebe eingelagert, und der Körper aktiviert im Falle von Nahrungsmangel *(oder während einer Diät!)* diese Fettreserven, so wird er plötzlich mit diesem Gift überschwemmt. Man nennt solche Gifte **„kumulierend"** – man kann lange Zeit geringe Dosen eines kumulierenden Giftes aufnehmen und aushalten, bis es dann plötzlich zur Vergiftung kommt. Schwermetalle wie Quecksilber, Cadmium, Blei sind kumulierende Gifte.

Der Körper kann viele Gifte unwirksam machen.

Kumulierende Gifte werden vom Körper schlecht ausgeschieden, sie sammeln sich in bestimmten biologischen Kompartmenten.

5.4 Luft zum Atmen

Wenn man die Zusammensetzung unserer Atmosphäre in der Tabelle (Randspalte, nächste Seite) betrachtet, so fällt auf, dass diese zu etwa 99 % aus Sauerstoff und Stickstoff besteht. Der größte Teil des verbleibenden einen Prozents wird von Argon beansprucht. Alle anderen Gase kommen nur in geringen Spuren vor. Allerdings ist diese Tabelle, wenn nicht falsch, so doch irreführend, da das dritthäufigste Gas, Wasserdampf, nicht erwähnt ist. Nun schwankt aber der **Wassergehalt der Luft** – abhängig von Temperatur, Jahreszeit, sonstigen Wetterbedingungen – so stark, dass Angaben darüber sinnlos sind. Schwüle, warme Luft kann etwa 4 % Wasser enthalten, kalte Luft im

Zusammensetzung trockener, atmosphärischer Luft (in Prozent des Gesamtvolumens):

N_2	78 %
O_2	21 %
Ar	0.95 %
CO_2	0.035 %
Ne	0.002 %
He	0.0005 %
Methan	0.0002 %
Kr	0.0001 %
H_2	0.00006 %
N_2O	0.00003 %
CO	0.00002 %
Xe	0.00001 %
O_3	0.000003 %
FCKWs	0.0000001 %

Winter nur einige Zehntel Prozent. Man muss also die Prozentwerte aller anderen Gase entsprechend kürzen. Damit ist Wasserdampf aber auch das wirksamste Treibhausgas (siehe unten).

Wir brauchen Luft nicht nur als Atemgas, als leicht verfügbares Oxidationsmittel und als Produzent von „Wetter", sondern auch als Temperaturpuffer. Ohne Atmosphäre hätte die Erde zwischen Tag und Nacht ähnliche Temperaturunterschiede wie der Mond und jedes Leben hier wäre unmöglich. Und wir sind daran gewöhnt, unter einem uns umgebenden Luftdruck von etwa 1 bar zu leben. *Genau genommen sind es im Mittel 1.013 bar oder 1013 Millibar, aber da der Luftdruck wetterabhängig schwankt, genügt es, sich den Wert 1 bar zu merken. Dieser runde Wert ist übrigens ein Zufall! Man hat also nicht das bar nach dem Luftdruck definiert – wie früher die Atmosphäre –, sondern es leitet sich aus den SI-Einheiten Meter und Kilogramm ab.*

Nun dürfen wir aber nicht voraussetzen, dass ein Luftdruck wie unserer die unbedingte Voraussetzung für jedes denkbare Leben ist *(denken Sie nur an die zum Teil bizarren Lebensformen der Tiefsee)*. Grundsätzlich ist biologisches Leben auch unter wesentlich höheren oder niedrigeren Druck- und Gasverhältnissen möglich *(auch anaerob, d.h. „ohne Luft"; viele Bakterien leben anaerob)*, allerdings mit den entsprechenden Anpassungen.

Mit der allgemeinen Steigerung unseres Interesses für natürliche Umwelt und gesunde Nahrung achten wir mehr und mehr auf mögliche Schadstoffe in der Umgebung. Wir wählen unsere Nahrung sorgfältiger aus (sofern wir nicht in einem Entwicklungsland leben und froh sein müssen, überhaupt irgendetwas zu essen zu haben). Wir können, wenn wir dem Leitungswasser nicht trauen, Mineralwasser aus dem nächsten Supermarkt trinken. Nur bei der Luft haben wir diese Entscheidungsfreiheit nicht. Wir müssen sie so nehmen, wie sie uns angeboten wird – außer wir wandern aus, aber wohin? Die Zahl der Gegenden, in denen nur mehr noch Ausatmen gesund ist, steigt ständig! So ist es natürlich und vernünftig, sich Gedanken darüber zu machen, woraus unsere Luft besteht und woraus sie möglichst nicht bestehen sollte. Sehen wir uns daher die wichtigsten Luftbestandteile genauer an.

5.4.1 Sauerstoff

Wir benötigen Sauerstoff zur Energieerzeugung. Unser Stoffwechsel ist auf die ununterbrochene Zufuhr dieses Gases aus der umgebenden Luft eingerichtet. Nun ist Sauerstoff als kräftiges Oxidationsmittel natürlich giftig, noch dazu entstehen bei vielen Reaktionen von Sauerstoff abgeleitete **Radikale** (= Verbindungen mit einem einzelnen, freien Elektron) mit besonders aggressiver oxidativer Wirkung. Es haben daher fast alle Lebewesen Schutzmechanismen entwickelt, die diese Radikale unschädlich machen: Es gibt eine Auswahl von Molekülen (so genannten **„Antioxidantien“**), die sich mit den Radikalen des Sauerstoffes verbinden. Auch zahlreiche Enzyme können diese in harmlose Verbindungen umwandeln.

Radikale:
besitzen einzelne, ungepaarte Elektronen.

Antioxidantien:
Verbindungen, die sich selbst oxidieren lassen und dadurch andere Stoffe vor Oxidation schützen.

Früher war das nicht notwendig. Als unser Planet entstand war kein freier Sauerstoff in der Atmosphäre, dafür aber jede Menge Kohlendioxid. Die Pflanzen haben es geschafft, daraus im Laufe von Milliarden von Jahren Sauerstoff freizusetzen, und sie tun es noch heute. *Wir verbrennen auf der Erde jedes Jahr etwa 25 Milliarden Tonnen Sauerstoff zu Kohlendioxid, ein erheblicher Teil davon wird von den Pflanzen umgehend wieder freigesetzt. Wäre das nicht so, würde es allerdings immer noch 40.000 Jahre dauern bis der gesamte Sauerstoff aufgebraucht wäre, und lange vorher würde uns der Brennstoff ausgehen.*

Für unsere Atmung brauchen wir Sauerstoff mit einem Partialdruck von ungefähr 0.2 bar, also unter Normaldruck etwa jene 21 % Sauerstoff, die in der Luft enthalten sind. Die Grenzen sind dabei recht eng, bei weniger als 17 % beginnen wir zu ersticken, bei mehr als 25 % besteht die Gefahr, in Flammen aufzugehen. *Drei Besatzungsmitglieder einer Apollomission verbrannten innerhalb von Minuten, als in der mit Sauerstoff angereicherten Luft in der Kapsel ein Feuer ausbrach.* Die Luft, die wir ausatmen enthält nur mehr etwa 17 % Sauerstoff, dafür aber 4 % CO_2, ist also zum „Wieder-Einatmen“ ungeeignet.

Der Stickstoff in der Luft ist also unerlässlich, um den Sauerstoff zu „verdünnen“. Nur hat Stickstoff als Atemgas leider einen großen Nachteil: Er löst sich unter Druck leicht in den Körperflüssigkeiten. Sinkt der Druck danach rasch ab, wird der gelöste Stickstoff wieder frei und bildet Gasblasen im Körper, das ist die gefürchtete **Dekompressionskrankheit**, die zu einem besonders schmerzhaften Tod führen kann. Ein Problem ist das für Leute, die bei ihrer Tätigkeit großen Druckschwankungen ausgesetzt sind – also vor allem Taucher, Piloten von Kampfflugzeugen, Raumfahrer usw. Taucher, die in größeren Tiefen arbeiten, müssen daher sehr, sehr langsam auftauchen bzw. während des Auftauchens immer wieder Pausen einlegen („Dekompressionspausen"). Da es dabei immer wieder zu Unfällen kommt, versuchte man es früher mit reinem Sauerstoff, der wirkt aber – noch dazu unter erhöhtem Druck – toxisch, es kommt zu Benommenheit, Schwindel und Krämpfen, nicht wenige Taucher sind dabei ertrunken.

Professionelle Taucher verwenden heute eine (teure) Mischung aus Sauerstoff und Helium, die Arbeiten bis in 500 m Tiefe zulässt.

5.4.2 Ozon

Durch Energie (z.B. ultraviolette Strahlung) kann gelegentlich ein Sauerstoffmolekül **homolytisch** gespalten werden, dann entstehen daraus zwei einzelne **Sauerstoffatome**. Jedes davon ist natürlich extrem reaktionsfähig und reagiert zum Beispiel mit einem weiteren Sauerstoffatom, es entsteht Ozon (O_3).

$$O_2 \rightarrow O + O \qquad \text{und} \qquad O + O_2 \rightarrow O_3$$

Früher hat man Ozon für gesund gehalten und viele Kurorte haben Werbung mit ihrer „ozonhaltigen Luft" gemacht. Vor über hundert Jahren war Ozon so beliebt, dass man es mancherorts sogar künstlich herstellte und in Kirchen, Theater und Krankenhäuser pumpte.

Wenn Sauerstoff schon nahezu alle anderen Stoffe oxidiert, so ist dafür wenigstens erhöhte Temperatur erforderlich. *Man muss die Stoffe anzünden, damit sie verbrennen.* Ozon reagiert im Prinzip genauso, aber schon bei Raumtemperatur (und darunter). Es gibt also keinen brennbaren Stoff, der von Ozon nicht angegriffen wird, auch kein Lebewesen, daher ist Ozon ein besonders starkes Gift. In Bodennähe entsteht Ozon vor allem als Folgeprodukt der Abgase von Kraftfahrzeugen. Diese Abgase enthalten **Stickoxide**, die unter **Sonnenbestrahlung** leicht Sauerstoffatome abgeben:

$$NO_2 \rightarrow NO + O$$

Die so gebildeten Sauerstoffatome reagieren wie oben gezeigt mit molekularem Sauerstoff zu Ozon. Es dauert seine Zeit bis die Sonnenstrahlung die Stickoxide spaltet, daher entsteht das

Ozon nicht gleich am Auspuff des Kraftfahrzeugs, sondern in etwas Abstand. Daher sind die Ozonkonzentrationen in den staub- und abgasgesättigten Stadtzentren relativ niedrig und erreichen ihr Maximum erst im Sommer und in der weiteren Umgebung, wo sich intensive Sonnenbestrahlung mit den gebildeten Stickoxiden trifft.

Normale Luft enthält etwa 30 ppb Ozon (ppb, englisch: parts per billion, also auf deutsch Milliardstel), das sind 30 mg Ozon pro Tonne Luft.

Dummerweise ist Ozon nie dort, wo man es haben will, was uns an der Oberfläche stört, hätten wir gerne in der Stratosphäre! Dort bildet sich Ozon auf die oben angegebene Weise aus ultraviolettem Licht und Sauerstoff. Das Ozonmolekül hat aber die erfreuliche Eigenschaft, sich selbst wieder unter dem Einfluss von UV-Licht zu zersetzen.

Ab 90 ppb Ozon (oder 0.18 mg / m^3) in der Luft wird es kritisch. Dann ist die so genannte Vorwarnstufe erreicht und man beginnt sich Gedanken über Verkehrsbeschränkungen zu machen.

$$O_3 \xrightarrow{UV} O + O_2 \qquad \text{und} \qquad O + O \rightarrow O_2$$

Dafür wird Licht der Wellenlängen 200–300 nm verbraucht. Dieses sehr kurzwellige Licht ist extrem lebensfeindlich. Es reagiert mit den Nukleinsäuren der Zellen und verursacht Mutationen. Die Palette der möglichen Schäden reicht von Sonnenbrand bis zu Hautkrebs. Bodenfernes Ozon schirmt also diese kurzwellige Strahlung von uns ab. Leider wird die Ozonschicht der Erde immer dünner. Am Ende jedes Winters bilden sich über den Polen (vor allem über der Antarktis, neuerdings auch über der Arktis) sogenannte Ozonlöcher. Das liegt daran, dass wir immer mehr Gase in die Atmosphäre entweichen lassen, welche mit Ozon reagieren. Vor allem chlorhaltige Verbindungen sind besonders wirksam. In der Stratosphäre können daraus Chlor-Radikale freigesetzt werden – natürlich wieder durch die allgegenwärtige UV-Strahlung –, welche mit dem Ozon reagieren:

In der Stratosphäre ist Ozon wichtig, es schirmt uns vor der kurzwelligen UV-Strahlung ab.

$$Cl\bullet + O_3 \rightarrow ClO\bullet + O_2 \qquad \text{und}$$
$$ClO\bullet + O_3 \rightarrow 2\,O_2 + Cl\bullet$$
$$\text{insgesamt:} \qquad 2\,O_3 \rightarrow 3\,O_2$$

Beachten Sie, dass das Chlor-Radikal katalytisch wirkt, es wird am Ende wieder frei und kann noch viele weitere Ozonmoleküle zerstören. Nun sind die natürlichen, gasförmigen Verbindungen von Chlor (und von Brom, das ebenso wirkt) viel zu reaktionsfähig, um die obere Stratosphäre zu erreichen, meist reagieren sie lange vorher mit anderen Stoffen oder werden vom Regen ausgewaschen. Es blieb der Erfindungsgabe des Menschen vor-

Natürliche Chlorverbindungen, Stickoxide und andere Stoffe könnten das Ozon der Stratosphäre abbauen, sind aber so reaktionsfähig, dass sie kaum so hoch hinaufkommen.

Manche vom Menschen geschaffene Verbindungen sind stabil genug um bis in die Stratosphäre zu gelangen und der Ozonschicht zu schaden.

behalten, Chlorverbindungen herzustellen, die reaktionsträge genug sind, die lange Reise in die Stratosphäre (dauert Jahre) unbeschadet zu überstehen, nämlich die **FCKW**s (**F**luorierte-**C**hlorierte-**K**ohlen**w**asserstoffe, siehe Kapitel 9.1). Sie waren beliebt als Fleckputzmittel, Kühlmittel in Kühlschränken, Treibgas in Spraydosen, usw. Man bemüht sich immer noch, ihre Verwendung einzuschränken beziehungsweise sie durch Stoffe zu ersetzen, die das Ozon in Ruhe lassen. Da die bereits bisher freigesetzten FCKWs aber extrem langsam abgebaut werden, wird es noch lange dauern bis die Natur frühere Schäden repariert hat.

5.4.3 Stickstoff

Auch Stickstoff ist ein lebensnotwendiges Element. Nur ist der in der Atmosphäre vorhandene, elementare Stickstoff sehr reaktionsträge und kann von den meisten Lebewesen nicht verwertet werden. Er kann zur Reaktion mit Sauerstoff gezwungen werden, wenn ein Blitz durch die Atmosphäre zuckt, dann entstehen nitrose Gase, die weiter reagieren und letzten Endes als Nitrat in die Erde gelangen. Obwohl das erhebliche Mengen ergibt, reicht es doch nicht annähernd aus, um den gesamten Bedarf der Vegetation an Stickstoff zu decken. Einige Pflanzen (Algen) und Bakterien haben spezielle Enzyme, die imstande sind, aus Wasserstoff und dem Stickstoff der Luft Ammoniak zu bilden. Dieser Ammoniak kann dann weiter zu Nitrat oxidiert und von den Pflanzen verwertet werden. Diese Bakterien sind bei manchen Pflanzen (z.B. Hülsenfrüchten) so beliebt, dass diese ihnen Lebensraum in ihren Wurzeln anbieten und sie mit Nährstoffen versorgen, um im Gegengeschäft dafür Stickstoffverbindungen zu erhalten. Bis zum Beginn des 20. Jahrhunderts waren das die beiden Quellen, die den natürlichen Verlust von Stickstoff aus den Kreisläufen der Biosphäre ausgleichen mussten (von der Düngung mit natürlich vorkommendem Salpeter einmal abgesehen).

Dann gelang es Chemikern **Ammoniak industriell** aus elementarem Stickstoff und Wasserstoff zu synthetisieren. Damit war der Weg frei für den Aufbau einer **Düngemittelindustrie**. Da das geringe Angebot an Stickstoffverbindungen vorher in den meisten Böden das mögliche Pflanzenwachstum begrenzt hatte, konnten die Erträge in der Landwirtschaft mittels Düngung auf das Doppelte und Dreifache (in Extremsituationen bis zum Fünffachen) gesteigert werden. *Wenn wir heute plötzlich auf Kunstdünger verzichteten, so wären wir mit reiner Bio-Landwirtschaft wahrscheinlich knapp imstande, die Weltbevölkerung von 6 Milliarden Menschen zu ernähren. Dann müssten aber* ALLE *denkmöglichen Flächen zum Anbau verwendet werden, also nicht nur alle Golfplätze, sondern auch alle Regenwälder! Und dicht besiedelte Gebiete wie Europa müssten Lebensmittel einführen. In der gegenwärtigen Situation von ständigen landwirtschaftlichen Überschüssen könnte es sich Europa allerdings durchaus leisten, etwa 20% der genutzten Flächen mittels rein biologischer Landwirtschaft zu bebauen. Die restlichen 80% brauchen deshalb aber auch nicht von Agrarfabriken mit Monokulturen und Massentierhaltung besiedelt werden. Eine naturnahe – und tierfreundliche – Landwirtschaft ist auch mit einer – vernünftigen – Anwendung von Kunstdünger ohne weiters kombinierbar.*

Industriell wird heute Stickstoff aus der Luft mit Wasserstoff zu Ammoniak umgesetzt. Dieser kann leicht zu Nitraten oxidiert werden. Der weitaus größte Teil des so fixierten Stickstoffs wird als Kunstdünger verwendet.

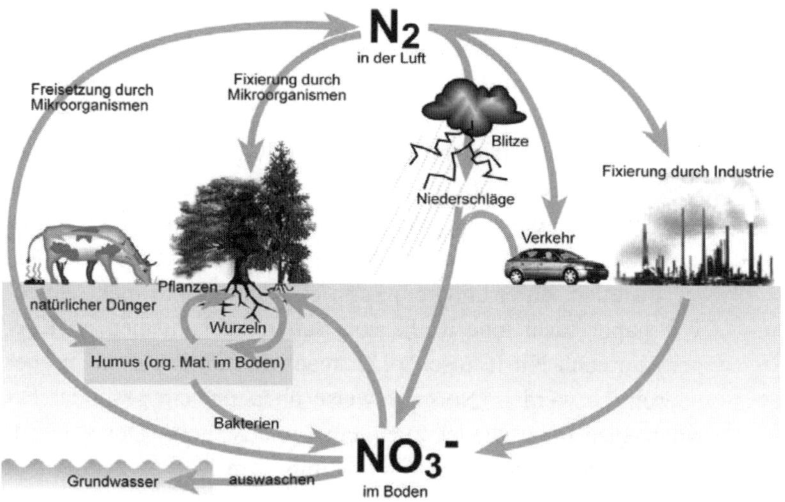

Der Stickstoffkreislauf in der Natur

Pflanzen benötigen Stickstoff vor allem, um Protein (= Eiweiß) herzustellen, und da Proteine die Grundsubstanz jedes Lebens sind, ist das Angebot an Stickstoffverbindungen der Flaschenhals, der das Pflanzenwachstum begrenzt. Tiere müssen ihr arteigenes Eiweiß aus pflanzlichem Eiweiß aufbauen. Dass dabei nur etwa ein Siebentel des gefressenen Proteins verwertet wird (d.h. aus 7 kg Pflanzenprotein macht eine Kuh nur 1 kg Kuhprotein), spielt für die Stickstoffbilanz keine Rolle. Der überschüssige Stickstoff wird nämlich von der Kuh wieder in Form von Verbindungen ausgeschieden, die für die Pflanzen gut verwertbar sind. (Als Mist, Jauche, Gülle usw., was man

Anorganische Stickstoffverbindungen sind für die Synthese von Proteinen in Pflanzen unentbehrlich. Tiere benötigen für ihre Proteinproduktion die Zufuhr von pflanzlichem Protein.

also als **„natürlichen Dünger“** bezeichnet.) Gleichgültig, ob die Pflanzen verrotten oder Tiere damit gefüttert werden, der Stickstoff bleibt im Kreislauf und wird wieder und wieder verwertet – von unvermeidlichen Verlusten abgesehen. *Nur der Mensch unterbricht den Kreislauf. Seitdem wir unsere „Geschäfte“ nicht mehr in der freien Natur verrichten, sondern Kanäle und Kläranlagen füllen, gehen die von uns ausgeschiedenen Stickstoffverbindungen verloren. Eine Lösung wäre, den Klärschlamm aus den Kläranlagen zur Düngung der Felder zu verwenden. Da Klärschlamm aber verschiedene Bakterien und auch giftige Stoffe (z.B. Schwermetalle) enthält, ist das höchst problematisch.*

Der Einsatz von Stickstoffdünger wird stark kritisiert, weil dadurch Nitrate ins **Grundwasser** kommen können. Was stört uns an den Nitraten im Wasser? Grundsätzlich gilt für Wasser das Gleiche wie für die meisten Böden, der Nitratgehalt limitiert das Pflanzenwachstum darin. Zusätzliches Nitrat im Wasser führt zu einer **„Eutrophierung“** der Gewässer (das ist eine Anreicherung mit Nährstoffen), sodass sich vermehrt Algen bilden können. *Statt vor einem kristallklaren See stehen wir dann vor einer grünlichen Brühe.* Und im Trinkwasser gilt Nitrat als bedenklich. Zwar ist Nitrat (NO_3^-) selbst ungiftig, es kann aber durch Bakterien (im Wasser oder auch erst in unserem Darm) in das wesentlich gefährlichere **Nitrit** (NO_2^-) umgewandelt werden. Dieses Nitrit kann in unserem Körper allerlei anstellen, unter anderem kann es Hämoglobin inaktivieren. Wir haben zwar eine Reihe von Schutzmechanismen im Körper, die auch Nitrit unschädlich machen, ein Zuviel kann aber bedrohlich werden. Normalerweise übersteht ein gesunder Erwachsener unbeschadet auch eine relativ hohe Dosis Nitrit, Babys dagegen nehmen im Verhältnis zum Körpergewicht viel mehr Nahrung und Flüssigkeit auf. Tatsächlich hat es tödliche Vergiftungen von Babys gegeben, als diese Fertignahrung bekamen, die mit stark nitrathaltigem Brunnenwasser zubereitet worden war. *Dieses Wasser enthielt um die 500 ppm Nitrat, die übliche Toleranzgrenze für Trinkwasser liegt bei 50 ppm.*

Im Wasser tauchen in den letzten Jahrzehnten vermehrt Nitrate auf. Daraus entsteht leicht Nitrit, das vor allem für Säuglinge gefährlich sein kann.

Als Grenzwert für Trinkwasser gelten 50 ppm Nitrat.

1 ppm (englisch: part per million) entspricht 0.000 1 %, also 1 mg pro kg.

Eine weitere Gefahr liegt in der möglichen Bildung von **Nitrosaminen**. Das sind stark krebserregende Substanzen, die aus körpereigenen Verbindungen mit Nitrit entstehen können (siehe Kapitel 9.6.1). Bisher konnte zwar noch kein Zusammenhang zwischen nitrathältigem Wasser und gesteigerten Krebsraten am Menschen gezeigt werden, der Verdacht bleibt aber vorläufig bestehen.

Das Nitratproblem ist nicht auf Wasser beschränkt. Viele Lebensmittel enthalten erhebliche Mengen an Nitrat, vor allem Blattgemüse. *Der ach so gesunde Spinat ist Spitzenreiter mit bis zu 3000 ppm. Auch viele in Flaschen abgefüllte Mineralwassersorten enthalten Nitrat, das wird allerdings auf den Etiketten gerne verschwiegen. Und es hilft auch nicht, das Wasser abzukochen. Im Gegenteil, verdampft man Wasser bleibt das Nitrat zurück und wird eher noch konzentrierter. Man kann aber schon bei der Aufbereitung des Trinkwassers das Nitrat großteils entfernen. Das macht man mit Ionenaustauschern (siehe Kapitel 10) oder mit Hilfe von geeigneten Mikroorganismen, die danach natürlich wieder herausgefiltert werden.*

Nun muss aber der Einsatz von Kunstdünger nicht unbedingt mit dem Nitratgehalt des Grundwassers zusammenhängen. Im Gegenteil, gerade der „natürliche" Dünger trägt unter Umständen mehr bei: Natürlicher Dünger, der aus einer Vielfalt von Verbindungen besteht, gibt wesentlich langsamer Nitrat an den Boden ab als Kunstdünger. Nun benötigen Pflanzen den Stickstoff aber vor allem zum Zeitpunkt des stärksten Wachstums – meist im Frühjahr oder zu Sommerbeginn. Vom natürlichen Dünger, der das ganze Jahr halbwegs gleichmäßig Nitrat abgibt, geht so viel mehr Nitrat verloren und wird ins Grundwasser ausgewaschen als vom Kunstdünger. Vorausgesetzt man düngt mit Kunstdünger zum richtigen Zeitpunkt und nur so viel, wie die Pflanzen dann tatsächlich brauchen und aufnehmen können. *Der Bauer sollte also nicht nach dem Motto „viel hilft viel" im Übermaß Kunstdünger auf die Felder schaufeln.* Ein ganz erheblicher Beitrag an Nitrat kommt aus einer ganz anderen Quelle, die wir bisher noch gar nicht beachtet haben, nämlich aus Verbrennungsprozessen, vor allem aus **Kraftfahrzeugen**. Um 1990 wurden weltweit etwa 70 Millionen Tonnen Stickstoff für Kunstdünger fixiert, aber immerhin etwa 20 Millionen Tonnen durch Verbrennungsprozesse und 10 Millionen Tonnen durch natürliche Blitzschläge. Während aber der Kunstdünger doch weitgehend den Pflanzen zugute kommt, entsteht das Nitrat aus Abgasen natürlich bevorzugt in Ballungsräumen und geht dort mehr oder weniger direkt ins Grundwasser. Noch dazu fallen bei uns die meisten Niederschläge außerhalb der Vegetationsperiode, das dabei aus der Luft geholte Nitrat nützt den Pflanzen daher wenig.

Würde man völlig auf Kunstdüngung verzichten, wären die meisten Grundnahrungsmittel wesentlich teurer. Darunter würden vor allem die ärmeren Schichten der Bevölkerung leiden, die für Ernährung auch jetzt schon einen wesentlichen Teil ihres Einkommens verbrauchen. Langfristig gibt es vielleicht eine Möglichkeit, der künstlichen Stickstoffdüngung zu entkommen. Man müsste nur die wichtigsten Kulturpflanzen gentechnisch mit den Enzymen ausstatten, die notwendig sind, damit die Pflanzen den Stickstoff der Luft wie Mikroorganismen fixieren können. Doch damit sind wir wiederum in einer ganz anderen Kontroverse ...

5.4.4 Kohlendioxid

Kohlendioxid selbst ist eigentlich weder gefährlich noch giftig. Dennoch gibt es eine sehr hohe Zahl an durch Kohlendioxid verursachter Todesfälle. Da Kohlendioxid schwerer als Luft ist, kann es sich am Boden von Kellern, Höhlen usw. anreichern. Dort gibt es dann zu wenig Sauerstoff und man erstickt. Im Jahr 1986 wurden aus einem See in Kamerun plötzlich riesige Mengen Kohlendioxid frei, hunderte Menschen und Tiere, die im Freien am Ufer lagerten wurden davon überrascht und starben.

Der Kohlenstoff der Erde (in Milliarden Tonnen)

Atmosphäre	800 †
Biomasse	600 *
Böden	1 400 *
Ozeane	39 000 †
fossile Brennstoffe	
leicht zugänglich	16 000 *
verteilt	~ 300 000 *
Gesteine	90 000 000 †

† als CO_2 bzw. Carbonate
* vorwiegend brennbare Verbindungen

Kohlendioxid ist für Pflanzen lebensnotwendig. Der gesamte Kohlenstoff in allen Verbindungen, aus denen eine Pflanze besteht, wird letztlich durch **Photosynthese** aus dem Kohlendioxid der Luft fixiert. *Und natürlich auch alle Kohlenstoffverbindungen in Mensch und Tier, da deren Kohlenstoffquelle ja die pflanzliche Nahrung ist.* Grundsätzlich stammt der gesamte organische Kohlenstoff aus dem CO_2 der „Ur-Luft", der Sauerstoff davon blieb zum Großteil übrig und bildet unsere heutige Atmosphäre. Könnten wir also alle Kohlenstoffverbindungen der Biomasse und ALLE fossilen Brennstoffe verbrennen, würden wir auch allen Sauerstoff verbrauchen und zum Zustand der Ur-Atmosphäre zurückkehren. Glücklicherweise sind die meisten fossilen Stoffe für uns nicht zugänglich, nur ein kleiner Teil lässt sich als Kohle oder Erdöl abbauen.

Die durchschnittliche Menge Kohlenstoff, die durch Verbrennung fossiler **Energieträger** emittiert wird, beträgt etwa eine Tonne pro Jahr für jeden Menschen. *Bekanntlich gibt es da große Streuungen, Menschen in Entwicklungsländern sind gezwungenermaßen recht sparsam, Bewohner anderer Länder –*

ich nenne keine Namen – sind extrem verschwenderisch. Im Vergleich dazu: Etwa 80 kg Kohlenstoff setzen wir jährlich durch **Atmung** frei, etwa 500 kg aus sonstigen Aktivitäten, das meiste davon aus dem Verbrauch von **Holz** und durch **Viehzucht**. Die diesen letzteren Freisetzungen entsprechende Menge Kohlendioxid wird von den Pflanzen wieder in den natürlichen Kreislauf zurückgeführt, sodass nur das aus fossilen Brennstoffen verbrannte CO_2 zusätzlich in die Biosphäre gebracht wird – für die gesamte Menschheit ergibt das pro Jahr 6 Milliarden Tonnen Kohlenstoff oder 23 Milliarden Tonnen CO_2. Das entspricht nur etwa einem Prozent des atmosphärischen Kohlendioxids, doch im Laufe eines Jahrhunderts summiert sich das, besonders wenn der Verbrauch – wie derzeit – ständig weiter zunimmt.

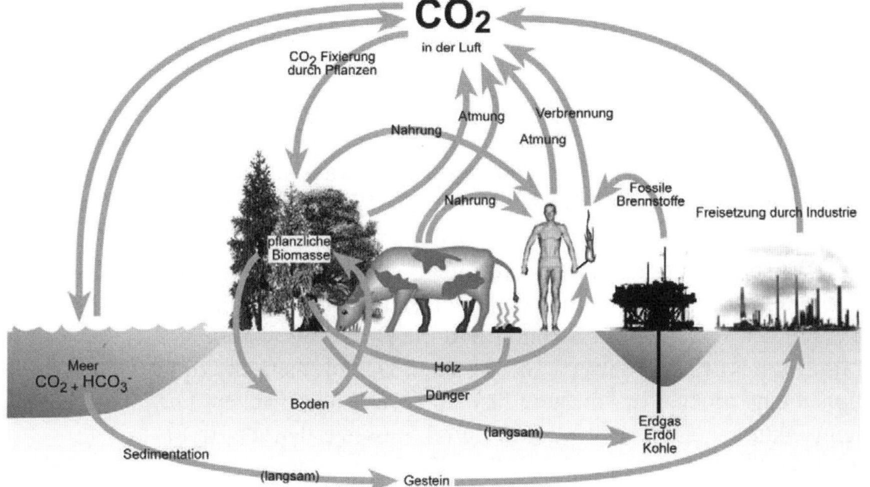

Der Kreislauf des Kohlenstoffs

Im Moment steigt der Kohlendioxidgehalt der Atmosphäre aber nur um etwa 1 ppm pro Jahr, das ist weniger als ein Drittel der aus fossilen Quellen freigesetzten Menge. Was mit dem restlichen CO_2 passiert, weiß man derzeit nicht so genau. Ein Teil wird sicher vom Meerwasser aufgenommen, und da mehr CO_2 in der Atmosphäre das Pflanzenwachstum stimuliert, könnte sich auch ein Teil in den Pflanzen, oder in deren Wurzeln, oder im Boden ansammeln. *Nur darf man diesen Beitrag nicht überschätzen. Ein Wald bindet auf lange Sicht gesehen kein Kohlendioxid, da – wenn Blätter und Holz verrotten – letztlich Aufnahme und Abgabe im Gleichgewicht stehen. Sowie auch jeder einzelne Baum im Laufe seines Lebens nur so viel Kohlendioxid bindet und Sauerstoff freisetzt, wie umgekehrt wieder freigesetzt und verbraucht wird, wenn man sein Holz verbrennt. Nur*

Die sechs so genannten **„Kyoto-Gase“**, die man für den industriell verursachten, zusätzlichen Treibhauseffekt verantwortlich macht, sind Kohlendioxid, Methan, Lachgas, Fluorkohlenwasserstoffe, perfluorierte Kohlenwasserstoffe und Schwefelhexafluorid. Die drei erstgenannten (CO_2, CH_4 und N_2O) machen derzeit etwa 95 % des negativen Klimaeffekts aus.

wenn das Holz unter die Erde gerät und sich dort langsam in Kohle umwandelt, wird der Kohlenstoff dem unmittelbaren Kreislauf entzogen. Wo dieses fehlende CO_2 letztlich landet, wissen wir nicht, und wir können daher auch nicht abschätzen, ob es in Zukunft bei steigenden Emissionen auch weiter in gleichem Ausmaß verschwinden wird. *Neueste Untersuchungen behaupten, dass der Boden das überschüssige CO_2 aufnimmt, dass aber bei weiter steigenden CO_2-Konzentrationen demnächst eine Sättigung eintreten wird, sodass dieser Mechanismus dann nicht mehr funktioniert. Wir sollten uns also besser nicht darauf verlassen!*

Treibhauseffekt

Mitte des vorigen Jahrhunderts waren Klimatologen besorgt, dass der Welt eine neue Eiszeit bevorstünde. In Temperaturwerten bis 1970 glaubte man sinkende Tendenzen zu erkennen. Als 1960 die von Menschen verursachten CO_2-Emissionen stark anzusteigen begannen, tauchte bald der Gedanke auf, diese Emissionen könnten zum „Treibhaus-Effekt", einer globalen Erwärmung, führen. Der Temperaturverlauf in den achtziger Jahren schien diese Ansicht zu bestätigen, es gab heiße Sommer und milde Winter, sodass man schon damals eine Verdopplung des CO_2-Gehalts der Atmosphäre und einen durchschnittlichen Temperaturanstieg um 5°C innerhalb der nächsten hundert Jahre postulierte. Doch in den neunziger Jahren schien sich die Tendenz wieder umzukehren, es wurde deutlich kühler und die Besorgnis vorübergehend kleiner. Im Moment (2010) gibt es bereits lange Datenreihen, die trotz aller Fluktuationen eine globale Erwärmung fast zur Gewissheit machen. Die natürlichen Schwankungen sind nicht mehr so groß, dass sie den langfristigen Trend verdecken könnten.

Natürlich versucht man intensiv, aus Simulationen an (Super-)Computern Vorhersagen über die weitere Entwicklung zu treffen. Es gibt in periodischen Abständen große wissenschaftliche Kongresse, die sich mit der Veränderung des Erdklimas befassen. Allerdings ergeben diese auch mit schöner Regelmäßigkeit, dass Daten leider teilweise falsch waren und revidiert werden müssen, weil man inzwischen neuere Daten und bessere Szenarien hat. Unglücklicherweise führen aber auch diese neuen Ergebnisse zu vielen kontroversen Diskussionen, sodass man als „ungefährlichen" gemeinsamen Nenner beschließen kann, bis zur nächsten Konferenz weitere Untersuchungen zu benötigen – was politischen Entscheidungsträgern Argumente zu weiterem Zögern verschafft.

Was ist nun tatsächlich der vielbeschworene Treibhauseffekt? Wenn die Sonne auf das Dach eines Glashauses scheint, wird das sichtbare Licht durch das Glas durchgelassen, ein Teil des längerwelligeren (infraroten) Lichts –

die so genannte Wärmestrahlung – wird jedoch vom Glas absorbiert und bewirkt dessen Erwärmung. Wir sind imstande, diese Wärmestrahlung unmittelbar auf unserer Hautoberfläche zu spüren, z.B. wenn uns direkt die Sonne bescheint, oder wir vor einem Lagerfeuer oder einem offenen Kamin sitzen. Die aufgeheizten Scheiben des Glashauses geben die Wärme an das Innere weiter, sodass es im Glashaus deutlich wärmer ist als draußen – daher wachsen auch im Winter Blumen und Tomaten. Dazu kommt noch, dass Licht von Außen im Inneren in Wärme umgewandelt wird, die durch die Glasscheiben nicht wieder entweichen kann. Sie können denselben Effekt auch feststellen, wenn Sie im Sommer eine Fensterscheibe berühren, die der direkten Sonnenbestrahlung ausgesetzt war, oder wenn Sie in ein Auto steigen, das einige Stunden in der prallen Sonne gestanden hat. Deshalb misst man die Lufttemperatur auch im Schatten, ein Thermometer im Sonnenlicht gaukelt viel zu hohe Werte vor.

Wärmestrahlung bewirkt, dass die Atome, aus denen ein Stoff besteht, zu Schwingungen angeregt werden. Jede Bindung zwischen zwei Atomen hat eine bestimmte Frequenz, mit der sie schwingen kann sowie auch jede Saite eines Musikinstruments mit einer ganz bestimmten Frequenz schwingt, abhängig von der Dicke der Saite und deren Spannung. (Genaueres darüber in Kapitel 12.2.) Die Bindung zwischen zwei Atomen kann also nur dann zur Schwingung angeregt werden, wenn die einfallende Strahlung genau die Frequenz hat, die der Eigenfrequenz dieser Bindung entspricht. Die dabei aufgenommene Energie wird letzten Endes zur Bewegungsenergie der Teilchen, also zu Wärme. Die Strahlung, die als Sonnenlicht auf die Gasteilchen unserer Atmosphäre trifft, vermag die Atome dieser Gase in Schwingung zu versetzen und so die Atmosphäre zu erwärmen. Nun sind nicht alle Gase dafür geeignet. Edelgase, die ja aus einzelnen Atomen bestehen, können mangels Bindungen nicht zum Schwingen angeregt werden. Aber auch Gase wie Stickstoff und Sauerstoff können das nicht: Damit das Licht mit dem schwingenden Molekül in Wechselwirkung treten kann, muss sich durch die Schwingung die Ladungsverteilung im Molekül im Rhythmus dieser Schwingung ändern. Moleküle, die aus nur zwei gleichen Atomen bestehen, haben ihre Elektronen immer perfekt symmetrisch verteilt, sie können zwar schwingen, das Licht merkt davon aber nichts. Wir brauchen zumindest eine Bindung, die etwas unsymmetrisch ist – daher geht es nur mit Molekülen, die entweder aus mehreren Atomen oder wenigstens aus zwei unterschiedlichen Atomen aufgebaut sind. In der Atmosphäre ist das vor allem Wasser, dann Kohlendioxid, und schließlich alle jene Gase, die durch menschliche oder tierische Tätigkeiten freigesetzt werden, also Oxide von Stickstoff und Schwefel, Kohlenwasserstoffe usw.

Durch die erheblichen Mengen an Wasserdampf in der Luft und auch durch das bereits vorhandene Kohlendioxid haben wir schon einen „natürlichen" Treibhauseffekt. Glücklicherweise! Dieser Treibhauseffekt bewirkt nämlich eine Erhöhung der Durchschnittstemperatur um etwa 33°C! Anders ausgedrückt: In Zentraleuropa haben wir derzeit ein jährliches Temperaturmittel von etwa 15°C. Ganz ohne Treibhauseffekt hätten wir hier dagegen äußerst erfrischende −18°C, nur die Äquatorialregionen der Erde wären dann überhaupt dauerhaft bewohnbar. Es geht also vor allem darum, eine Steigerung dieses prinzipiell wünschenswerten Effekts zu vermeiden. Wie sich immer mehr herausstellt können auch relativ geringe Temperaturerhöhungen zu drastischen Klimaänderungen führen. Welche das aber genau sind, darüber ist man sich noch immer nicht ganz einig. Selbst wenn man in einzelnen Weltgegenden mit positive Auswirkungen spekulieren könnte, wenn also z.B. einige polnahe Gegenden fruchtbar würden, so wäre das für andere, heute dicht besiedelte und landwirtschaftlich genutzte Regionen, deren Klima sich dramatisch verschlechtern würde, nur ein geringer Trost. Sicher wird eine globale Erwärmung um nur wenige Grad zu einem Ansteigen des Meeresspiegels führen, viele Küstenbewohner stünden bis zum Bauch im Wasser.

Nun können wie erwähnt Stoffe nur von ganz bestimmten Frequenzen, die mit den vorhandenen Bindungen korrelieren, angeregt werden. Wasser absorbiert nur drei von der Vielzahl der möglichen Frequenzen, Kohlendioxid zwei ganz andere, Kohlenwasserstoffe wieder ganz andere. Die Menge des Wasserdampfes in der Luft absorbiert bereits so ziemlich alles, was uns die Sonne an diesen drei entsprechenden Frequenzen anbietet. Mehr Wasser in der Luft kann nicht mehr Energie aufnehmen, weil einfach nicht mehr Strahlung der entsprechenden Wellenlänge vorhanden ist. Aber auch Kohlendioxid absorbiert bereits jetzt einen Großteil seiner möglichen Frequenzen! Eine Verdopplung des CO_2-Gehaltes könnte nicht – wie vielleicht zu voreilig geschätzt – eine Temperaturerhöhung um 5°C sondern lediglich von etwa 2°C bewirken! Dagegen gibt es andere Gase, die zwar in wesentlich geringerer Menge produziert werden, deren Frequenzbereiche aber noch weitgehend „frei" sind. Dazu gehören Kohlenwasserstoffe, wie zum Beispiel Methan, das beim Verrotten organischer Substanzen sowie aus dem Verdauungstrakt von Mensch und Tier frei wird *(beachten Sie die zartfühlende Formulierung)* und in großer Menge in der Tiefsee und gefrorenen Böden lagert. Wenigstens bleiben Kohlenwasserstoffe nicht sehr lange in der Luft, da sie vom Sauerstoff bald oxidiert werden. Schlimmer sind halogenierte Kohlenwasserstoffe (die berüchtigten FCKWs, FKWs usw., siehe Kapitel 9.1). Zwar werden davon nur mehr kleine Mengen hergestellt, diese sind aber extrem reaktionsträge und bleiben der Atmosphäre hunderte von Jahren erhalten. Letztere werden – wenn wir nicht aufpassen – daher mehr und mehr zum zusätzlichen Treibhauseffekt beitragen.

Wenn Gase wegen ihrer Molekülstruktur leichter durch Wärmestrahlung anregbar sind, tragen sie natürlich auch stärker zur globalen Erwärmung bei.

Methan verursacht einen etwa 12-mal stärkeren Effekt als dieselbe Menge CO_2, Lachgas (N_2O) ist 300-mal und Fluorkohlenwasserstoffe sind einige 1000-mal stärker.

Das soll jetzt nicht so aufgefasst werden, dass der Beitrag von Kohlendioxid bedeutungslos ist, noch dazu wo wir gerade dabei sind, den ursprünglichen Wert zu verdoppeln. Da CO_2 mengenmäßig bei weitem überwiegt, ist auch gegenwärtig dessen Anteil am zusätzlichen Treibhauseffekt der Bedeutendste (gefolgt von Methan und Lachgas). Und eine Erhöhung der Durchschnittstemperatur um auch nur 1 °C muss ernst genommen werden. Aber die hypnotische Fixierung fast NUR auf die CO_2-Emissionen als quasi Indikator der zukünftigen Erderwärmung zu achten ist falsch und führt in dieser Einseitigkeit sicher zu Trugschlüssen.

5.4.5 Schwefeldioxid

SO_2 entsteht bei der Oxidation (Verbrennung) von schwefelhaltigen Verbindungen.

Im Winter 1952 starben etwa 4 000 Menschen in London durch Schwefeldioxid, als für fünf Tage der dichteste, je beobachtete Nebel die Stadt unter sich begrub. Damals heizten alle Haushalte noch mit Kohle und setzten dabei Schwefeldioxid frei. Neben Kohle enthalten auch Erdöl, Erdgas und Holz Schwefelverbindungen, aus denen beim Verbrennen SO_2 entsteht. *Aber nur etwa die Hälfte des weltweiten Ausstoßes an SO_2 stammt aus Brennstoffen, der Rest wird durch vulkanische Tätigkeit der Erde freigesetzt!*

Mit Wasser bilden sich aus SO_2 schwefelige Säure und Sulfite.

Weitere Oxidation führt SO_2 in SO_3 über, mit Wasser entstehen daraus Schwefelsäure und Sulfate.

In den siebziger und achtziger Jahren des vorigen Jahrhunderts betrachtete man Schwefeldioxid als die schlimmste Gefahr für die Umwelt. Das in der Luft enthaltene Gas wurde vom Regen ausgewaschen, mit Wasser bildete sich dabei schwefelige Säure H_2SO_3 und durch weitere Oxidation auch Schwefelsäure H_2SO_4 (siehe Kapitel 3.4.2). Die Böden konnten diese zusätzliche Säuremenge vielfach nicht abpuffern, sodass der Boden versauerte und die Pflanzen starben. In der Nähe von Industriegebieten wurden katastrophale Schäden an den angrenzenden Wäldern festgestellt.

Inzwischen ist man weitgehend dazu übergegangen, Erdgas und meist auch Erdöl vor dem Verbrennen zu entschwefeln. Bei Kohle geht das leider nicht, man muss sie zuerst verbrennen und anschließend die Abgase reinigen. Dabei bleiben neben den Schwefelverbindungen auch andere giftige Stoffe, z.B. Schwermetalle, in den Filtern. *Das ist gut für die Umwelt, aber ein Problem für die Industrie, die jetzt irgendwie diese Unmengen an giftigen Filterrückständen entsorgen muss.*

Schwefeldioxid riecht stechend und reizt Nase und Lungen, bei Asthmatikern kann es Anfälle auslösen. Es gibt aber auch eine Menge guter Eigenschaften von Schwefeldioxid. Es tötet Mikroorganismen und ist daher ein gutes **Konservierungsmittel** für viele Lebensmittel. Seit mehr als 2 000 Jahren werden Weinfässer durch Abbrennen von elementarem Schwefel „ausgeschwefelt". Die so in den Traubenmost gelangenden Spuren von SO_2 reichen aus, um die Vermehrung von wilden Hefestämmen und anderen unerwünschten Mikroorganismen zu verhindern, sodass die „gute" Hefe in Ruhe gären kann. Durch zusätzliches SO_2 kann man später das fertige Getränk am Weitergären hindern. *Bei der anschließenden Lagerung wandelt es sich langsam um, nur junger Wein enthält merkbare Mengen an SO_2.*

In unserem Stoffwechsel entsteht Schwefeldioxid ständig auf natürliche Weise aus Aminosäuren. Es wird dann in ungiftiges Sulfat umgewandelt. Geringe Mengen sind für die meisten von uns völlig ungefährlich, obwohl es manche Menschen gibt, die überempfindlich reagieren – *und die daher junge Weine und verschiedene alkoholfreie Getränke meiden müssen.*

Pflanzen freuen sich sogar über SO_2! Da sie Schwefelverbindungen herstellen müssen, nehmen sie mit den Wurzeln Sulfite und Sulfate aktiv auf. Eine mäßige Belastung der Luft mit Schwefeldioxid wirkt also quasi als **Dünger** positiv auf das Pflanzenwachstum. Nur wenn soviel davon vorhanden ist, dass sich der pH-Wert des Bodens verändert, schlägt das Pendel zur anderen Seite aus. Im sauren Boden wird es für die Wurzeln nämlich schwierig, bestimmte Nährstoffe aufzunehmen, und die Pflanzen verkümmern.

5.5 Wasser (nicht nur) zum Trinken

Wasser hat zu allen Zeiten im Leben der Menschen eine ganz besondere Rolle gespielt. Es gibt nahezu unbegrenzt viel davon auf der Erdoberfläche. Es ist Hauptbestandteil in allen Lebewesen, wir müssen täglich Wasser trinken *(gleichgültig was wir trinken, Wasser ist immer Hauptbestandteil)*, die meisten chemischen Reaktionen, die wir in einem Labor durchführen, spielen sich in wässrigen Lösungen ab, usw. Wir haben uns daher angewöhnt, Wasser als die wichtigste Flüssigkeit zu betrachten, und gleichzeitig als den Prototyp einer Flüssigkeit. Letzteres ist aber falsch.

Wassergehalt menschlicher Gewebe (Gewichtsprozent)

Zahnschmelz	0.2 %
Skelett	20 %
Fettgewebe	30 %
Erythrozyten	65 %
Muskel	75 %
Lungen	78 %
Blutplasma	92 %
Glaskörper (Auge)	99 %

Wasser hat eine ganze Reihe ungewöhnlicher chemischer und physikalischer Eigenschaften, die es von den meisten anderen Flüssigkeiten unterscheidet. Obwohl ein einzelnes Wassermolekül besonders einfach aufgebaut ist, gibt es kaum eine Substanz, die komplizierteres Verhalten zeigt als Wasser. Allerdings kommt wirklich reines Wasser in der Natur nicht vor. Chemisch völlig reines Wasser – *so genanntes „Leitfähigkeitswasser", das heißt so, weil man darin die geringe Leitfähigkeit der* H_3O^+ *und* OH^-*-Ionen bestimmen kann* – nimmt gierig alle erreichbaren Ionen und auch die Gase der Luft auf. Selbst destilliertes Wasser, aus dem nahezu alle Salze entfernt sind, ist also nicht völlig rein.

Das meiste Wasser in der Natur ist natürlich **Meerwasser**. Hier sind eine Menge Salze gelöst, vorwiegend Kochsalz, von dem zumeist etwas weniger als 3 % im Meerwasser vorhanden sind. *Der Salzgehalt ist in verschiedenen Meeren etwas unterschiedlich und ändert sich auch mit der Wassertiefe. Durch das gelöste Salz wird nicht nur der Gefrierpunkt erniedrigt, sondern auch das Dichtemaximum – das in Süßwasser bei 4°C liegt – auf Werte UNTERHALB des Gefrierpunkts verschoben. Das ist wichtig, dadurch ist nämlich im Meer die Vertikalzirkulation nicht behindert, es bildet sich also am Meeresgrund keine ruhende Schicht von dichtem, kaltem Wasser. Daher stehen die Ozeane komplett als Temperatur-Puffer zur Verfügung, was das Klima der Erde entscheidend beeinflusst.* Vergleicht man jetzt die Salzkonzentration unserer Körperflüssigkeiten, so stellt man fest, dass z.B. die Kochsalzkonzentration im Meer etwa 3-mal höher ist als im menschlichen Serum. Daraus ergibt sich logisch, dass man Meerwasser nicht trinken kann. Die Ionenkonzentration im Blut wird durch das Durstgefühl geregelt, steigt die Konzentration, so trinkt man, um mit dem getrunkenen Wasser die Körperflüssigkeiten zu verdünnen. Würde man aber Meerwasser trinken, so würde dadurch die Konzentration vor allem an Kochsalz im Körper ansteigen, das gibt noch mehr Durst, man trinkt also wieder Meerwasser, und das geht so weiter, bis zum Tod.

Die wichtigsten Ionen im Wasser der Ozeane (Durchschnittswerte):

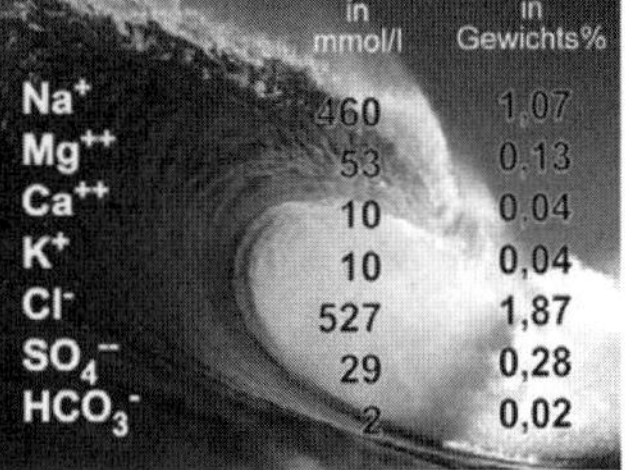

	in mmol/l	in Gewichts%
Na^+	460	1,07
Mg^{++}	53	0.13
Ca^{++}	10	0.04
K^+	10	0,04
Cl^-	527	1,87
SO_4^{--}	29	0,28
HCO_3^-	2	0,02

Übrigens, auch Meerestiere haben weniger Salz in ihren Körperflüssigkeiten als im umgebenden Meer enthalten ist. Sie müssen also aktiv (= gegen das Konzentrationsgefälle) und un-

ter Energieverbrauch Kochsalz ausscheiden. Das ist auch gut so, gebratener Seefisch mit 3 % Kochsalz im Blut würde ziemlich versalzen schmecken.

Wasserhärte:

temporäre Härte
(durch Kochen entfernbar)

$Ca(HCO_3)_2$, $Mg(HCO_3)_2$

permanente Härte:

Ca^{2+}, Mg^{2+}, Cl^-, SO_4^{2-} u.a.

Auch so genanntes **„Süßwasser"**, also Wasser, das an der Erdoberfläche in Quellen, Flüssen und Seen oder als Grundwasser vorkommt, enthält einen erheblichen Anteil an Salzen. Die Summe an Salzen mit mehrwertigen Kationen wird als **„Wasserhärte"** bezeichnet. Man unterscheidet zwischen temporärer Härte (Härte, die vergeht) und permanenter Härte (Härte, die bleibt). Die Härte stört bei vielen Verwendungen des Wassers. Sie bildet weißgraue Beläge in Dampfkesseln und Kochtöpfen, sie erschwert das Waschen mit Seife und Waschmitteln, sie verstopft die Rohre von Wasserleitungen, sie macht Waschmaschinen, elektrische Kaffeemaschinen und andere Küchengeräte kaputt und vieles andere mehr. Die **temporäre Härte** besteht vorwiegend aus den Bicarbonaten (= Hydrogencarbonaten) von Calcium und Magnesium. Temporär heißt sie deshalb, weil man sie durch Kochen entfernen kann. Dabei wandeln sich die Hydrogencarbonate in Carbonate um, die viel schwerer löslich sind und als **„Kesselstein"** ausfallen.

$$Ca(HCO_3)_2 \rightleftharpoons CaCO_3 + H_2O + CO_2$$

$$Mg(HCO_3)_2 \rightleftharpoons MgCO_3 + H_2O + CO_2$$

Dieser Kesselstein war in Dampfmaschinen, Lokomotiven usw. gefürchtet. Wenn die Kesselwand mit einer dicken Kruste überzogen war, so hat diese Kruste isoliert und selbst wenn der Kessel außen schon in Rotglut war, ist doch wenig Hitze in das Innere gelangt. Ganz schlimm wurde es, wenn sich Stücke der Kruste plötzlich abgelöst haben, sodass das kalte Wasser an die glühende Kesselwand gelangen und dort plötzlich schlagartig verdampfen konnte, das gab dann eine Kesselexplosion. Heute sind solche Dampfmaschinen und Dampflokomotiven nur mehr Spielzeug für kleine und große Kinder. In kalorischen Kraftwerken, die mit Dampf betrieben werden, verwendet man jetzt geschlossene Kreisläufe, das verdampfte Wasser wird nach dem Abkühlen immer wieder in den Kessel zurückgeführt und es kann sich kaum Kesselstein bilden.

Die permanente Härte besteht aus anderen Salzen, vor allem aus Sulfaten und Chloriden von Calcium und Magnesium. Diese bleiben auch beim Erhitzen in Lösung. Man kann sie entfernen, indem man das Wasser destilliert oder durch Ionenaustauscher oder Umkehrosmose reinigt (siehe unten). Oder man setzt dem Wasser Soda (Natriumcarbonat) zu, dann fallen Calcium und Magnesium als Carbonate aus, und zurück bleiben Natriumsulfat und -chlorid. *Letztere stören z.B. beim Wäschewaschen nicht, deshalb enthalten Waschmittel oft Soda.*

Um die Härte des Wassers anzugeben, verwendet man immer noch die etwas altmodische Angabe von Härtegraden. *1 Härtegrad entspricht 10 mg CaO pro Liter, also etwa 0.18 mmol* Ca^{2+} *pro Liter.* Übliches, gutes Leitungswasser hat zwischen 8 und 20 Härtegrade.

Die Wasserhärte trägt auch zum Geschmack des Wassers bei. Vor allem aber ist CO_2 ein wesentlicher Geschmacksbestandteil. Da sich im Erdinneren unter Druck CO_2 im Wasser löst, enthält Grundwasser und Quellwasser besonders viel davon. Ein geringer Teil bildet mit Wasser Kohlensäure, so entsteht ein leicht säuerlicher, erfrischender Geschmack und ein pH-Wert von 6 oder weniger. Lässt man Leitungswasser stehen (oder kocht es), so geht ein Großteil des CO_2 verloren und das Wasser schmeckt fade – naja, eben abgestanden.

Außerdem wirkt CO_2 *im Wasser (und auch im Bier) als Desinfektions- und Konservierungsmittel. Bakterien leben und vermehren sich nämlich bevorzugt bei pH-Werten rund um 7. Daher kann man Mineralwasser, das viel „Kohlensäure" enthält, durchaus noch einige Tage nach dem Öffnen der Flasche trinken – was ich bei normalem, ungesäuertem Mineral- oder Tafelwasser nicht tun würde. Das Konservieren durch Säure ist ein uraltes Verfahren, um Lebensmittel haltbar zu machen, denken Sie nur an Essiggurken oder Sauerkraut. Auch das Einkochen von Marmelade und Kompott nutzt diesen Effekt. Kochen bei 100°C zerstört nämlich nur die Sporen von Pilzen, nicht aber Bakteriensporen. Bakterien würden daher auf der Marmelade wachsen, wenn diese nicht so sauer wäre (durchschnittliche pH-Werte um 3!). Und die Pilze, die im sauren Bereich gut leben könnten, sind beim – hoffentlich sorgfältigen – Einkochen zerstört worden. Wenn ein geöffnetes Glas Marmelade verdirbt, sind es auch immer Pilze, die auf der Oberfläche wachsen, nie Bakterien.*

Destilliertes Wasser

Da übliches Wasser viele gelöste Stoffe enthält, will man für chemische Untersuchungen gerne Wasser haben, das möglichst nur Wasser und sonst nichts enthält. Die älteste Methode, diesem Ziel zumindest nahe zu kommen, ist die Destillation:

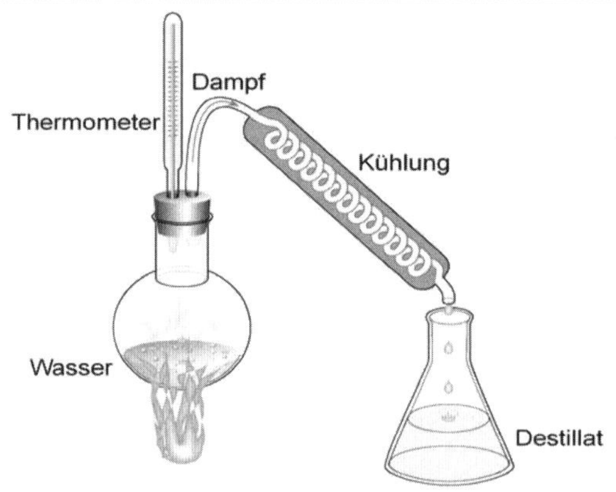

Wasser wird verdampft, der Dampf aufgefangen und wieder kondensiert. Das erhaltene, destillierte Wasser ist dann ziemlich rein – aber nicht ganz rein. Gase – wie Sauerstoff oder Kohlendioxid – sind natürlich weiter vorhanden. Aber auch von den schwer flüchtigen Anteilen können noch Spuren mitgerissen worden sein. Für ganz empfindliche Untersuchungen destilliert man daher noch einmal und noch einmal (das so genannte doppelt oder dreifach destillierte Wasser).

Sehr viel billiger wird es, wenn man statt eines Destillationsapparats einen Ionenaustauscher benutzt. Der Ionenaustauscher nimmt alle Kationen und Anionen aus dem Wasser auf – ungeladene organische Bestandteile bleiben allerdings im Wasser. Das ist für viele technische Zwecke unerheblich, daher ist das so genannte „destillierte Wasser", das man bei Tankstellen zum Nachfüllen der Autobatterie kaufen kann, häufig Ionenaustauscher-Wasser. Nachteilig ist, dass sich in Ionenaustauscher-Anlagen gerne Bakterien versammeln, sodass das erhaltene Wasser zwar keine Ionen, dafür aber oft wesentlich mehr Bakterien als vorher enthält. Daher kann man Ionenaustauscher-Wasser meist auch nicht lange aufbewahren – es beginnt zu stinken. Für medizinische Zwecke (z.B. für Infusionen) sollte daher solches Wasser besser nicht verwendet werden.

Die modernste Methode der Wasseraufbereitung ist die so genannte Umkehrosmose. Dabei wird Wasser unter hohem Druck durch eine semipermeable Membran gepresst (also entgegen dem osmotischen Druck, daher der Name). Größere Teilchen wie Ionen werden dabei quasi abfiltriert. Solches Wasser sollte daher völlig keimfrei sein (es sei denn, die Anlage selbst ist mit Bakterien verschmutzt). Große und mehrwertige Ionen wie Ca^{2+}, Mg^{2+} werden fast vollständig entfernt, von einwertigen Ionen wie Na^{+} bleibt allerdings eine gewisse Restmenge im Wasser. *Die stört für die meisten Zwecke aber nicht.* Entsalzungsanlagen für Meerwasser (auf großen Schiffen und in Wüstengebieten) arbeiten nach diesem Prinzip.

Für hochreines Wasser im Labor (und für pharmazeutische Zwecke) benutzt man heutzutage eine Kombination von Verfahren: Zuerst wird das Wasser durch eine Umkehrosmose geschickt, welche die meisten Verunreinigungen entfernt, noch verbliebene Salze werden danach in einem Ionenaustauscher zurückgehalten, ein Aktivkohle-Filter entfernt dann noch Spuren von ungeladenen und organischen Stoffen, und zuletzt kann man noch ein bakteriendichtes Filter schalten, welches auch jeden Keim sicher entfernt.

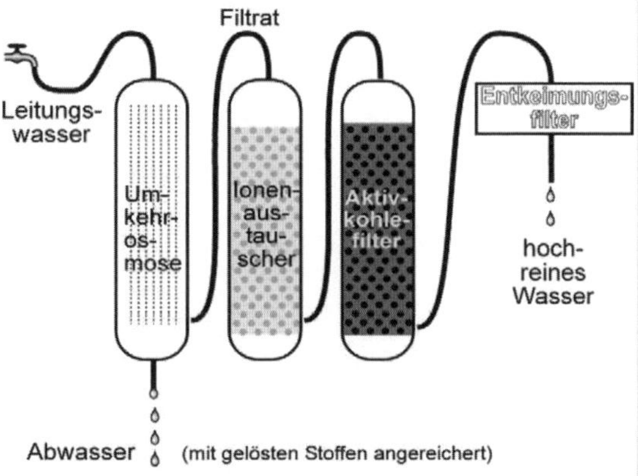

Übrigens: Um destilliertes Wasser zu überprüfen, misst man einfach die elektrische Leitfähigkeit. Sehr reines Wasser – welches nur ganz wenig H^+- und OH^--Ionen enthält – leitet den elektrischen Strom nur sehr schlecht. Spuren von nicht abgetrennten Elektrolyten zeigen sich sofort in einer deutlich erhöhten Leitfähigkeit.

Übungen zu Kapitel 5

50*. Taucher müssen aus größeren Tiefen sehr langsam auftauchen, um die Dekompressionskrankheit zu vermeiden. Warum gilt das für Tiere wie z.B. Wale, die doch viel länger und tiefer tauchen, nicht?

51. Der durchschnittliche Eiweißverbrauch der Menschheit beträgt etwa 60 g Protein pro Person und Tag. In einem Gramm Protein sind etwa 0.15 g Stickstoff enthalten. Wie viel Stickstoff müsste daher jährlich fixiert werden, um den Jahresbedarf der Menschheit (ohne Tiere, Pflanzen, usw.) zu sichern? *(Annahme: Weltbevölkerung 6 Milliarden.)*

52*. Als Folge des Treibhauseffekts und der damit verbundenen Erderwärmung schmelzen die Gletscher der Antarktis und Grönlands, was zum Anstieg des Meeresspiegels führt. Wieso trägt das mengenmäßig bedeutende – und ebenfalls schmelzende – Eis rund um den Nordpol zu diesem Anstieg nichts bei?

53. Wenn 1 Härtegrad 0.18 mmol/l Ca^{2+}- oder Mg^{2+}-Ionen entspricht, wie viele Härtegrade hätte dann Meerwasser? *Ein Hinweis: Verwenden Sie die Tabelle aus Abschnitt 5.5.*

54. Der tägliche Calciumbedarf eines Erwachsenen liegt im Optimalfall bei 20 mmol. Kann dieser Bedarf durch die Wasserhärte des Trinkwassers gedeckt werden?

ORGANISCHE CHEMIE

6 ZUR EINFÜHRUNG

Das Universum ist voller zauberhafter Dinge, die geduldig darauf warten, dass unser Verstand schärfer wird.

Eden Phillpotts (1862-1960)

Jetzt sollte ich eigentlich hier definieren, was organische Chemie eigentlich ist. Das geht aber gar nicht so einfach. Ursprünglich hat man sich vorgestellt, dass Lebewesen eine geheimnisvolle Fähigkeit besitzen, die so genannte „Lebenskraft", die ihnen erlaubt, chemische Verbindungen zu bilden, welche die Chemiker in den Labors (damals) nicht herstellen konnten. Natürlich haben die Chemiker in der Folge so lange keine Ruhe gegeben, bis sie es doch geschafft haben, mehr (und immer mehr) organische Verbindungen aus anorganischen herzustellen. Am Anfang waren aber immer noch organische Verbindungen diejenigen, die es in den belebten Organismen auch gab. Inzwischen hat man weit mehr als zwei Millionen organische Verbindungen hergestellt, nur ein winziger Bruchteil davon kommt in Lebewesen vor. Noch dazu gibt es einen eigenen Zweig der Chemie – die Biochemie –, welche sich mit den Verbindungen im Organismus und mit den chemischen Reaktionen, die tatsächlich im Körper ablaufen, befasst. Organische Chemie heute hat daher nur mehr am Rande mit Leben und Lebewesen zu tun.

Folglich hat man versucht, die organische Chemie als Chemie der Kohlenstoff-Verbindungen zu definieren. Dabei musste man aber wichtige Kohlenstoff-Verbindungen ausklammern, welche traditionell – und berechtigt – zur anorganischen Chemie zählen. *Da ganze Gebirgszüge aus Kalk bestehen, werden Kalk und andere Carbonate und Kohlensäure einerseits zur anorganischen Chemie gerechnet. Andererseits ist Harnstoff eine typisch organische Verbindung – wird von Lebewesen gebildet und zeigt alle Charakteristika eines organischen Moleküls. Dummerweise ist Harnstoff aber ein Derivat der Kohlensäure – da soll sich noch jemand auskennen.* Es gibt sogar Verbindungen, welche die typischen Charakteristika organischer Moleküle zeigen, und die KEINEN Kohlenstoff enthalten.

Nun ist die Vielfalt der organischen Chemie zum Großteil auf die Fähigkeit des Kohlenstoffs zurückzuführen, nahezu beliebig Bindungen zwischen mehreren Kohlenstoff-Atomen zu bilden. Und tatsächlich kommen in den meisten organischen Verbindungen C−C Bindungen vor. Würde man aber jetzt behaupten, dass organische Verbindungen durch eine solche Bindung gekennzeichnet sind, verlöre die organische Chemie so wichtige Stoffe wie Methan, Methylalkohol, Formaldehyd u.v.a. So geht es also auch wieder nicht!

Es gibt eigentlich nur eine einzige Methode, organische und anorganische Verbindungen auseinander zu halten: Man muss organische Chemie lernen, dann bekommt man recht schnell ein Gefühl dafür, wo die Unterschiede liegen.

6.1 Einige Besonderheiten der organischen Chemie

Kohlenstoff kann leicht C−C Bindungen bilden.

Die bemerkenswerte Eigenschaft des Kohlenstoffs, C−C Bindungen nahezu beliebig bilden zu können, führt zu der extremen Vielfalt an organischen Molekülen. Man kann das mit der besonderen Stellung des Kohlenstoffs im Periodensystem erklären: Er steht genau in der Mitte, kann also um die Oktettkonfiguration zu erreichen, genauso gut 4 Elektronen abgeben wie aufnehmen.

Wasserstoff hat etwa die gleiche Elektronegativität wie Kohlenstoff, daher sind Kohlenwasserstoffe apolar.

Biologische Strukturen beruhen auf dem Wechselspiel polarer und apolarer Gruppen.

Es gibt aber noch eine weitere wichtige Besonderheit: Kohlenstoff hat annähernd die gleiche Elektronegativität wie Wasserstoff! In einem Molekül, das nur Kohlenstoff-Atome und Wasserstoffatome enthält, gibt es also keine polaren Bindungen, diese Stoffe sind apolar. *Diese Bindungen werden auch von geladenen oder polaren Reagenzien nicht angegriffen, sie sind reaktionsträge und daher besonders stabil.* Dagegen sind Bindungen zwischen Kohlenstoff und anderen Elementen (wie Sauerstoff, Stickstoff, Halogenen) recht stark polar, da hier eine erhebliche Differenz der Elektronegativitäten besteht. Diese Fähigkeit des Kohlenstoffs, sowohl polare als auch apolare Strukturen zu bilden, ist besonders wichtig für den Aufbau von komplizierten biologischen Systemen.

Nun ergeben sich daraus aber einige neue Aspekte:

1. Durch die vielfachen Kombinationsmöglichkeiten können mehrere verschiedene Verbindungen die gleiche Summenformel haben. Um Missverständnisse zu vermeiden, muss man daher beim Anschreiben von chemischen Reaktionen

entweder Strukturformeln verwenden, oder aber zumindest ein Mittelding zwischen Struktur- und Summenformel.

So kann die Summenformel C_2H_4O jede der folgenden Verbindungen beschreiben:

Summenformeln sind in der organischen Chemie fast immer mehrdeutig.

```
H H             H H            H H
C=C-O-H       H-C-C=O        H-C-C-H
H               H               \ /
                                 O
```

Da so eine genaue Schreibweise unpraktisch ist, schreibt man diese Moleküle normalerweise wie folgt:

```
CH2=CHOH        CH3-CHO        CH2-CH2
                               └─O─┘
```

Dabei muss man sich allerdings einige Konventionen merken. Beachten Sie die Schreibweise der zweiten Verbindung: CH_3-CHO ist NICHT dasselbe wie CH_3-COH !

2. Oft reicht sogar die Strukturformel nicht aus. Ähnliche Moleküle können sich nur durch den räumlichen Bau unterscheiden, was aber in einer zweidimensionalen Darstellung auf Papier oder Tafel nicht (oder nur schlecht) gezeigt werden kann. *Wann erfindet jemand endlich die dreidimensionale Schultafel?* Dieses Problem wird uns in der Folge (vor allem in Kapitel 8) noch beschäftigen.

Man muss auch den räumlichen Bau einer Verbindung berücksichtigen.

3. Um Ordnung in die mögliche Vielzahl von Stoffen zu bringen, klassifiziert man die Verbindungen in so genannte **homologe Reihen**, deren einzelne Glieder sich nur um jeweils eine $-CH_2$-Gruppe unterscheiden.

Die Verbindungen einer homologen Reihe unterscheiden sich durch die Zahl der CH_2-Gruppen.

Also: CH_3-OH, CH_3-CH_2-OH, $CH_3-CH_2-CH_2-OH$, ... usw.

4. Es gibt gewisse, meist reaktionsfreudige Anordnungen von Atomen, die immer wieder vorkommen. Diese werden **funktionelle Gruppen** genannt. Eine komplizierte Verbindung setzt sich dann eben aus einem **Grundgerüst** (meist aus miteinander verbundenen Kohlenstoffen bestehend) und den daran hängenden funktionellen Gruppen zusammen. Freundlicherweise beeinflusst das Grundgerüst die Reaktionseigenschaften dieser funktionellen Gruppen wenig bis gar nicht. Wenn man also einerseits die Eigenschaften der

Eine Verbindung denkt man sich aus dem Grundgerüst und aus den funktionellen Gruppen zusammengesetzt.

Grundstruktur, andererseits die der anhängenden funktionellen Gruppen kennt, kann man das Gesamtverhalten des Moleküls kombinieren.

6.2 Reaktionen der organischen Chemie

In der anorganischen Chemie waren die meisten Reaktionen Protolysen (Reaktionen von Säuren mit Basen) oder Redox-Reaktionen. Obwohl es diese Reaktionen in der organischen Chemie natürlich ebenfalls gibt, spielen sie doch keine so große Rolle.

Reaktionstypen:

Substitution	S
Addition	A
Eliminierung	E
Umlagerung	U

Hier unterscheidet man die Reaktionen vor allem nach dem Reaktionstyp. Dabei gibt es am häufigsten **Substitutionen**: Eine Atomgruppe wird gegen eine andere Gruppe ausgetauscht. Bei der **Addition** wird ein Molekül an eine Doppel- (oder Dreifach)-Bindung angelagert, dabei wird die Doppel- (Dreifach-) Bindung aufgelöst. Das Gegenteil davon ist die **Eliminierung**: Hier wird ein Molekül abgespalten, und eine Doppel- oder Dreifach-Bindung bleibt zurück. Schließlich gibt es noch die **Umlagerung**, dabei ändert sich intern im Molekül die Anordnung der Atome, (scheinbar) ohne dass das Molekül mit seiner Umwelt reagiert.

Angreifendes Reagens:

elektrophil	E
nukleophil	N
radikalisch	R

Eine weitere Unterscheidung richtet sich nach der Art des angreifenden Reagens: Es gibt Stoffe, die gerne mit einem (positiv geladenen) Kern reagieren, solche Stoffe nennt man **nukleophil**. Im Gegensatz dazu stehen Reagenzien, die sich von Elektronen angezogen fühlen, sie sind **elektrophil**. Und dann gibt es noch Teilchen, die ein einzelnes (ungepaartes) Elektron enthalten. So ein Elektron sucht dringend einen Partner, diese Teilchen – man nennt sie **Radikale** – sind daher sehr reaktionsfreudig, es sind **radikalische** Reagenzien.

Natürlich sollte man dabei unterscheiden, was das Reagens (der angreifende Partner) und was das Substrat (der angegriffene Teil) ist. Dafür gibt es keine strengen Kriterien. Wenn zwei Moleküle miteinander reagieren, ist natürlich nicht unterscheidbar, wer wen „angreift“. Grundsätzlich wird das kleinere Molekül als Reagens, das größere als Substrat bezeichnet. Das klingt ein bisschen willkürlich, in den meisten Fällen ist aber das Substrat deutlich größer, sodass man gar nicht in Zweifel kommt.

Schließlich kann man die Reaktionen noch nach dem geschwindigkeitsbestimmenden Schritt unterscheiden. In jeder Reaktion gibt es einen Teilschritt, der energetisch oder entropisch besonders ungünstig ist und der daher schlecht – und langsam – vor sich geht. Dieser entscheidende Teil bestimmt die Gesamtgeschwindigkeit der Reaktion. Dieser Schritt kann nun von einem oder von zwei Teilchen abhängen, machen wir uns das anhand eines Schemas klar. Die Reaktion

$$AB + C \rightleftharpoons AC + B$$

kann prinzipiell auf zwei mögliche Arten ablaufen:

$AB \rightleftharpoons A + B$	oder	$AB + C \rightleftharpoons ABC$
und dann		und dann
$A + C \rightleftharpoons AC$		$ABC \rightleftharpoons AC + B$

Geschwindigkeitsbestimmend ist hier immer der jeweils erste Teilschritt. Der löst die Reaktion aus, der Rest geht dann von selbst. *In einer Folge von Reaktionen bestimmt immer die jeweils langsamste die Gesamtgeschwindigkeit. Wenn das Teilstück einer Straße die Autos nur einzeln hintereinander und im Schritttempo fahren lässt, so bestimmt diese Engstelle wie viele Autos die Straße insgesamt passieren können, unabhängig davon, ob vor- oder nachher vielleicht eine sechsspurige Autobahn vorhanden ist.* Im linken Schema handelt es sich dabei um den Zerfall EINES Moleküls, die Reaktion ist daher **monomolekular**. Im rechten Schema stoßen ZWEI Moleküle zusammen, die Reaktion ist **bimolekular**. *Diese Ausdrücke werden auch noch verwendet, wenn die beteiligten Teilchen gar keine Moleküle, sondern Atome oder Ionen oder Radikale sind, trotzdem heißt es mono- oder bimolekular.*

Molekularität:

monomolekular
bimolekular
höhermolekular

Theoretisch sind natürlich auch **höhermolekulare** Reaktionen möglich, diese sind aber sehr selten – es ist eben ziemlich unwahrscheinlich, dass drei oder mehr Teilchen alle genau im gleichen Moment zusammenstoßen.

Nun kann man alle diese verschiedenen Unterscheidungsmerkmale miteinander kombinieren und dafür hat man sich eine Kurzschreibweise einfallen lassen. Man nimmt einfach den Anfangsbuchstaben des Reaktionstyps und setzt als Index klein den Anfangsbuchstaben des angreifenden Reagens dazu. Will man zusätzlich die Molekularität vermerken, setzt man diese als

Zahl dahinter. Also, eine Substitution (S), die nukleophil (N) und monomolekular (1) ist, wird dann als SN1-Reaktion bezeichnet. Eine elektrophile Addition wäre also eine AE-Reaktion, usw. *Das ist nicht nur praktisch, es klingt auch so schön wissenschaftlich, wenn man gelassen mit diesen Abkürzungen um sich wirft.*

Wozu ist das Ganze gut? Nun, man kann, wenn man weiß welche Reaktion man haben will, abschätzen, welche äußeren Reaktionsbedingungen dafür nötig sind. Noch dazu richten sich die entstehenden Produkte ebenfalls nach der Art der Reaktion. Wenn man es also schafft, durch schlaue Wahl der Bedingungen einen bestimmten Reaktionstyp zu begünstigen, so kann man gewünschte Stoffe bevorzugt erhalten und unerwünschte Nebenprodukte vermeiden.

Uff! Das war jetzt ziemlich schnell und auch ein bisschen viel auf einmal. Es ist aber wichtig! Gehen wir daher in den nächsten Abschnitten die Reaktionstypen einzeln und anhand von Beispielen durch, damit es etwas klarer wird.

6.3 Substitution

C–C–C–C–C–**A** + **B** ⇌ C–C–C–C–C–**B** + **A**

Substrat Reagens

Substitution:

Eine Gruppe wird gegen eine andere getauscht.

Substituieren heißt ersetzen, austauschen. Bei dieser Art von Reaktion wird ein Substituent (ein Atom oder eine Gruppe von Atomen, im Schema oben mit A bezeichnet), die an einem Substrat (C – C – C) hängt, gegen einen anderen Substituenten (B) getauscht. Diese andere Gruppe wird als (substituierendes) Reagens bezeichnet.

6.3.1 Nukleophile Substitution (SN)

Das Reagens fühlt sich vom Kern (oder von einer Elektronenlücke) angezogen. Nukleophile Reagenzien werden also entweder negativ geladene Ionen sein, oder werden zumindest überschüssige Elektronen (als freies Elektronenpaar oder als Elektronen in einer Doppelbindung) besitzen.

Den Unterschied zwischen monomolekularem und bimolekularem Mechanismus haben wir im vorigen Kapitel schon erwähnt. Grundsätzlich kann im ersten – geschwindigkeitsbestimmenden – Schritt das Substrat die Gruppe A abspalten (= monomolekular, S_N1), wobei diese Gruppe oft als negativ geladenes Ion austritt. Zurück bleibt ein **Carbenium-Ion**, in dem ein Kohlenstoff über eine positive Ladung und nur über drei Bindungen verfügt. (Im Reaktionsschema unten sind nur die Kohlenstoffe mit ihren Bindungen angegeben, denken Sie sich einfach an jedes leere Ende eines Strichs noch z.B. einen Wasserstoff dazu.)

```
          A
  |   |   |            |   |   |
 -C - C - C-    ⇌    -C - C - C+   +  A−
  |   |   |            |   |   |
```

Das so gebildete Carbenium-Ion nimmt natürlich gerne ein anderes Anion auf:

```
  |   |   |                       |   |   |
 -C - C - C+   +  B−     ⇌      -C - C - C - B
  |   |   |                       |   |   |
```

Dabei ist zu beachten, dass das nukleophile Reagens B^- dieses Carbenium-Ion natürlich von beliebigen Seiten angreifen kann (der Kohlenstoff, der die positive Ladung trägt, ist sp^2-hybridisiert, also stehen die drei Elektronenpaare flach in einer Ebene und die zusätzliche Bindung kann von oben oder unten geschlossen werden), man darf also nicht erwarten, dass der neue Substituent räumlich genau die gleiche Stellung hat wie der alte. Dazu kommt noch, dass Carbenium-Ionen dazu neigen, ihre Ladung über das Kohlenstoff-Gerüst hinweg zu verschieben, was dann natürlich zu einer Umlagerung (siehe später) führt.

Im Gegensatz dazu kommt bei einer bimolekularen Reaktion (S_N2) das Reagens zum Substrat und drängt den anderen Substituenten weg.

```
         A                      A
 |   |   |                 |   |   |                |   |   |
-C - C - C-  +  B−   ⇌   -C - C - C <    ⇌      -C - C - C-   +  A−
 |   |   |                 |   |   |                |   |   |
                                B                           B
```

B kann sich natürlich nicht an A vorbeidrängen, so viel Platz ist da nicht. *Außerdem ist die Bindung zwischen* A *und dem Kohlenstoff oft polar, sodass* A *eine negative Teilladung trägt, der*

Nukleophile Reagenzien:

Anionen

Aromaten

Verbindungen mit
- freien Elektronenpaaren
- Doppelbindungen

Carbenium-Ion (auch Carbonium-Ion):

Ein Kohlenstoff ist nur von drei bindenden Elektronenpaaren umgeben und trägt eine positive Ladung.

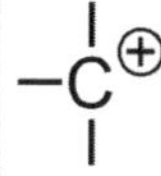

Bei S_N1-Reaktionen bleibt die räumliche Konfiguration nicht erhalten, es kommt zur Mischung verschiedener Anordnungen.

Kohlenstoff eine positive. Das macht das C-Atom für das nukleophile Reagens B natürlich besonders attraktiv, andererseits wird es dem negativ geladenen A möglichst in weitem Bogen ausweichen. B kommt vielmehr von der gegenüberliegenden Seite, beansprucht dort ein bindendes Orbital, somit bleibt für A auf der anderen Seite kein Orbital mehr für sein bindendes Elektronenpaar übrig. *A diffundiert verdrossen als Anion mit seinem Elektronenpaar davon.* Also steht der neue Substituent grundsätzlich an der gegenüberliegenden Stelle, es kommt zu einer **Inversion** (= Umkehrung, Umstülpung) der räumlichen Struktur.

SN2-Reaktionen führen zur Inversion der räumlichen Konfiguration.

Selbstverständlich ist es von allen Beteiligten abhängig, ob so eine Reaktion mono- oder bimolekular abläuft. Es wird eher zu einem monomolekularen Mechanismus kommen, wenn der Substituent A gerne abdissoziiert (= wenn er eine „gute Abgangsgruppe“ darstellt), oder wenn sich A gut mit dem umgebenden Lösungsmittel verträgt. Oder das Grundgerüst neigt dazu Carbenium-Ionen zu bilden. Das ist dann der Fall, wenn die Umgebung des positiven Kohlenstoffs bereit ist, die positive Ladung zu stabilisieren (wenn man sich die positive Ladung über mehrere benachbarte Atome verteilt denken kann). Für einen bimolekularen Mechanismus hingegen braucht man ein aggressives Reagens B, das sich gegenüber A durchsetzen kann.

6.3.2 Elektrophile Substitution (SE)

Elektrophile Reagenzien:

Kationen

Verbindungen mit
- stark elektronegativen Atomen
- unvollständiger Elektronenschale
- Dreifachbindungen

Bei der elektrophilen Substitution wird das Reagens von einer negativen Ladung oder von einem Bereich mit hoher Elektronendichte angezogen. So ein Reagens wird also entweder ein Kation sein oder ein Stoff, der gerne weitere Elektronen aufnehmen würde, z.B. weil er dann erst die Oktettkonfiguration erreichen würde, oder weil er extrem elektronegative Atome enthält, die stark elektronenanziehend wirken. *Haben wir eine Gruppe von Atomen, von denen eines stark elektronegativ ist, so wird dieses versuchen, seinen Nachbaratomen Elektronen abspenstig zu machen, diese bekommen daher eine positive Teilladung und benehmen sich ähnlich wie Kationen.*

$$>C=O \rightleftharpoons >C^{+}-O^{-}$$

Es erscheint auf den ersten Blick *(und auch auf den dritten)* unlogisch, dass Dreifachbindungen elektrophil sein sollen, sie müssten doch einen Elektronenüberschuss aufweisen (noch viel stärker als Doppelbindungen)? Mit diesem eher merkwürdigen Verhalten befassen wir uns aber später (Kap. 7.3.1), wenn wir die Kohlenwasserstoffe mit Dreifachbindungen näher beschreiben.

Es wird Ihrer Aufmerksamkeit nicht entgangen sein, dass man die Begriffe nukleo- und elektrophil auf Reagens wie Substrat anwenden kann. Ein elektrophiles Reagens wird also besonders gut mit einem Substrat reagieren, das nukleophile Eigenschaften aufweist (negativ geladen, Elektronenüberschuss). Umgekehrt wird ein nukleophiles Reagens sich gerne um Substrate mit elektrophilen Eigenschaften (positive Ladung, Elektronendefizit, Dreifachbindung) bemühen.

Bezüglich mono- und bimolekularem Reaktionsmechanismus gelten hier natürlich prinzipiell die gleichen Überlegungen wie bei der nukleophilen Substitution. Eine monomolekulare elektrophile Substitution (SE1) könnte also ebenfalls ein Ion als Zwischenprodukt ergeben (nach Abspaltung einer positiv geladenen Abgangsgruppe), allerdings bliebe dann das (ursprünglich) bindende Elektronenpaar zurück, es bildet sich ein **Carbenat-Anion**. *Wir werden allerdings noch sehen, dass Carbeniat-Ionen viel seltener vorkommen als Carbenium-Ionen.*

Carbenat-Ion (auch Carbenat-Anion):

Ein Kohlenstoff ist von drei bindenden und einem freien Elektronenpaar umgeben und trägt eine negative Ladung.

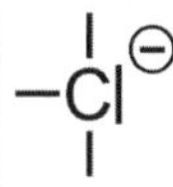

6.3.3 Radikalische Substitution (SR)

Nun, dafür brauchen wir natürlich ein Radikal als Reagens. Wo nehmen wir ein solches her? Wir wissen, dass beim Aufbrechen einer Bindung die beiden Bindungselektronen meistens bei einem Partner – dem elektronegativeren – bleiben. So etwas nennt man eine **heterolytische** Spaltung.

Heterolytische Spaltung:

Ein Teil bekommt beide Bindungselektronen.

$$A{-}B \rightleftharpoons A^+ + |B^-$$

heterolytische Spaltung

$$A{-}B \rightleftharpoons A\bullet + \bullet B$$

homolytische Spaltung

Es kann natürlich auch vorkommen (selten), dass sich die Elektronen nicht einig sind, sodass die beiden Teile nach der Spaltung je ein Elektron erhalten. Das wäre eine **homolytische** Spaltung, die Teilchen, die dabei entstehen, sind **Radikale.** *Leicht zu merken, ein Pärchen aus zwei verschiedenen Part-*

Homolytische Spaltung:

Beide Teile bekommen je ein Elektron.

Radikal:

ein Teilchen mit mindestens einem einzelnen (ungepaarten) Elektron.

nern ist hetero-, ein Pärchen aus zwei gleichartigen Partnern ist homo-. Da eine homolytische Spaltung meist sehr viel Energie benötigt, erhalten wir Radikale nur dann, wenn wir diese Energie auch zuführen, also bei hoher Temperatur oder bei Bestrahlung mit z.B. ultraviolettem Licht. *Selbstverständlich auch bei noch energiereicherer Strahlung. Die schädliche Wirkung von radioaktiver und Röntgenstrahlung beruht vor allem auf der Neubildung von Radikalen, die dann eine Vielzahl von unerwünschten Reaktionen auslösen.*

Radikale sind extrem reaktionsfähig und kurzlebig.

So ein Radikal hat die bemerkenswerte Eigenheit, dass es unbedingt seine Elektronen ergänzen will. Es attackiert also alles was es findet, um sich ein zweites Elektron zu holen – und wenn ihm das gelingt, ist es natürlich kein Radikal mehr. Das bewirkt, dass Radikale extrem kurzlebig sind, weil sie sofort nach ihrer Entstehung reagieren wollen. *Ziemlich exotische Chemie, werden Sie jetzt denken. Es entstehen nur sehr wenige Radikale, und diese reagieren sofort zu etwas anderem weiter. Dann wird es bei einer radikalischen Reaktion wohl nur zum Umsatz von einigen wenigen Molekülen reichen und das Ganze dürfte ziemlich esoterisch sein. Weit gefehlt, machen wir uns das an einem Beispiel klar.*

Wir beginnen unsere Reaktion mit einer homolytischen Spaltung:

$$\mathrm{B{-}B} \rightleftharpoons \mathrm{B\bullet} + \mathrm{\bullet B}$$

Jetzt lassen wir eines der so gebildeten Radikale auf ein Substrat losgehen:

$$\mathrm{-\overset{|}{\underset{|}{C}}-\overset{|}{\underset{|}{C}}-\overset{|}{\underset{|}{C}}-A} + \mathrm{\bullet B} \rightleftharpoons \mathrm{-\overset{|}{\underset{|}{C}}-\overset{|}{\underset{|}{C}}-\overset{|}{\underset{|}{C}}\bullet} + \mathrm{A{-}B}$$

Das Radikal •B hat also mit dem Substituenten A reagiert, A hat sich unter Mitnahme eines einzelnen Elektrons mit •B vereinigt, aus den beiden einzelnen Elektronen ist wieder ein Elektronenpaar geworden. *Alles ist in Butter – oder doch nicht? Jetzt hat nämlich das Substrat plötzlich ein einzelnes Elektron, ist daher zum Radikal geworden. Klar, wenn wir ein Molekül mit lauter gepaarten Elektronen (also mit einer geraden Elektronenzahl) mit einem Radikal (ungerade Elektronenzahl) beliebig kombinieren, so wird immer wieder nur eine ungerade Elektronenzahl herauskommen. Das ungepaarte Elektron kann*

Das einzelne Elektron wird immer weitergegeben.

wie ein schwarzer Peter zwar von Teilchen zu Teilchen weitergegeben werden, wir werden es aber nicht los. Das neu gebildete Radikal reagiert natürlich ebenfalls, die Reaktion geht weiter, ... und weiter, ... und weiter, ...

```
 |  |  |                    |  |  |
-C--C--C•  +  B-B   ⇌   -C--C--C-B  +  •B
 |  |  |                    |  |  |

 |  |  |                    |  |  |
-C--C--C-A  +  •B   ⇌   -C--C--C•  +  A-B
 |  |  |                    |  |  |

 |  |  |                    |  |  |
-C--C--C•  +  B-B   ⇌   -C--C--C-B  +  •B
 |  |  |                    |  |  |
```

... und immer so weiter

Haben Sie das verstanden? Wir brauchen nur ganz wenig Radikal am Anfang, um die Reaktion zu starten, danach setzt sie sich immer weiter und weiter fort. (Man spricht von einer Reaktionskette oder auch von einer Kettenreaktion.) Das geht so lange, bis sich zufällig einmal zwei Radikale treffen. Diese ergänzen sich dann zu einem Elektronenpaar *(zweimal ungerade Elektronenzahl gibt eine gerade Zahl)* und die Reaktionskette bricht ab.

Radikalische Reaktionen laufen in Form von Kettenreaktionen ab. Nur wenige Radikale genügen, um die Reaktion zu starten.

```
 |  |  |                  |  |  |
-C--C--C•  +  •B   ⇌   -C--C--C-B     oder auch     B•  +  •B   ⇌   B-B
 |  |  |                  |  |  |
```

Hier ist natürlich eine Unterscheidung zwischen mono- und bimolekularem Mechanismus sinnlos. Die Startreaktion (die homolytische Spaltung) ist monomolekular, während die Reaktionskette bimolekular ist.

6.4 Addition

```
                                              A  B
                                              |  |
C-C-C-C=C-C  +  A-B   ⇌   C-C-C-C-C-C
    Substrat       Reagens
```

Addition:

An eine Mehrfachbindung werden zwei Gruppen benachbart „addiert". Die Mehrfachbindung wird dabei aufgelöst und die freigewordenen Elektronen für die neuen Bindungen verwendet.

Natürlich kann man sich einen Mechanismus vorstellen, bei dem sich das Reagens A–B der Doppelbindung nähert, sodass sich dann allmählich und gleichzeitig die Doppelbindung und die Bindung zwischen A und B öffnen, während sich die neuen Bindungen schließen.

```
       A−B                      A  B                   A  B
                                ⋮  ⋮                   |  |
C−C−C−C=C−C   ⇌   C−C−C−C−C−C   ⇌   C−C−C−C−C−C
```

Die Addition an Doppelbindungen ist meistens elektrophil.

Häufiger wird jedoch zuerst nur ein Teil (A oder B) angreifen und die Doppelbindung öffnen, der zweite Teil kann dann ganz „gemütlich" nachkommen. Wiederum wird der zuerst angreifende, erste Teil (sagen wir A) ein nukleophiles, ein elektrophiles oder ein radikalisches Reagens sein. Additionen an Doppelbindungen sind fast immer **elektrophil**:

```
       A⁺ B⁻                    A   B⁻                 A  B
                                |  +                   |  |
C−C−C−C=C−C   ⇌   C−C−C−C−C−C   ⇌   C−C−C−C−C−C
```

Hier haben wir eine heterolytische Spaltung von A−B. Das elektrophile Kation greift die Doppelbindung an, es bildet sich als Zwischenprodukt (wieder) ein Carbonium-Ion, das dann mit dem übrig gebliebenen B^- reagiert.

Die Addition an Dreifachbindungen ist nukleophil.

Eine **nukleophile** Addition geht natürlich genau umgekehrt, das passiert häufig bei Dreifachbindungen. *Wir haben schon im Abschnitt 6.3.1 erwähnt, dass Dreifachbindungen etwas anderes sind als Doppel-Doppel-Bindungen*:

```
       A⁺ B⁻                  A⁺    B                  A  B
                                 _  |                  |  |
C−C−C−C≡C−C   ⇌   C−C−C−C=C−C   ⇌   C−C−C−C=C−C
```

Als Zwischenprodukt erhalten wir diesmal ein Carbanion. Am Schluss ist aus der Dreifach- eine Doppelbindung geworden.

Bei radikalischen Additionen kommt es häufig zu einer Polymerisation.

Versucht man auf ähnliche Weise eine radikalische Addition zu formulieren, so erhält man als Zwischenprodukt ein Radikal. Das muss sich aber nicht unbedingt mit dem Rest des ursprünglichen Reagens vereinigen, sondern kann z.B. auch mit einem weiteren Substrat reagieren (und dieses mit einem weiteren Substrat, und so fort, ...). So erhalten wir sehr viele zusammengekoppelte Substrate. Das ist ein typisches Beispiel für eine so genannte **Polymerisation.**

```
A•  •B              A
                    |  •
C–C–C–C=C–C  ⇌  C–C–C–C–C–C  +  •B

       A              A               A
       |  •           |               |
C–C–C–C–C–C  ⇌  C–C–C–C–C–C  ⇌  C–C–C–C–C–C
                    •  |               |
+ C–C–C–C=C–C   C–C–C–C–C–C     C–C–C–C–C–C
                                  |  •
            + C–C–C–C=C–C     C–C–C–C–C–C
                                   und so weiter ...
```

Es ist eigentlich unnötig zu betonen, dass bei der Addition nur ein bimolekularer Mechanismus vorstellbar ist – die Doppel- oder Dreifachbindung wird sich wohl nicht von selbst auflösen und dann nach einem Partner suchen.

6.5 Eliminierung

```
            A B
            | |
C–C–C–C–C–C  ⇌  C–C–C–C=C–C + A–B
            oder
            A B
            | |
C–C–C–C–C=C  ⇌  C–C–C–C≡C–C + A–B
```

Formal ist die Eliminierung die genaue Umkehrung der Addition. *Am häufigsten wird Wasser abgespalten.* Allerdings passiert so etwas eher nicht spontan, sondern unter dem Einfluss eines anderen Stoffs. Sehen wir uns das am Beispiel eines nukleophilen Reagens (B^-) an:

Eliminierung:

ist formal eine Umkehrung der Addition.

```
 |  |  |         |  |  |
–C–C–C–A  ⇌  –C–C–C⁺ + A⁻
 |  |  |         |  |  |
```

Das gebildete Carbenium-Ion reagiert mit dem Reagens B^-:

```
  H  H  H            H  H  H
  |  |  |            |  |  |
H–C–C–C⁺ + B⁻  ⇌  H–C–C=C  + H–B
  |  |  |            |     |
  H  H  H            H     H
```

Hier hat sich also nicht B^- an den positiven Kohlenstoff angelagert, sondern es hat sich ein Wasserstoff-Ion geholt. Zurück bleibt das Elektronenpaar, das die Bindung zwischen diesem Wasserstoff und dem Kohlenstoff hergestellt hat, und dieses wird nun zur Doppelbindung.

Die Eliminierung tritt als Konkurrenzreaktion (Nebenreaktion) zur Substitution auf.

Ihnen wird (hoffentlich) aufgefallen sein, dass diese Reaktion gleich begonnen hat wie die Substitution (**SN1**) in Abschnitt 6.3.1. Das ist kein Zufall, sondern es ist tatsächlich so, dass beide Arten von Reaktionen genau gleich beginnen und es dann auf die näheren Umstände ankommt, wie es weitergeht. In der Regel haben wir nicht eine einzelne Reaktion, sondern es passiert beides, sodass wir eine Mischung von Reaktionsprodukten erhalten. *Es bleibt – vor allem in der Industrie – den Chemikern überlassen, Reaktionsbedingungen zu finden, bei denen vor allem das gewünschte Produkt entsteht und die Nebenreaktionen dabei möglichst zu unterdrücken.*

Wie bei der Substitution gibt es daher auch mono- und bimolekulare Eliminierungen.

So, wie wir oben eine monomolekulare Eliminierung beschrieben haben, kann man natürlich eine Eliminierung auch bimolekular formulieren.

6.6 Umlagerung

Umlagerung:

Es ändert sich das Kohlenstoff-Grundgerüst oder es wechseln funktionelle Gruppen den Platz innerhalb des Moleküls.

Jetzt wird es kompliziert. Bei Umlagerungen kann man nicht von einem allgemeinen Reaktionsschema ausgehen, es gibt dabei zu viele Sonderfälle. Generell kann man nur sagen, dass Umlagerungen oft während oder im Anschluss an eine der bereits besprochenen Reaktionstypen stattfinden. Besonders häufig sind sie zu erwarten, wenn als Zwischenprodukt einer Reaktion ein Atom mit nur drei Elektronenpaaren auftritt (z.B. ein Carbenium-Ion), dann fühlen sich benachbarte Elektronenpaare von dieser Lücke angezogen und versuchen sie zu füllen. Dabei kann dann die Elektronenlücke durchaus woanders entstehen. Das sieht also so aus, als ob die Elektronenlücke (oder die positive Ladung) sprungartig ihre Position verändert. Nehmen wir ein Carbenium-Ion als Beispiel:

Meist treten Umlagerungen in Verbindung mit einer der anderen Reaktionstypen auf.

$$\begin{array}{ccccccccccc} & R & & A & & & & R & & & \\ & | & & | & & & & | & & & \\ R- & C & - & C & -H & \rightleftharpoons & R- & C & - & C^{+} & -H \; + \; A^{-} \\ & | & & | & & & & | & & | & \\ & R & & H & & & & R & & H & \end{array}$$

Das ist der Beginn einer ganz normalen nukleophilen Substitution (oder Eliminierung) nach dem monomolekularen Mechanismus. Wir haben ein Carbenium-Ion erhalten. (R steht für „Rest", also für eine beliebige Gruppe von Atomen.)

Häufig kommen Umlagerungen an einem Carbenium-Ion vor.

Nun ist aber ein Carbenium-Ion umso stabiler, je mehr solcher Reste am positivierten Kohlenstoff hängen. (Ein Wasserstoff kann nicht mithelfen, die positive Ladung zu tragen, andere Atome sind dafür geeigneter.) Also wird einer der Reste sich erbarmen und (unter Mitnahme seines Elektronenpaares) zu der verlockenden positiven Ladung hinüberwechseln. Damit hat aber der verlassene Kohlenstoff die positive Ladung bekommen. Das neue Carbenium-Ion ist stabiler als das alte, weil es von wesentlich mehr Resten umgeben ist:

```
    R                    R
    |                    |
  R-C-C⁺-H   ⇌    R-C⁺-C-H
    | |             |    |
    R H             R    H
```

Nach dieser Umlagerung kommt die vorhin begonnene Reaktion zu ihrem Abschluss – je nachdem ob eine Substitution oder eine Eliminierung daraus wird.

```
                                  B R      (SN1)
                                  | |
        R                  ⇌   R-C-C-H
        |                         | |
  R-C⁺-C-H + B⁻                   R H            R          (E1)
    |   |                                        |
    R   H           oder              ⇌    R-C=C  +  H-B
                                              | |
                                              R H
```

Vergleichen Sie die Produkte mit dem ursprünglichen Ausgangsstoff: Der Zusammenhang ist gar nicht leicht zu erkennen. Wenn man nicht bemerkt, dass eine Umlagerung stattgefunden hat, kann das ziemlich verwirrend sein.

6.7 Zur Schreibweise organischer Verbindungen

Man könnte natürlich alle organische Verbindungen immer vollständig mit allen beteiligten Atomen und Bindungen aufschreiben. Das wird aber – besonders bei großen Molekülen – schrecklich mühsam. Also hat man sich eine Reihe von Vereinfachungen einfallen lassen. *Chemiker sind faule Menschen und lieben Abkürzungen!*

Betrachten wir einen einfachen Kohlenwasserstoff mit – sagen wir – sechs C-Atomen. *Vereinfachung: Niemand sagt Kohlenstoff-Atome, alle sagen C-Atome.*

$$\begin{array}{ccccccccccccc} & & H & & H & & H & & H & & H & & H \\ & & | & & | & & | & & | & & | & & | \\ H & - & C & - & C & - & C & - & C & - & C & - & C - H \\ & & | & & | & & | & & | & & | & & | \\ & & H & & H & & H & & H & & H & & H \end{array}$$

Hier trägt immer jeder Kohlenstoff so viele Wasserstoffe, wie er freie Bindungen (nach Abzug der Kohlenstoff-Kohlenstoff-Bindungen) hat. Es bringt also keine wesentliche Information, all diese C–H-Bindungen anzuschreiben. Daher schreibt man diese Verbindung lieber:

$$CH_3{-}CH_2{-}CH_2{-}CH_2{-}CH_2{-}CH_3 \quad \text{oder} \quad CH_3{\cdot}CH_2{\cdot}CH_2{\cdot}CH_2{\cdot}CH_2{\cdot}CH_3$$

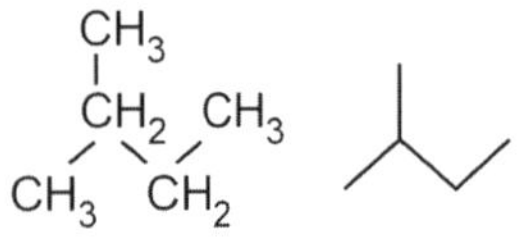

Nun ist das leicht zu schreiben und zu drucken, aber nicht ganz korrekt. Wir wissen doch, dass Kohlenstoff sp^3-hybridisiert ist, der Winkel zwischen zwei beliebigen Bindungen am gleichen Kohlenstoff also etwa 109° beträgt. Die Kette kann also nicht gerade gehen, sondern verläuft im Zick-Zack.

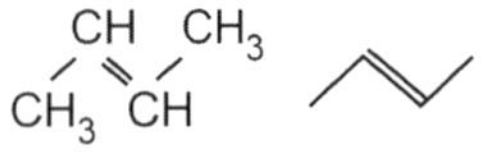

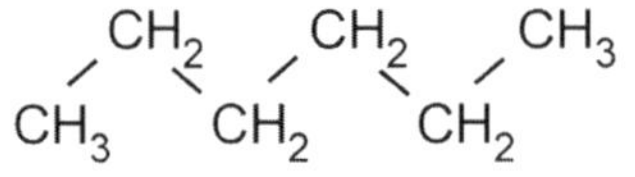

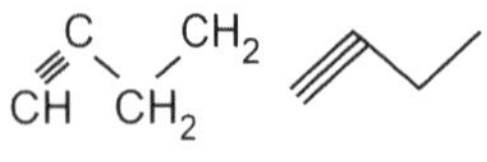

CH_3 – CH_2 – CH_2 – CH_2 – CH_2 – CH_3 (Zick-Zack)

An jeder Ecke dieser Zick-Zack-Linie steht ein C-Atom mit der ihm gebührenden Anzahl von H-Atomen. Das kann man aber weiter vereinfachen, indem man nur die Linie schreibt, und die C- und H-Atome weglässt.

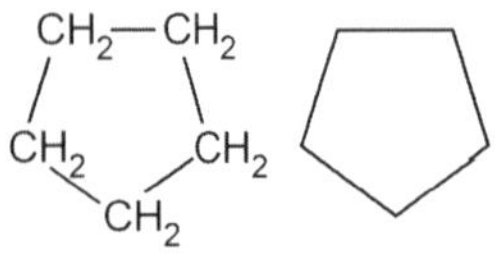

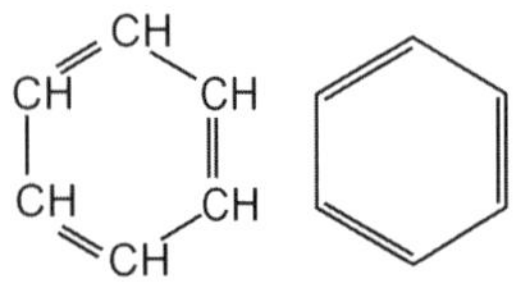

Jeder Eckpunkt und jeder Endpunkt stellt hier ein C-Atom dar. Will man wissen, wie viele Wasserstoffe an so einem Kohlenstoff hängen, muss man die Bindungen, die von diesem Punkt ausgehen, zählen und mit H-Atomen auf vier ergänzen.

Natürlich kann man so auch andere Strukturen angeben, also auch Verzweigungen oder Ringe. Doppelbindungen werden als

Doppelstriche geschrieben, Dreifachbindungen als dreifache Striche.

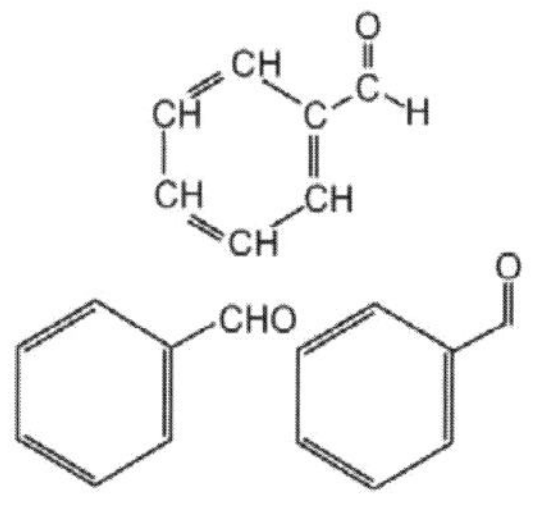

Was macht man mit Hetero-Atomen – das sind alle Atome außer Kohlenstoff und Wasserstoff? Man muss sie aufschreiben! ALLE! Häufig schreibt man die funktionelle Gruppe auch aus, man könnte aber auch nur das Hetero-Atom aufschreiben. So kann man z.B. beim Benzaldehyd entweder eine Aldehyd-Gruppe an den Benzolkern schreiben, oder auch von der Aldehyd-Gruppe nur das Gerüst mit dem einzelnen Sauerstoff.

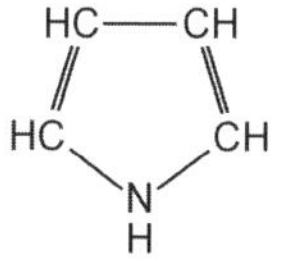

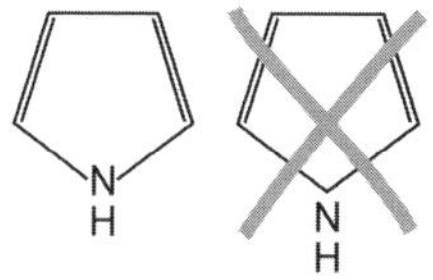

Benzaldehyd

Und wenn sich ein Hetero-Atom in einem Ring befindet, so wird es eben an Stelle dieses Eckpunktes geschrieben. *Nicht außen dran, das würde bedeuten, dass das Hetero-Atom außerhalb des Rings liegt!*

6.8 Mesomerie

Wir haben bei den Carbenium-Ionen schon erwähnt, dass umgebende Atome mithelfen können, eine Ladung zu „tragen“. Das bedeutet aber, dass Elektronen und Elektronenpaare nicht streng auf das „eigene“ Atom fixiert sind, sondern dass es möglich ist, Elektronenpaare über eine Anzahl benachbarter Atome zu verteilen. Es wird natürlich schwierig, Strukturen zu beschreiben, wenn die entsprechenden Bindungen nicht mehr als einzelne ganze Striche gezeichnet werden können, sondern ein halber Strich dort und ein achtel Strich da verteilt werden muss.

Elektronen lassen sich nicht auf einen Ort fixieren.

Um dieses Problem zu lösen, hat man sich das so genannte „**Mesomeriekonzept**“ einfallen lassen. Man schreibt einfach alle möglichen Positionen, die ein wanderndes Elektronenpaar annehmen könnte, nebeneinander auf und bezeichnet die so erhaltenen Formeln als **Grenzstrukturen**. Die Grenzstrukturen werden durch einen speziellen Pfeil, den so genannten Mesomeriepfeil ($\longleftrightarrow$) verbunden. *Lassen Sie sich von diesem Pfeil nicht irreführen. Das hat nichts mit einer Reaktion zu tun und es bedeutet auch nicht, dass die tatsächliche Struktur nach Art eines chemischen Gleichgewichts zwischen den verschiedenen Formen hin- und herpendelt.* Die wirkliche Struktur liegt ZWISCHEN den verschiedenen Grenzstrukturen.

Mesomere Strukturen geben die Extremfälle der Elektronenverteilung an.

Die wirkliche Struktur entspricht keiner einzelnen Grenzstruktur, sondern ist eine Mischung aus allen.

Bei der Aufstellung der Grenzstrukturen sind einige Regeln zu beachten:

1. Es dürfen nur Elektronen verschoben werden, die Anordnung der Atome darf sich nicht verändern.
2. Möglichst neutrale Strukturen haben mehr Bedeutung für die Beschreibung des tatsächlichen Zustands als Strukturen mit zusätzlicher Ladungstrennung (hier müssen noch positive und negative Ladungen hinzugefügt werden).
3. Wenn Ladungstrennung vorkommt, so sind Strukturen bedeutender, bei denen stark elektronegative Atome die negative, wenig elektronegative Atome die positive Ladung erhalten.
4. Sind mehrere gleichartige Strukturen möglich, die sich nur durch ihre Symmetrie unterscheiden, so tragen alle diese Strukturen zur Gesamtstruktur bei.
5. Je mehr Grenzstrukturen möglich sind, desto stabiler ist die Verbindung. (Elektronenzustände, die viele Möglichkeiten haben, sind stabiler.) Man nennt diese Erscheinung Stabilisierung durch Mesomerie oder **Resonanzstabilisierung**.

Resonanzstabilisierung:

Mehr mögliche Grenzstrukturen bedeuten höhere Stabilität.

Nehmen wir als Beispiel den zuvor erwähnten Benzaldehyd. Hier gibt es eine neutrale Grenzstruktur:

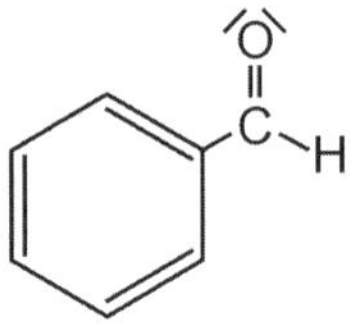

Nun ist aber der Sauerstoff stark elektronegativ. Wir müssen also berücksichtigen, dass sich von der Doppelbindung zumindest ein Elektronenpaar doch sehr viel näher beim Sauerstoff aufhält, und erhalten eine weitere Grenzstruktur:

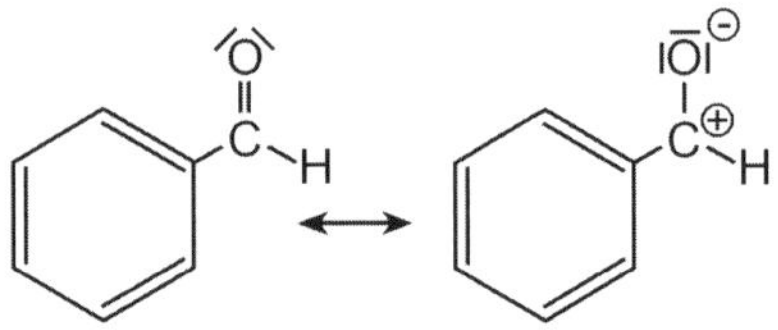

Da die zweite Grenzstruktur mit einer Ladungstrennung verbunden ist, sollte sie weniger zur tatsächlichen Beschreibung beitragen. *Wegen der extrem starken, elektronegativen Wirkung des Sauerstoffs ist diese Struktur aber nicht unerheblich.* Nun kann man aber die positive Ladung des einen Kohlenstoffs leicht auf die Nachbaratome verteilen, das gibt noch drei weitere (sehr ähnliche) Grenzstrukturen.

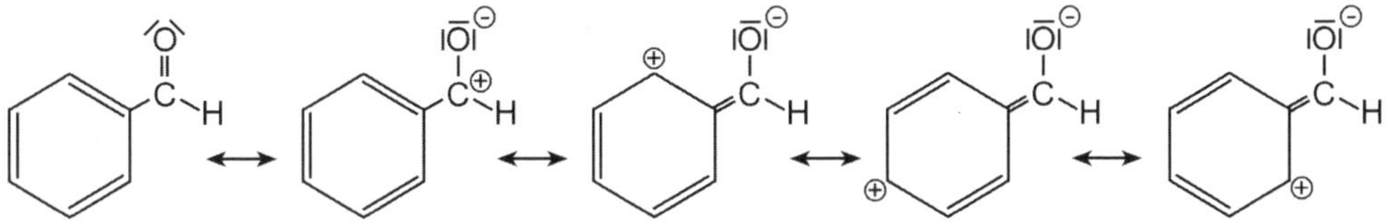

Wollte man ganz konsequent sein, müsste man sich noch weitere Möglichkeiten einfallen lassen. Man könnte ein Elektronenpaar aus der C=O *Bindung auch zum Kohlenstoff verschieben, dann bekommt der Kohlenstoff die negative Ladung und der Sauerstoff die positive. Und man kann die negative Ladung ebenfalls über den ganzen Ring weiterverteilen. Da diese Strukturen aber unwahrscheinlich sind – der Sauerstoff trägt ungern positive Ladungen –, tragen sie zum Gesamtbild so wenig bei, dass man sie vernachlässigen kann. (Das ist nicht immer so!) Für eine einigermaßen richtige Beschreibung des Benzaldehyds kommt man daher mit den oben angegebenen Strukturen in der Regel aus.*

Betrachten Sie ab jetzt jede organische Strukturformel unter dem Gesichtspunkt möglicher Grenzstrukturen, auch wenn diese nicht extra angegeben sind. Wo es für das Verständnis einer organischen Reaktion wichtig ist, werden wir die Grenzstrukturen berücksichtigen müssen.

Übungen zu Kapitel 6

60*. Schreiben Sie alle denkbar möglichen Strukturformeln der folgenden Verbindungen auf (nur ungeladene Moleküle):

a) C_2H_6O b) $C_2H_6O_2$ c) C_2H_7N d) C_2H_7NO

Beachten Sie NICHT, *dass manche der denkbaren Strukturen chemisch instabil sind. Aber es sollte jeder Kohlenstoff vier, jeder Wasserstoff eine, jeder Sauerstoff zwei und jeder Stickstoff drei Bindungen haben.*

61. Sie haben hier ein Beispiel für eine nukleophile Substitution. Vervollständigen Sie die Reaktion. *Hinweis: Überlegen Sie, was leichter als negatives Teilchen abdissoziieren wird,* H *oder* Cl*?*

$$CH_3Cl + OH^- \rightleftharpoons ? + ?$$

62. Im Abschnitt 6.4 wird eine radikalische Polymerisation beschrieben. Ist eine Polymerisation auch als ionische Addition denkbar?

63. Sie haben hier ein Beispiel für eine Addition. Vervollständigen Sie die Reaktion!

$$CH_2=CH-CH_3 + I_2 \rightleftharpoons ?$$

64. Sie haben hier ein Beispiel für eine Eliminierung. Vervollständigen Sie die Reaktion!

$$CH_3-CH_2-CH_2-OH \rightleftharpoons H_2O + ?$$

65. Schreiben Sie plausible mesomere Formen der folgenden Verbindungen auf:

H–C≡N| $^{\oplus}CH_2-C(CH_3)=CH_2$ $CH_3-C(=\overline{O}|)-\overline{\underline{O}}|^{\ominus}$

66. Schreiben Sie die mesomeren Formen von Anilin auf:

$C_6H_5-\underline{N}H_2$

7 KOHLENWASSERSTOFFE

Nach den einleitenden Bemerkungen im vorigen Kapitel geht es jetzt endlich richtig los mit der organischen Chemie. Grundsätzlich beginnt man immer mit den einfachsten Verbindungen, welche nur aus Kohlenstoff und Wasserstoff bestehen – eben den so genannten Kohlenwasserstoffen. Diese sind zumeist auch das, was wir im vorigen Kapitel als „Grundgerüst" bezeichnet haben. Die übrigen Elemente (wie Sauerstoff, Stickstoff, Schwefel, usw.) finden sich meistens in den „funktionellen Gruppen".

Wir sollten den Kosmos nicht mit den Augen des Rationalisierungsfachmanns betrachten. Verschwenderische Fülle gehört seit jeher zum Wesen der Natur.

Wernher von Braun (1912–1977)

Verbindungen, die nur Kohlenstoff und Wasserstoff enthalten, werden in zwei Hauptgruppen geteilt: die „normalen" Kohlenwasserstoffe und solche mit einer ganz bestimmten „aromatischen" Elektronenstruktur, die **Aromaten** genannt werden.

Normale KW

Aliphatische KW

gesättigte

ungesättigte

Cyclische KW

gesättigte

ungesättigte

Aromaten

Die normalen Kohlenwasserstoffe werden weiter unterteilt in **aliphatische**, die nur gerade oder verzweigte Kohlenstoffketten enthalten, und in **cyclische**, die ringförmige Strukturen besitzen. Eine weitere Unterteilung befasst sich mit der Art der Bindungen zwischen den Kohlenstoffatomen: **Gesättigte** Kohlenwasserstoffe enthalten nur Einfachbindungen, **ungesättigte** Kohlenwasserstoffe besitzen auch Doppel- oder Dreifachbindungen.

7.1 Alkane

Alkane sind gesättigte, aliphatische (= keine Ringe) Kohlenwasserstoffe. Früher wurden sie auch als Paraffine bezeichnet. Alle Namen von Alkanen enden auf die Silbe **-an**, sodass man sofort am Namen erkennen kann um was es sich handelt. Wichtige Vertreter sind:

Alkane:

Endung auf„**-an**".

CH_4	$CH_3{\cdot}CH_3$	$CH_3{\cdot}CH_2{\cdot}CH_3$	$CH_3{\cdot}CH_2{\cdot}CH_2{\cdot}CH_3$
Methan	**Ethan (Äthan)**	**Propan**	**Butan**

Bis hierher muss man sich die Namen merken, das nächste Homologe enthält fünf C-Atome und wird (penta heißt auf Griechisch fünf) als Pentan bezeichnet. Und von da an geht es mit den **griechischen** Zahlwörtern weiter, also Hexan, Heptan, Octan, Nonan, Dekan, Undekan, Dodekan, ...

Homologe:

Verbindungen, die sich nur durch die Anzahl an CH_2-Gruppen unterscheiden.

Summenformel: C_nH_{2n+2}

Wenn man sich die Summenformeln aufschreibt, so erhält man CH_4, C_2H_6, C_3H_8, C_4H_{10} usw. Für jedes zusätzliche C-Atom gibt es also auch zwei zusätzliche H-Atome. Man kann daher die **allgemeine Summenformel** mit C_nH_{2n+2} angeben.

Isomere:

haben die gleiche Summenformel und im Prinzip den gleichen Aufbau, weichen aber in der Struktur leicht voneinander ab.

Nun gibt es aber ab vier C-Atomen auch andere Möglichkeiten, diese zu einem Alkan zu vereinigen. Butan z.B. muss nicht alle C-Atome in einer Kette haben, es kann auch eine Verzweigung geben. Damit erhält man zwei verschiedene **Isomere** von Butan.

$CH_3{\cdot}CH_2{\cdot}CH_2{\cdot}CH_3$

Butan oder **n-Butan**

$CH_3{\cdot}CH{\cdot}CH_3$ (mit CH_3 am mittleren C)

iso-Butan

Das verzweigte Isomer wird zur Unterscheidung als iso-Butan bezeichnet. Legt man Wert darauf, das geradkettige Butan besonders eindeutig zu bezeichnen, so kann man es n-Butan (= normales Butan) nennen. Natürlich gibt es bei mehr C-Atomen auch (viel) mehr Kombinationsmöglichkeiten, sodass man sehr schnell ein System benötigt, um alle möglichen Isomere eindeutig zu bezeichnen (siehe Genfer Nomenklatur, Kapitel 8.1). *Von Heptan gibt es 9 Isomere, von Dekan schon 75 und vom Dodekan gar 355.*

7.1.1 Raumstruktur

C-Atome der Alkane sind sp^3-hybridisiert.

Kohlenstoffe sind von ihren vier Bindungen tetraedrisch umgeben.

Natürlich sind alle aufgezeichneten Formeln, da zweidimensional, nur Näherungen an die tatsächliche Struktur. Alle Kohlenstoffe sind hier sp^3-hybridisiert, sodass also jeder Kohlenstoff den Mittelpunkt eines Tetraeders bildet, zu dessen Ecken sich die vier Bindungen erstrecken. In einer dreidimensionalen Darstellung sieht das etwa so aus:

Methan

Ethan

Propan

Nun sind die Bindungen zwischen den Kohlenstoffatomen aber durch die Überlappung von je zwei sp³-Hybrid-Orbitalen entstanden. *Zwei Atomorbitale mit je einem Elektron bilden zwei Molekülorbitale, ein bindendes und ein nicht bindendes, die beiden Elektronen besetzen das bindende Orbital, usw. Das wissen wir alles noch aus Kapitel 1.* Aufgrund der Beteiligung von s-Orbitalen bezeichnet man diese Bindung als **σ-Bindung**. *Lateinische Buchstaben für Atomorbitale, griechische Buchstaben für Molekülorbitale bzw. für Bindungen.* Die beiden, durch eine solche σ-Bindung verbundenen Kohlenstoffe, können sich um die Achse dieser Bindung drehen! Also gibt es schon bei Ethan viele mögliche Strukturen, die sich dadurch unterscheiden, dass die beiden Kohlenstoffe um verschiedene Winkel gegeneinander verdreht sind. Natürlich können (und werden) sich diese verschiedenen Strukturen ständig ineinander umwandeln, sodass es nicht möglich ist, diese Formen voneinander zu trennen. Solche Strukturen werden daher als **Konformere** bezeichnet.

Durch σ-Bindungen verbundene C-Atome sind gegeneinander drehbar.

Konformere:

verschiedene Strukturen, die sich durch Drehung um Bindungen ineinander umwandeln lassen.

Betrachtet man alle möglichen Konformere von Ethan, so findet man zwei Extreme: Wenn die Wasserstoffe einander genau gegenüberliegen, und wenn die Wasserstoffe möglichst genau „auf Lücke" stehen. Man nennt diese Grenzfälle **ekliptisch** und **gestaffelt**, dabei ist die gestaffelte Konformation am energieärmsten, wird also im Mittel etwas häufiger sein als z.B. die ekliptische Konformation.

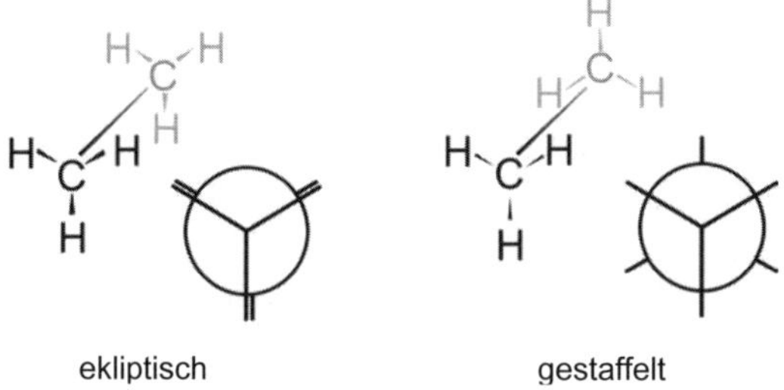

Um diese Verhältnisse einfach darzustellen, bedient man sich einer Kurzschreibweise: Man blickt entlang der Bindung und schreibt das vordere C-Atom als Kreis. Dann sind die Bindungen dieses C-Atoms komplett als Striche sichtbar, die Bindungen des dahinter liegenden C-Atoms nur soweit, wie sie über den Kreis hinausragen.

Nun sind diese Überlegungen für Ethan natürlich höchst theoretisch. Interessanter wird die Sache aber, wenn nicht nur Wasserstoffe an den beiden C-Atomen hängen, sondern auch größere Gruppen, die aus Platzgründen voneinander Abstand halten müssen und daher die freie Drehbarkeit behindern. Schon Butan – jedes C-Atom trägt noch eine CH_3-Gruppe – vermeidet daher die ekliptische Konfiguration und stellt seine CH_3-Gruppen immer auf Lücke. *Was aber nicht heißen soll, dass nicht trotzdem Umwandlungen über eine kurzzeitige ekliptische Konfiguration möglich sind. Das ist aber dann eher ein Umschnappen von einer Möglichkeit in die andere und kein allmählicher Übergang.* Aber auch dabei gibt es noch zwei Möglichkeiten: Die beiden CH_3-Gruppen können dicht nebeneinander stehen (als **gauche** bezeichnet) oder einander gegenüber (**anti**) liegen. Da die anti-Konfiguration energieärmer ist – viel mehr Platz für alle Beteiligten – bevorzugen längere Kohlenwasserstoff-Ketten diese stabilere anti-Konfiguration. Das führt zu der bereits erwähnten Zick-Zack-Form von langen Kohlenwasserstoffen.

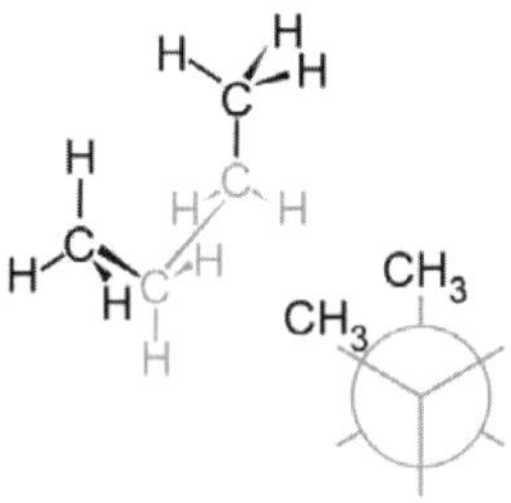

gauche 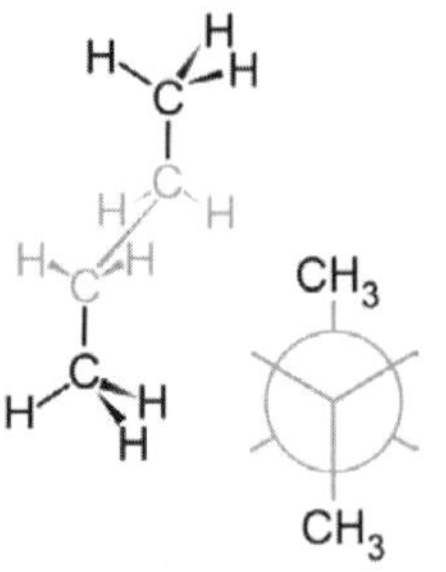 anti

7.1.2 Eigenschaften und Reaktionen

Heizöl und Treibstoffe, wie Benzin, bestehen vorwiegend aus Alkanen.

Die ersten vier Alkane sind bei Normaltemperatur gasförmig, die nächsten sind flüssig. Das sind dann die Hauptbestandteile von Benzin, Diesel- und Heizöl, Kerosin, usw. Ab etwa 18 C-Atomen bilden sie wachsartige, farblose Feststoffe (= Paraffin).

Die wichtigste Reaktion der Alkane ist die Verbrennung mit Sauerstoff. Dabei entsteht CO_2 und Wasser – *und das Auto fährt.* Chemisch kann man sonst nicht viel damit machen, nur die Reaktion mit Halogenen führt zu neuen Verbindungen.

Da sich Kohlenstoff und Wasserstoff in ihrer Elektronegativität nur wenig unterscheiden, gibt es keine polarisierten Bindungen, daher auch nichts, was ein elektrophiles oder nukleophiles Reagens interessieren könnte. Folglich sind nur Radikale als angreifende Reagenzien wirksam. Nehmen wir als Beispiel die Chlorierung von Methan, eine radikalische Substitution:

Halogenierung von Alkanen (SR)

$$Cl{-}Cl \rightleftharpoons Cl\bullet + Cl\bullet$$

Die Startreaktion ist eine homolytische Spaltung von Chlor. Man braucht dazu Hitze oder UV-Licht.

$$Cl\bullet + CH_4 \rightleftharpoons HCl + CH_3\bullet$$

$$CH_3\bullet + Cl_2 \rightleftharpoons CH_3Cl + Cl\bullet$$

$$Cl\bullet + CH_4 \rightleftharpoons \text{usw.}$$

Das Chlor-Radikal reagiert mit einem Methan-Molekül, nimmt ihm einen Wasserstoff weg, und es bleibt ein Methyl-Radikal zurück. Dieses reagiert mit einem Chlor-Molekül, dabei entsteht Methylchlorid und wieder ein Chlor-Radikal. Das Chlor-Radikal reagiert mit einem Methan-Molekül ... und so weiter und so weiter.

So, wie die Endsilbe **-an** das vollständige Alkan bezeichnet, so gibt die Silbe **-yl** den entsprechenden Kohlenwasserstoff mit einer freien Bindung an.

CH_3-	Methyl-
C_2H_5-	Ethyl-
C_3H_7-	Propyl- usw.

Diese Gruppen werden auch als Alkyl-Reste oder Alkyl-Gruppen bezeichnet.

Das erste Produkt, das dabei gebildet worden ist, CH_3Cl, kann man als Methylchlorid *(CH_3- heißt Methyl-)* oder als Chlormethan (auch Monochlormethan) bezeichnen. Natürlich ist nicht gesagt, dass damit die Reaktion beendet ist. Das Methylchlorid kann nochmals reagieren und nochmals reagieren. So entsteht schließlich CH_2Cl_2 (Dichlormethan), $CHCl_3$ (Trichlormethan = Chloroform), CCl_4 (Tetrachlorkohlenstoff). Man erhält also bei dieser Reaktion immer eine Mischung.

Irgendwann ist diese Kettenreaktion doch einmal zu Ende, nämlich dann, wenn sich zufällig zwei Radikale begegnen:

$$Cl\bullet + Cl\bullet \rightleftharpoons Cl_2 \quad \text{oder} \quad Cl\bullet + CH_3\bullet \rightleftharpoons CH_3Cl \quad \text{oder} \quad CH_3\bullet + CH_3\bullet \rightleftharpoons C_2H_6$$

7.2 Alkene

Aliphatische Verbindungen, die Doppelbindungen enthalten, heißen Alk**en**e (mit einem veralteten Name auch Olefine), wobei die Bezeichnungen sich am Namen des entsprechenden Alkans orientieren, mit der Endung **-en**. Wenn mehrere Doppelbindungen im Molekül vorkommen, wird deren Zahl als griechische Silbe vor die Endsilbe -en gestellt. *Eine alte, aber immer noch häufig verwendete Namengebung benutzt statt -en die Endsilbe **-ylen**.*

Alkene:

Endung auf „**-en**"

bei mehreren Doppelbindungen:

„**-di-en**" „**-tri-en**" usw.

$CH_2{=}CH_2$ — **Ethen** (Ethylen)

$CH_2{=}CH{\cdot}CH_3$ — **Propen** (Propylen)

$CH_2{=}CH{\cdot}CH_2{\cdot}CH_3$ — **1-Buten**

$\overset{1}{C}H_3{\cdot}\overset{2}{C}H{=}\overset{3}{C}H{\cdot}\overset{4}{C}H_3$ — **2-Buten**

$\overset{1}{C}H_2{=}\overset{2}{C}H{\cdot}\overset{3}{C}H{=}\overset{4}{C}H_2$ — **1,3-Butadien**

Da es mehrere Möglichkeiten gibt, in einem größeren Molekül die Doppelbindung unterzubringen, nummeriert man die Kohlenstoffe von Kettenbeginn an und gibt die Nummer des bindungstragenden C-Atoms (des Niedrigeren von beiden!) an.

Summenformel: C_nH_{2n} (bei einer Doppelbindung).

Verglichen mit den Alkanen enthalten Alkene pro Doppelbindung zwei H-Atome weniger. *Allerdings kann man hier nicht mehr so eindeutig von der Summenformel auf die Struktur schließen, da es auch andere Möglichkeiten gibt, Wasserstoffe einzusparen.*

7.2.1 Struktur

π-Bindung:

Überlappung von p-Orbitalen.

In einer Doppelbindung sind die beteiligten Kohlenstoffe sp^2-hybridisiert. Wir haben also drei Hybridorbitale, die miteinander einen Winkel von 120° in der Ebene bilden. Senkrecht auf diese Ebene steht das eine übrig gebliebene p-Orbital. In den Alkenen sind die Kohlenstoffe untereinander durch je eine **σ-Bindung** verknüpft, welche aus der Überlappung von je zwei sp^2-Hybridorbitalen entsteht. Die restlichen sp^2-Orbitale stellen die Verbindung zu den Wasserstoffen her. Die Doppelbindung setzt sich zusammen aus einer solchen σ-Bindung und einer weiteren Bindung, die von den beiden übrig gebliebenen p-Obitalen gebildet wird. Da diese Bindung nur aus p-Anteilen besteht, nennt man sie **π-Bindung**, und sie entsteht, indem die p-Orbitale oberhalb und unterhalb der sp^2-Ebene überlappen.

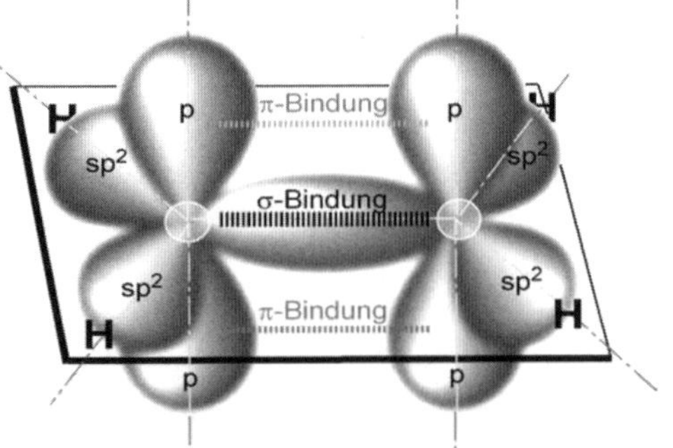

Ethen: räumlicher Bau mit Orbitalen

Eine Doppelbindung besteht also nicht aus zwei gleichartigen Bindungen, sondern aus einer σ- und einer π-Bindung. Die beiden C-Atome einer Doppelbindung stehen näher beisammen als C-Atome, zwischen denen eine Einfachbindung besteht. Da die p-Orbitale im Raum ausgerichtet sind und nur überlappen können, wenn beide parallel stehen, kann um die Achse dieser Bindung NICHT gedreht werden.

Bindungsabstand:

C – C	0.145 nm
C = C	0.135 nm

Diese nicht vorhandene Drehbarkeit verursacht aber eine neue Sorte von Isomerie. Jetzt sind nämlich unterschiedliche Strukturen, die wir im vorigen Abschnitt als Konformere kennen gelernt haben, nicht mehr durch Drehung ineinander überführbar. Wenn wir also ein 2-Buten *(in Analogie zum Butan aus Abschnitt 7.1.1, wo es „gauche"- und „anti"-Formen gab)* als Beispiel nehmen, so erhalten wir zwei verschiedene Verbindungen, je nachdem, ob sich die Substituenten (hier die CH_3-Gruppen) auf der gleichen oder der gegenüberliegenden Seite der Doppelbindung befinden. Der erste Fall wird mit „**cis**", der zweite mit „**trans**" bezeichnet.

Um eine Doppelbindung gibt es keine freie Drehbarkeit.

H H / C=C / CH_3 CH_3 — cis-2-Buten

H CH_3 / C=C / CH_3 H — trans-2-Buten

cis-trans-Isomerie

Man nennt diese Isomerie daher auch die **cis-trans-Isomerie**. Um eine der beiden Verbindungen in die andere umzuwandeln, müsste man Bindungen öffnen, durch Drehung geht es nicht.

7.2.2 Eigenschaften und Reaktionen einfacher Alkene

Da die π-Bindung deutlich reaktionsfähiger ist als eine σ-Bindung, reagieren Alkene bevorzugt unter Auflösung dieser Bindung, also in einer Additionsreaktion.

So führt die Addition von Wasserstoff (Hydrierung mit Pt oder Pd als Katalysator) zu den entsprechenden Alkanen, die Addition von HCl oder Cl_2 zu entsprechenden chlorierten Produkten. Dabei reagiert immer zuerst ein elektrophiler Teil mit der Doppelbindung:

$CH_2{=}CH_2 + H_2 \rightleftharpoons CH_3{\cdot}CH_3$

$CH_2{=}CH_2 + HCl \rightleftharpoons CH_2Cl{\cdot}CH_3$

$CH_2{=}CH_2 + Cl_2 \rightleftharpoons CH_2Cl{\cdot}CH_2Cl$

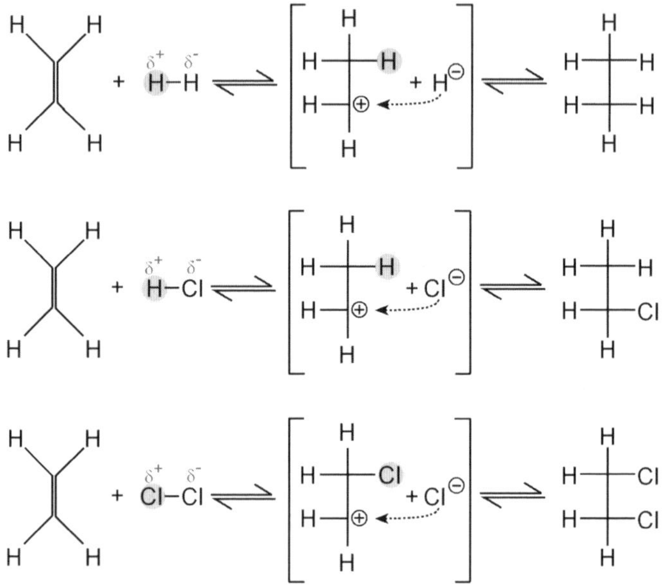

Addition von H_2, HCl, Cl_2 an Ethen

Bei unsymmetrischen Alkenen würde man im Prinzip zwei verschiedene Produkte aus der Addition von z.B. HCl erwarten, da ja hier das Cl-Atom zwei verschiedene Positionen zur Auswahl hat. Allerdings bewirkt die unterschiedliche Stabilität von Carbenium-Ionen, dass doch eine Position bevorzugt wird. Zuerst greift H^+ (elektrophil) die Doppelbindung an, von den entstehenden Carbenium-Ionen ist das höher substituierte (= das, an dem weniger H- und mehr C-Atome hängen) stabiler und entsteht bevorzugt. Daher entsteht hauptsächlich das Produkt aus diesem begünstigten Carbenium-Ion.

$CH_3{-}CH{=}CH_2 + HCl \rightleftharpoons CH_3{-}CHCl{\cdot}CH_3$

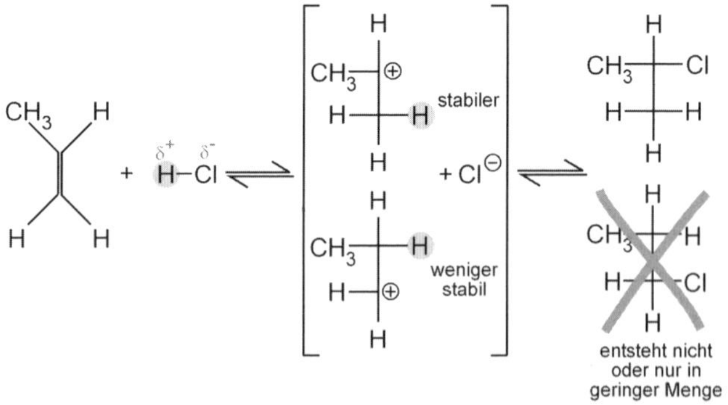

stabiler

weniger stabil

entsteht nicht oder nur in geringer Menge

Addition von HCl an Propen

Man kann sich das am besten so merken: dort, wo sich mehr Wasserstoffe befinden, kommen noch weitere dazu, nach dem Motto „wo Tauben (und Wasserstoffe) sind, fliegen Tauben zu!"

Man kann an die Doppelbindung auch gleichzeitig addieren und oxidieren. Dann erhält man z.B. **Glykole** (zwei OH-Gruppen werden an die Doppelbindung addiert).

$$R_2C{=}CR_2 \xrightleftharpoons{+H_2O,\ O_2} R_2C(OH){-}C(OH)R_2$$

$$>C{=}C< + H_2O + \tfrac{1}{2}O_2 \rightleftharpoons >C(OH){-}C(OH)<$$

Diese Reaktion wird auch ausgenützt, um analytisch die Anzahl der Doppelbindungen in einem unbekannten Stoff (oder Stoffgemisch) zu bestimmen. Man titriert (und oxidiert) mit $KMnO_4$ und kann dann einfach aus dem Verbrauch die Menge der Doppelbindungen ausrechnen.

Die technisch wichtigste Reaktion der Alkene ist die Polymerisationsreaktion zu Kunststoffen (siehe Abschnitt 7.3.2).

Pflanzen brauchen Ethen

Man sieht es der einfachen Verbindung Ethen nicht an, dass sie ein ganz wichtiges Hormon ist – für Pflanzen. Diese stellen Ethen in vielen Stadien ihres Lebens selbst her, besonders in reifen Früchten. Unter dem Einfluss von Ethen beschleunigt sich der Lebenszyklus der Pflanzen, Blüten werden welk, Blätter fallen ab und Früchte reifen. Das hat die Industrie natürlich sofort ausgenützt: Früchte werden in unreifem Zustand geerntet und transportiert, am Bestimmungsort bekommen sie dann eine Spur Ethen und werden reif. Schnittblumen verpackt man hingegen in Plastikfolien, die mit Chemikalien imprägniert sind, welche das Ethen binden, sodass die Blumen länger halten. Und sollten sie einen Raum bewohnen, in dem alle Zimmerpflanzen dauernd Blätter verlieren, vielleicht ist die Ursache eine undichte Gasleitung?

Sie können den Effekt natürlich auch selbst ausnützen. Wenn Sie im Garten Ihre Tomaten zu früh ernten mussten, weil ein Kälteeinbruch bevorstand, so lagern Sie die grünen Tomaten gemeinsam mit reifen Bananen. Die Bananen geben Ethen ab und Ihre Tomaten reifen.

7.2.3 Polyene

Ein Kohlenwasserstoff kann natürlich mehr als eine Doppelbindung haben. Je nachdem, welchen Abstand diese voneinander haben, gibt es verschiedene Eigenschaften. Wenn die Doppelbindungen unmittelbar nebeneinander stehen, spricht man von **kumulierten** (= gehäuften) Doppelbindungen. Sind mehrere Einfachbindungen dazwischen, sind es **isolierte** Doppelbindungen, und ist nur eine Einfachbindung dazwischen, nennt man sie **konjugierte** (= zusammenhängende) Doppelbindungen.

isoliert konjugiert kumuliert

Isolierte Doppelbindungen benehmen sich „normal", wie eben mehrere Doppelbindungen. Kumulierte Doppelbindungen sind besonders reaktionsfähig. Wichtig sind aber die konjugierten Doppelbindungen, die ein bemerkenswertes Verhalten zeigen. Man kann nämlich an Stelle einer Doppelbindung ein Elektronenpaar zur Gänze einem der beteiligten Atome zuordnen und erhält so eine Grenzstruktur mit Ladungstrennung. Im **Butadien** kann man Grenzstrukturen schreiben, bei denen die Ladung unter Verschiebung der Doppelbindung verlagert ist, sodass plötzlich die Bindung zwischen den beiden ursprünglichen Doppelbindungen zur Doppelbindung wird.

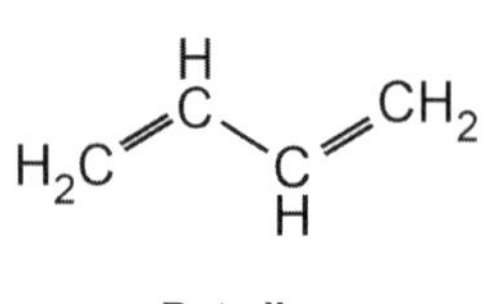

Butadien

Grenzstrukturen von Butadien

Konjugierte Doppelbindungen geben von ihrem Doppelbindungscharakter etwas an die dazwischen liegende C−C Bindung ab.

Also weist diese Einfachbindung einen erheblichen Doppelbindungs-Anteil auf. Sie ist auch kürzer als eine reine Einfachbindung (dafür sind die beiden Doppelbindungen etwas länger als es normale Doppelbindungen sind). Wir haben also die Situation, dass die beiden Doppelbindungen sich über das ganze Molekül verteilen (**delokalisieren**). Die Elektronen befinden sich in Orbitalen, die sich über mehrere Atome erstrecken, so genannte **polyzentrische Molekülorbitale**.

Würden wir nun an Butadien zum Beispiel HCl anlagern, so müssen wir uns überlegen, dass es sich dabei – wie gewohnt – um eine elektrophile Addition handelt. Es greift wie bisher zunächst H^+ an, natürlich dort, wo die Grenzstrukturen eine negative Teilladung anzeigen:

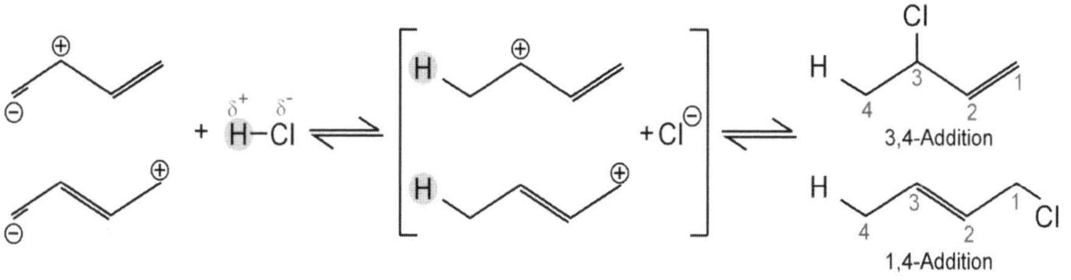

Verschiedene Grenzstrukturen von Butadien führen zu 1,4 und zu 3,4 Addition.

Das Cl^- geht dann natürlich an das Carbenium-Ion, sodass wir eine Mischung von zwei möglichen Produkten erhalten. (Die C-Atome werden so nummeriert, dass sich die Doppelbindung zwischen möglichst niedrigen Zahlen befindet. Das addierte HCl hat dann entweder die C-Atome 3 und 4 oder die C-Atome 1 und 4 besetzt.) Grundsätzlich ist die 1,4-Addition begünstigt, es entsteht also mehr 1,4-Addukt.

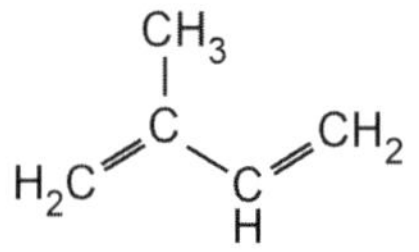

Isopren

In der Natur ist vor allem ein Homologes des Butadiens wichtig, das 2-Methyl-Butadien, kurz **Isopren** genannt. Die Polymerisation von Isopren führt zu Kautschuk (natürlicher Gummi), darüber hinaus werden so wichtige Verbindungen wie **Steroide** (Cholesterin, Hormone, D-Vitamine, Gallensäuren) und **Carotinoide** (Pflanzenfarbstoffe, Vitamin A, Sehpurpur) und noch eine Vielzahl von pflanzlichen Ölen und Aromastoffen daraus aufgebaut.

Isopren:

ist der Grundbaustein von Kautschuk, Terpenen, Carotinoiden, Steroiden.

7.3 Alkine

Verbindungen mit Dreifachbindung(en) heißen **Alkine**. *Bezüglich der Namengebung gilt alles wie bei den Alkenen, nur dass jetzt die Endsilbe* ***-in*** *vorkommt. Die Namen werden also wieder von den Alkanen abgeleitet, griechische Zahlen werden verwendet, wenn mehrere Dreifachbindungen vorkommen, usw.*

Alkine:

Endung auf „**-in**“

CH_3-CH_3	$CH_2=CH_2$	$CH\equiv CH$
Ethan	Ethen	**Ethin**

Der einfachste und wichtigste Vertreter dieser Stoffklasse ist das **Ethin** (oder Äthin), das auch **Acetylen** genannt wird.

7.3.1 Struktur

Bei der Dreifachbindung sind die beteiligten Kohlenstoffe sp-hybridisiert. Diese beiden Hybridorbitale stehen einander gegenüber, bilden also eine Gerade. Übrig bleiben zwei p-Orbitale, diese stehen (in der üblichen Hantelform) senkrecht zueinander und senkrecht zur Achse der beiden sp-Orbitale.

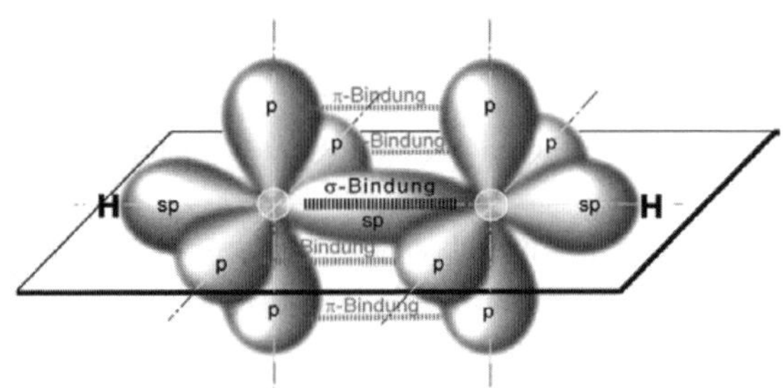

Ethin: räumlicher Bau mit Orbitalen

Das führt z.B. beim Ethin dazu, dass die Atome H−C−C−H durch σ-Bindungen verbunden auf einer Geraden liegen, welche durch die Verlängerung der beiden sp-Orbitale gebildet wird. Die (insgesamt vier) verbleibenden p-Orbitale bilden paarweise miteinander zwei reine π-Bindungen (= die zweite und dritte Bindung der Dreifachbindung). Das würde man sich naiv als eine Bindung oberhalb und unterhalb der ersten Bindung sowie eine weitere vor und hinter der ersten (σ)-Bindung vorstellen. In Wirklichkeit überlappen sich aber die π-Orbitale, sodass eher eine walzenförmige Ladungswolke rund um die σ-Bindung entsteht:

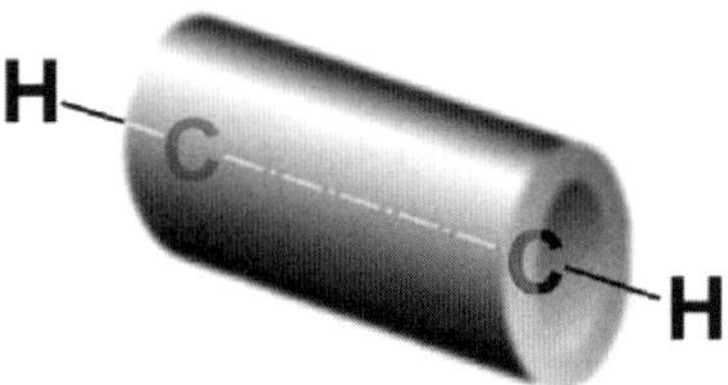

Ethin: tatsächliche Form der Orbitale, welche die π-Bindungen bilden

Wegen dieser Wechselwirkung der π-Elektronen hat die Dreifachbindung etwas andere Eigenschaften, als man dies für eine „doppelte Doppelbindung“ erwarten würde.

1. Die Bindungslänge ist noch geringer als bei der Doppelbindung.

2. Da die Elektronen auf engem Raum zwischen den beiden Kohlenstoffen „eingezwickt" sind, sind sie gegen elektrophile Reagenzien weniger zugänglich als die Elektronen einer Doppelbindung.

3. Auf der der Bindung abgewendeten Seite gibt es nur ein bindendes Elektronenpaar (das zum Wasserstoff). Der Kohlenstoff-Kern ist also von dieser Seite her weitgehend offen und dem Angriff durch ein nukleophiles Agens ausgesetzt. Addition an Dreifachbindungen erfolgt daher (zum Unterschied von Doppelbindungen) häufig nach einem nukleophilen Mechanismus.

4. Der Kohlenstoff (der nach der einen Seite hin fast „nackt" ist) hat eine vermehrte Tendenz, wenigstens das eine, bindende Elektronenpaar zum Wasserstoff ganz für sich zu beanspruchen. Damit wird der Wasserstoff gedrängt, als H^+-Ion abzudissoziieren. Wasserstoff an einer Dreifachbindung ist ein „azider" Wasserstoff.

Bindungsabstand:

C−C	0.145 nm
C=C	0.135 nm
C≡C	0.121 nm

7.3.2 Eigenschaften und Reaktionen

Ethin ist ein sehr reaktionsfähiges Gas. Mit Sauerstoff verbrennt es mit sehr heißer Flamme, die zum Schweißen verwendet wird. Mischungen mit Luft sind äußerst explosiv! Hergestellt wird es zumeist aus **Calciumcarbid** CaC_2:

$$CaC_2 \; (C{\equiv}C \text{ an Ca}) + 2\,H_2O \rightleftharpoons H{-}C{\equiv}C{-}H$$

Wie bereits erwähnt, sind der Dreifachbindung benachbarte H-Atome azid, lassen sich also z.B. durch Natrium ersetzen (womit wir wieder ein Carbid – diesmal Natriumcarbid – erhalten):

$$H{-}C{\equiv}C{-}H + 2\,Na \rightleftharpoons Na^+C^-{\equiv}C^-Na^+ + H_2$$

In der technischen Chemie ist Ethin Ausgangsstoff für eine Unmenge von Synthesen. *Man kann in der organischen Chemie nahezu ALLES letzten Endes auf Ethin als Ausgangsstoff zurückführen.* Dabei spielt vor allem die – nukleophile – Addition an die Doppelbindung eine Rolle. Nehmen wir als Muster die

Addition von HX *(X ist irgendetwas),* wobei X^- als nukleophiles Reagens angreift, dabei entsteht ein Carbanion, das mit H^+ reagiert.

$$H-C\equiv C-H + \overset{\delta^-}{X}-\overset{\delta^+}{H} \rightleftharpoons \left[{}^{\ominus}C(H)=C(X)(H) + H^+ \right] \rightleftharpoons (H)(H)C=C(X)(H)$$

$CH_2=CH-$ **Vinyl-**

$CH_2=CH-OH$
Vinylalkohol

$CH_2=CH-O-R$
Vinyläther

$CH_2=CH-Cl$
Vinylchlorid

$CH_2=CH-O-C(=O)-CH_3$
Vinylacetat

Wir erhalten unser X gebunden an einen **Vinyl-Rest.** *Entfernt man von Ethan einen Wasserstoff, so nennt man die verbleibende Gruppierung Ethyl-Rest oder kurz Ethyl-. Tut man dasselbe mit Ethen, so heißt die Gruppe VinylRest oder Vinyl-.*

Nach diesem Schema kann man Ethin vielfältig reagieren lassen: Mit Wasser *(wenn X in unserem Schema OH^- ist, dann wird HX zu H_2O)* gibt es Vinylalkohol. *Dieser ist allerdings instabil und wandelt sich sofort in Acetaldehyd um, siehe unter „Tautomerie" im nächsten Kapitel.* Mit Alkohol entstehen Vinylether, mit Halogenwasserstoff (z.B. HCl) entstehen Vinylhalogenide (z.B. Vinylchlorid), mit Essigsäure entsteht Vinylacetat, usw. Alle diese Produkte haben immer noch eine Doppelbindung und können daher leicht weiter reagieren, vor allem können sie zu Kunststoffen polymerisieren.

Kunststoffe

Wir sind der Polymerisation bereits begegnet (siehe Kapitel 6.4). Das ist ein Sonderfall der Addition, bei der allerdings der Kopf des einen an den Schwanz eines anderen Moleküls addiert wird. Häufig gibt es Polymerisationen auf der Basis einer radikalischen Reaktion: Durch homolytische Spaltung entstehen wenige Radikale, von denen sich eines an die Doppelbindung anlagert, dann bekommt das andere Ende der Doppelbindung das ungepaarte Elektron, dieses addiert an die Doppelbindung eines weiteren Moleküls, und so geht es weiter. Diese Kettenreaktion bricht erst ab, wenn sich zwei Radikale treffen, da die Radikale aber in sehr geringer Konzentration vorliegen, kommt das sehr selten vor, sodass lange Ketten entstehen bis die Reaktion endlich stoppt.

$$A\bullet + C=C \rightleftharpoons A-C-C\bullet$$

$$A-C-C\bullet + C=C \rightleftharpoons A-C-C-C-C\bullet$$

$$A-C-C-C-C\bullet + C=C \rightleftharpoons A-C-C-C-C-C-C\bullet \text{ usw.}$$

Es soll nicht verschwiegen werden, dass eine Polymerisation grundsätzlich auch ionisch möglich ist: Zum Beispiel kann ein aggressives Elektrophil A^+ die Doppelbindung attackieren, anschließend bildet sich ein Carbenium-Ion $A{-}C{-}C^+$, dieses reagiert mit einer weiteren Doppelbindung, usw. Die ganze Reaktion geht nach dem gleichen Schema, man muss nur alle • durch + ersetzen.

Durch Polymerisation erhält man so künstliche, hochmolekulare Verbindungen, die man als **Polymere**, häufig auch – und in der Alltagssprache – als **Kunststoffe** bezeichnet. Nun kann man beliebige Verbindungen mit Doppelbindungen polymerisieren. Man bekommt immer das gleiche Grundgerüst, nur die anhängenden Substituenten – auch als **Seitenketten** bezeichnet – sind verschieden. Die Eigenschaften eines bestimmten Kunststoffs werden aber wesentlich von diesen Seitenketten bestimmt – und vom **Polymerisationsgrad**, also von der Länge der Ketten. Kunststoffe werden daher mit dem Namen des Monomers (das ist der Einzelbaustein vor der Polymerisation) und mit der Vorsilbe **Poly-** bezeichnet. *Leider werden dabei für das Monomer häufig die alten Bezeichnungen verwendet.*

aus Ethylen (=Ethen) entsteht **Polyethylen**

aus Propylen (=Propen) entsteht **Polypropylen**

aus Vinylchlorid entsteht **Polyvinylchlorid**

Und das kann man beliebig für Vinylacetat, Vinylether usw. fortsetzen. Sogar Polyvinyl-Alkohol kann man herstellen, obwohl das Monomere, der Vinylalkohol, instabil ist. Viele dieser Kunststoffe sind weich und leicht verformbar, da sich die Ketten gegeneinander gut verschieben lassen. Bei Erwärmung werden sie noch weicher und schließlich zähflüssig. Sind Seitenketten vorhanden, die untereinander in Wechselwirkung treten können, wird diese Verschiebung behindert und der Kunststoff wird härter. Noch härter wird er, wenn die Stränge durch Seitenketten kovalent miteinander verbunden sind. Das kann man zum Beispiel erreichen, indem man eine gewisse Anzahl von Dimeren zusetzt, die bereits diese Querverbindung ausgebildet haben.

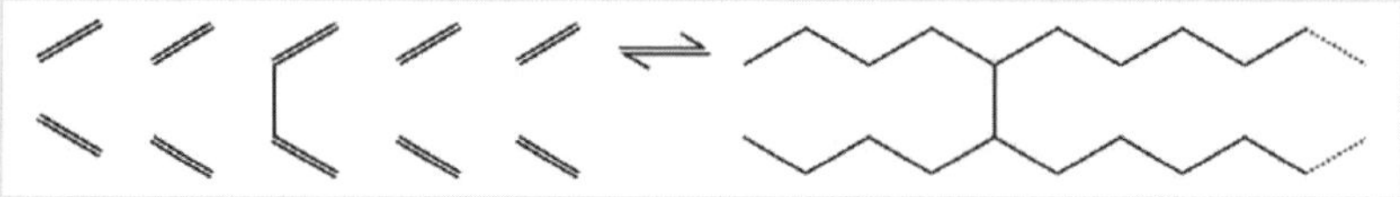

Dieses Verfahren hat jedoch einen grundsätzlichen Nachteil: Der ganze Stoff wird mehr oder weniger zu einem einzigen Molekül, kann also nicht mehr schmelzen. So toll das im Gebrauch sein mag, für die Verarbeitung gibt es Probleme, weil üblicherweise geschmolzener Kunststoff in Formen gepresst oder geblasen wird, nach dem Abkühlen erhält man dann den gewünschten Gegenstand. (Wenn der Kunststoff nicht mehr schmilzt, muss man den Gegenstand aus einem Block schneiden oder drehen, was wesentlich teurer ist.)

Man kann sich helfen, indem man Kunststoffe herstellt, die zunächst noch nicht quervernetzt sind, diese in die gewünschte Form bringt, und erst dann die Reaktion auslöst, welche die Quervernetzung bewirkt. *Haben Sie beim Zahnarzt schon eine Kunststoff-Füllung erhalten? Da wird Ihnen die Masse zuerst in das Loch im Zahn geschmiert, dann bestrahlt der Arzt das Ganze mit UV-Licht, es bilden sich Radikale, welche die Masse vernetzen – und schon ist Ihre neue Plombe hart und Sie dürfen gleich damit beißen.*

Die Polymerisation von Butadien tanzt etwas aus der Reihe: Da die 1,4-Addition bevorzugt ist, polymerisiert Butadien auch (vorzugsweise) nach einem 1,4-Schema:

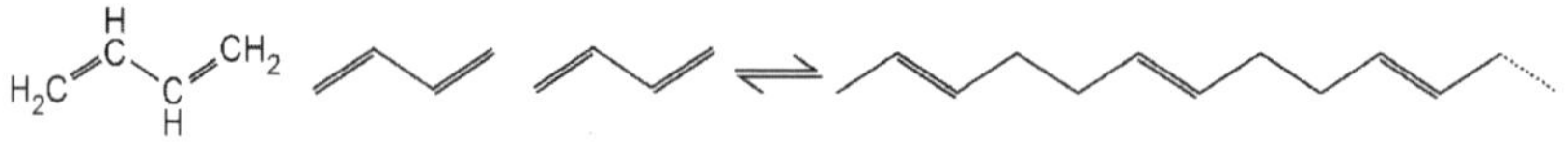

aus Butadien entsteht **Polybutadien**

Wichtig ist vor allem das Polymerisationsprodukt von Isopren, der **Kautschuk**. Zwischendurch kann es im Kautschuk natürlich auch Stellen geben, an denen die verbleibende Doppelbindung mit einer anderen Kette reagiert hat, sodass einige Quervernetzungen vorhanden sind. Trotzdem ist Kautschuk noch relativ wenig vernetzt und hat daher unangenehme Eigenschaften, zum Beispiel schmilzt er in der Hitze. *Keine Aussicht, mit solchen Reifen ein Autorennen zu gewinnen. Stellen Sie sich vor, wie man die Boliden nach zwei Runden vom Asphalt kratzen müsste.* Damit daraus **Gummi** wird, müssen die Moleküle stärker miteinander verbunden werden. Das geschieht indem man Schwefel zusetzt. Der Schwefel bildet Brücken zwischen den Kautschukmolekülen, sodass ein dreidimensionales Netzwerk entsteht – eben Gummi. So ein Autoreifen ist also genau genommen ein einziges Molekül.

Dieser Prozess des Schwefelzusatzes – man nennt ihn Vulkanisation – ist durch Zufall entdeckt worden. Schon vorher gab es Gegenstände – z.B. Stie-

fel und Regenmäntel – aus Naturkautschuk, die aber eher klebrig waren und an heißen Tagen eingelaufen sind. Ein gewisser Herr Goodyear hat dann irrtümlich heißen Kautschuk mit flüssigem Schwefel verschüttet. Als er die erkaltete Masse mühsam vom Boden schaben musste, stellte er fest, dass sich die Eigenschaften des Kautschuks enorm verbessert hatten.

Später hatte ein Herr Dunlop die Idee, die Räder vom Fahrrad seines kleinen Sohns mit einem Stück aufgeblasenen Gartenschlauch (aus Gummi) zu versehen, damit es beim Fahren nicht so rumpelt. Die Idee hat sich in der Folge durchgesetzt.

In der Natur ist eine Polymerisation wie bei Kautschuk eher die Ausnahme. Es gibt zwar auch in der Natur eine Vielzahl von (sehr wichtigen) hochmolekularen Verbindungen, diese entstehen aber nicht durch Additionspolymerisation aus Doppelbindungen, sondern die Monomere werden unter Abspaltung von Wasser miteinander verknüpft. Man nennt diese Polymerisation daher auch Kondensationspolymerisation oder Polykondensation. Proteine (=Eiweiß), Nukleinsäuren und Polysaccharide werden so gebildet.

7.4 Cyclische Kohlenwasserstoffe

Es ist natürlich möglich, dass das letzte C-Atom eines Kohlenwasserstoffs wieder mit dem ersten verbunden ist, sodass ein Ring entsteht. So etwas nennt man **Cycloalkane** (oder **Cycloalkene**, wenn Doppelbindungen vorkommen). Der Name wird also (wieder) vom Grund-Kohlenwasserstoff abgeleitet, mit der Vorsilbe **Cyclo-.**

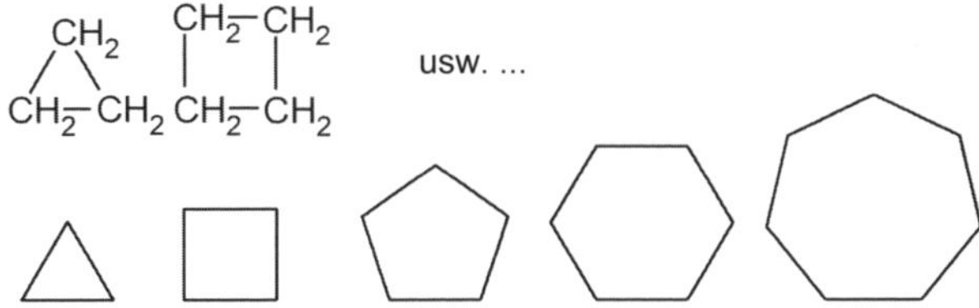

Cyclopropan, Cyclobutan, Cyclopentan, Cyclohexan, Cycloheptan

Dabei muss man bedenken, dass der Kohlenstoff natürlich weiter sp^3-hybridisiert ist, also möglichst einen Bindungswinkel von 109° einhalten will. Nun sind aber, wie aus der Tabelle ersichtlich, die Winkel in einem Drei- oder Viereck wesentlich geringer, sodass eine so genannte „**Ringspannung**" entsteht, die diese kleinen Ringe unstabil und reaktionsfähig macht. Auch größere als Siebener-Ringe werden wieder unstabiler und

Winkel im	
Dreieck	60°
Viereck	90°
Fünfeck	108°
Sechseck	120°
Siebeneck	128°

kommen selten vor. Im Fünfer-Ring geht es sich geometrisch beinahe aus, im Sechser-Ring schon wieder nicht mehr. Das wird im Cyclohexan aber dadurch ausgeglichen, dass sich der Ring in eine Art Zick-Zack-Form legt. Dabei gibt es verschiedene Formen (= Konformationen), die durch Umklappen ineinander übergehen können.

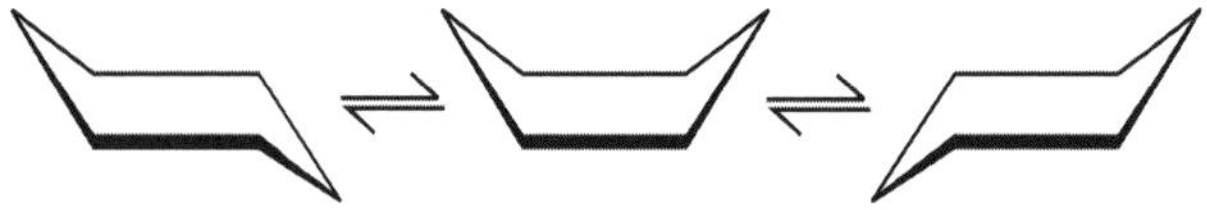

Sesselform Wannenform Sesselform

Da bei der Sesselform die einzelnen H-Atome weiter voneinander entfernt sind, ist diese Form etwas stabiler. Beachten Sie, dass sich hier die beiden Wasserstoffe an jedem Kohlenstoff bezüglich ihrer räumlichen Orientierung unterscheiden: Es gibt H-Atome, die etwa in der Zick-Zack-Ebene stehen und als **equatorial** bezeichnet werden, das jeweils andere H-Atom steht dann senkrecht auf die Zick-Zack-Ebene und wird mit **axial** bezeichnet.

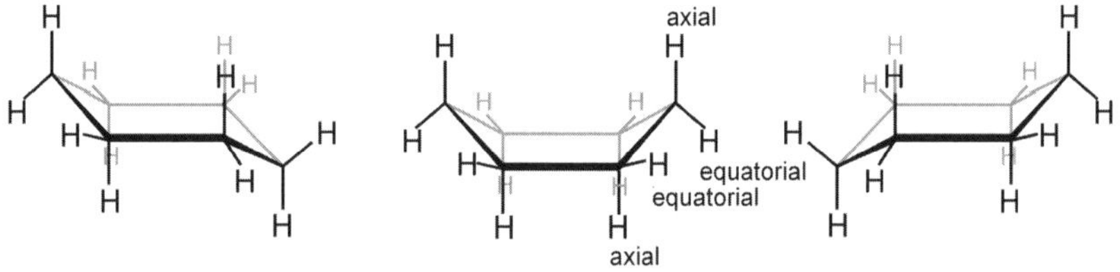

axial equatorial equatorial axial

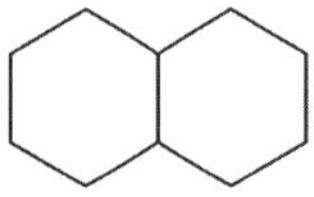

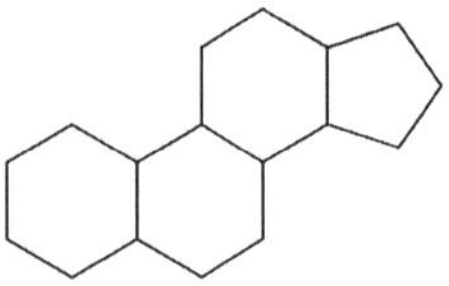

Das sieht hier beim Cyclohexan wie eine versponnene Spitzfindigkeit aus, wenn aber statt der H-Atome etwas anderes – und größeres – dranhängt, gibt es gewaltige Unterschiede.

Dekalin

Gonan (Steran)

Es können aber auch Ringe auf vielfältige Weise miteinander verknüpft werden, sodass man mitunter recht komplizierte Ringsysteme erhält. Zwei einfache Beispiele sehen Sie nebenan.

7.5 Aromatische Kohlenwasserstoffe

Aromaten sind Verbindungen, bei denen π-Elektronen in polyzentrischen Molekülorbitalen über einen Ring verteilt sind. *Das können zwei, oder sechs oder zehn ... allgemein $2n + 2$ Elektronen sein. Es spielt keine Rolle, aus wie vielen Atomen der Ring besteht. Nur müssen die Elektronen über alle Kohlenstoffe ver-*

teilt werden können. Es darf sich z.B. kein sp^3*-hybridisiertes C-Atom im Ring befinden, an dem die p-Elektronen nicht vorbei können. Nebenstehend finden Sie eine Auswahl von aromatischen Ringen.* Das bei weitem wichtigste aromatische System ist Benzol, und mit ihm wollen wir uns jetzt beschäftigen.

verschiedene Aromaten

7.5.1 Struktur von Benzol

Es beginnt gleich damit, dass Benzol eigentlich eine falsche Bezeichnung ist, da die Endsilbe -ol eine -OH Gruppe (Alkohol) anzeigt, die im Benzol nicht vorkommt. Der englische Name „Benzene" ist daher besser gewählt. Von Benzol C_6H_6 kann man zwei völlig gleichwertige Grenzstrukturen zeichnen.

Benzol

Es sind also alle Bindungen gleichwertig. Das erkennt man auch am Bindungsabstand, der genau die Mitte zwischen einer Einfach- und einer Doppelbindung hält. Die C-Atome sind sp^2-hybridisiert. Damit die p-Elektronen sich ungehindert verteilen können, müssen alle verbleibenden p-Orbitale zueinander parallel stehen – nur so ist die vollständige Überlappung zu einem gemeinsamen polyzentrischen Orbital möglich. Dazu muss der Ring aber FLACH sein, was sich bei Benzol mit einem Bindungswinkel von 120° ideal ausgeht (grundsätzlich müssen alle aromatischen Systeme flach sein!).

Bindungsabstand	
C÷C	0.140 nm

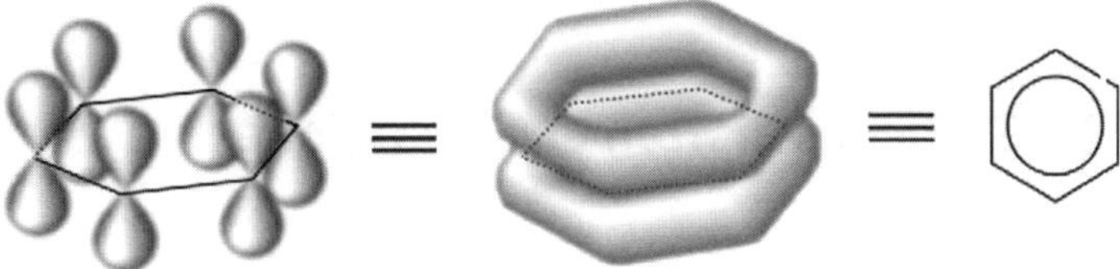

Benzol: Orbitalstruktur und vereinfachte Schreibweise

Um auch in dieser Schreibweise anzudeuten, dass **Benzol** keine drei Doppelbindungen enthält, sondern ein aromatisches System, schreibt man besser einen Kreis in das Sechseck. Ich werde diese Schreibweise möglichst oft verwenden (hie und da greife ich dennoch auf die alte Darstellung mit Doppelbindungen zurück, um mesomere Grenzstrukturen zu beschreiben).

7.5.2 Kondensierte Aromaten

Selbstverständlich kann man auch mehrere Ringe zu einem aromatischen System vereinigen.

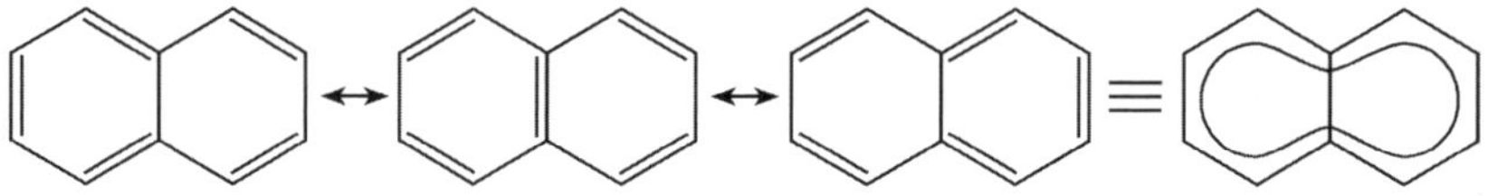

Naphthalin: drei mesomere Formen und eine Kreisschreibweise

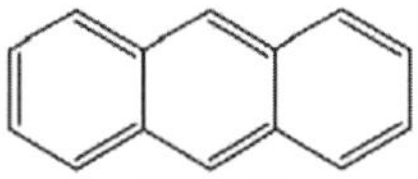

Anthracen

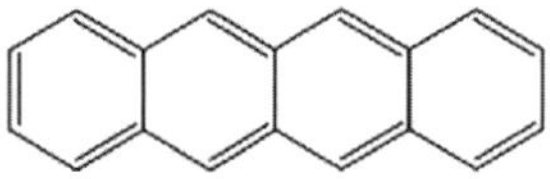

Naphtacen

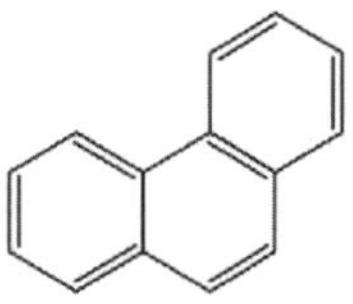

Phenanthren

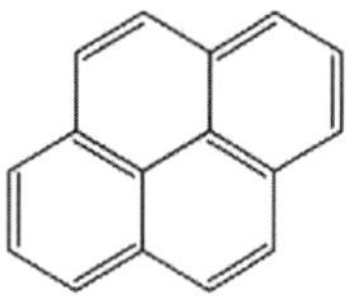

Pyren

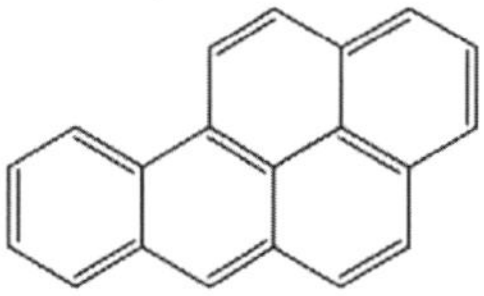

Benzpyren

Kondensiert heißt, dass zwei nebeneinander liegende C-Atome Bestandteil beider Ringe sind, dass also die Ringe jeweils eine Seite gemeinsam haben. Der einfachste Vertreter dieser Stoffgruppe ist **Naphthalin** – jeder Hausfrau *(früher)* durch die Mottenkugeln im Kleiderschrank bekannt.

Es gibt noch viele andere kondensierte Aromaten, eine kleine Auswahl ist wieder nebenan aufgeschrieben. Bei Systemen von mehreren Ringen ist die aromatische Eigenschaft nicht mehr so ausgeprägt (oft stimmen auch die Zahlen der π-Elektronen nicht mit $2n + 2$ überein, sodass man abwechselnd immer ein Elektronenpaar aus dem aromatischen System ausklammern muss). Systeme mit mehreren Ringen sind daher reaktionsfähiger und zugänglicher für Additionen und Oxidationen – vielleicht sind sie deshalb auch so stark karzinogen (= krebserregend). *Grundsätzlich sind so ziemlich alle Aromaten vom Benzol aufwärts, krebserregend, Benzpyren aber ist eines der stärksten Karzinogene, die man kennt.*

7.5.3 Eigenschaften und Reaktionen

An Aromaten kann (fast) nicht addiert werden.

Benzol ist eine farblose Flüssigkeit von charakteristischem Geruch. Da aromatische Systeme sehr stabil sind, wollen die Elektronen diesen Zustand nicht aufgeben und gehen daher keine Additionsreaktionen ein (nach einer Addition gäbe es nur noch zwei Doppelbindungen und der aromatische Zustand wäre aufgehoben). Die typische Reaktion von Benzol ist daher eine elektrophile Substitution. Oft verwendet man dafür einen Katalysator (Halogenide von Eisen oder Aluminium), der die Bil-

Die wichtigste Reaktion ist die elektrophile Substitution.

dung des elektrophilen Reagens ermöglicht. Der Katalysator nimmt ein Halogenid-Ion auf und ein positiv geladenes Elektrophil bleibt übrig:

$$Cl_2 + FeCl_3 \rightleftharpoons [FeCl_4]^- + Cl^+$$

$$CH_3Cl + FeCl_3 \rightleftharpoons [FeCl_4]^- + CH_3^+$$

$$CH_3{-}\overset{\overset{\displaystyle O}{\|}}{C}{-}Cl + FeCl_3 \rightleftharpoons [FeCl_4]^- + CH_3{-}\overset{\overset{\displaystyle O}{\|}}{C}{}^+$$

Statt Chlor kann man andere Halogene, statt Eisenhalogenid auch Aluminiumhalogenid verwenden. An Stelle von Methyl- können andere Alkyl-Reste stehen. Sehen wir uns also so einen Reaktionsverlauf am Beispiel einer Halogenierung am Benzol an:

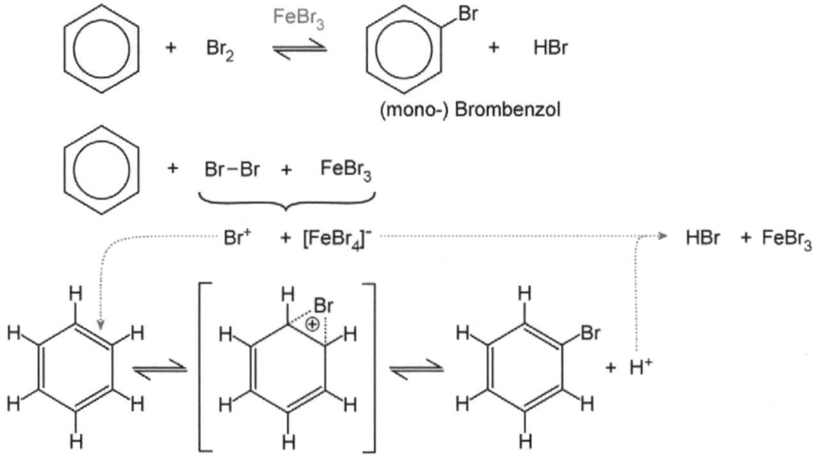

$+ Br_2 \xrightleftharpoons{FeBr_3}$ Br $+ HBr$

(mono-) Brombenzol

$+ Br{-}Br + FeBr_3$

$Br^+ + [FeBr_4]^-$ → $HBr + FeBr_3$

$+ H^+$

Das gebildete Br^+ verdrängt einen Wasserstoff am Benzol, das freigesetzte H^+ reagiert mit dem Katalysator, der auf diese Weise wieder reaktiviert wird und für eine neue Reaktion zur Verfügung steht.

Nach genau diesem Schema kann man Benzol auch **alkylieren** (Einfügen eines Alkyl-Restes $R-$, also CH_3-, C_2H_5-, usw.) oder **acylieren** (Einfügen eines Acyl-Restes $R \cdot CO-$, wie z.B. $CH_3 \cdot CO-$, $C_2H_5 \cdot CO-$ etc.):

Acyl-Reste:

werden nach der entsprechenden Carbonsäure (siehe später) benannt:

$CH_3-C(=O)-$ **Acetyl-**

$CH_3-CH_2-C(=O)-$ **Propionyl-**

usw.

Die verschiedenen Substitutionen am Benzol unterscheiden sich nur in der Bildung des elektrophilen Agens. Die eigentliche Substitution erfolgt immer nach dem gleichen Schema.

$$C_6H_6 + CH_3-CH_2-Cl \xrightleftharpoons{AlCl_3} C_6H_5-CH_2-CH_3 + HCl$$

Ethylchlorid → Ethylbenzol

$$C_6H_6 + CH_3-C(=O)-Cl \xrightleftharpoons{FeCl_3} C_6H_5-C(=O)-CH_3 + HCl$$

Acetylchlorid → Acetophenon = Methyl-Phenyl-Keton

Behandelt man Benzol mit „rauchender" Schwefelsäure (konzentrierte Schwefelsäure mit darin gelöstem SO_3), erhält man eine **Sulfurierung**. Dabei wirkt die Schwefelsäure selbst als Katalysator und bildet aus H^+ und SO_3 das elektrophile Reagens HSO_3^+ :

$$C_6H_6 + {}^{\oplus}S(=O)_2-OH \rightleftharpoons C_6H_5-S(=O)_2-OH + H^+$$

Benzolsulfonsäure

Ähnlich geht die **Nitrierung**. Eine Mischung aus konzentrierter Schwefelsäure und konzentrierter Salpetersäure nennt man Nitriersäure. Die Schwefelsäure wirkt wieder als Katalysator, sie überträgt H^+ auf Salpetersäure, unter Wasserabspaltung bildet sich das Elektrophil NO_2^+ :

$$HNO_3 + H^+ \rightleftharpoons H-\overset{+}{O}(H)-NO_2 \rightleftharpoons NO_2^+ + H_2O$$

$$C_6H_6 + {}^{\oplus}N(=O)=O \rightleftharpoons C_6H_5-NO_2 + H^+$$

Nitrobenzol

7.5.4 Zweitsubstitution

Da im Benzol alle Ecken gleichwertig sind, gibt es immer nur ein Substitutionsprodukt jeder Art. Wenn man an einer Ecke des Benzols substituieren kann, dann auch noch an einer zweiten (und dritten). Dann haben allerdings die Ecken durch die Erst-Substitution eine Markierung bekommen, sodass es verschiedene (Stellungsisomere) Di- und Tri-Substitutionsprodukte gibt. Die einfachste Möglichkeit, diese zu bezeichnen, wäre die Ecken im Benzol zu nummerieren (von eins bis sechs) und anzugeben, an welchen Nummern was hängt *(immer möglichst niedrige Nummern aussuchen, der Platz des ersten Substituenten bekommt die Nummer 1)*. Bei zwei Substituenten gibt es die Möglichkeit 1,2 oder 1,3 oder 1,4 (1,5 ist schon wieder dasselbe wie 1,3 und 1,6 ist dasselbe wie 1,2). Analog kann man drei Möglichkeiten der Trisubstitution angeben: 1,2,3 oder 1,2,4 oder 1,3,5.

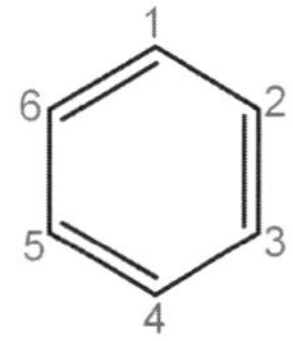

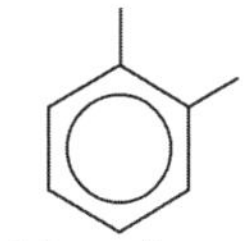

Viel öfter aber werden die Disubstitutionsprodukte mit den Silben **ortho (o)**, **meta (m)** und **para (p)** bezeichnet. *Seltener, aber doch, verwendet man auch für die Trisubstitution die Vorsilben vicinal, asymmetrisch und symmetrisch. Es gibt natürlich auch drei Produkte der vierfachen Substitution, die werden aber ausschließlich mit Nummern bezeichnet.*

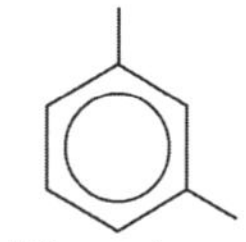

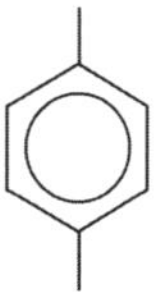

Nun ist aber ein bereits an einer Stelle substituiertes Benzol nicht mehr überall homogen, die Elektronen werden sich von dem Substituenten angezogen oder abgestoßen fühlen, was zu einer etwas unsymmetrischen Ladungsverteilung führt. Dabei unterscheidet man induktive Effekte und mesomere Effekte. **Induktive (I)** Effekte werden durch den Elektronendruck oder Sog erzeugt, den ein geladener oder stark (bzw. schwach) elektronegativer Substituent erzeugt. **Mesomere (M)** Effekte entstehen dadurch, dass der Substituent am π-Elektronensystem des Aromaten teilnehmen kann und Elektronen aus dem Ring zieht oder in den Ring drückt. Es gibt also beide Effekte als „+" (plus) und als „–" (minus) Effekt. Bei einem „+" Effekt werden Elektronen in den Ring gedrückt, bei einem „–" Effekt aus dem Ring gesogen. Schauen wir uns die Situation mit Hilfe von Grenzstrukturen genauer an.

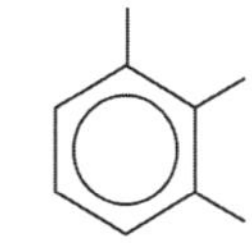

Im Phenol hängt am Benzolring eine alkoholische Gruppe. Da der Sauerstoff freie Elektronenpaare besitzt, kann man eines dieser Elektronenpaare benützen, um neue Grenzstrukturen zu zeichnen:

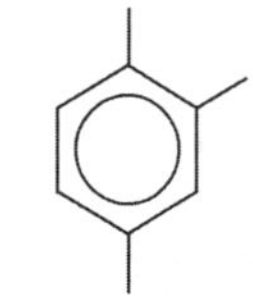

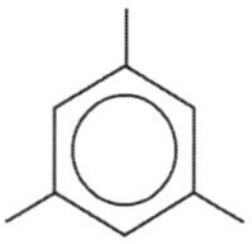

1 2 3 4 5 6

1,2,- ortho- o-

1,3,- meta- m-

1,4,- para- p-

1,2,3,- **vic-** vicinal

1,2,4,- **asym-** asymmetrisch

1,3,5,- **sym-** symmetrisch

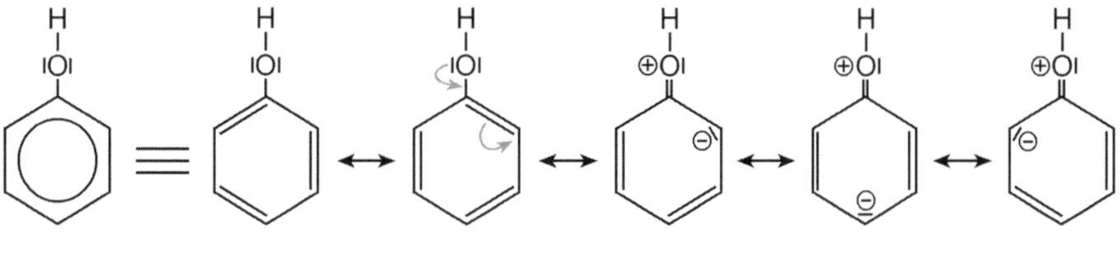

Das wäre ein typischer + M Effekt. Es werden Elektronen in den Ring gedrückt und die Ecken, die sich zum Substituenten in ortho- oder meta-Stellung befinden, erhalten eine negative Teilladung. Das Gegenteil gilt für den (bereits bekannten) Benzaldehyd:

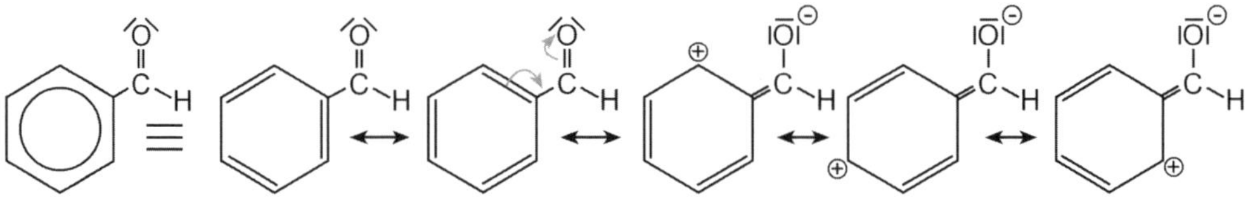

Hier haben wir einen − M Effekt. Der Sauerstoff zieht ein Elektronenpaar an sich, dadurch können Elektronen aus dem Aromaten „nachrutschen". Es verlassen also Elektronen den Ring, und es entsteht – wieder nur in ortho und para – eine positive Teilladung.

+ M und + I: ⇒ o, p

Elektronen werden in den Ring gedrückt, die Substitution an o und p wird erleichtert.

− M und − I: ⇒ m

Elektronen werden aus dem Ring gesogen, die Substitution an o und p wird erschwert.

Substituenten wie

$-\overset{\overset{\large O}{||}}{C}-H$ $-\overset{\overset{\large O}{||}}{C}-R$

$-\overset{\overset{\large O}{||}}{C}-O-H$ NO_2

$-SO_3H$

dirigieren nach m, die meisten anderen nach o und p.

Ähnlich kann man auch die + I und − I Effekte formulieren *(wir wollen es hier aber nicht übertreiben).* Wichtig ist hier vor allem, dass + M und + I Effekte bewirken, dass die Ecken der ortho- und para-Stellung negativer werden, also besonders gerne mit einem weiteren elektrophilen Substituenten reagieren würden. Daher wird die zweite Substitution erleichtert und fast sicher an einer dieser drei Stellen *(es gibt zwei ortho-Ecken)* erfolgen. Umgekehrt führen − M und − I Effekte dazu, dass diese Ecken positive Teilladungen bekommen, also einen weiteren elektrophilen Angriff abwehren werden – es bleibt dann nur noch die meta-Stellung übrig. Ein zweiter Substituent tut sich daher schwerer und geht bevorzugt nach meta.

Jetzt könnte ich es mir leicht *(und Ihnen schwer)* machen, und Tabellen aufschreiben, welcher Substituent welchen Effekt zeigt. Das Problem dabei ist, dass die meisten Substituenten induktiven UND mesomeren Effekt zeigen, und oft mit verschiedenen Vorzeichen, sodass sie gegeneinander wirken. Daher muss man zusätzlich abschätzen, welcher Effekt stärker ist (meistens der mesomere) und ob die Zweitsubstitution erschwert oder erleichtert wird.

Das wollen wir uns nicht antun. *Wer diese Information jemals brauchen sollte, soll zum gegebenen Zeitpunkt nachschauen!* Allenfalls kann man sich merken, dass Erst-Substituenten, die einen Sauerstoff mit Doppelbindung enthalten, nach meta dirigieren, und die meisten anderen Substituenten nach ortho und para (immer beides).

Es gibt massenhaft chemische Denksport-Aufgaben, in denen verlangt wird, bestimmte Substitutionsprodukte herzustellen, die gegen die Regeln substituiert sind. Da muss man sich dann Tricks einfallen lassen, in welcher Reihenfolge man was substituiert und wie man Substituenten austauscht oder chemisch ineinander umwandelt. Aber – Hand aufs Herz – wer außer einer Handvoll Chemiker braucht das wirklich? Überlassen wir also denen die Spielerei mit der Zweitsubstitution und konzentrieren wir uns auf Teile der organischen Chemie, die dem täglichen Leben wesentlich näher liegen.

Halogenierung von Toluol

Toluol ist Methylbenzol, also ist eine Methylgruppe der Erst-Substituent:

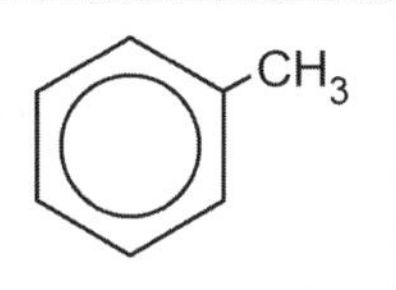

CH_3

Jetzt wollen wir mit Chlor weiter substituieren. An welche Stelle wird das Chlor gehen? Nun, nach unseren Regeln (die Methyl-Gruppe zeigt schwachen + I Effekt) bevorzugt an o und p.

ABER: Man kann natürlich auch an der Methylgruppe selbst ein H-Atom gegen Chlor tauschen (und in der Folge noch ein zweites und drittes). Dazu braucht man aber die Bedingungen für eine radikalische Substitution (Hitze, UV-Licht). Bleiben wir dagegen cool und geben einen Katalysator dazu, so bekommen wir das Chlor an den Benzolring.

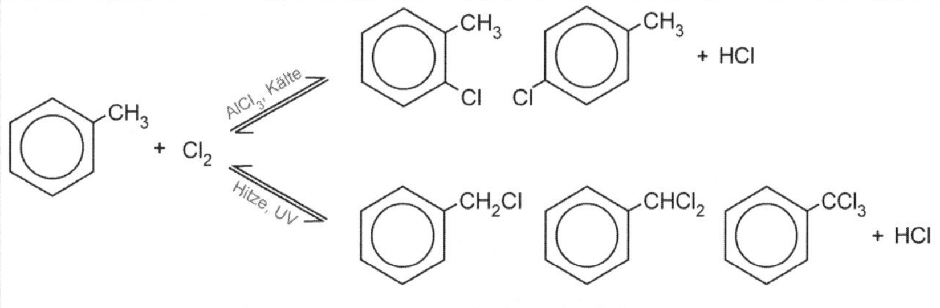

CH_3 + Cl_2

$AlCl_3$, Kälte

CH_3 Cl CH_3 Cl + HCl

Hitze, UV

CH_2Cl $CHCl_2$ CCl_3 + HCl

Das ist ein sehr einfaches (und gutes) Beispiel, wie man durch geeignete Reaktionsbedingungen mit denselben Ausgangsstoffen zu ganz verschiedenen Reaktionen kommt. So versteht man auch besser, wie es biologische Systeme schaffen, nur durch die Wahl des Enzyms (= Katalysator) aus den gleichen Stoffen je nach Bedarf ganz unterschiedliche Produkte herzustellen.

Übungen zu Kapitel 7

70*. Schreiben Sie die Struktur aller neun Isomere von Heptan auf. (Achtung! Man glaubt oft mehr Isomere zu finden als es tatsächlich gibt. Bedenken Sie, dass 5-Methyl-Hexan eigentlich 2-Methyl-Hexan ist oder 2-Ethyl-Pentan eigentlich 3-Methyl-Hexan usw. Siehe Kapitel 8.1).

71*. Wie viele Isomere sind möglich, wenn Sie im Propan 2 H-Atome durch 2 Cl substituieren?

72. Formulieren Sie die Addition von Wasser an Ethen.

73. Schreiben Sie die mesomeren Grenzstrukturen von Isopren auf und überlegen Sie sich, wo an Isopren addiert werden kann.

74. Addieren Sie an Acetylen zunächst nukleophil ein Molekül HCl, an das Produkt dann elektrophil ein Molekül H_2O. Wie viele verschiedene Produkte erhalten Sie?

75*. Wie viele Wasserstoffe ändern ihre Stellung von equatorial nach axial bzw. umgekehrt, wenn eine Sesselform von Cyclohexan in die Wannenform und weiter in die andere Sesselform umklappt?

76*. Wie viele Isomere hat Dimethyl-Cyclohexan?

77. Vergleichen Sie die mesomeren Strukturen von Benzaldehyd (Kapitel 6.8) und Anilin (Übung 66) und überlegen Sie, an welcher Position eine Zweitsubstitution zu erwarten wäre.

78*. Wie würden Sie die folgenden Verbindungen herstellen (Ausgangsmaterial: Benzol, Chlor + Katalysator, Nitriersäure)

a) 1-Nitro-2-Chlor-Benzol
b) 1-Nitro-3-Chlor-Benzol
c) 1-Nitro-4-Chlor-Benzol
d) 1,3-Dinitro-2-Chlor-Benzol
e) 1,3-Dinitro-4-Chlor-Benzol
f) 1,3-Dinitro-5-Chlor-Benzol

8 DIE VIELFALT ORGANISCHER MOLEKÜLE

Die Natur ist nicht so verrückt, wie wir Ihr unterstellen, sie ist noch viel verrückter.

John S. Haldane (1860–1936)

Sie haben es schon bemerkt: es gibt furchtbar viele mögliche organische Moleküle, selbst wenn diese nur aus Kohlenstoff und Wasserstoff bestehen. Und wenn man noch andere Atome verwenden darf, wird es noch schwieriger. Bedenkt man, dass durchschnittlich jeden Tag etwa 30 neue – bisher nie gekannte – Verbindungen synthetisiert werden *(vielleicht sind es am Sonntag weniger, wenn die Chemiker in die Kirche statt ins Labor gehen),* so wird klar, dass niemand imstande ist, sich ständig neue Namen dafür auszudenken oder zu merken. Also hat man beschlossen, für die Namengebung ein System zu erfinden, in dem jedes neue Molekül automatisch seinen richtigen eigenen Namen hat, und in dem man aus diesem Namen sofort die Struktur des neuen Stoffes ablesen kann. Da sich die Chemiker zu diesen Beratungen in Genf getroffen haben *(in der Schweiz ist es schön und das Essen ist auch gut),* wurde dieses System die „Genfer Nomenklatur“ genannt.

8.1 Die Genfer Nomenklatur

Schauen wir uns ein paar von den Regeln, nach denen Verbindungen systematisch mit Namen versehen werden, einmal an:

1. Man sucht sich eine Kohlenwasserstoffkette als Grundgerüst aus. Bei gesättigten Kohlenwasserstoffen wählt man die längste Kette. Sind im Molekül Doppelbindungen (oder Dreifachbindungen) oder funktionelle Gruppen vorhanden, wählt man sich die längste Kette, die diese Doppelbindung oder funktionelle Gruppe trägt.

   > 1. längste Kette

2. Die Kohlenstoffatome dieser Kette werden mit arabischen Nummern bei eins beginnend bezeichnet. Dabei beginnt man die Nummerierung so, dass a) Mehrfachbindungen, b) Substituenten, c) Verzweigungen an C-Atomen mit möglichst niedriger Nummer hängen.

   > 2. nummerieren

3. Diese Grundkette bezeichnet man mit dem Namen des entsprechenden Alkans (bei Ringen des Cycloalkans).

   > 3. Name des Alkans

4. Verzweigungen -yl

4. Verzweigungen von Kohlenwasserstoffen werden als Substituenten aufgefasst und mit den entsprechenden Gruppennamen (Endung auf -yl) bezeichnet.

5. di, tri, tetra, ...

5. Mehrere gleiche Substituenten oder Mehrfachbindungen werden mit Zahlwörtern (di-, tri-, tetra- usw.) gekennzeichnet.

6. Name aus Silben zusammensetzen

6. Der Name der Verbindung wird aus dem Namen der Grundkette und den einzelnen Namen der Substituenten, bzw. den Endsilben der Mehrfachbindungen und Substituenten zusammengesetzt, wobei die Lage von Mehrfachbindungen und Substituenten durch die entsprechende Nummer des tragenden Kohlenstoffs beschrieben wird.

7. nicht C-gebundene Substituenten

7. Hängen Substituenten nicht an einem Kohlenstoff, wird dies durch die Verwendung des Elementsymbols (z.B. N für Stickstoff) gekennzeichnet.

8. Trennen durch Kommata und Bindestriche

8. Ziffern werden untereinander durch Kommas getrennt, von Namensteilen trennt man sie durch Bindestriche.

Kompliziert? Wieso, das ist noch stark vereinfacht! Es gibt eine Menge verschrobener Verbindungen, für die noch weitere Regeln notwendig sind. Aber mit dem, was hier steht, kommt man eigentlich schon sehr weit. Der Nachteil des Systems ist, dass man recht schnell zu Namen kommt, die wegen ihrer Länge schon beinahe perspektivisch wirken. Noch dazu kann man locker Namen mit mehreren Endsilben kreieren – das hört sich dann an als ob man stottern würde.

Die Umständlichkeit dieser Namengebung hat dazu geführt, dass man meistens immer noch ein System von Handelsnamen verwendet, in dem Trivialnamen (die muss man sich merken!) mit halbsystematischen Namen gemischt werden. Aber wenigstens in Listen, Katalogen und auf Etiketten von Chemikalien steht meist neben dem üblicherweise verwendeten Namen auch der systematische, sodass man sich die Struktur zusammenstoppeln kann, wenn einem der Handelsname nichts sagt.

Das Ganze könnte man sich sparen, wenn man gleich die Strukturformel angeben würde. Damit hat man aber Probleme, weil Druckmaschinen (früher) und Textverarbeitungsprogramme (heute) schlecht Strukturformeln zeichnen können.

Probieren wir diese Regeln an ein paar Beispielen aus:

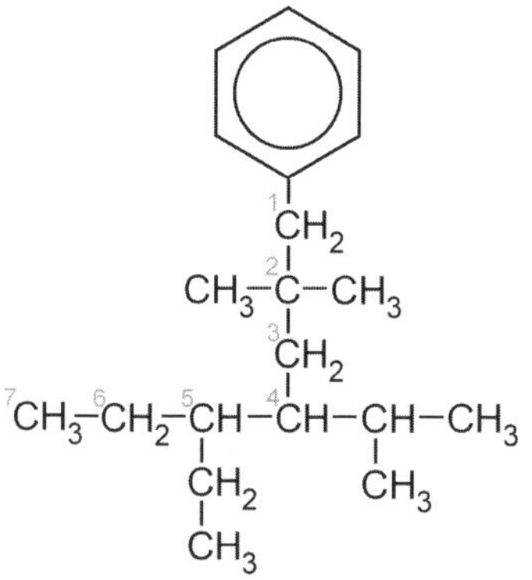

Die längste Kette hat hier sieben C-Atome *(nicht das zählen, was zufällig linear aufgezeichnet ist, sondern wirklich die längste Kette suchen).* Nachdem keine Mehrfachbindungen vorkommen, ist der Name des Grundkörpers also **Heptan**. Jetzt muss man nur noch die Namen der Substituenten kennen. Rechts stehen die wichtigsten nochmals, aber für später muss man sie sich merken. *Merkwürdigerweise heißt eine von Benzol abgeleitete Gruppe mit einer freien Bindung nicht „Benzyl-" – wie es jeder erwarten würde –, sondern „Phenyl-". Stattdessen heißt das Homologe davon mit einer zusätzlichen CH_2-Gruppe „Benzyl-". Das sind so die kleinen Fallen mit hohem Unterhaltungswert.* Wir haben in unserer Verbindung oben an C_1 eine Phenylgruppe, an C_2 zwei Methylgruppen, an C_4 eine Isopropylgruppe und an C_5 eine Ethylgruppe. Wir kommen also zu:

5-Ethyl-4-Isopropyl-2,2-di-Methyl-1-Phenyl-Heptan.

(Die Substituenten werden in alphabetischer Reihenfolge angegeben.)

Puristen können jetzt einwenden, dass die Bezeichnung Isopropyl nicht unbedingt der strengen Nomenklatur entspricht. Von Rechts wegen müsste man bei einer Seitenkette, die sich selbst weiter verzweigt, wieder die Regeln anwenden, indem man die längste Seitenkette nummeriert (mit 1 und 2, also Ethyl-) und die Verzweigung als Substituent auffasst, der hier am C1 der Seitenkette hängen würde. Das gibt statt „Isopropyl"– ein „1-Methyl-Ethyl-", und damit man beim kompletten Namen nicht in ein Durcheinander kommt, trennt man wie in der Mathematik durch Klammern ab. Das gäbe also ***5-Ethyl-4-(1-Methyl-Ethyl)-2,2-Dimethyl-1-Phenyl-Heptan****. Niemandem würde es tatsächlich einfallen, z.B. „Isopropyl-" so zu verkom-*

CH_3-	**Methyl-**
$CH_3 \cdot CH_2-$	**Ethyl-**
$CH_3 \cdot CH_2 \cdot CH_2-$	**n-Propyl-**
$(CH_3)_2>CH-$	**Isopropyl-**
$CH_2=CH-$	**Vinyl-**
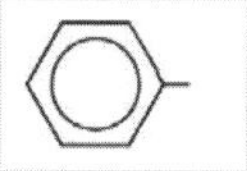 (Benzolring)–	**Phenyl-**
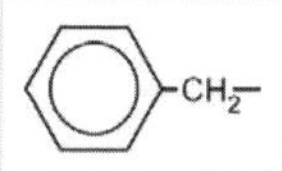 (Benzolring)–CH_2-	**Benzyl-**

plizieren, bei größeren und komplizierter verzweigten Substituenten muss man aber so vorgehen.

Da Sie wahrscheinlich selten neue, von Ihnen erfundene Verbindungen benennen werden, hingegen viel öfter aus einem vorgegebenen Namen die Strukturformel zusammensetzen müssen, ist der umgekehrte Weg – vom Namen zur Formel – der wichtigere:

6-Benzyl-2,4-Dimethyl-2,4-Octadien.

Wir fangen mit dem Grundkörper an, der ist ein **Octa-di-en**. *Man könnte auch die Schreibweise 6-Benzyl-2,4-Dimethyl-Octadien (2,4) oder gar 6-Benzyl-2,4-Dimethyl-Octa-2,4-dien verwenden, um sicherzustellen, dass mit dem letzten 2,4 die Doppelbindung gemeint ist. Bei sehr komplizierten Verbindungen ist das hilfreich.* Also brauchen wir acht C-Atome in einer Reihe, am C2 und C4 hängt jeweils eine Doppelbindung – und zwar so, dass die Doppelbindung zur höheren Nummer, hier 3 und 5, weitergeht.

```
1   2   3   4   5   6   7   8
C – C = C – C = C – C – C – C
```

Jetzt muss man nur noch eine Benzylgruppe an C6 und je eine Methylgruppe an C2 und C4 anhängen.

```
                            C6H5
                             |
   CH3      CH3             CH2
    |        |               |
CH3–C = CH – C = CH – CH – CH2–CH3
```

O=	**Oxo-**
HO–	**Hydroxy-** (oder -ol)
HOOC–	**Carboxy-** (oder -säure)
H_2N–	**Amino-**

Ein weiteres Beispiel, diesmal mit einigen anderen funktionellen Gruppen:

1-Hydroxy-5-Oxo-3-Propyl-2-Hexen

Also ein 2-Hexen, sechs C-Atome mit einer Doppelbindung an C2.

```
1   2   3   4   5   6
C – C = C – C – C – C
```

Und jetzt verteilen wir die Substituenten wie gewohnt auf die C-Atome 1, 5 und 3.

$$
\begin{array}{l}
CH_3 \\
| \\
CH_2 \\
| \\
OH CH_2 O \\
| | \| \\
CH_2-CH=C-CH_2-C-CH_3
\end{array}
$$

Nun werden Substituenten aber gerne auch mit Endsilben bezeichnet. Carboxy- wird dann einfach zu „-Säure", Hydroxy- zu „-Alkohol" oder kurz zu „-ol". Daher kann die oben abgebildete Verbindung auch **5-Oxo-3-Propyl-2-Hexen-1-ol** oder noch präziser **5-Oxo-3-Propyl-Hex-2-en-1-ol** heißen. *Sie sehen, es genügt nicht, einfach oberflächlich die Namen zu vergleichen um zu kontrollieren, ob es sich um die gleiche Verbindung handelt. Man muss zur Formel zurückgehen.*

Zum Problem mit den Namen noch ein einfaches Beispiel:

$$
\begin{array}{c}
CH_3-C-CH_3 \\
\| \\
O
\end{array}
$$

Nach strengen Regeln könnten Sie das **2-Oxo-Propan** nennen. Nun ist die Gruppierung $>C=O$ aber eine so genannte **Keto-Gruppe** und Verbindungen, die diese enthalten, nennt man **Ketone**. Das von Propan abgeleitete Keton kann man daher auch **Propanon** nennen. Es ist auch üblich, ein Keton mit den beiden, an der Keto-Gruppe hängenden Gruppen zu bezeichnen, also hier **Dimethyl-Keton**. Die Verbindung oben wird aber immer und überall nur **Aceton** genannt. *Daraus folgt, dass man sich – leider – gerade für die einfachsten und wichtigsten Verbindungen Trivialnamen merken muss.*

$$
\begin{array}{c}
O \\
\| \\
-C-
\end{array}
$$
Keto-
(oder -on)

$$
\begin{array}{c}
O \\
\| \\
H-C-
\end{array}
$$
Aldo-
(oder -al)

8.2 Isomerien

Isomerie ist die Erscheinung, dass zwei oder mehrere chemische Verbindungen aus der gleichen Art und Anzahl von Atomen bestehen und die Gruppierung der Atome auch ähnlich ist, sodass nur ihre genaue räumliche Anordnung voneinander abweicht. Dabei unterscheidet man zwischen **Konformation** und **Konfiguration**. **Konformere** Moleküle lassen sich durch Drehungen an Bindungen ineinander überführen, z.B. Wannenform in Sesselform bei Ringsystemen, oder verschiedene Formen einer Proteinkette. **Isomere**, also Moleküle, die sich in ihrer

Konformation – Konformere

Konfiguration – Isomere

Konfiguration unterscheiden, können nur durch Spaltung und Neubildung von Bindungen ineinander umgewandelt werden.

Achtung: Bitte verwechseln Sie nicht Isomerie mit Mesomerie. Mesomere Formen sind reine Schreibweisen, die man dann anwendet, wenn ein Molekül durch eine einzige Darstellung nicht genügend charakterisiert werden kann. Die mesomeren Formen gibt es nicht, sondern das Molekül nimmt die Mitte zwischen mehreren Formen, den so genannten Grenzstrukturen, ein. Isomere gibt es sehr wohl, und man kann sie auch voneinander trennen und als eigenständige Verbindungen behandeln.

8.2.1 Konformation

Konformere sind Formen ein- und desselben Moleküls, die sich durch ihre räumliche Anordnung unterscheiden. Diese verschiedenen Formen lassen sich im Prinzip immer durch Drehung um Einfachbindungen ineinander überführen. Dabei kann es vorkommen, dass unendlich viele Zwischenformen möglich sind. So beschreiben die Grenzformen „ekliptisch" und „gestaffelt", die wir bei der Konformation der Alkane (Kapitel 7.1.1) kennen gelernt haben, nur zwei von einer Vielzahl an Möglichkeiten. Durch langsame Drehung um die Einfachbindung können alle diese Möglichkeiten durchgespielt werden, und da die Energieunterschiede sehr gering sind, wird so ein Stoff als Mischung aller Formen vorliegen.

ekliptisch – gestaffelt

Interessanter wird es, wenn durch sperrige Substituenten die Drehung behindert oder ganz unmöglich wird, dann sind die Energieunterschiede erheblich, und es kann durchaus sein, dass das Molekül nur in einer (oder in einigen wenigen) Formen vorliegt. Das wäre zum Beispiel der Fall, wenn sie beim Butan die beiden Methyl-Gruppen durch riesige Substituenten ersetzen würden, dann bleibt dem Molekül gar nichts anderes übrig, als in der „anti" Konformation (Kapitel 7.1.1) zu bleiben. Ähnliches passiert bei Proteinen: ein Protein besteht aus einer Grundkette mit vielen verschiedenen daranhängenden Substituenten. Manche Substituenten ziehen einander an, manche stoßen einander ab. Das führt dazu, dass sich die Kette im Raum nach komplizierten Regeln faltet und von den Millionen an theoretisch möglichen Konformationen meist nur eine Einzige stabil ist und vorkommt. (Manche Proteine haben mehrere

gauche – anti

Konformation von Proteinen

stabile Konformationen und können zwischen ihnen hin und her klappen.)

So etwas haben wir auch bei den Cycloalkanen kennengelernt. Man kann sich ein Cycloalkan als Homologes von Butan vorstellen, bei dem die Substituenten nicht nur vergrößert, sondern sogar „hinten" zusammengewachsen sind. Jetzt ist die Drehung natürlich total eingeschränkt und dem Ring bleiben nur wenige mögliche Stellungen übrig. Will er von der einen in die andere wechseln, geht das nicht durch langsame Drehung, sondern ebenfalls nur durch ein gleichzeitiges Umklappen mehrerer Bindungen – *vergleichbar mit einem aufgespannten Regenschirm, den der Wind zwar umstülpen kann, zwischen den beiden Formen aufgespannt / umgestülpt gibt es aber keine stabile Zwischenform.*

Sessel- / Wannenform

8.2.2 Strukturisomerie

Strukturisomere unterscheiden sich durch Verschiedenheiten in der Lage der Gruppen zueinander. Bei der so genannten Kettenisomerie ist es die Form der Kohlenstoff-Kette, die verschieden ist. Das einfachste Beispiel dafür sind n-Butan und iso-Butan (Kapitel 7.1). Hier ist in einem Fall die Kette gerade, im anderen Fall verzweigt. Alle verschiedenen Formen der Verzweigung eines Kohlenwasserstoffs sind Strukturisomere.

n- / iso-

Verzweigungen

Stellungsisomerie ist ähnlich, hier stehen Substituenten an anderer Stelle (z.B. die ortho- meta- und para-Formen von substituierten Aromaten), oder wenn eine funktionelle Gruppe (z.B. $-OH$) am $C2$ oder am $C3$ eines Kohlenwasserstoffs hängt.

ortho- meta- para-

Daneben gibt es aber noch eine weitergehende Strukturisomerie – und hier scheiden sich die Geister. Da wird es dann nämlich schwierig, die Grenzen zwischen Isomeren und nicht mehr Isomeren zu ziehen. Nehmen wir als Beispiel die Summenformel $C_6H_5NO_2$, da gibt es viele mögliche Strukturen, zwei davon wären:

N O O COOH N

Nitrobenzol Nicotinsäure

Nun wird es niemandem einfallen, diese beiden Verbindungen als Isomere zu bezeichnen, zu verschieden sind Eigenschaften und Reaktionsverhalten. Offensichtlich ist ja $-COOH$ etwas ganz anderes als $-NO_2$. Hingegen würde man die folgenden beiden Verbindungen (Summenformel C_3H_6O)

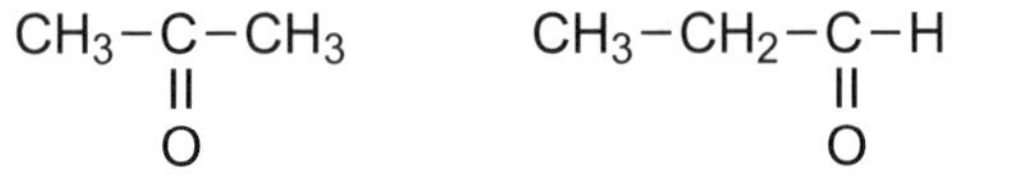

$$CH_3-\underset{\underset{O}{\|}}{C}-CH_3 \qquad CH_3-CH_2-\underset{\underset{O}{\|}}{C}-H$$

Aceton Propionaldehyd, Propanal

nach unserer obigen Definition durchaus als Isomere bezeichnen, da ja nur die Gruppe $O=$ den Platz gewechselt hat. Trotzdem unterscheiden sich diese beiden Verbindungen auch in ihrem chemischen Verhalten und werden daher nicht als Isomere gewertet *(man könnte natürlich darüber streiten, aber das hilft hier nichts).*

Tautomerie:

Bindungen werden verändert und ein Wasserstoff-Atom verschoben.

Dann gibt es noch den Sonderfall, dass sich zwei Verbindungen zwar durch die Anordnung der Bindungen voneinander unterscheiden, trotzdem aber (unter Änderung der Bindung) freiwillig ineinander übergehen. Die beiden Formen (Isomere sind es eigentlich nicht, Konformere aber schon gar nicht) liegen dann im Gleichgewicht vor. Bei der **Tautomerie** wechselt ein H-Atom den Platz, das wichtigste Beispiel dafür ist die **Enol-Keto-Isomerie** (auch Keto-Enol-Tautomerie).

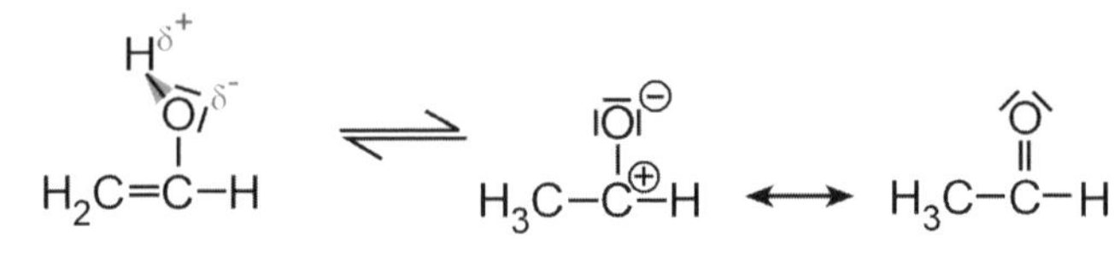

$$H_2C=\underset{\underset{\overset{H^{\delta+}}{O^{\delta-}}}{|}}{C}-H \rightleftharpoons H_3C-\overset{\overset{O^{\ominus}}{|}}{C^{\oplus}}-H \longleftrightarrow H_3C-\overset{\overset{O}{\|}}{C}-H$$

Vinylalkohol Acetaldehyd

Der uns bereits bekannte Vinylalkohol (Kapitel 7.3.2) enthält eine Doppelbindung und eine $-OH$ Gruppe am gleichen Kohlenstoff-Atom (ist also ein **-en-ol**). So eine Gruppierung ist jedoch instabil, der Sauerstoff giert nach Elektronen und nimmt dem armen Wasserstoff das Elektronenpaar der Bindung weitgehend weg. Den Wasserstoff (mit positiver Teilladung) locken jetzt natürlich die Elektronen der Doppelbindung, er verlässt den unfreundlichen Sauerstoff und geht zu den schönen Elektronen. Damit gibt es eine neue Bindung zwischen Wasserstoff und Kohlenstoff *(natürlich zu dem Kohlenstoff, der vom Sauerstoff weiter weg ist, der andere kann viel leichter eine positive*

Ladung tragen, weil ihm der Sauerstoff dabei hilft). Man kann diesen Vorgang durchaus als elektrophilen Angriff eines H^+-Ions auf die Doppelbindung verstehen. Jetzt wissen Sie auch, warum Vinylalkohol unbeständig ist. Meistens ist die **Keto-Form** *(hier Acetaldehyd)* weitaus stabiler als die **Enol-Form** *(hier Vinylalkohol)*, sodass im Gleichgewicht fast ausschließlich die Keto-Form vorkommt (es gibt Ausnahmen). *Da man die beiden Formen nicht Isomere nennen will, spricht man von **Tautomeren** oder von **tautomeren Formen**.*

8.2.3 Cis-trans-Isomerie

Bei der **Stereoisomerie** bestehen die Unterschiede allein in der räumlich verschiedenen Anordnung. Dazu gehört die **geometrische Isomerie** (oder auch **cis-trans-Isomerie**): Durch eine Doppelbindung getrennte Substituenten liegen entweder auf der gleichen (cis-) oder der gegenüberliegenden Seite (trans-). *Da um die Doppelbindung nicht gedreht werden kann, lassen sich die beiden Formen nicht ohne Aufbrechen der Bindung ineinander umwandeln. Bei einer Einfachbindung wäre das ohne weiteres möglich, entsprechende Formen an einer Einfachbindung sind daher Konformere.*

cis:	gleiche Seite
trans:	gegenüberliegende Seite

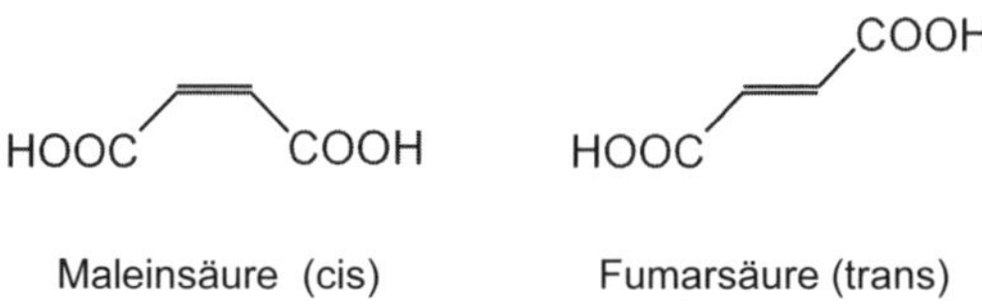

Maleinsäure (cis) Fumarsäure (trans)

Manchmal gibt man den cis-trans-Isomeren sogar verschiedene Trivialnamen. Zwar sind die meisten chemischen Eigenschaften ähnlich, wo es auf räumliche Verhältnisse ankommt, kann es jedoch Unterschiede geben. *So können beide Säuregruppen der Maleinsäure unter Abspaltung von Wasser miteinander (oder auch mit einem anderen Molekül) reagieren und so einen Ring bilden, was bei Fumarsäure natürlich nicht funktioniert, da die Gruppen viel zu weit auseinander stehen.*

8.2.4 Optische Isomerie

Einer weitere Art der Stereoisomerie ist die **Spiegelbildisomerie**, bei der sich Moleküle wie Bild und Spiegelbild voneinander unterscheiden. Diese Isomerie tritt am häufigsten auf, wenn

Asymmetrische C-Atome haben vier unterschiedliche Substituenten.

an einem Kohlenstoffatom vier verschiedene Substituenten hängen. So etwas wird ein **asymmetrisches** C-Atom genannt. Da die Bindungen des Kohlenstoffs untereinander den größten möglichen Abstand einhalten, zeigen ihre Enden in die Ecken eines Tetraeders. Sind mindestens zwei Ecken gleich (also bei nur drei verschiedenen Substituenten), kann man jede beliebige räumliche Anordnung durch Drehen einer einzigen Form erreichen.

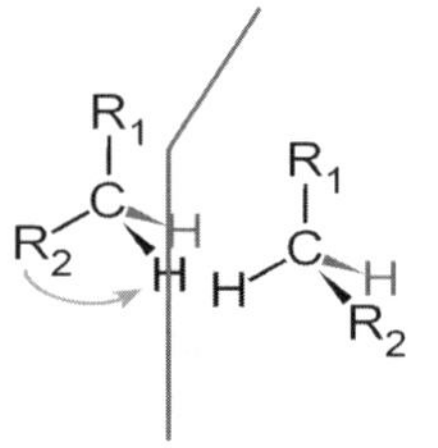

2 mal das gleiche Molekül, Formen gehen durch Drehung ineinander über

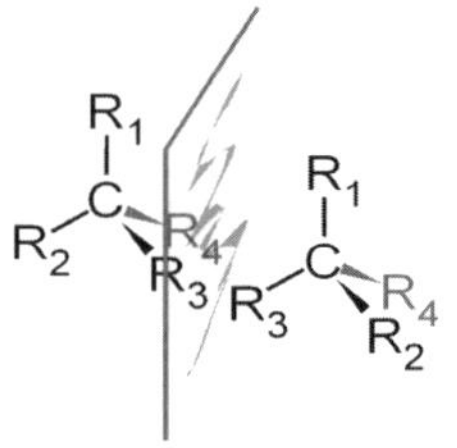

Bild und Spiegelbild, zwei verschiedene Moleküle; gehen nicht durch Drehung ineinander über

Sind dagegen alle vier Ecken verschieden, so gibt es zwei spiegelbildlich gleiche Formen. *Man kann die beiden Formen nicht durch einfache Drehung ineinander umwandeln sowie es auch Schrauben mit Links- und Rechtsgewinde gibt, oder Autos, die links und rechtsgesteuert sind. Ein linksgesteuertes Auto bleibt linksgesteuert, selbst wenn es umkehrt und die Straße zurückfährt!*

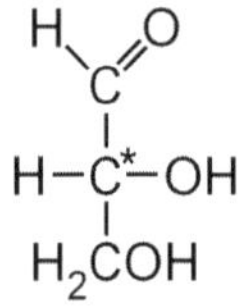

Glycerinaldehyd

Die Parade-Verbindung zur Erklärung der optischen Isomerie ist der **Glycerinaldehyd** (auch Glyceral), ein Propan, das an zwei C-Atomen eine HO-Gruppe trägt und am dritten C-Atom eine O= Gruppe. Das mittlere C-Atom trägt dabei hier vier verschiedene Substituenten, ein H-Atom, eine HO-Gruppe, eine $-CH_2OH$ Gruppe und eine $-CHO$ Gruppe. *Es kommt immer auf die ganze Gruppe an, bis zum Ende des Moleküls! Nicht nur auf das nächste Atom oder die nächstliegenden Atome!* Das C-Atom unten ist nicht asymmetrisch, weil es ja zweimal ein H-Atom trägt. Das C-Atom oben auch nicht, weil es eine Doppelbindung (zum Sauerstoff) hat *(somit also nur drei Substituenten oder, wenn man will, zwei gleichartige Bindungen)*. Also ist nur der mittlere Kohlenstoff asymmetrisch *(in der Abbildung mit „*" markiert)*. Man sagt auch er ist **chiral** (griechisch „cheir", bedeutet Hand) weil es von ihm zwei Formen gibt, die sich wie rechte und linke Hand, also wie Bild und Spiegelbild unterscheiden. Vom Glycerinaldehyd existieren daher zwei Spiegel-

Verbindungen mit einem asymmetrischen Kohlenstoff sind chiral, zwei Isomere verhalten sich zueinander wie linke und rechte Hand oder wie Bild und Spiegelbild.

bildisomere. Man nennt solche Isomere auch **Enantiomere** und bezeichnet sie mit D und L *(von lateinisch „dexter“ und „laevus“, rechts und links). Es gibt noch eine andere Nomenklatur, welche die beiden Formen als R und S bezeichnet, von „rectus“ und „sinister“. Diese Schreibweise setzt sich vor allem in der angelsächsischen Literatur zunehmend durch.*

Enantiomere:

Verbindungen, die sich in ihrer Struktur wie Bild und Spiegelbild verhalten.

Die beiden chiralen Formen werden als D und L bezeichnet.

Um eine Substanz als D- oder L-Form bezeichnen zu können, muss man ihren 3-dimensionalen Bau kennen. Um das Molekül trotzdem auf einem 2-dimensionalen Papier darstellen zu können, dreht man das Molekül so, dass die Kohlenstoffkette von oben nach unten verläuft und das am höchsten oxidierte Kohlenstoffatom oben ist. Also ist beim Glycerinaldehyd die Aldehydgruppe oben, die alkoholische Gruppierung liegt unten. Zeigt dann die Hydroxylgruppe nach rechts, so handelt es sich um den D-Glycerinaldehyd. *Das Molekül wird dabei ein bisschen flach gequetscht, damit es in die 2-dimensionale Darstellung passt.*

Glycerinaldehyd dient als Referenzsubstanz zur Definition der D- und L-Formen.

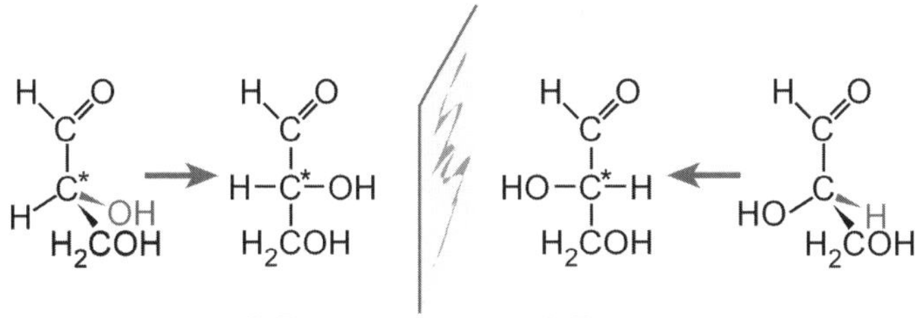

D-Form L-Form

Sie werden feststellen, dass sie das Papier mit der zweidimensionalen Darstellung drehen können, wie sie wollen, die D-Form geht nicht in die L-Form über. *Sowie in der dreidimensionalen Wirklichkeit die D-Form durch Drehen im Raum nicht in die L-Form zu bringen ist.* Die Darstellung darf also in der Zeichenebene gedreht werden, aber nicht aus der Ebene heraus umgeklappt (dann entsteht die andere Form).

Die chemischen und physikalischen Eigenschaften von Enantiomeren sind völlig gleich. Nur wenn Enantiomere mit Verbindungen reagieren, die ebenfalls chiral sind, gibt es Unterschiede, weil die andere chirale Verbindung zwischen den beiden Enantiomeren unterscheiden kann. *Ihre Hände sind chiral, Handschuhe sind ebenfalls chiral. Ein einzelner Handschuh kann daher nur auf* EINE *Hand gezogen werden, auf die andere passt er nicht. Weil der Handschuh ebenfalls chiral ist, kann er zwischen Ihrer rechten und linken Hand unterscheiden. Auch*

Ihre Füße sind chiral, Socken aber nicht. Daher können sie jede Socke auf dem linken oder dem rechten Fuß tragen. Die Schuhe schon wieder nicht, weil auch Schuhe chiral sind – es gibt einen linken und einen rechten Schuh.

Chirale Moleküle:

sind optisch aktiv, sie drehen die Schwingungsebene des durchfallenden Lichts.

Noch eine wesentliche Ausnahme in den physikalischen Eigenschaften gibt es: Die Schwingungsebene von Licht wird von chiralen Verbindungen in verschiedene Richtungen gedreht. Man spricht daher auch von **optischer Isomerie** und von **optisch aktiven** Verbindungen.

Normalerweise fällt das nicht auf. Das übliche Licht enthält eine Mischung aus allen möglichen Schwingungsebenen. Es gibt jedoch Filter, die nur Licht durchlassen, das in einer Ebene schwingt, die also das Licht **polarisieren**. *Teure Sonnenbrillen enthalten so einen Filter. Die Oberfläche von Wasser oder Schnee reflektiert Licht, das bevorzugt in einer Richtung polarisiert ist. Bei Brillen ist die Anordnung so, dass dieses Reflexionslicht nicht durchgelassen wird und daher nicht blendet.* Zwei solche Filter hintereinander lassen Licht nur durch, wenn beide Filter gleich angeordnet sind. Sind die Filter gegeneinander um 90° gedreht (so genannte gekreuzte Polarisationsfilter), so wird das Licht einer Ebene im ersten, das Licht der anderen Ebene im zweiten Filter zurückgehalten.

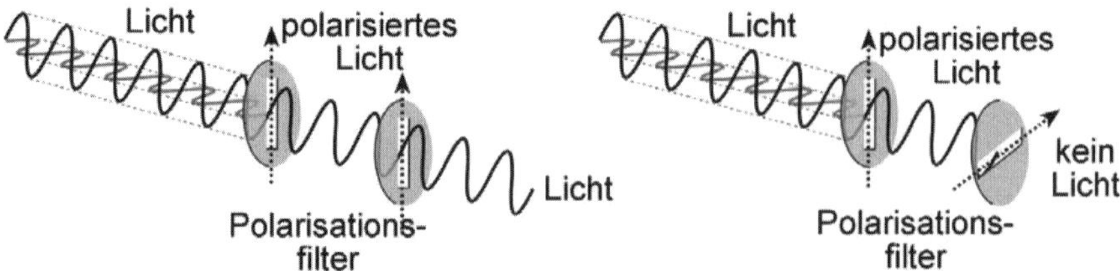

Schiebt man zwischen zwei parallele Filter eine Substanz (z.B. D-Glycerinaldehyd), die das Licht dazwischen dreht, so geht kein Licht durch. Erst wenn man den zweiten Filter um den Winkel, um den die Probe das Licht gedreht hat, ebenfalls verdreht, kann Licht durchgehen.

Natürlich wird der Winkel, um den gedreht wird, von der Art des Stoffes abhängen, er wird aber auch umso größer sein, je mehr von diesem Stoff sich im Lichtweg befindet. Das ist eine einfache Methode, um die Konzentration des Stoffes in einer Lösung zu bestimmen, vor allem Zuckerlösungen werden häufig so analysiert.

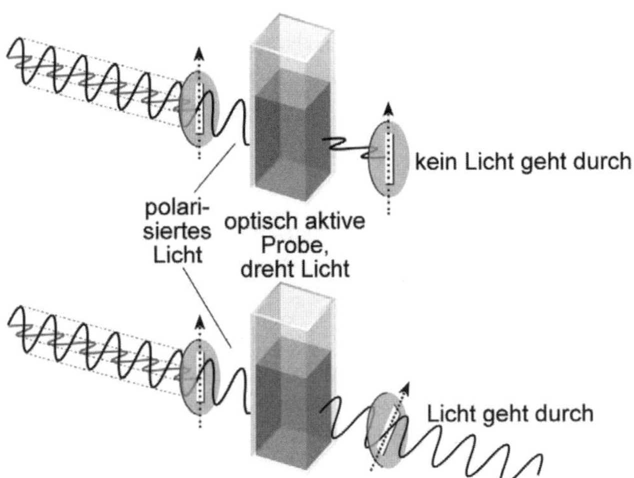

Je nachdem in welche Richtung das Licht gedreht wird, wird die Substanz linksdrehend (mit „–" oder l bezeichnet) oder rechtsdrehend („+" oder r) genannt. Diese Bezeichnungen haben aber NICHTS mit der räumlichen Konfiguration, die durch D und L festgelegt wird, zu tun. Stoffe der D-Konfiguration können das Licht nach rechts oder links drehen. Eine Regel dafür gibt es nicht, man muss für jede einzelne Substanz die Drehungsrichtung neu bestimmen und notieren. Der gleiche Stoff mit L-Konfiguration dreht das Licht dann um den gleichen Winkel in die entgegengesetzte Richtung.

Die Drehrichtung ist unabhängig von der Zugehörigkeit zur D- oder L-Konfiguration.

Beim D-Glycerinaldehyd wird zufälligerweise auch das Licht nach rechts gedreht, daher D-(+)-Glycerinaldehyd. Die andere Form heißt dann L-(–)-Glycerinaldehyd.

Natürlich kann man D- und L-Form auch miteinander mischen. Die Mischung zeigt (bei gleichen Anteilen von beiden) keine optische Aktivität mehr. Man nennt eine solche Mischung ein **Racemat**.

Racemate:

sind 1 : 1 Mischungen von D- und L-Form.

Nach chemischen Synthesen erhält man meist Racemate. Es ist sehr schwierig, solche Racemate in die beiden Formen aufzutrennen. Reaktionen mit Beteiligung von Enzymen (also alle biologischen Reaktionen) lassen auf der anderen Seite fast immer nur eine Form entstehen, da die Enzyme selbst ebenfalls chiral sind *(denken Sie an unser Beispiel mit dem Handschuh)*. Solche Reaktionen sind **stereospezifisch**. Ebenso können Enzyme auch nur eine Form weiterverwenden, da die andere nicht in das chirale Zentrum des Enzyms passt. All unsere Nahrung muss daher Verbindungen mit der richtigen Konfiguration aufweisen, sonst wäre sie für uns nicht verdaulich. Ebenso müssen alle anderen Stoffe im Körper (Hormone, Vitamine, usw.) die richtige Konfiguration aufweisen, um biologisch aktiv zu sein. *Zum Beispiel gibt es von jedem Steroidhormon über hundert verschiedene Isomere, aber nur eine EINZIGE davon ist biologisch wirksam.*

Enthält eine Verbindung n asymmetrische Kohlenstoffatome, so gibt es davon 2^n verschiedene Stereoisomere.

Enantiomere:

verhalten sich zueinander wie Bild und Spiegelbild.

Diastereomere:

unterscheiden sich nur in ihrer optischen Konfiguration.

Natürlich kann es Verbindungen mit **mehreren asymmetrischen Kohlenstoffatomen** geben. Bei zwei solchen chiralen Zentren gibt es dann $2 \times 2 = 2^2 = 4$ verschiedene optische Isomere. Bei dreien gibt es $2^3 = 8$ usw. Diese Isomere können sich nicht alle wie Bild und Spiegelbild zueinander verhalten. Immer zwei davon sind zueinander Bild und Spiegelbild, also Enantiomere. Beliebige andere Paarungen sind dann keine Enantiomere zueinander, sondern so genannte **Diastereomere**.

Kompliziert wird die Situation, wenn zusätzliche Symmetrieeigenschaften hinzukommen. Weinsäure hat zwei chirale Kohlenstoffatome. Das Molekül ist aber symmetrisch gebaut (die Symmetrie-Ebene geht jedoch nicht durch ein C-Atom, sondern dazwischen durch). Diese zusätzliche Symmetrie bewirkt, dass sich zwei der möglichen Formen ineinander überführen lassen. (Das ist auch in der zweidimensionalen Zeichnung erkennbar, durch Drehen in der Papierebene lassen sich zwei Formen ineinander überführen, die beiden anderen nicht. Es geht nur, weil obere und untere Hälfte der Weinsäure – zufällig – gleich sind, sodass man nicht mehr erkennen kann, dass man gedreht hat.)

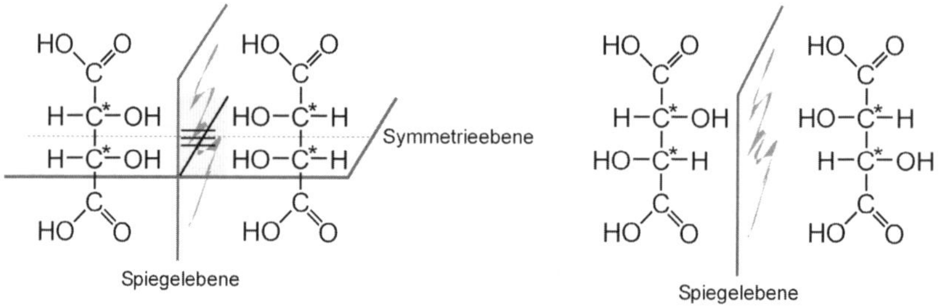

Symmetrieebene

Spiegelebene

Spiegelebene

meso-Weinsäure

L-Weinsäure D-Weinsäure

Man erhält also insgesamt drei Formen, wovon eine wegen der übergeordneten Symmetrie das Licht nicht dreht. Das ist die so genannte **meso**-Weinsäure. Die anderen beiden kann man als L- und D-Weinsäure bezeichnen. Die Letzteren sind natürlich Enantiomere, die meso-Weinsäure ist ein Diastereomer zu jeder der beiden anderen Formen. *Achtung, bitte nicht mit einem Ra-*

cemat verwechseln! Ein Racemat ist eine Mischung aus zwei optisch aktiven Formen. Eine meso-Form ist ein Molekül, bei dem sich die Asymmetrien zweier Kohlenstoffe im gleichen Molekül gegenseitig aufheben.

Würden wir diese Symmetrieebene zerstören, z.B. indem wir eine *(nicht beide, sonst ist es schon wieder symmetrisch)* der zwei Säuregruppen zum Aldehyd reduzieren, hätten wir ganz normal zwei Enantiomeren-Paare und insgesamt vier verschiedene Stereoisomere.

Meso-Form:

Dank einer weiteren (zufälligen) Symmetrie des Moleküls sind zwei Enantiomere nicht mehr unterscheidbar und werden zu einer einzigen Form.

Übungen zu Kapitel 8

80. Geben Sie von folgenden Verbindungen den Namen nach der Genfer Nomenklatur an:

81. Zeichnen Sie die Strukturformel der folgenden Verbindungen:

a)	Cyclohexadi-1,3-en-5-ol	b)	1-Oxo-2,3,4-Butantriol
c)	2-Amino-3-Phenyl-Propan-Säure	d)	3,4-Dimethyl-5-Oxo-Hex-3-en-1-in

82. Welche der unten angegebenen Namen bezeichnen die gleiche Verbindung?

a)	3-Benzyl-Pentan-1-ol	b)	Benzylalkohol
c)	1-Carboxy-2-Phenyl-Ethan	d)	3-Ethyl-4-Phenyl-Butan-1-ol
e)	2-Ethyl-3-Phenyl-Butan-1-ol	f)	Hydroxy-Phenyl-Methan
g)	1-Oxo-1-Phenyl-Ethan	h)	1-Oxo-2-Phenyl-Ethan
i)	Phenyl-Methanol	j)	Phenylmethylketon
k)	3-Phenyl-Propansäure		

83*. Wie viele Isomere gibt es von:

a)	Chlor-Propan?	b)	Chlor-Butan?
c)	di-Chlor-Propen?	d)	di-Chlor-Propin?

84. Schreiben Sie die Formeln der folgenden Verbindungen UND die zugehörigen tautomeren Formen auf:

    Aceton, 2-Methyl-1-Hydroxy-Propen, 1-Oxo-2-Phenyl-Ethan, Oxo-Phenyl-Methan

85. Welche der in Übung 80 und 81 vorkommenden Verbindungen besitzen asymmetrische C-Atome? Wenn ja, wie viele und welche sind das?

86. Wie viele asymmetrische C-Atome und wie viele optische Isomere haben die folgenden Verbindungen?

```
COOH     COOH
 |        |
CHOH     CH2
 |        |
CH2      CHOH
 |        |
CHOH     CHOH
 |        |
COOH     COOH
```

87*. Welche der unten angegebenen Strukturen sind identisch, welche sind Enantiomere, welche sind Diastereomere?

```
a)   HC=O        b)  H2C-OH      c)  H2C-OH      d)  H2C-OH
     |                |               |               |
     HC-OH           C=O             HC-OH           HC-OH
     |                |               |               |
     HC-OH           HC-OH           HC=O            HC-OH
     |                |               |               |
    H2C-OH          H2C-OH          H2C-OH           HC=O

e)   HC=O        f)  H2C-OH      g)  H2C-OH      h)  H2C-OH
     |                |               |               |
  HO-CH              C=O          HO-CH           HO-CH
     |                |               |               |
  HO-CH           HO-CH              HC=O         HO-CH
     |                |               |               |
    H2C-OH          H2C-OH          H2C-OH           HC=O

i)   HC=O        j)  HC=O        k)  H2C-OH      l)  H2C-OH
     |                |               |               |
  HO-CH              HC-OH        HO-CH              HC-OH
     |                |               |               |
     HC-OH        HO-CH              HC-OH        HO-CH
     |                |               |               |
    H2C-OH          H2C-OH           HC=O            HC=O
```

9 VERBINDUNGEN MIT FUNKTIONELLEN GRUPPEN

Der Ärger mit den Tatsachen ist der, dass es so viele gibt.

Samuel McChord Crothers (1857–1927)

Das chemische Verhalten der funktionellen Gruppen ist vom Kohlenwasserstoff-Gerüst, an dem sie hängen, relativ unabhängig. Daher ist es üblich, die chemischen Formeln solcher Verbindungen in Reaktionsgleichungen vereinfacht als Formel der funktionellen Gruppe mit anhängendem **Rest** (oder Resten) – kurz mit **R** bezeichnet – darzustellen. An Stelle von diesem R kann man dann nach Belieben und Bedarf den gerade benötigten Kohlenwasserstoff-Rest einsetzen. Sollte es doch Unterschiede im Verhalten geben, z.B. wenn **Alkyl-Reste** die funktionelle Gruppe anders beeinflussen als **Aryl-Reste**, so muss man eben Einschränkungen machen.

Alkyl-:
Reste von aliphatischen und cyclischen Kohlenwasserstoffen, wie Methyl-, Ethyl-, Vinyl- usw.

Aryl-:
aromatische Reste, wie z.B. Phenyl-

Wir wollen uns jetzt in diesem Kapitel mit den folgenden Verbindungsklassen beschäftigen:

- **Halogenide** (= Halogenkohlenwasserstoffe), dabei wird oft allgemein das Halogen mit X abgekürzt (also steht X für -Cl, –Br, –I, –F) — R–**X**
- **Alkohole** und **Phenole** (dazu noch Chinone) — R–**OH**
- **Ether** (zwei Reste durch eine Sauerstoffbrücke verbunden) — R–**O**–R
- **Carbonyl-Verbindungen** (das sind Aldehyde und Ketone) — R–**CHO** und R–**CO**–R
- **Carboxyl-Verbindungen** (das sind Säuren) und deren Derivate — R–**COOH**, ...
- **Amine** (kann man als Derivate des Ammoniaks auffassen) — R–$\mathbf{NH_2}$, ...
- **Schwefelhaltige Verbindungen** — R–**SH**, R–**S**–R, ...
- **Kohlensäure-Derivate** — - - -
- **Heterozyklen** (das sind Ringe, die auch andere Atome als C im Ring enthalten) — - - -

Es soll nicht verschwiegen werden, dass es noch weitere Verbindungsklassen gibt, die aber in der Natur und im täglichen Leben keine so bedeutende Rolle spielen. Wir erheben hier auch nicht den Anspruch, die organische Chemie um ihrer selbst willen vollständig zu beschreiben, sondern wollen uns nur mit den Stoffen befassen, die uns in anderen Zusammenhängen wieder begegnen könnten.

Zur Schreibweise von Namen

Da die wissenschaftliche Literatur immer anglophiler wird (das meiste wird überhaupt nur noch englisch publiziert), verzichtet man mehr und mehr auf Umlaute. Also werden viele der Namen die früher mit Ä begannen jetzt mit E geschrieben. Trotzdem ist die alte Schreibweise noch häufig anzutreffen. Hier haben Sie einen Vergleich beider Schreibweisen. Sie brauchen die Liste nicht auswendig lernen, es ist ohnehin offensichtlich was gemeint ist – aber man sollte die Namen einmal gesehen haben, damit man sich von einer ungewohnten Schreibweise nicht verwirren lässt.

Ethan / Äthan, Ethyl / Äthyl, Ethylen / Äthylen, Ethen / Äthen, Ethin / Äthin, Ether / Äther, Ethanol / Äthanol, ... und natürlich alle Zusammensetzungen mit diesen Worten.

Ähnlich ist es auch mit den Buchstaben C und Z, sowie mit C und K. Also Aceton / Azeton, Acetat / Azetat, Calcium / Kalzium, Carbid / Karbid, Carbonat / Karbonat ...

9.1 Halogenide

R–X

Endung: -id

CH_3Cl

Chlormethan, **Methylchlorid**

$CH_3 \cdot CH_2 \cdot Cl$

Chlorethan, **Ethylchlorid**

Man kann sich diese Stoffe als Kombination einer Kohlenwasserstoff-Gruppe mit Halogen denken, und sie auch so benennen, indem man sie als Halogenid (Endsilbe **-id**) dieser Gruppe bezeichnet *(also analog zu Natriumchlorid, usw. in der anorganischen Chemie). Die Gruppe* $CH_2=$ *wird oft und gerne – wenn auch etwas unsystematisch – als Methylen-Gruppe bezeichnet, daher kommt die Bezeichnung Methylenchlorid für Dichlormethan.* Systematisch werden diese Verbindungen natürlich nach den bereits beschriebenen Regeln benannt, also z.B. 2,3-Dichlor-1,1,1-trifluor-propan:

```
     F   Cl   Cl
     |    |    |
F – 1C – 2CH – 3CH2
     |
     F
```

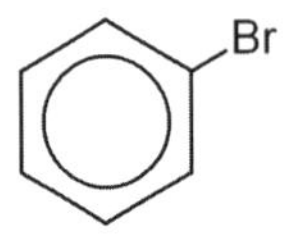

Monobrombenzol, Phenylbromid

Die Bedeutung der Alkyl-Halogenide liegt zum Teil in ihrer Reaktionsfähigkeit, die sie zum geeigneten Ausgangsmaterial für die Synthese einer Vielzahl von organischen Stoffen macht. Niedrigere (= wenige C-Atome) Alkyl-Halogenide sind süßlich riechende Gase, höhere (= mehr C-Atome) meist Flüssigkeiten. Mehrfach halogenierte Produkte sind nicht brennbar! Man verwendet sie daher als Treibgase für Spraydosen, als Kältemittel in Kühlschränken, als Lösungs- und Fleckputzmittel. (Die Abkürzung **FCKW** bedeutet **F**luor-**C**hlor-**K**ohlen-**W**asserstoffe). Früher hat man sogar Feuerlöscher damit gefüllt. Ethylchlorid $CH_3 \cdot CH_2 \cdot Cl$ wird als Lokalanästhetikum verwendet. Es wird auf die Haut gesprüht, die Verdunstungskälte kühlt die Operationsstelle ab und macht sie schmerzunempfindlich („Vereisung"). Chloroform $CHCl_3$ wurde früher in der Medizin als Narkosemittel verwendet (*es ist aber doch etwas giftig und heute gibt es besseres*). Lässt man Chloroform an Licht und Luft stehen, bildet sich das extrem giftige Phosgen $COCl_2$. *Also keine Spielchen mit Chloroform machen. Chloroform für Narkosen wurde speziell gelagert, um die Phosgenbildung zu vermeiden!* Iodoform CHI_3 ist ein gutes Antiseptikum, in Wundsekreten spaltet es Iod ab, welches die Wunde desinfiziert.

CH_2Cl_2
Dichlormethan, Methylenchlorid

$CHCl_3$
Trichlormethan, **Chloroform**

CCl_4
Tetrachlorkohlenstoff

CHI_3
Triiodmethan, Iodoform

Substitutionsreaktionen:

Alkyl-Halogenide reagieren gern in Substitutionsreaktionen. *Wir haben bereits erwähnt, dass Alkane deshalb reaktionsträge sind, weil zwischen Kohlenstoff und Wasserstoff kaum ein Unterschied in der Elektronegativität besteht. Also gibt es keine Stelle, die für elektrophile oder nukleophile Reagenzien attraktiv ist. Hier haben wir jetzt das Gegenteil.* Da Halogene stark elektronegativ sind, ist die Bindung zum Kohlenstoff polarisiert, der Kohlenstoff hat also eine positive, das Halogen eine negative Teilladung. Nukleophile Reagenzien greifen also leicht den Kohlenstoff an, der das Halogen trägt:

Cl^δ- ; δ+ ; C ; H ; H ; H ; OH⁻ ⇌ [Cl ; H ; C⊖ ; H ; H ; OH] ⇌ Cl⁻ ; H ; H ; C ; H ; OH

$$CH_3Cl + OH^- \rightleftharpoons CH_3OH + Cl^-$$

Das läuft nach dem typischen S_N2-Mechanismus ab. Das Nukleophil weicht natürlich dem negativen Chlor aus und kommt von der anderen Seite, es bildet sich ein Übergangszustand, bei dem der Kohlenstoff fünf Substituenten trägt. Dabei stehen die drei unbeteiligten Substituenten *(hier H-Atome)* in einer Ebene, oben und unten hängen die beiden reagierenden Substituenten *(hier Cl^- und OH^-)*. Wenn jetzt das Cl^- abdissoziiert und das Molekül wieder seine Tetraederform einnimmt, hat eine Umstülpung stattgefunden (man nennt das auch den

Bei aliphatischen Resten kommt es meist zu einer S_N2 Reaktion.

Regenschirm-Mechanismus). In unserem Beispiel *(Methylchlorid)* würde man das nicht merken. Wenn aber alle Substituenten verschieden gewesen wären, also sich in der Mitte ein asymmetrisches C-Atom befände, dann hätte dieses seine sterische Konfiguration geändert (von D nach L oder von L nach D, siehe Kapitel 8.2.4).

Bei aromatischen Resten herrscht der SN1 Mechanismus vor.

Führen wir die gleiche Reaktion mit einem aromatischen Halogenid durch, z.B. mit Benzylchlorid, so erhalten wir im Prinzip die gleiche Substitution, diesmal jedoch nach einem **SN1**-Mechanismus:

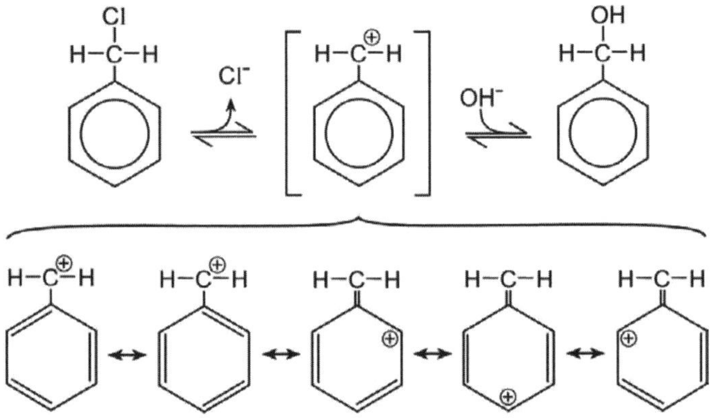

$\varnothing CH_2Cl + OH^- \rightleftharpoons$
$\rightleftharpoons \varnothing CH_2OH + Cl^-$

Das Symbol „∅" bezeichnet einen Phenyl-Rest.

Hier kann Cl^- leicht abdissoziieren, da das verbleibende Carbenium-Ion durch die Mesomerie des aromatischen Systems stabilisiert wird. Das nukleophile Reagens reagiert dann mit dem Carbenium-Ion zu Benzylalkohol. *Lassen Sie sich nicht von den Grenzstrukturen verwirren, die OH-Gruppe geht NUR an die Seitenkette und nicht an den Ring. Grenzstruktur bedeutet ja nicht, dass die Ladung einmal da und einmal dort ist, sondern in Wirklichkeit ist ein wenig positive Ladung an jeder der drei Stellen des Rings und der Großteil – IMMER – in der Seitenkette. Das Nukleophil strebt nach dem Ort, der am stärksten positiv ist, am Ring wird es von den Elektronen des aromatischen Systems abgewiesen.*

Wenn das Halogen-Atom direkt am aromatischen Ring sitzt, kann keine Substitution stattfinden.

Was passiert aber, wenn das Halogen direkt am aromatischen Ring hängt? Gar nichts! Hier ist keine analoge Substitution möglich. Das Halogen wird mit seinen freien Elektronenpaaren in das aromatische System einbezogen und festgehalten, es lässt sich nicht durch etwas anderes ersetzen.

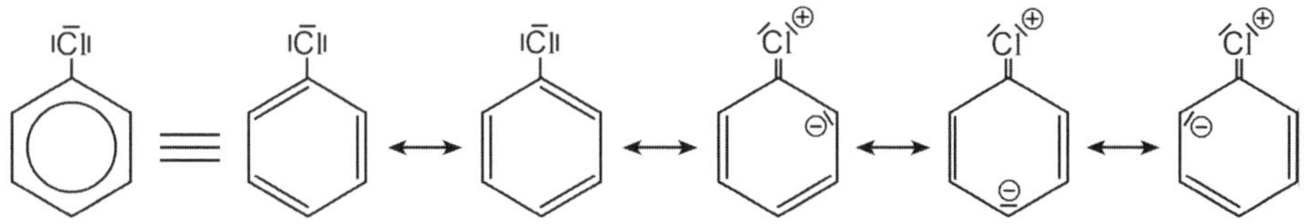

Halogenide und Ozon

Viele organische Halogenide sind leicht flüchtig und führen als Katalysatoren in der oberen Stratosphäre zum Abbau von Ozon. Immer noch muss man alte Kühlschränke so entsorgen, dass darin enthaltenes FCKW-Kühlmittel aufgefangen wird. Spraydosen mit FCKWs –früher allgemein üblich – gibt es zum Glück praktisch nicht mehr. Man verwendet heute andere Stoffe als Treibgase. Manche davon sind jedoch brennbar, was ihre Verwendung auch wieder gefährlich macht. Jedenfalls scheint die Summe der Maßnahmen zu greifen. Es gibt allererste Anzeichen dass sich die Ozonschicht stabilisiert obwohl noch massenhaft alte FCKWs in der Atmosphäre kreisen.

Wen es interessiert: In der Tagespresse begegnet man nur dem Ausdruck FCKW. Streng genommen bedeutet das aber nur Kohlenwasserstoffe, bei denen im Alkan ALLE H-Atome durch Chlor oder Fluor ersetzt sind (= vollhalogeniert). Daneben gibt es noch H-FCKW (teilhalogeniert, es sind noch Wasserstoffe übrig), FKW (nur Fluor, kein Chlor), CKW (nur Chlor, kein Fluor) und Halone (enthalten auch noch Brom; werden in Feuerlöschern verwendet). Für die Ozonschicht sind die Halone besonders gefährlich, die FKWs anscheinend überhaupt nicht! (Deshalb hat man Halone und FCKWs schon weitgehend durch FKWs ersetzt.) Alle diese Stoffe sind außerdem auch noch Treibhausgase, tragen also zur Erderwärmung bei, wenn sie in die Atmosphäre gelangen!

9.2 Alkohole und verwandte Stoffe

Als Alkohole bezeichnet man Verbindungen, in denen die HO-Gruppe direkt mit dem C-Atom eines Kohlenwasserstoffs verbunden ist, sie haben die systematische Endung **-ol**. Hängt die alkoholische Gruppe direkt am Ring eines aromatischen Systems, spricht man von einem **Phenol** (oder von einem aromatischen Alkohol). Da Phenole deutlich andere Eigenschaften haben als nicht-aromatische Alkohole, müssen wir uns mit ihnen getrennt befassen. *Es gibt natürlich auch die Möglichkeit, die Alkohole nach dem Kohlenwasserstoff mit der Vorsilbe Hy-*

R–OH

Endung: -ol

CH_3OH

Methanol, Methylalkohol

$CH_3 \cdot CH_2OH$

Ethanol, Ethylalkohol

$CH_3 \cdot CH_2 \cdot CH_2OH$

Propanol, 1-Propanol, n-Propanol, Propylalkohol

$CH_3 \cdot CH(OH) \cdot CH_3$

2-Propanol, iso-Propanol, Isopropylalkohol

droxy- zu benennen, also Hydroxymethan, Hydroxyethan, usw. für Methanol, Ethanol. Das ist aber nur bei komplizierten Verbindungen mit mehreren funktionellen Gruppen üblich.

9.2.1 Systematik

Für die Reaktionseigenschaften von Alkoholen ist es nicht unwesentlich, wie das C-Atom, das die alkoholische Gruppe trägt, sonst noch substituiert ist. Im einfachsten Fall befindet sich die Gruppe am Ende einer Kohlenstoffkette, dann handelt es sich um einen **primären** Alkohol. Bei **sekundären** Alkoholen hängt die HO-Gruppe an einem C-Atom im Inneren der Kette, dieses C-Atom trägt also noch zwei Alkyl-Reste (oder Aryl-Reste) und nur noch ein H-Atom. Schließlich gibt es bei den **tertiären** Alkoholen überhaupt kein H-Atom an diesem Kohlenstoff mehr, die HO-Gruppe hängt am C-Atom einer Verzweigungsstelle, gemeinsam mit drei Kohlenwasserstoff-Resten.

An dem Kohlenstoff, der die alkoholische Gruppe trägt, tragen tertiäre Alkohole kein weiteres H-Atom, sekundäre Alkohole nur noch eines.

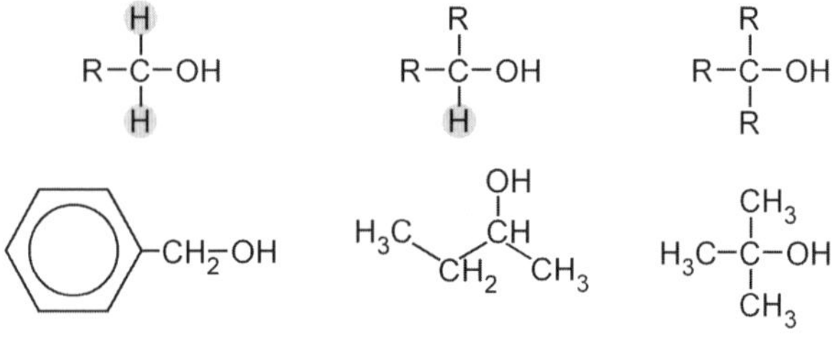

$RCH_2\text{–}OH$ $R_2CH\text{–}OH$ $R_3C\text{–}OH$

$C_6H_5\text{–}CH_2\text{–}OH$ $H_3C\text{–}CH_2\text{–}CH(OH)\text{–}CH_3$ $(H_3C)_3C\text{–}OH$

Benzylalkohol primärer Alkohol

Butan-2-ol sekundärer Alkohol

tertiäres Butanol tertiärer Alkohol

Im Gegensatz dazu spricht man von **mehrwertigen** Alkoholen, wenn das Molekül mehr als eine alkoholische Gruppe besitzt. Alle bisher gezeigten Alkohole sind **einwertig** (eine HO-Gruppe), Moleküle mit zwei HO-Gruppen sind **zweiwertige** Alkohole, mit drei **dreiwertige** Alkohole, usw. *Es gibt also keine Grenze nach oben, sechswertige, siebenwertige usw. Alkohole sind möglich.* Mehrwertige Alkohole werden als **-di-ol**, **-tri-ol**, usw. bezeichnet.

Der Begriff „Wertigkeit" bei Alkoholen bezieht sich auf die Anzahl der HO-Gruppen.

$H_2C\text{–}OH$ / $H_2C\text{–}OH$

Ethandiol, Glykol zweiwertiger Alkohol

$H_2C\text{–}OH$ / $HC\text{–}OH$ / $H_2C\text{–}OH$

Propantriol, **Glycerin** dreiwertiger Alkohol

Bei den mehrwertigen Alkoholen hängen die HO-Gruppen immer an verschiedenen Kohlenstoffen. Mehrere Alkohol-Gruppen an demselben C-Atom sind nämlich nicht beständig, sie würden sofort unter Wasserabspaltung in die entsprechende Carbonylverbindung übergehen *(es gibt seltene Ausnahmen).*

Unbeständig sind in der Regel:

zwei HO-Gruppen am gleichen C-Atom;

eine HO-Gruppe und eine Doppelbindung am gleichen C-Atom.

$$CH_3-CH(OH)_2 \rightleftharpoons CH_3-CHO + H_2O$$

Wir haben schon (in Kapitel 8.2.2) erwähnt, dass Enole *(alkoholische Gruppe und Doppelbindung am gleichen Kohlenstoff)* gleichfalls unbeständig sind und durch Tautomerie in die entsprechende Carbonylverbindung übergehen. Das Gleichgewicht liegt dabei (fast) immer auf der Seite der Carbonylverbindung:

$$CH_2{=}CH{-}O{-}H \rightleftharpoons \left[CH_2{=}CH{-}O^{\ominus} \; H^+ \leftrightarrow {}^{\ominus}CH_2{-}CH{=}O \; H^+ \right] \rightleftharpoons CH_3{-}CH{=}O$$

Enol Carbonylverbindung (Aldehyd)

9.2.2 Eigenschaften und Reaktionen nicht-aromatischer Alkohole

Alkohole haben große Bedeutung als Lösungsmittel und als Ausgangsstoffe für organische Synthesen, niedermolekulare Alkohole sind gut wasserlöslich. Ihre Giftigkeit hängt von der Zahl der HO-Gruppen ab. Einwertige Alkohole sind giftiger als zweiwertige, drei- und mehrwertige sind ungiftig. Methanol oder Propanol sind giftiger als Ethanol.

Zu Risiken und unerwünschten Nebenwirkungen lesen Sie bitte die Packungsbeilage oder fragen Sie Ihren Arzt und Apotheker.

Glycerin (dreiwertiger Alkohol) ist Bestandteil unserer Nahrung (wie auch die Zucker, die alle ebenfalls mehrere Alkohol-Gruppen tragen). Die niederen einwertigen Alkohole haben einen charakteristischen „brennenden“ Geschmack, höhere einwertige Alkohole schmecken widerlich (sog. „Fusel“), mehrwertige Alkohole schmecken süßlich bis süß.

Die Reaktionen der Alkohole lassen sich gut aus ihrer Analogie mit Wasser ableiten. Sie können wie Wasser ein H^+ abdissoziieren, sind aber doch deutlich schwächere Säuren als Wasser. Dass das alkoholische H-Atom azid ist, merkt man z.B. an der Reaktion mit Natrium:

$$R{-}OH + Na \rightleftharpoons R{-}O^- Na^+ + \tfrac{1}{2} H_2$$

Natrium-Alkoholat

Diese salzartigen Verbindungen – die **Alkoholate** – sind allerdings nur in Abwesenheit von Wasser beständig. *Mit Wasser zerfallen sie in Alkohol und das Hydroxid des Metalls, hier also NaOH.*

Umgekehrt können Alkohole unter dem Einfluss starker Säuren auch H^+ aufnehmen (in Analogie zu Wasser, das mit H^+ zu H_3O^+ reagiert):

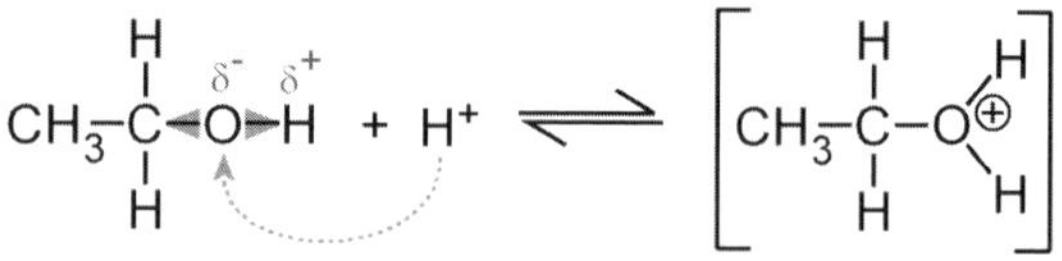

$$CH_3{-}CH_2{-}\overset{\delta^-}{O}{-}\overset{\delta^+}{H} + H^+ \rightleftharpoons \left[CH_3{-}CH_2{-}OH_2^{\oplus}\right]$$

Alkoxonium-Ion

Nun kann es passieren, dass das Alkoxonium-Ion Wasser abspaltet, es entsteht ein Carbenium-Ion:

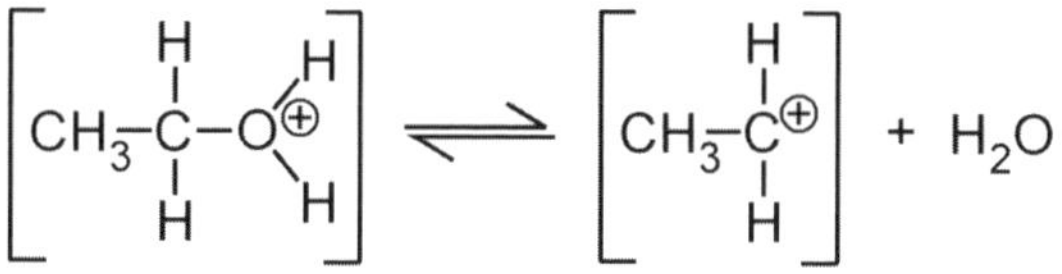

$$\left[CH_3{-}CH_2{-}OH_2^{\oplus}\right] \rightleftharpoons \left[CH_3{-}CH_2^{\oplus}\right] + H_2O$$

Carbenium-Ion

Aus Alkohol entstehen unter Säurekatalyse:

Man kann sich die wichtigsten Reaktionen der Alkohole als Reaktionen dieses Carbenium-Ions vorstellen. Wenn das Carbenium-Ion noch ein H^+ abgibt, entsteht ein **Alken**:

Alkene

$C_2H_5OH \rightleftharpoons$
$\rightleftharpoons CH_2{=}CH_2 + H_2O$

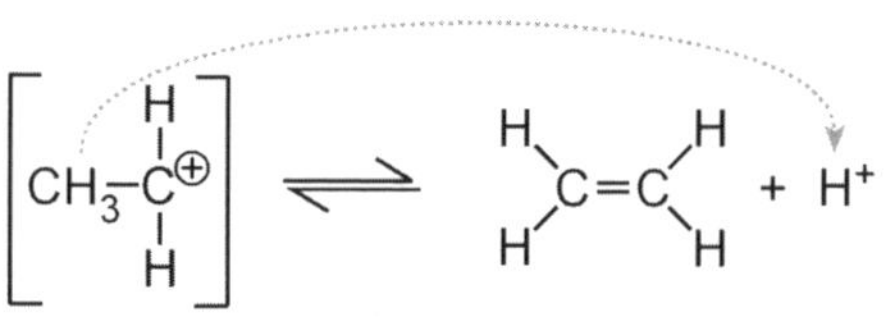

$$\left[CH_3{-}CH_2^{\oplus}\right] \rightleftharpoons H_2C{=}CH_2 + H^+$$

Alken

Wenn es hingegen mit einem anderen Alkohol reagiert, entsteht ein **Ether**:

$$\left[CH_3-\overset{H}{\underset{H}{C}}{}^{\oplus}\right] + H\text{-}O\text{-}\overset{H}{\underset{H}{C}}-CH_3 \rightleftharpoons \left[CH_3-\overset{H}{\underset{H}{C}}-\overset{\oplus}{\underset{H}{O}}-\overset{H}{\underset{H}{C}}-CH_3\right] \rightleftharpoons$$

$$\rightleftharpoons CH_3-\overset{H}{\underset{H}{C}}-O-\overset{H}{\underset{H}{C}}-CH_3 + H^+$$

Ether

Ether

$2\ C_2H_5OH \rightleftharpoons$
$\rightleftharpoons C_2H_5-O-C_2H_5 + H_2O$

Diese Reaktion kann man auch als elektrophilen Angriff des Carbenium-Ions auf den Sauerstoff des zweiten Alkohols beschreiben, oder – umgekehrt – als nukleophilen Angriff des Sauerstoffs auf das Carbenium-Ion:

Statt mit einem anderen Alkohol, kann das Carbenium-Ion auch mit einer Säure reagieren, dann entsteht ein **Ester** (Ester sind Verbindungen von Säure und Alkohol). Allerdings erfolgt die Abspaltung von Wasser (zum Carbenium-Ion) und die Anlagerung der Säure eher gleichzeitig, also als Verdrängung des Substituenten Wasser durch den anderen Substituenten Säure (eine **SN2**-Reaktion, wir haben wieder den Unterschied zwischen monomolekularem und bimolekularem Mechanismus).

$$\left[CH_3-\overset{H}{\underset{H}{C}}-O^{\oplus}\!\!<^{H}_{H}\right] + H\text{-}O\text{-}NO_2 \rightleftharpoons \left[CH_3-\overset{H}{\underset{H}{C}}{}^{\oplus} + H_2O + H^+ + {}^{\ominus}O\text{-}NO_2\right]$$

Salpetersäure

$$\rightleftharpoons CH_3-\overset{H}{\underset{H}{C}}-O-NO_2 + H_2O + H^+$$

Ester

Ester

C_2H_5OH + Säure $\rightleftharpoons$
$\rightleftharpoons C_2H_5-O-$Säurerest
$+ H_2O$

Alle drei Reaktionen werden normalerweise als Reaktionen von Alkohol unter Wasserabspaltung und unter Säurekatalyse gedeutet:

$$CH_3-CH_2-O-H + H^+ \rightleftharpoons CH_3-CH_2-O^{\oplus}H_2$$

$$\xrightarrow{E} CH_2{=}CH_2 + H_2O + H^+$$

$$\xrightarrow[S_{N1}\text{ oder }S_{N2}]{+H\text{-}O\text{-}R} CH_3-CH_2-O-R + H_2O + H^+$$

$$\xrightarrow[S_{N2}]{+H\text{-}O\text{-}NO_2} CH_3-CH_2-O-NO_2 + H_2O + H^+$$

Eine weitere wichtige Reaktion von Alkoholen ist die schonende Oxidation. *Schonend deshalb, weil in einer vollständigen Oxidation der Alkohol zu Kohlendioxid und Wasser verbrennen würde – die Reaktion, die im Spiritus-Kocher stattfindet.*

Die Oxidation erkennt man daran, dass dabei die Oxidationszahl des C-Atoms erhöht wird. *Hier könnte man auch Abgabe von H-Atomen oder Aufnahme von O-Atomen als Zeichen der Oxidation verwenden. Das funktioniert aber nicht immer, die Veränderung der Oxidationszahl ist ein sicheres Merkmal.*

Oxidation von Alkohol:

Primärer Alkohol
↓
Aldehyd
↓
Carbonsäure

sekundärer Alkohol
↓
Keton
⊥

tertiärer Alkohol
⊥

$$R{-}\overset{-I}{C}H(OH){-}H \underset{red}{\overset{ox}{\rightleftharpoons}} R{-}\overset{+I}{C}(=O){-}H \underset{red}{\overset{ox}{\rightleftharpoons}} R{-}\overset{+III}{C}(=O){-}OH$$

primärer Alkohol — Aldehyd — Carbonsäure

$$R{-}\overset{0}{C}H(OH){-}R \underset{red}{\overset{ox}{\rightleftharpoons}} R{-}\overset{+II}{C}(=O){-}R \quad (\text{keine weitere Oxidation})$$

sekundärer Alkohol — Keton

$$R{-}\overset{+I}{C}R(OH){-}R \quad (\text{keine Oxidation})$$

tertiärer Alkohol

Bemerken Sie, dass sich das Verhalten von primären und sekundären Alkoholen dabei unterscheidet? **Primäre** Alkohole lassen sich über Aldehyde als Zwischenstufe bis zur Carbonsäure oxidieren, **sekundäre** nur zum Keton. **Tertiäre** Alkohole kann man überhaupt nicht mehr sanft oxidieren. *Die Anzahl der noch möglichen Oxidations-Schritte richtet sich nach der Anzahl der H-Atome, die sich neben der Alkohol-Gruppe am gleichen C-Atom befinden: so viele H-Atome, so viele Schritte.*

Unser liebstes Rauschmittel: Ethanol

Um wenige chemische Verbindungen ranken sich so viele Emotionen und Legenden wie um Ethanol, von uns meist nur kurz „Alkohol“ genannt. Fast alle Völker haben es im Lauf ihrer Geschichte geschafft, mindestens ein alkoholisches Getränk zu erfinden. Und wenn man bedenkt, welch komplizierter Prozess z.B. das Brauen von Bier ist, so muss es als ziemliches Mirakel angesehen werden *(oder als Zeichen von großem „Durscht“)*, dass schon die ältesten Hochkulturen nachweislich dieses Verfahren gekannt haben.

Technisch gibt es zwei Methoden, um Alkohol herzustellen: Einerseits entsteht aus der Vergärung von Zucker durch Hefe der „natürliche" Alkohol. Die Synthese aus Ethen und Wasser andererseits gibt den so genannten Industriealkohol. Chemisch sind die beiden Produkte natürlich identisch. Alkohol wird nicht nur getrunken, sondern kann für eine Vielzahl anderer Zwecke verwendet werden. Sind einmal die Erdölvorräte der Welt erschöpft, wird möglicherweise Alkohol der Treibstoff für Kraftfahrzeuge werden. Da die meisten Industriestaaten erhebliche Steuern auf alkoholische Getränke einheben – man will verhindern, dass sich die Bevölkerung mit billigem Alkohol sinnlos besäuft, und die Einnahmen für den Staatssäckel werden auch gerne genommen – wird Alkohol für Nicht-Trink-Zwecke *(kompliziertes Wort)* künstlich mit Stoffen versetzt, die ihn untrinkbar machen. Der so vergällte Alkohol wird als **Spiritus** bezeichnet.

Wenn wir Alkohol trinken, nehmen wir ihn aus Magen und Darm auf und er verteilt sich über den Blutkreislauf im ganzen Körper. Vor allem die Leber besitzt ein Enzym, das den Alkohol zum Aldehyd oxidiert, der dann im Stoffwechsel weiter verwertet wird. Alkohol ist daher ein wesentlicher Energielieferant, er gibt uns etwa eineinhalbmal so viel kJ (Kilojoule) wie die gleiche Gewichtsmenge Kohlenhydrate. *Man schätzt, dass die erwachsene Bevölkerung der Industriestaaten durchschnittlich etwa 10 % aller durch Nahrung aufgenommenen Energie aus alkoholischen Getränken bezieht.* Die Reaktion unseres Körpers auf Alkohol beruht also auf den beiden Verbindungen Ethanol und Acetaldehyd. Ethanol löst sich in der Flüssigkeit, welche die Zellen umgibt und stört so die Impulsleitung von Nervenzelle zu Nervenzelle – wir fühlen uns wohler, fröhlicher, ungehemmter, aber unsere Reaktion wird verlangsamt. Ethanol verringert auch die Rückresorption von Wasser in den Nieren, diese geben daher vermehrt Wasser ab. Um den Flüssigkeitsverlust zu ersetzen wird man durstig. *Man trinkt noch ein Glas, und so geht es weiter und weiter ...* Acetaldehyd erweitert die Blutgefäße, das führt zu einem angenehmen Wärmegefühl, soweit es die peripheren Gefäße betrifft, und zu Kopfschmerzen, wenn die Gefäße in der Kopfhaut und im Gehirn betroffen sind. *Das Wärmegefühl ist natürlich trügerisch, Alkohol schützt nicht vor Kälte. Im Gegenteil, die Gefäßerweiterung führt in kalter Umgebung sogar zu erhöhtem Wärmeverlust.*

Das beschriebene Wohlgefühl tritt nach dem Genuss von 20 Gramm Ethanol auf, bei 60 bis 100 Gramm setzt unsicherer Gang und unsichere Sprache ein, bei mehr als 200–300 Gramm beginnt die Gefahr einer (tödlichen?) Alkoholvergiftung. Die Geschwindigkeit der Aufnahme von Alkohol durch den Körper ist allerdings sehr variabel, vorherige Nahrungsaufnahme – vor allem sehr fetthaltige Nahrung – verzögert sie beträchtlich, leerer Magen und Kohlendioxid (Sekt!) beschleunigen sie. Unter normalen Bedingungen kann die Leber etwa 10 Gramm Alkohol pro Stunde abbauen. Zum Vergleich: Ein

Liter Bier enthält etwa 5 % (40 g) Alkohol, ein Liter Wein etwa 12 % (96 g). Wenn man also im Laufe eines fröhlichen Abends nur ein kleines Glas Wein pro Stunde trinkt, wird man keine negativen Folgen spüren. *Aber wer hält sich schon daran?* Und was tut man, wenn man doch einmal merkt, dass man zu viel getrunken hat? Alle diese Hausmittel wie schwarzer Kaffee usw. sind Blödsinn, bekämpfen Sie Gift nicht mit Gift! Trinken Sie viel Wasser oder Mineralwasser (auf Vorrat, das beugt dem Flüssigkeitsverlust vor und hilft der Niere) und legen Sie sich schlafen.

Alle oben angegebenen Mengen beziehen sich auf einen durchschnittlichen Mann mit 75 kg Körpergewicht. Frauen sollten mit jeweils zwei Dritteln dieser Mengen rechnen.

Bei den negativen Wirkungen von Alkohol darf der Zusammenhang mit dem Energiestoffwechsel nicht übersehen werden. Alkohol selbst enthält nicht nur eine Menge verwertbarer Energie, er wirkt auch appetitanregend und verführt uns so, mehr zu essen als uns eigentlich gut tut. Noch dazu wird bei regelmäßigem Alkoholmissbrauch der Fettabbau gestört und das überschüssige Fett an falschen Stellen eingelagert – nicht nur an Bauch und Hüften, sondern auch in der Leber. *Das führt zur Fettleber und später zur Leberzirrhose.* Wer also gern ein paar Kilo abnehmen möchte – und das täte vielen von uns gut – die einfachste Form einer Diät ist der Verzicht auf jedes alkoholische Getränk.

Alkohol ist aber nicht nur schädlich. Er bildet sich auch in unserem Darm aus normaler, alkoholfreier Nahrung, z.B. aus der Vergärung von Obst durch Darmbakterien. Offenbar kann unser Organismus durchaus mit geringen Mengen davon umgehen und Leute, die mäßig *(mit Betonung auf mäßig)* Alkohol trinken, leben statistisch nachweisbar länger und gesünder: sie haben einen niedrigeren Cholesterinspiegel und weniger Kreislauferkrankungen. Dieses „mäßig“ bedeutet weniger als 30 Gramm pro Tag für Männer und weniger als 20 Gramm pro Tag für Frauen – also das berühmte kleine Glas Wein zu den Mahlzeiten. Bei höheren Mengen kehrt sich der Effekt sehr rasch ins Negative um: Wer Tag für Tag 60 Gramm oder mehr zu sich nimmt (Frauen 40 Gramm), hat bereits eine deutlich niedrigere Lebenserwartung als ein Abstinenzler und geht vor allem das Risiko ein, abhängig und zum Trinker zu werden.

Na dann Prost!

9.2.3 Phenole

Bei den Phenolen hängt die alkoholische Gruppe direkt an einem aromatischen Ring. Daher können die freien Elektronenpaare des Sauerstoffs in das aromatische System einbezogen werden. Daraus ergibt sich ein erheblicher Unterschied im Reaktionsverhalten verglichen mit den Alkoholen. Sie bilden viel schwerer Ether oder Ester und lassen sich schon gar nicht oxidieren. *Das alles gilt nur, wenn sich die alkoholische Gruppe* DIREKT *am Ring befindet. Eine Verbindung wie z.B. Benzylalkohol, in der die HO-Gruppe an der Seitenkette hängt, ist kein Phenol und benimmt sich als normaler Alkohol.*

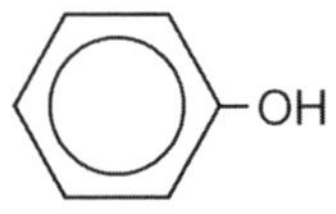

Phenol

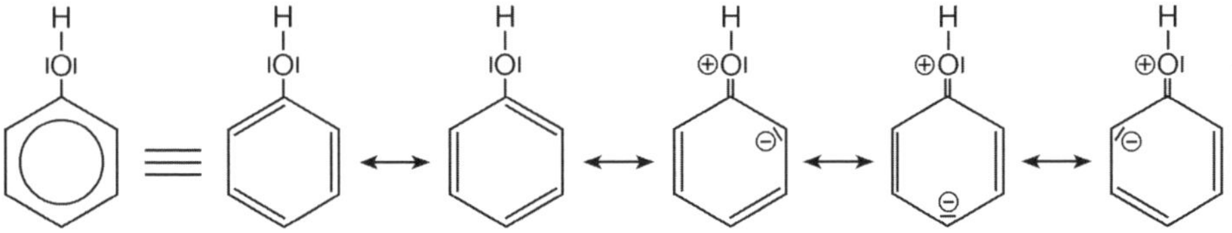

Nun sind aber nach unseren Regeln (Kapitel 6.7) Grenzstrukturen, bei denen ein stark elektronegatives Atom wie Sauerstoff eine positive Ladung bekommt, eher unbedeutend und tragen wenig zur Gesamtbeschreibung bei. Das ändert sich sofort, wenn man von der alkoholischen Gruppe H^+ abdissoziiert. Das verbleibende Phenolat-Anion hat eine negative Ladung, und die kann es hervorragend durch Mesomerie stabilisieren:

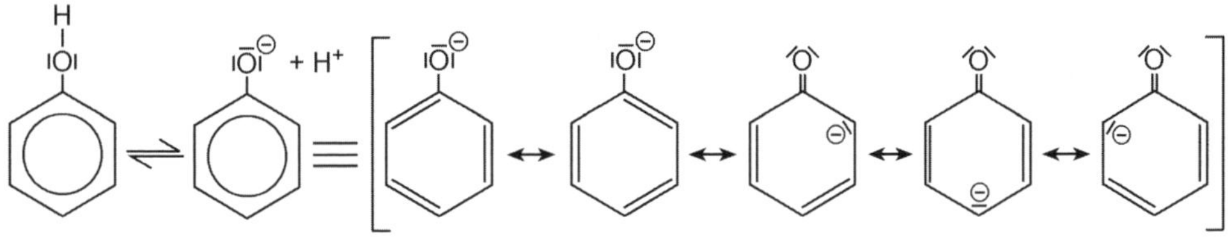

Wegen der hohen Stabilität des Phenolat-Anions ist die Dissoziation von **Phenol** begünstigt, daher ist Phenol eine viel stärkere Säure als Alkohol oder Wasser. *Ein veralteter Name für Phenol ist „Karbolsäure“.* Natürlich erleichtert diese Mesomerie auch die Zweitsubstitution in o- oder p-Stellung. *Beim Phenolat-Anion haben wir den relativ seltenen Fall, dass +M-Effekt und +I-Effekt auftreten, sich die beiden also verstärken, siehe Kapitel 7.5.4.* Noch stärker wird der Effekt, wenn weitere Gruppen am aromatischen Ring hängen, die diese negativen Teilladungen an den Eckpunkten zusätzlich stabilisieren *(die die Elektronen dort aus dem Ring herausziehen, also einen −I- oder −M-Effekt ausüben).* **Trinitrophenol** ist ein extremes Beispiel, hier stehen drei Nitrogruppen in o- und p-Stellung zur

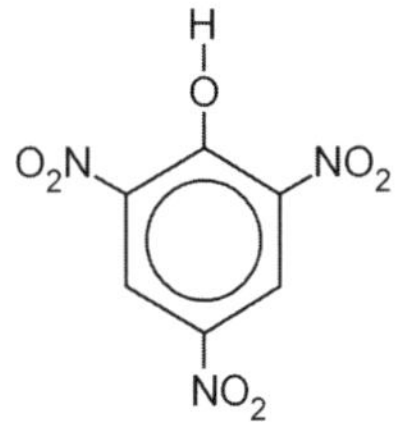

Trinitrophenol = Pikrinsäure

phenolischen HO-Gruppe. Man kann daher jetzt eine Unmenge Grenzstrukturen aufschreiben, bei denen die negative Ladung an die Nitrogruppen weitergegeben wird. Daher ist Trinitrophenol auch eine recht starke Säure und wird üblicherweise als „**Pikrinsäure**" bezeichnet.

OH α β β α

α-Naphthol

OH OH OH OH OH OH

Brenz-katechin Resorcin Hydro-chinon

Das Phenol („Phenyl-ol" oder Hydroxybenzol) ist nur der einfachste Vertreter der Phenole. Man kann die Hydroxygruppe natürlich auch an andere aromatische Ringe hängen, z.B. an Naphthalin und erhält **Naphthol** (es gibt da zwei verschiedene Möglichkeiten die HO-Gruppe anzuhängen, daher gibt es α- und β-Naphthol). Oder man kann eine zweite (und dritte) Hydroxygruppe einfügen. Da die zweite Gruppe in o-, m- oder p-Stellung stehen kann, gibt es drei verschiedene Dihydroxybenzole, die sogar eigene Namen haben. Und es gibt auch drei verschiedene Trihydroxybenzole *(ebenfalls mit eigenem Namen, die wir uns aber ersparen wollen).*

9.2.4 Chinone

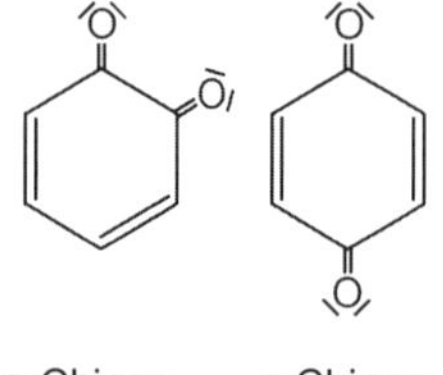

o-Chinon p-Chinon

Bei den soeben erwähnten Dihydroxybenzolen gibt es eine interessante Eigenschaft: Wenn die beiden Gruppen in o- oder p-Stellung stehen, lassen sie sich leicht oxidieren (vor allem in alkalischer Lösung wenn OH^--Ionen helfen, von Brenzkatechin oder von Hydrochinon die H^+-Ionen abzuspalten):

ox red

Hydrochinon **p-Chinon**

Brenzkatechin kann natürlich analog reagieren, aber nicht Resorcin (aus leicht verständlichen Gründen, beachten Sie die Elektronenverteilung). Daher sind Brenzkatechin und Hydrochinon in alkalischer Lösung gute Reduktionsmittel. Hydrochinon wird daher in der Photographie als Entwickler-Substanz eingesetzt (reduziert Silberbromid zu Silber, siehe Kapitel 4.2.1).

Die neu entstandene Elektronenstruktur im Ring bezeichnet man als **chinoide Struktur**, und Stoffe, die so eine Struktur enthalten, als Chinone. Beachten Sie, dass die Doppelbindungen im Ring jetzt am Platz fixiert sind (sie haben keine Möglichkeit, mesomere Strukturen zu schreiben, bei denen diese Doppelbindungen verschoben sind). Damit sind aber die aromatischen Eigenschaften des Rings verloren gegangen! *o- oder p-Chinon sind keine Aromaten mehr, bei Naphthochinon ist nur der zweite Ring aromatisch.*

Chinoide Struktur

O

O

Naphthochinon

9.3 Ether

Ether bestehen aus zwei Resten (Alkyl- oder Aryl-), die durch eine Sauerstoff-Brücke verbunden sind. Die Bildung von Ether aus Alkohol haben wir bereits vorhin beschrieben (Abschnitt 9.2.2). *Es ist Geschmackssache, ob man Ether als Anhydride von Alkoholen auffasst oder als Homologe des Wassers, in denen beide H-Atome durch Kohlenwasserstoff-Reste ersetzt sind.* Sind die beiden Reste R gleich, spricht man von einfachen Ethern, sind R und R´ verschieden von gemischten Ethern. Die Namen bildet man aus den Namen der beiden Reste mit der Endung **-ether**. Kompliziertere Verbindungen muss man nach der Genfer Nomenklatur benennen, dann trägt die Gruppe R–O– den Namen **Alkoxy-** (also Methoxy- für CH_3–O–, Ethoxy- für $CH_3 \cdot CH_2$–O– usw.). *Weil man Diethyl-Ether aus Alkohol und Schwefelsäure herstellen kann – die Schwefelsäure dient als wasserentziehendes Mittel – wurde früher der irreführende Name „Schwefel-Äther" verwendet. Irreführend deshalb, weil im Molekül kein Schwefel vorkommt – im Unterschied zu den Thio-Ethern (Abschnitt 9.7). Den Namen Schwefel-Äther sollte man daher besser vergessen.*

R–O–R R–O–R´

R–O– Alkoxy-Gruppe

Da die Ether keine an Sauerstoff gebundene H-Atome besitzen, können ihre Moleküle untereinander keine Wasserstoffbrücken bilden. *(Wasser kann das, Alkohole ebenfalls.)* Sie sind daher wesentlich niedriger siedend als Wasser oder Alkohole und auch mit Wasser sehr schlecht mischbar. Ether sind wichtige apolare Lösungsmittel.

Diethylether (meist kurz Ether genannt) ist der bekannteste Vertreter, früher hat man ihn für Narkosen verwendet. Er ist leicht flüchtig (Kochpunkt 35°C), die Dämpfe sind leicht entzündlich und in Mischung mit Luft explosiv. Beim Stehen an

CH_3–O–CH_3
Dimethylether

$CH_3 \cdot CH_2$–O–$CH_2 \cdot CH_3$
Diethylether

CH_3–O–$CH_2 \cdot CH_2 \cdot CH_3$
Methylpropylether

Licht und Luft bilden sich Peroxide, die besonders leicht explodieren.

Dioxan Tetrahydrofuran

Spaltet man von zweiwertigen Alkoholen Wasser ab, so entstehen zyklische Ether wie Dioxan oder Tetrahydrofuran. Diese sind – zum Unterschied von den normalen Ethern – sehr gut mit Wasser mischbar und wichtige Lösungsmittel. *Der Name Tetrahydrofuran leitet sich von einem Heterozyklus namens Furan ab (Abschnitt 9.9).*

9.4 Carbonylverbindungen

R–CHO **Aldehyde: -al**

R–CO–R **Ketone: -on**

H–CHO

Methanal, **Formaldehyd**

CH_3–CHO

Ethanal, **Acetaldehyd**

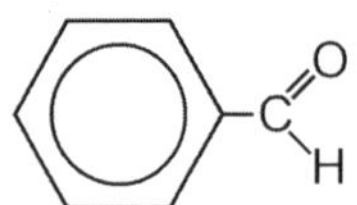

Benzaldehyd

CH_3–CO–CH_3

Propanon, Dimethylketon, **Aceton**

CH_3–CO–CH_2–CH_3

Butanon, Methyl-Ethyl-Keton

CH_3–CO–C_6H_5

Methyl-Phenyl-Keton, Acetophenon

Carbonylverbindungen tragen an einem Kohlenstoff die Oxo-Gruppe =O. Dabei kommt es darauf an, welche Atome sich sonst noch an diesem Kohlenstoff befinden. Hängen an den beiden übrigen Bindungen zwei Kohlenwasserstoff-Reste, handelt es sich um ein **Keton.** Hängt hingegen ein Kohlenwasserstoff-Rest und ein Wasserstoff-Atom daran (oder zwei Wasserstoffe, wie beim Formaldehyd) handelt es sich um einen **Aldehyd**. Diese beiden Klassen von Verbindungen haben viele Ähnlichkeiten und sollen deshalb hier auch gemeinsam behandelt werden. *Es könnten auch noch Heteroatome an dem Kohlenstoff mit der Oxo-Gruppe hängen – dann ist es aber keine Carbonyl-Verbindung mehr, sondern etwas anderes mit ganz anderen Eigenschaften, zum Beispiel eine Carbonsäure (siehe Abschnitt 9.5).*

Wie bereits erwähnt (Kapitel 8.1), gibt es bei den Carbonylverbindungen verschiedene Möglichkeiten der Namengebung. Man kann den Namen des zu Grunde liegenden Kohlenwasserstoffs mit der Bezeichnung **Oxo**- kombinieren (z.B. 2-Oxo-Propan), man kann aber auch an den Namen dieses Kohlenwasserstoffs die Endung **-on** oder **-al** anhängen (also Propan**on**). Ketone werden gerne noch als Kombination des Worts „Keton" mit den Namen der Gruppen gebildet, die an dem C-Atom der Ketogruppe hängen (z.B. Di-Methyl-Keton). Aldehyde können durch Reduktion von Carbonsäuren entstehen, und daher leitet man den Namen des Aldehyds von der entsprechenden Säure ab. Der der Essigsäure *(acidum aceticum)* entsprechende Aldehyd heißt daher **Acetaldehyd**, der der Ameisensäure *(acidum formicum)* entsprechende heißt **Formaldehyd**. Und zusätzlich gibt es noch Trivialnamen, wie **Aceton** oder **Acetophenon**.

Kohlenhydrate

Die Beschreibung der Carbonylverbindungen wäre nicht vollständig, würden wir nicht auch die Zucker erwähnen. Zucker sind Kohlenstoffketten (meist fünf oder sechs C-Atome), die an einer Stelle eine Carbonylverbindung und an allen anderen C-Atomen eine Alkohol-Gruppe tragen – also ein mehrwertiger Alkohol mit einer Carbonyl-Gruppe.

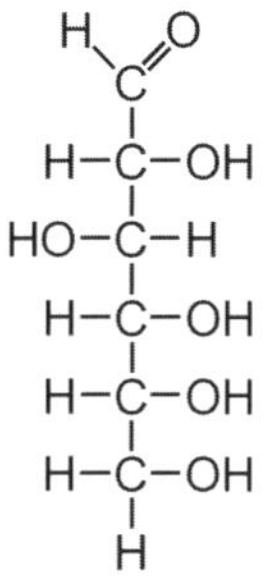

```
 H   O
  \ //
   C
   |
 H-C-OH
   |
HO-C-H
   |
 H-C-OH
   |
 H-C-OH
   |
 H-C-OH
   |
   H
```

D-Glucose

Am Beispiel links kann man zweierlei erkennen. Erstens kann man die Summenformel addieren und kommt auf $C_6H_{12}O_6$, das man auch als $C_6(H_2O)_6$ schreiben könnte. Man kann sich so alle Zucker aus Kohlenstoff und Wasser zusammengesetzt denken – daher der Name Kohlen-Hydrat. Und zweitens erkennt man, dass sich in so einem Molekül eine Menge asymmetrischer C-Atome befinden (siehe Kapitel 8.4.2). In unserem Beispiel haben wir vier solcher C-Atome, daher gibt es $2^4 = 16$ Isomere. Man hat allen diesen Isomeren verschiedene Namen gegeben (jeweils D und L) – einer davon wäre die Glucose (= Traubenzucker). Die Vielzahl an Zuckern, die es gibt, wird also vor allem durch kleine Unterschiede in der räumlichen Struktur hervorgerufen.

Zucker sind wichtige Speicher chemischer Energie. Es läge also im Interesse der Organismen, möglichst viel von diesen kostbaren Stoffen einzulagern. Es gibt jedoch eine Grenze: wenn zu viel Zucker im Zellinneren vorhanden ist, steigt der osmotische Druck und die Zelle würde platzen. Damit das nicht passiert, hat sich die Natur einen einfachen Trick ausgedacht: Der osmotische Druck ist ja von der Anzahl der Teilchen abhängig. Macht man also aus sehr vielen Zuckermolekülen ein großes Molekül, so wird der osmotische Wert von diesen wenigen großen Molekülen kaum beeinflusst. Solche großen Moleküle – man nennt sie Polysaccharide – sind zum Beispiel Stärke oder auch Zellulose. Sie bestehen aus Tausenden miteinander verknüpften Glucose-Einheiten. Pflanzen lagern also Stärke und nicht einfache Zucker als Energievorrat, und diese Stärke finden wir in Getreidekörnern, in Kartoffeln, in Wurzeln und überall sonst, wo Pflanzen Vorräte anlegen. Nur wenn Pflanzen Tiere anlocken wollen – zwecks Hilfe bei der Vermehrung – verwenden sie süßen Zucker, also im Nektar der Blüten oder in den (Schein-) Früchten.

9.4.1 Eigenschaften und Reaktionen

Formaldehyd ist ein stechend riechendes, sehr giftiges Gas; in Wasser gelöst verwendet man es als Desinfektionsmittel und für die Fixierung und Konservierung von biologischen und anatomischen Präparaten. Es ist auch Ausgangsmaterial für zahlreiche Synthesen. Acetaldehyd ist eine farblose, niedrig siedende Flüssigkeit und viel weniger giftig. *Unser Stoffwechsel baut Ethanol zu Acetaldehyd ab. Die als „Kater" bezeichneten Beschwerden, die man nach zu viel genossenem Alkohol am nächsten Tag empfindet, werden hauptsächlich von diesem Acetaldehyd verursacht. Das gleiche Enzym oxidiert auch Methanol zu Formaldehyd, und das ist der Grund, warum Methanol giftig ist. Man kann daher eine Vergiftung mit Methanol durch Ethanol bekämpfen. Das Enzym ist dann mit dem Ethanol beschäftigt und kommt nicht dazu, sich um das Methanol zu kümmern, sodass kein Formaldehyd entsteht.* Aceton ist ein wichtiges Lösungsmittel, es ist mit polaren wie mit apolaren Flüssigkeiten gleichermaßen gut mischbar.

primärer Alkohol
↑
Aldehyd
↓
Carbonsäure

Der wichtigste Unterschied zwischen Aldehyden und Ketonen ist ihre Reaktion mit Oxidationsmitteln. Aldehyde werden leicht zur Carbonsäure oxidiert, wirken daher selbst reduzierend. *Dies wird zum Nachweis von Aldehyden verwendet. Bei der Fehling-Reaktion wird* Cu^{2+} *zu rotem, unlöslichem Kupfer(I)Oxid reduziert, der rote Niederschlag beweist die Anwesenheit einer reduzierenden Substanz.*

sekundärer Alkohol
↑
Keton

Ketone können nicht oxidiert werden und wirken daher nicht reduzierend.

Die Reduktion von Aldehyden und Ketonen gibt den entsprechenden (primären oder sekundären) Alkohol (siehe Abschnitt 9.2.2).

Die C = O Bindung ist stark polarisiert

Die große Reaktionsfähigkeit der Carbonylverbindungen wird durch die hohe Elektronegativität des Sauerstoffs verursacht. Dieser Sauerstoff zieht die Elektronen der Doppelbindung an sich und trägt daher eine negative Teilladung:

$$CH_3-C(=O)-H \longleftrightarrow CH_3-C^{\oplus}(-O^{\ominus})-H \qquad CH_3-C(=O)-CH_3 \longleftrightarrow CH_3-C^{\oplus}(-O^{\ominus})-CH_3$$

Acetaldehyd und Aceton, je zwei mesomere Formen

Man kann sich daher das Reaktionsverhalten besser mithilfe der jeweils zweiten Grenzstruktur, bei der der Sauerstoff die negative Ladung trägt, verdeutlichen.

Enol-Keto-Tautomerie

Bei der Enol-Keto-Tautomerie haben wir ein Gleichgewicht, ein Wasserstoff vom benachbarten Kohlenstoff wandert als H^+

an den negativ geladenen Sauerstoff, dem zurückbleibenden C-Atom bleibt ein Elektronenpaar übrig, mit dem es eine Bindung zu seinem Nachbarn herstellt:

$$CH_3-CH{=}O \rightleftharpoons CH_2{=}CH-OH \qquad CH_3-C(CH_3){=}O \rightleftharpoons CH_2{=}C(CH_3)-OH$$

Keto-Form Enol-Form Keto-Form Enol-Form

$$H-CH_2-C^{\oplus}H-\overline{\underline{O}}|^{\ominus} \rightleftharpoons H-CH{=}CH-\overline{\underline{O}}-H \qquad H-CH_2-C^{\oplus}(CH_3)-\overline{\underline{O}}|^{\ominus} \rightleftharpoons H-CH{=}C(CH_3)-\overline{\underline{O}}-H$$

Beachten Sie, dass nicht die Doppelbindung vom Sauerstoff nach links in Richtung der beiden Kohlenstoffe wandert – obwohl das oberflächlich so aussieht. Im Gegenteil, die Elektronen wandern in die andere Richtung, ein Elektronenpaar von der $H-C$*-Bindung formt die neue Doppelbindung, ein Elektronenpaar vom Sauerstoff (bzw. von der* $C=O$ *Bindung) bildet die neue* $H-O$*-Bindung.*

Das Gleichgewicht liegt dabei in den allermeisten Fällen weit auf der Seite des Aldehyds bzw. des Ketons. Man erkennt aus dem Schema der Reaktion oben noch eine weitere wichtige Eigenschaft der Carbonylverbindungen: H-Atome am Nachbarkohlenstoff sind azid, eines kann relativ leicht als H^+abgespalten werden. OH^--Ionen fördern diese Tendenz natürlich, daher reagieren Aldehyde in alkalischer Lösung gern untereinander:

H-Atome unmittelbar neben der Carbonyl-Gruppe sind azid.

$$H-CH_2-C^{\oplus}H-\overline{\underline{O}}|^{\ominus} \;+\; H-CH_2-CH{=}\overline{O} \;\overset{OH^-}{\rightleftharpoons}\; H-CH_2-CH(\overline{\underline{O}}-H)-CH_2-CH{=}\overline{O}$$

ein Aldol

Man kann diese Reaktion als Tautomerie auffassen, bei der das H-Atom von einem anderen Molekül kommt. Wieder entsteht eine zusätzliche Bindung, doch jetzt statt der Doppelbindung eine Bindung zwischen den beiden Molekülen. Es entsteht ein Stoff, der eine alkoholische und eine Aldehydgruppe trägt, also ein **Ald-ol**. *Die Reaktion heißt daher auch Aldol-Addition.* Nun trägt aber das Aldol immer noch azide Wasserstoffe *(neben der verbleibenden Carbonyl-Gruppe)*. Einer davon entweicht als

Aldol-Kondensation = Aldol-Addition

H^+ und nimmt dabei die benachbarte HO-Gruppe mit, wir erhalten eine Eliminierung:

$$CH_3{-}CH(OH){-}CH_2{-}CHO \rightleftharpoons CH_3{-}CH{=}CH{-}CHO + H_2O$$

ein Aldol — Crotonaldehyd (OH^-, H^+)

Aldole spalten leicht Wasser ab, daraus werden ungesättigte Aldehyde (daher der Name **Aldol-Kondensation**).

Wegen der stark polaren C = O Bindung können Nukleophile leicht angreifen.

Die positive Teilladung, die der Kohlenstoff der Carbonyl-Gruppe trägt, ist natürlich ein ideales Ziel für nukleophile Reagenzien. Freie Elektronenpaare von Sauerstoff- oder Stickstoff-haltigen Verbindungen können so in eine Vielzahl an möglichen Reaktionen treten. *Man kann diese Reaktionen auch als nukleophile Addition an die C = O Doppelbindung deuten.* Lagert sich Wasser an, so erhält man ein Aldehyd-Hydrat (oder Ketonhydrat):

$$CH_3{-}C^{\oplus}H{-}O^{\ominus} + H{-}O{-}H \rightleftharpoons CH_3{-}CH(OH){-}O{-}H$$

Acetale und Ketale

$R{-}CH(OH){-}O{-}R'$ Halbacetal — $R{-}CH(OR''){-}O{-}R'$ Vollacetal

$R{-}CR(OH){-}O{-}R'$ Halbketal — $R{-}CR(OR''){-}O{-}R'$ Vollketal

Wir haben also hier zwei alkoholische Gruppen am gleichen Kohlenstoff, so etwas ist in den meisten Fällen (Ausnahmen gibt es) nicht stabil. Das Gleichgewicht in dieser Reaktion liegt weit auf der Seite des Aldehyds. Verwendet man allerdings statt Wasser Alkohol, so erhält man eine stabile Verbindung, ein so genanntes **Acetal**:

$$CH_3{-}C^{\oplus}H{-}O^{\ominus} + H{-}O{-}R \rightleftharpoons CH_3{-}CH(OH){-}O{-}R$$

Ein Acetal ist quasi ein Ether des Aldehyd-Hydrats mit einem anderen Alkohol. Da das Aldehyd-Hydrat aber zwei HO-Gruppen hat, könnten auch beide Gruppen verethert werden. Also unterscheidet man Halbacetal (eine Ether-Gruppe) und Vollacetal (beide Gruppen bilden Ether). Wenn ein Keton so reagiert, nennt man die Produkte **Ketale** (Halbketal, Vollketal).

Mit stickstoffhaltigen Gruppen beginnt die Reaktion genau so. Nehmen wir als einfachstes Beispiel Ammoniak:

$$R\text{-}\overset{\overset{|\overline{O}|^{\ominus}}{|}}{\underset{\underset{H}{|}}{C^{\oplus}}} + \overset{\overset{H}{|}}{\underset{\underset{H}{|}}{N}}\text{-}H \rightleftharpoons \left[R\text{-}\overset{\overset{\overset{H}{|}}{O}}{\underset{\underset{H}{|}}{C}}\text{-}\overset{\overset{H}{|}}{N}\text{-}H \right] \rightleftharpoons R\text{-}\underset{\underset{H}{|}}{C}\text{=}N\text{-}H + H_2O$$

(OH^-, H^+)

Das gebildete Zwischenprodukt ist jedoch instabil und reagiert weiter: Der Sauerstoff ist stärker elektronegativ als der Stickstoff und zieht weiter Elektronen an. Damit bekommt letzten Endes der Stickstoff eine positive Teilladung und das führt dazu, dass vom Stickstoff ein H^+zum Sauerstoff wechselt. Damit spaltet sich ein Molekül Wasser ab, der zurückbleibende Stickstoff arrangiert sich nun auch mit einer zweiten Bindung an den Kohlenstoff, und wir haben die C=O Bindung durch eine C=N Bindung ersetzt. *Vergleichen Sie mit der Aldolkondensation, es passiert eigentlich genau dasselbe.*

$$R\text{-}\overset{\overset{H}{|}}{C}\text{=}O + NH_3 \rightleftharpoons R\text{-}\overset{\overset{H}{|}}{C}\text{=}NH + H_2O$$

Aldimin

$$R\text{-}\overset{\overset{R}{|}}{C}\text{=}O + NH_3 \rightleftharpoons R\text{-}\overset{\overset{R}{|}}{C}\text{=}NH + H_2O$$

Ketimin

Stoffe, die eine solche C=NH Gruppe tragen, heißen **Imine**, also je nachdem wie sie entstanden sind, Aldimin oder Ketimin. Nach genau dem gleichen Schema kann man andere stickstoffhaltige Verbindungen reagieren lassen. Besonders wichtig ist die Reaktion mit Aminen, die zu den so genannten „Schiffschen Basen“ führt.

Mit Ammoniak, Aminen, etc. reagieren Carbonylverbindungen zu Iminen, Schiffschen Basen und ähnlichen Verbindungen.

$$R\text{-}\overset{\overset{H}{|}}{C}\text{=}O + \underset{\text{Amin}}{H_2N\text{-}R'} \rightleftharpoons \underset{\textbf{Schiffsche Base}}{R\text{-}\overset{\overset{H}{|}}{C}\text{=}N\text{-}R'} + H_2O$$

$$\text{R}-\overset{\text{H}}{\overset{|}{\text{C}}}=\text{O} + \underset{\text{Hydroxylamin}}{\text{H}_2\text{N}-\text{OH}} \rightleftharpoons \underset{\text{Oxim}}{\text{R}-\overset{\text{H}}{\overset{|}{\text{C}}}=\text{N}-\text{OH}} + \text{H}_2\text{O}$$

$$\text{R}-\overset{\text{H}}{\overset{|}{\text{C}}}=\text{O} + \underset{\text{Hydrazin}}{\text{H}_2\text{N}-\text{NH}_2} \rightleftharpoons \underset{\text{Hydrazon}}{\text{R}-\overset{\text{H}}{\overset{|}{\text{C}}}=\text{N}-\text{NH}_2} + \text{H}_2\text{O}$$

$$\text{R}-\overset{\text{H}}{\overset{|}{\text{C}}}=\text{O} + \text{H}_2\text{N}-\text{NHR}' \rightleftharpoons \underset{\text{substituierte Hydrazone}}{\text{R}-\overset{\text{H}}{\overset{|}{\text{C}}}=\text{N}-\text{NHR}'} + \text{H}_2\text{O}$$

Chemie in der Küche

In den Proteinen (in der Küche Eiweiß genannt) gibt es freie Aminogruppen. Und in den Zuckern gibt es Carbonyl-Gruppen. Wenn man also Protein und Zucker vereinigt, so können in der Mischung Schiffsche Basen entstehen. Da sich aber im Zucker am Nachbar-C-Atom immer noch eine OH-Gruppe befindet, kann sich das Ganze umlagern (das O der Hydroxylgruppe bekommt die Doppelbindung und das H-Atom geht zum Stickstoff, das nennt man eine Amadori-Umlagerung). Das entstehende Produkt kann sich noch weiter umlagern. Es gibt unzählige Möglichkeiten, die eine astronomische Anzahl an Produkten ergeben. Diese sind für den Geschmack von erhitzten (gebratenen, gegrillten) Speisen verantwortlich. (Darum schmecken gegrillte Spareribs so viel besser, wenn man sie zuvor mit Honig oder Bier oder Pflaumenmus bepinselt – der Zucker verbindet sich mit dem Eiweiß aus dem Fleisch, das ergibt eine schöne, wohlschmeckende Kruste.)

Die Reaktion funktioniert nur bei Temperaturen von über hundert Grad Celsius, also nützt einfaches Kochen nichts. Deshalb schmeckt auch bei Brot die Kruste stärker als das Innere (nur außen wird beim Backen die notwendige Hitze erreicht). Und daher wird Malz erhitzt (gedarrt), die entstehenden Aromastoffe gelangen dann ins Bier. Deshalb muss man Kaffeebohnen rösten, bevor man sie zu Kaffeepulver zerreibt. Und deshalb schmeckt Wiener Schnitzel – paniert mit Mehl, Ei und Brösel – so gut.

9.5 Carboxyl-Verbindungen

Diese Verbindungen enthalten die Carboxyl-Gruppe –COOH. Es sind das die häufigsten organischen Säuren, die entsprechenden Verbindungen werden daher als **Carbonsäuren** bezeichnet. Die einfachen Verbindungen mit nur einer endständigen Carboxyl-Gruppe nennt man auch Fettsäuren, da in den natürlichen Fetten häufig solche Säuren mit 16 und mehr C-Atomen vorkommen. *In den Fetten kommen nur unverzweigte Ketten mit einer geraden Anzahl von Kohlenstoff-Atomen vor.*

Man kann diese Stoffe streng systematisch nach dem Grundkohlenwasserstoff mit der Endsilbe **-säure** bezeichnen, allerdings sind bei den meisten Säuren Trivialnamen gebräuchlicher. Die Methansäure wird immer als **Ameisensäure** bezeichnet *(kommt tatsächlich bei Ameisen vor: Es ist der Stoff, den sie als Gift in die Wunde spritzen, wenn sie jemanden beißen),* Ethansäure immer als **Essigsäure**, Propansäure als **Propionsäure**, Butansäure als **Buttersäure.** *Kommt nur dann in Spuren in der Butter vor, wenn sie ranzig geworden ist. Buttersäure stinkt intensiv nach Schweißfüßen!* Die Anionen der Säuren – und damit auch die Salze – werden immer nach dem lateinischen Namen der Säure mit der Endung **-at** benannt, also Formiat, Acetat, Propionat, Butyrat, usw. *(von acidum formicum, acidum aceticum, acidum propionicum, acidum butyricum, usw.).* Wichtig sind noch die Säuren mit 16 C-Atomen – **Palmitinsäure** – und mit 18 C-Atomen – **Stearinsäure** –, die Hauptbestandteile der Fette sind.

Die drei kürzesten Säuren sind farblose, stechend riechende Flüssigkeiten, die Säuren mit 4 bis 9 C-Atomen sind ölige Flüssigkeiten mit einem ranzigen, schweißartigen Geruch, ab 10 C-Atomen sind sie fest und geruchlos. Nur die ersten vier Homologe (bis Buttersäure) sind mit Wasser beliebig mischbar. **Essigsäure** ist der bekannteste Vertreter und wurde schon im Altertum durch Gärung gewonnen. Speiseessig ist eine 5–8%ige wässrige Lösung, reine Essigsäure erstarrt bei 16°C zu eisartigen Kristallen und wird daher auch als „Eisessig" bezeichnet.

Die wichtigste Reaktion der Carbonsäuren ist natürlich die Säuredissoziation:

$$CH_3-C(=O)OH \rightleftharpoons H^+ + CH_3-C(=O)O^{\ominus} \longleftrightarrow CH_3-C(O^{\ominus})=O$$

R–COOH und Derivate

$$H-C(=O)-OH \equiv HCOOH$$

Ameisensäure
Salze: Formiate

$$CH_3-C(=O)-OH \equiv CH_3COOH$$

Essigsäure
Salze: Acetate

$$CH_3 \cdot CH_2 \cdot COOH$$

Propionsäure
Salze: Propionate

$$CH_3 \cdot CH_3 \cdot CH_2 \cdot COOH$$

Buttersäure
Salze: Butyrate

$$C_6H_5-C(=O)-OH \equiv C_6H_5-COOH$$

Benzoesäure
Salze: Benzoate

$$C_6H_5-CH_2-C(=O)-OH \equiv C_6H_5-CH_2COOH$$

Phenylessigsäure
Salze: Phenylacetate

Die Säurestärke wird durch die Stabilität des Anions bestimmt.

Das Anion wird durch Mesomerie stabilisiert. *Das erklärt, warum Carbonsäuren wesentlich saurer sind als Alkohole, die zwar auch H^+ abgeben können, bei denen aber diese Mesomerie nicht möglich ist.* Trotzdem liegt das Gleichgewicht weit auf der Seite der Säure. Die Carbonsäuren sind daher nicht annähernd so stark wie die starken Säuren der anorganischen Chemie, aber doch mäßig stark (obwohl sie gerne als „schwache Säuren" bezeichnet werden, aber das ist relativ). Auf jeden Fall sind sie weit stärker als die meisten organischen Verbindungen, die auch ein azides H-Atom besitzen. *Probieren Sie eine Schluck Ethanol und einen Schluck Essig, Sie merken sicher den Unterschied.*

Anionen werden durch Mesomerie stabilisiert, Substituenten nahe der Carboxyl-Gruppe können dabei mithelfen.

Die Stärke der Säure wird durch eine längere Kohlenwasserstoffkette etwas verringert, daher ist Ameisensäure die stärkste Säure der Reihe. Substituenten, die nahe der Carboxyl-Gruppe stehen (also vor allem am benachbarten C-Atom) können die Säurestärke wesentlich beeinflussen. So würden HO-Gruppen die Säurestärke geringfügig, Halogene dagegen ganz erheblich erhöhen (siehe Abschnitt 9.5.2).

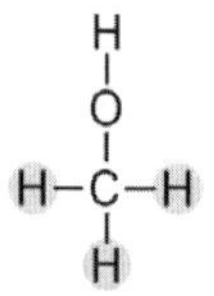

Fettsäuren können durch Reduktion zu den Aldehyden zurückgeführt werden (nicht ganz leicht, das Gleichgewicht liegt auf der Seite der Säure), wirken daher etwas oxidierend. Als einzige Säure kann Ameisensäure auch reduzierend wirken, da sie weiter zu Kohlensäure oxidiert werden kann:

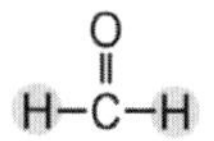

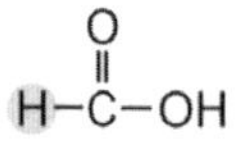

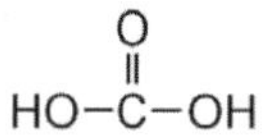

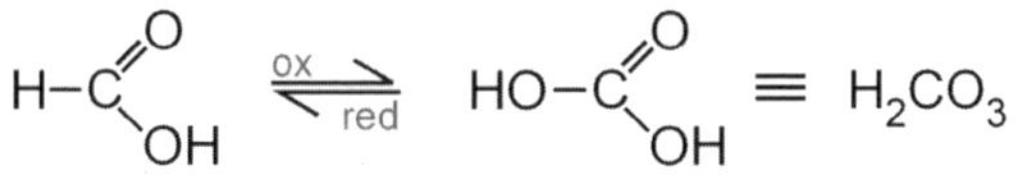

$$\text{H-C(=O)-OH} \underset{\text{red}}{\overset{\text{ox}}{\rightleftharpoons}} \text{HO-C(=O)-OH} \equiv H_2CO_3$$

H–C(H)(H)–O–H
Methanol

H–C(=O)–H
Formaldeyd

H–C(=O)–OH
Ameisensäure

HO–C(=O)–OH
Kohlensäure

Das liegt daran, dass NUR *die Ameisensäure am C-Atom der Carboxyl-Gruppe noch immer ein H-Atom trägt. Erinnern Sie sich an die Alkohole? Wenn am C-Atom, das die Alkoholgruppe trägt, kein weiteres H-Atom steht, also bei einem tertiären Alkohol, kann man ihn nicht oxidieren. Steht daran* EIN *H-Atom (sekundärer Alkohol), kann man* EINEN *Schritt oxidieren, bis zum Keton. Stehen dort* ZWEI *H-Atome (primärer Alkohol), kann man* ZWEI *Schritte oxidieren, über den Aldehyd bis zur Säure. Methanol ist der einzige primäre Alkohol, der an diesem C-Atom noch* DREI *H-Atome trägt, folglich kann man ihn in* DREI *Schritten oxidieren, zum Formaldehyd, weiter zur Ameisensäure, und letztlich zur Kohlensäure.*

9.5.1 Derivate der Carbonsäuren

Ersetzt man die Hydroxygruppe einer Carbonsäure durch Halogen, so erhält man das **Säurehalogenid**. *Bitte nicht mit Halogencarbonsäure verwechseln, dort bleibt die Carboxyl-Gruppe unverändert und das Halogen hängt irgendwo anders im Molekül, siehe Abschnitt 9.5.2.* Den Namen eines solchen Säurehalogenids setzt man aus der Acyl-Gruppe (das ist die Säure ohne die fehlende Hydroxylgruppe) – bei der Essigsäure heißt diese dann Acetyl-Gruppe – und dem entsprechenden Halogen mit der Endsilbe **-id** zusammen. Freiwillig wird eine Säure nicht zum Halogenid werden, es geht nur, wenn man eine sehr reaktionsfähige Verbindung als Halogenspender einsetzt, (Thionylchlorid $SOCl_2$ oder Phosphopentachlorid P_4Cl_{10}) und aufpasst, dass in der Mischung kein Wasser vorhanden ist.

$$R{-}\overset{\displaystyle O}{\overset{\|}{C}}{-}X \quad X = F, Cl, Br, I$$

Säurehalogenid

$$R{-}\overset{\displaystyle O}{\overset{\|}{C}}{-}$$

Acyl-Gruppe

$$CH_3{-}\overset{\displaystyle O}{\overset{\|}{C}}{-}$$

Acetyl-Gruppe

$$CH_3{-}\overset{\displaystyle O}{\overset{\|}{C}}{-}Cl$$

Acetylchlorid

$$R{-}\overset{\displaystyle O}{\overset{\|}{C}}{-}OH + SOCl_2 \rightleftharpoons R{-}\overset{\displaystyle O}{\overset{\|}{C}}{-}Cl + SO_2 + HCl$$

Säure Thionylchlorid Säurechlorid

Wir haben ein Säurechlorid erhalten *(man kann auch Säurebromide, -iodide, -fluoride herstellen)*. Mit Wasser würde es sich sofort zersetzen (zu Säure und HCl). Säurehalogenide sind sehr reaktionsfähig, man verwendet sie daher gerne zur Herstellung der übrigen Säurederivate, aber auch für die Einführung der Acyl-Gruppe in andere Verbindungen (wir haben das bei den Aromaten gezeigt, wo Benzol mit Acetylchlorid in Benzaldehyd umgewandelt wurde, siehe Abschnitt 7.5.3).

Wenn wir von zwei (!) Carbonsäure-Gruppen ein Molekül Wasser abspalten, erhalten wir ein **Säure-Anhydrid**.

$$2\ CH_3{-}C({=}O){-}OH \rightleftharpoons CH_3{-}C({=}O){-}O{-}C({=}O){-}CH_3 + H_2O$$

Essigsäure Essigsäureanhydrid

$$R{-}C({=}O){-}O{-}C({=}O){-}R$$

Säureanhydrid

Technisch ist es leichter, wenn wir ein Säurechlorid mit dem Salz einer Carbonsäure mischen:

$$R{-}C(=O){-}Cl + R'{-}C(=O){-}O^{\ominus}Na^{+} \rightleftharpoons R{-}C(=O){-}O{-}C(=O){-}R' + NaCl$$

So kann man auch „gemischte“ Anhydride herstellen, bei denen die beiden beteiligten Säuren verschieden sind. Ja es sind auch gemischte Anhydride einer Carbonsäure mit einer anorganischen Säure möglich:

$$\underset{\text{Carbonsäure}}{R{-}C(=O){-}OH} + \underset{\text{Phosphorsäure}}{HO{-}P(=O)(OH){-}OH} \rightleftharpoons R{-}C(=O){-}O{-}P(=O)(OH){-}OH + H_2O$$

Anhydride mit Phosphorsäure sind besonders in der Biochemie wichtig. *Preisfrage: Wie würde ein gemischtes Anhydrid zwischen einer Carbonsäure und Salzsäure aussehen?* Auch alle Anhydride sind sehr reaktionsfähig, sie werden besonders gern zur Herstellung von Estern verwendet.

$R_1{-}C(=O){-}O{-}R_2$

Ester

Ester sind im Prinzip Verbindungen von Säure und Alkohol unter Abspaltung von Wasser.

$$CH_3{-}C(=O){-}OH + H{-}O{-}R \rightleftharpoons CH_3{-}C(=O){-}O{-}R + H_2O$$

Die Reaktion geht schlecht und das Gleichgewicht liegt weit auf der linken Seite. Man muss also dafür sorgen, dass möglichst kein Wasser in der Mischung vorkommt (sonst geht die Reaktion von rechts nach links), und man muss die wenig reaktionsfähige Säure durch saure Katalyse (also mit H^+-Ionen) zur Reaktion anregen:

$$\underset{\text{Säure}}{CH_3{-}C(=O){-}OH} + H^+ \rightleftharpoons \left[CH_3{-}C^{\oplus}(OH){-}OH\right] + \underset{\text{Alkohol}}{H^{\delta+}{-}\bar{O}^{\delta-}{-}R} \rightleftharpoons \left[CH_3{-}C(OH)(O^{\oplus}H_2){-}O{-}R\right]$$

$$\rightleftharpoons \left[CH_3{-}C^{\oplus}(OH){-}O{-}R + H_2O\right] \rightleftharpoons \underset{\text{Ester}}{CH_3{-}C(=O){-}O{-}R} + H^+$$

Wir haben die Bildung von Estern schon im Abschnitt 9.2.2 kennengelernt, allerdings waren es dort Ester von Mineralsäuren mit Alkoholen. Die Reaktion verlief nach einem etwas anderen Mechanismus. In beiden Fällen sind Ester aber Verbindungen zwischen Säure und Alkohol unter Abspaltung von Wasser. Natürlich geht die Reaktion besser, wenn man statt der Säure ein Säure-Anhydrid verwendet (dann ist ein Teil des überschüssigen Wassers bereits weg) und noch besser geht es mit einem Säurechlorid (unter Abspaltung von HCl statt H_2O).

Die niedrigen Ester sind Flüssigkeiten mit intensivem Fruchtaroma. *Der Geruch der meisten Früchte ist auf enthaltene Ester zurückzuführen, diese werden daher auch als künstliche Aromastoffe in der Lebensmittelindustrie eingesetzt.* Sie sind mit Wasser schlecht oder gar nicht mischbar und wenig reaktionsfähig. Die wichtigste Reaktion ist die **Verseifung**, das ist die Spaltung in Alkohol und Säure, also die Umkehrung der Esterbildung. Die Verseifung braucht entweder Säure oder Base als Katalysator (daher sind Ester in neutralem Milieu stabil). Die **saure Verseifung** ist einfach die Umkehrung der oben beschriebenen Esterbildung. Die **alkalische Verseifung** ist die häufigere Variante, sie funktioniert etwas anders, dabei entstehen die Salze der Carbonsäuren:

Verseifung:

ist die Spaltung der Ester in Alkohol und Säure (oder deren Salz).

$$R'-C(=O)-O-R + Na^+\,OH^- \rightleftharpoons \left[R'-C(O^-)(OH)-O-R\right] Na^+ \rightleftharpoons \left[R'-C(=O)-OH \;\; {}^-O-R\right] Na^+ \longrightarrow R'-C(=O)-O^- \, Na^+ \;\; H-O-R$$

Na⁺ Salz — Alkohol

Da sich dabei das Salz der Carbonsäure bildet, ist der letzte Schritt nicht mehr umkehrbar, die Carbonsäure wird also ständig dem Gleichgewicht entzogen und die Reaktion kann vollständig ablaufen.

Säureamide

$$R-C(=O)-NH_2$$

$$R-C(=O)-NH-R$$

$$R-C(=O)-N(R_1)-R_2$$

Die letzte Gruppe von Säurederivaten, die wir hier behandeln wollen, sind die **Säureamide**. Man kann sich vorstellen, dass man Säure und Ammoniak unter Wasserabspaltung vereinigt:

$$CH_3-C(=O)-OH + H-NH-H \rightleftharpoons CH_3-C(=O)-NH-H + H_2O$$

Diese Reaktion geht nicht direkt, sondern man verwendet das Säureanhydrid oder -Halogenid und Ammoniak. *Wenn man Säure mit Ammoniak mischt, erhält man das Ammoniumsalz der Säure.* Man kann an Stelle des Ammoniaks auch ein primäres oder sekundäres Amin verwenden und erhält so N-substituierte Säureamide. Säureamide sind wenig reaktionsfreudig, wässrige Lösungen davon reagieren neutral. *Um basisch zu sein, müsste der Stickstoff sein freies Elektronenpaar benutzen, mit dem er ein H^+ binden kann. Dieses freie Elektronenpaar ist aber hier anderweitig beschäftigt. Es nimmt nämlich an einer Mesomerie teil, bei der der Stickstoff eine Doppelbindung zum C-Atom bekommt (siehe auch Peptidbindung, Abschnitt 9.5.6).*

$$CH_3{-}C(=\overline{O}|){-}\overline{N}H{-}H \longleftrightarrow CH_3{-}C(-|\overline{O}|^{\ominus}){=}N^{\oplus}H{-}H$$

Ester und Seifen

Natürliche Fette – also die, die man essen kann – sind Ester. Die alkoholische Komponente ist immer Glycerin und bei den so genannten Neutralfetten sind alle drei Hydroxylgruppen des Glycerins mit Fettsäuren (16, 18 oder 20 C-Atomen) verestert. *Deshalb heißen die Fettsäuren eben „Fettsäuren".*

Wachse sind etwas Ähnliches, nur haben wir hier einwertige, langkettige Alkohole mit diesen Fettsäuren verestert.

Wenn man Fette mit Lauge kocht, werden die Ester gespalten und man erhält (neben Glycerin) die Salze der Fettsäuren – die Seifen. Daher nennt man die Spaltung der Ester „Verseifung". Hat man Kaliumhydroxid verwendet, bekommt man Kalium-Salze, eine dickflüssige Masse, die als „Schmierseife" benutzt wird. Mit Natriumhydroxid erhält man Natrium-Salze, ein festeres Produkt, unsere übliche Seife (die wird natürlich noch mit allen möglichen Zusätzen versehen, damit sie gut riecht und bunt aussieht und teurer ist). Leider sind viele andere Salze der Fettsäuren nicht wasserlöslich und zum Waschen nicht brauchbar. In hartem Wasser (mit viel Calcium als Carbonat) fallen daher mit Seife die Calcium-Salze aus (gibt graue Flocken im Wasser), und man muss viel mehr Seife aufwenden um sich waschen zu können. Und in Meerwasser – das besonders viele Mineralien enthält – kann man sich mit normaler Seife überhaupt nicht waschen.

9.5.2 Halogencarbonsäuren

Man kann natürlich an die Kohlenstoff-Kette einer Fettsäure beliebige andere Substituenten anhängen. Dabei gibt es allerdings zwei unterschiedliche Möglichkeiten der Bezeichnung. Nach der Genfer Nomenklatur sollte man die Glieder der Kohlenstoffkette mit Nummern versehen, wobei das C-Atom der Carboxyl-Gruppe die Nummer 1 erhält. Die Position eines Substituenten wird dann wie üblich mit dieser Nummer festgestellt.

Cl
4 3| 2 1
$CH_3 - CH - CH_2 - COOH$
γ β α

Das wäre also eine 3-Chlor-Buttersäure (oder auch 3-Chlor-Butan-Säure). Nun gibt es aber eine häufig verwendete Nomenklatur, die den Umstand berücksichtigt, dass an der Carboxyl-Gruppe ohnehin kein weiterer Substituent stehen kann und die daher am Nachbar-Kohlenstoff beginnt. Von dort weg werden die C-Atome mit griechischen Buchstaben bezeichnet. Die oben dargestellte Verbindung wäre dann eine β-Chlor-Buttersäure.

Cl
|
H−C−COOH
|
H

Chloressigsäure

Cl
|
Cl−C−COOH
|
Cl

Trichloressigsäure

Grundsätzlich sind Halogen-Carbonsäuren stärkere Säuren als die entsprechenden unsubstituierten Säuren, besonders dann, wenn das Halogen in der α-Stellung steht. Der −I Effekt des Halogens bewirkt, dass negative Ladungen zum Halogen gezogen werden, also wird das (negativ geladene) Anion viel besser stabilisiert und daher das Gleichgewicht der Säure-Dissoziation zum Anion hin verschoben. Mehrere Halogene verstärken den Effekt. Choressigsäure ist daher eine wesentlich stärkere Säure als Essigsäure, Trichloressigsäure ist eine besonders starke Säure *(liegt etwa zwischen Phosphorsäure und Salpetersäure)*.

Das Halogen bewirkt eine Erhöhung der Säurestärke.

9.5.3 Ungesättigte Carbonsäuren

Diese enthalten noch eine Doppelbindung in der Kohlenwasserstoff-Kette. Die einfachste Verbindung dieser Gruppe ist die Propensäure, üblicherweise als **Acrylsäure** bezeichnet. *Wegen der Doppelbindung kann man auch daraus wieder Polymere herstellen. Aus dem Amid der Acrylsäure erhält man Polyacrylamid, das in Wissenschaft und Labordiagnostik als Träger-*

$CH_2{=}CH-COOH$

COOH

Acrylsäure

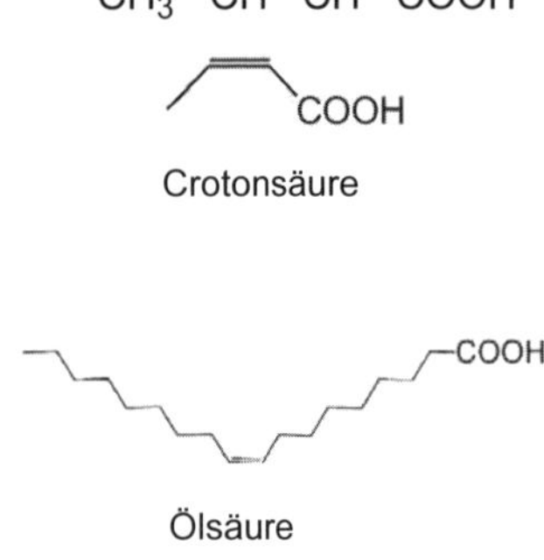

Crotonsäure

Ölsäure

Gel für Elektrophoresen verwendet wird. Aus anderen Acrylsäure-Derivaten macht man Plexiglas.

Wichtig sind weiters vor allem die langkettigen Fettsäuren mit einer oder mehreren Doppelbindungen (18 oder 20 C-Atome). Die einfachste Verbindung ist die Ölsäure (kommt in den natürlichen Ölen vor). Fettsäuren mit mehreren Doppelbindungen werden im Organismus benötigt, können von Säugetieren (und Menschen) aber nicht synthetisiert werden, es sind daher unverzichtbare Bestandteile der Nahrung (so genannte **essenzielle Fettsäuren**).

Fette und Öle

Wenn ein Fett – also ein Ester von Glycerin mit drei Fettsäuren – nur gesättigte Säuren enthält, so können sich die Kohlenwasserstoff-Ketten der Fettsäuren schön parallel ausrichten, der Schmelzpunkt ist hoch und das Fett ist bei Normaltemperatur fest. Enthält Fett hingegen viele ungesättigte Fettsäuren, so stört die Struktur um die Doppelbindung das geordnete Zick-Zack der anderen Ketten, das Fett wird weniger leicht fest werden und bei Raumtemperatur flüssig sein. So ein flüssiges Fett nennt man – in der Küche und überhaupt – ein Öl. Grundsätzlich sind pflanzliche Fette und auch die Fette von Wassertieren Öle. *Denken Sie an den Lebertran aus Fischen, brrr!* Die Fette von Säugetieren und Vögeln (Schmalz, Butter) sind dagegen feste Fette, sie sind nicht völlig frei von ungesättigten Fettsäuren, enthalten aber deutlich weniger.

In einer gesunden Ernährung sollte mindestens die Hälfte der aufgenommenen Fette Öle sein, weil die ungesättigten Fettsäuren gesund und notwendig sind. Da Menschen aber eine Vorliebe für Ungesundes haben, essen sie lieber teure Butter als billiges Öl. Das hat die Chemiker natürlich dazu verleitet, künstliche feste Fette aus billigeren Ölen herzustellen. Man muss nur Wasserstoff (mit Hilfe von Katalysatoren) an die Doppelbindung addieren. Den Vorgang nennt man „Fetthärtung“ und das Produkt verkauft man unter dem Namen Margarine!

9.5.4 Säuren mit mehreren Carboxyl-Gruppen

COOH
|
COOH

Oxalsäure
Salze: Oxalate

Natürlich können an einer Kohlenwasserstoffkette auch mehrere Carboxyl-Gruppen hängen. *An einer unverzweigten Kette nur zwei, eine an jedem Ende. Ist die Kette verzweigt, sind auch drei und mehr Carboxyl-Gruppen möglich.*

Man könnte diese Säuren natürlich systematisch benennen, es sind aber ausschließlich Trivialnamen in Gebrauch, die man sich leider merken muss. Einige Vertreter dieser Gruppe spielen nämlich in der Biochemie eine wichtige Rolle.

COOH – CH_2 – COOH

Malonsäure
Salze: Malonate

Die einfachste Säure mit nur zwei Kohlenstoffen heißt **Oxalsäure** (und die Salze Oxalate; *Formel auf der vorhergehenden Seite*), die Säure mit drei Kohlenstoffen heißt **Malonsäure** (die zugehörigen Salze Malonate; *Aufpassen, weiter unten steht die Maleinsäure und deren Salze, die Maleate und dann gibt es noch eine Äpfelsäure, deren Salze heißen Malate, siehe Abschnitt 9.5.5, NICHT verwechseln!)*. Die Bernsteinsäure mit vier C-Atomen heißt auf lateinisch „acidum succinicum", daher heißen deren Salze Succinate. Danach wird es wieder einfacher, die Glutarsäure hat fünf C-Atome und ihre Salze heißen Glutarate. *Nicht mit Glutamat verwechseln, das ist das Salz der Glutaminsäure und kommt erst im Abschnitt 9.5.6.*

COOH – CH_2 – CH_2 – COOH

Bernsteinsäure
Salze: Succinate

Die Dicarbonsäuren sind etwas stärkere Säuren als die Monocarbonsäuren *(zumindest in der ersten Dissoziationsstufe)*. Bemerkenswert ist vor allem ihre Fähigkeit, mit sich selbst **intramolekulare** Anhydride zu bilden.

COOH – CH_2 – CH_2 – CH_2 – COOH

Glutarsäure
Salze: Glutarate

$$CH_2(COOH)–CH_2(COOH) \rightleftharpoons \text{Bernsteinsäureanhydrid} + H_2O$$

Bernsteinsäure Bernsteinsäureanhydrid

$C_6H_4(COOH)_2$

Pthalsäure
Salze : Phtalate

Da sich dabei ein Ring bilden muss, geht das nur, wenn dieser Ring mindestens 5 Atome enthält, also nur mit Bernsteinsäure und größeren Säuren. Säuren wie Essigsäure bilden **intermolekulare** Anhydride, sie brauchen also jeweils zwei Moleküle. („Inter"-molekular heißt zwischen zwei Molekülen, „intra"-molekular heißt innerhalb desselben Moleküls.)

Kombiniert man die zwei Eigenschaften ungesättigte Säure und Dicarbonsäure, so sind die beiden einfachsten (und wichtigsten) Vertreter **Maleinsäure** und **Fumarsäure**. Sie sehen, dass das nur die cis-trans-Isomeren derselben Grundstruktur sind. Ihre Eigenschaften sind dennoch so unterschiedlich, dass man ihnen verschiedene Namen gegeben hat, so kann Maleinsäure ein in-

COOH–CH=CH–COOH (cis) HOOC–CH=CH–COOH (trans)

Maleinsäure (Maleate) **Fumarsäure** (Fumarate)

tramolekulares Anhydrid bilden, Fumarsäure nicht *(warum ist leicht einzusehen)*.

9.5.5 Hydroxycarbonsäuren und Ketocarbonsäuren

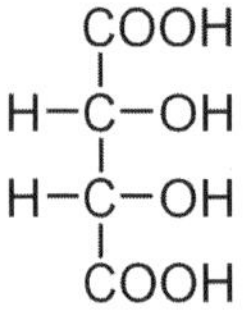

$HOOC-CH(OH)-CH(OH)-COOH$

Weinsäure
Salze: Tartrate

Auch eine Hydroxygruppe besitzt einen −I Effekt, der einer Säure helfen kann, das Anion zu stabilisieren – besonders wenn die HO-Gruppe in α-Stellung zur Carboxyl-Gruppe steht. Hydroxycarbonsäuren sind also – ähnlich wie Halogencarbonsäuren – ebenfalls stärker sauer als die entsprechenden unsubstituierten Säuren. Der Effekt ist aber lange nicht so stark wie bei den Halogencarbonsäuren.

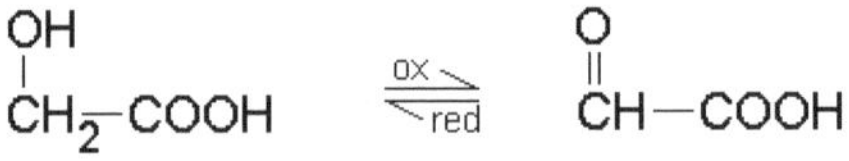

$$HO-CH_2-COOH \underset{red}{\overset{ox}{\rightleftharpoons}} O{=}CH-COOH$$

Glykolsäure (Glykolat) — Glyoxylsäure (Glyoxylat)

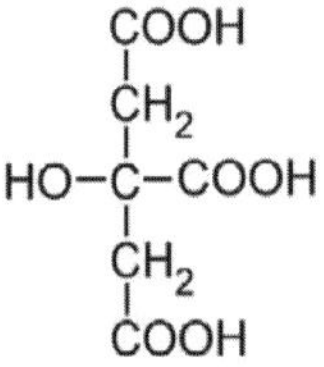

$HOOC-CH_2-C(OH)(COOH)-CH_2-COOH$

Citronensäure
Salze: Citrate

Die Hydroxygruppe kann natürlich oxidiert werden. Wenn es eine sekundäre Alkoholgruppe ist, kann man sie zum Keton oxidieren. Dann entsteht die entsprechende Ketosäure. Die in der Folge angegebenen Paare von Hydroxy- und Ketosäure sind im Stoffwechsel von wesentlicher Bedeutung:

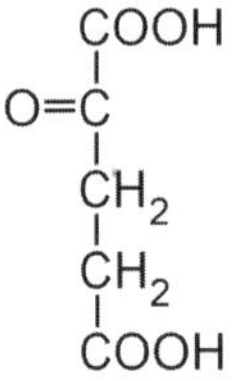

$HOOC-C(=O)-CH_2-CH_2-COOH$

α-Ketoglutarsäure
Salze: α-Ketoglutarate

$$CH_3-CH(OH)-COOH \underset{red}{\overset{ox}{\rightleftharpoons}} CH_3-C(=O)-COOH$$

Milchsäure
Salze: Lactate

Brenztraubensäure
Salze: Pvruvate

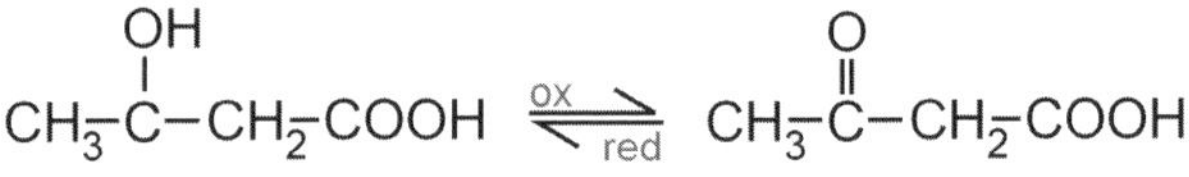

$$CH_3-CH(OH)-CH_2-COOH \underset{red}{\overset{ox}{\rightleftharpoons}} CH_3-C(=O)-CH_2-COOH$$

ß-Hydroxybuttersäure
Salze: ß-Hydroxybutyrate

Acetessigsäure
Salze: Acetoacetate

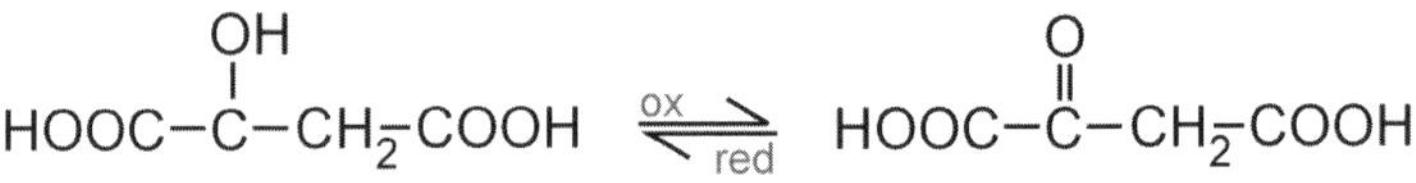

$$HOOC-CH(OH)-CH_2-COOH \underset{red}{\overset{ox}{\rightleftharpoons}} HOOC-C(=O)-CH_2-COOH$$

Äpfelsäure
Salze: Malate

Oxalessigsäure
Salze: Oxalacetate

Es wird Ihnen dabei das relative Durcheinander der Namen aufgefallen sein. Es gibt hier systematische Namen (wie ß-Hydroxybuttersäure) und reine Trivialnamen, wie Äpfelsäure oder Milchsäure. Und die Namen der Salze werden gern vom lateinischen Namen der Säure abgeleitet, damit man sich noch extra etwas merken muss. Zusätzlich gibt es auch die – bei Säuren häufige – Namensschöpfung, bei der man einen Namen aus zwei anderen Säurenamen zusammensetzt, also Acetessigsäure, als Verbindung einer Acetyl-Gruppe (Acet-) mit einer Essigsäure (bei Oxalessigsäure ist es ähnlich). *Es ist gemein, dass gerade die unsystematischen Namen in der Biochemie so wichtig sind, man muss sie daher wie Vokabeln lernen.* Trivialnamen richten sich oft nach der Quelle, in der man die Verbindung entdeckt hat. Milchsäure (entsteht durch eine spezielle Art von bakterieller Gärung) ist tatsächlich die Säure, die die Milch sauer macht, sie kommt aber ebenso im Sauerkraut vor.

Zum Drüberstreuen habe ich noch die Salicylsäure aufgeschrieben, die ist zwar nicht im Stoffwechsel wichtig, aber eines ihrer Derivate (die Hydroxygruppe mit Essigsäure verestert) war das erste synthetische Mittel gegen Schmerzen und ist als Aspirin noch heute in häufigem Gebrauch.

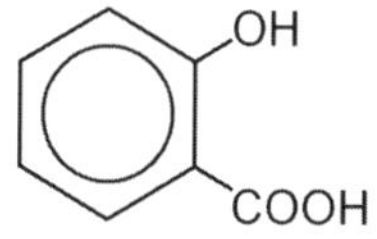

OH
COOH

Salicylsäure (Salicylat)

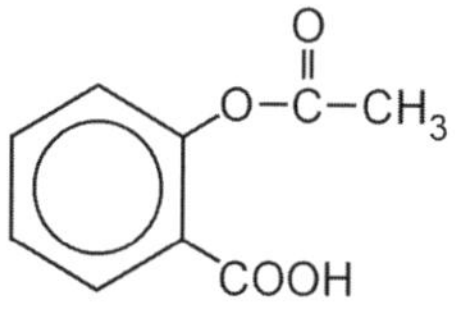

O
O–C–CH_3
COOH

Acetylsalicylsäure, Aspirin

Noch einige Reaktionen von Hydroxysäuren: Die Hydroxylgruppe kann natürlich mit einer Säuregruppe verestert werden. Da wir in Hydroxysäuren beides haben, können diese also quasi mit sich selbst reagieren. Wenn die beiden Gruppen weit genug voneinander entfernt stehen (HO-Gruppe in γ- oder δ-Stellung), kann sich auf diese Weise intramolekular ein fünf- oder sechsgliedriger Ring bilden, ein so genanntes **Lacton**:

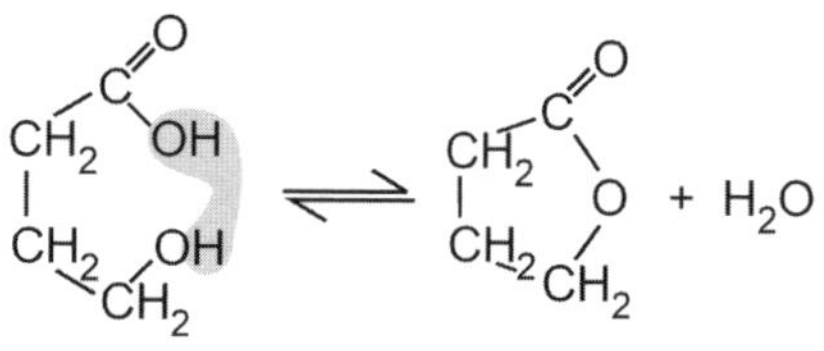

O
C
CH_2 OH
CH_2 OH
CH_2
⇌
O
C
CH_2
O + H_2O
CH_2 CH_2

Lacton

Das geht bei α-Hydroxysäuren natürlich nicht, die können immer nur mit einem anderen Molekül – also intermolekular – reagieren:

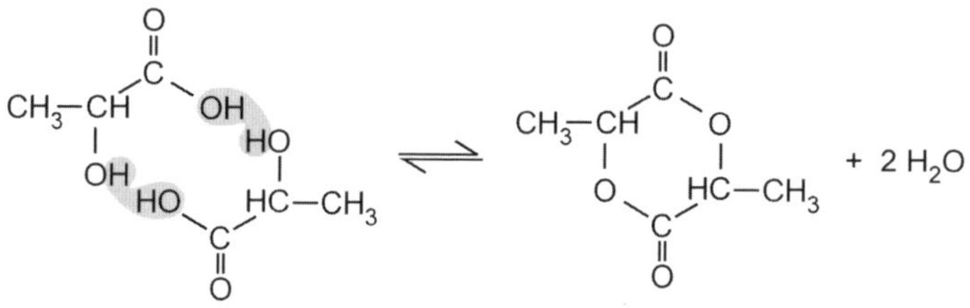

O
C
CH_3–CH OH
HO
OH
HO HC–CH_3
C
O
⇌
O
C
CH_3–CH O
O HC–CH_3
C
O
+ 2 H_2O

Lactid

So einen intermolekularen Ester nennt man **Lactid**. Bleiben noch die β-Hydroxysäuren: Die bilden keine Ester sondern spalten intramolekular Wasser ab. Wir erhalten eine ungesättigte Säure (das ist vergleichbar mit der Reaktion von Aldolen, Abschnitt 9.4.1).

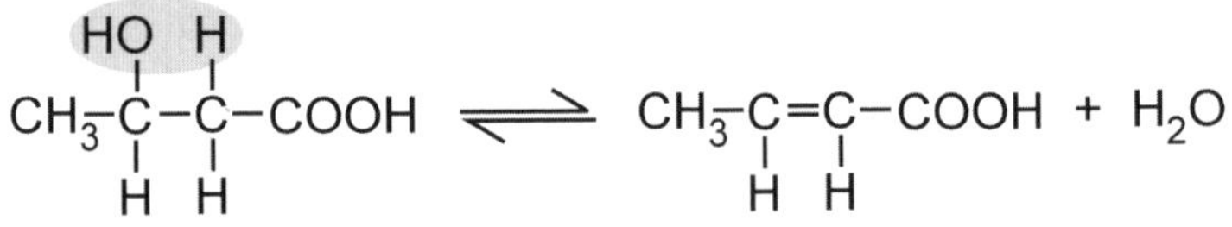

$$CH_3-CH(H)-C(OH)(H)-COOH \rightleftharpoons CH_3-CH{=}CH-COOH + H_2O$$

Ketosäuren können leicht **decarboxylieren**, sie spalten also CO_2 aus der Säuregruppe ab. Aus α-Ketosäuren entstehen dabei Aldehyde, aus den anderen werden Ketone. *Diese Reaktionen sind im Stoffwechsel besonders wichtig, so entsteht das Kohlendioxid, das wir ausatmen.*

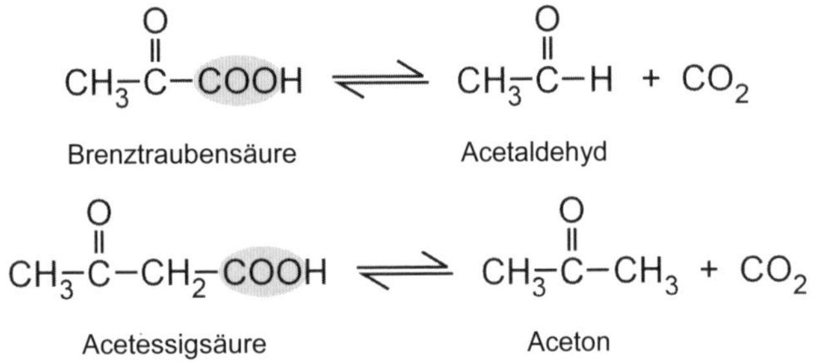

$$CH_3-C(=O)-COOH \rightleftharpoons CH_3-C(=O)-H + CO_2$$

Brenztraubensäure — Acetaldehyd

$$CH_3-C(=O)-CH_2-COOH \rightleftharpoons CH_3-C(=O)-CH_3 + CO_2$$

Acetessigsäure — Aceton

Der Citratzyklus

Sie werden wahrscheinlich Probleme haben, alle diese verschiedenen Säuren auseinander zu halten und werden sich auch gleichzeitig fragen, wozu um alles in der Welt das denn gut sein soll? Es gibt einen wichtigen biochemischen Stoffwechselweg, den so genannten Citratzyklus (auch „Zitronensäure-Zyklus" oder – nach dem Entdecker – Krebs-Zyklus genannt) und hier sind viele dieser Säuren beteiligt. Es ist nun wahrscheinlich einfacher, man merkt sich die darin vorkommenden Säuren in ihrem natürlichen Zusammenhang, statt alle einzeln und unabhängig auswendig zu lernen. Darum machen wir jetzt ausnahmsweise einen kurzen Abstecher in die Biochemie und sehen uns an, was in diesem Zyklus passiert.

Die Nahrung, die wir zu uns nehmen, dient zum Großteil der Energiegewinnung. Sie wird also im Prinzip zu CO_2 und H_2O verbrannt. Allerdings darf man sich das nicht so vorstellen wie in einem Ölofen, in dem Kohlenwasserstoffe (Heizöl) ebenfalls zu diesen Stoffen verbrannt werden und dabei Wärme frei wird. Unser Körper macht das in vielen Teilschritten und versucht dabei möglichst viel Energie in Form von chemischer Energie zu bekommen. Diese vielen Teilschritte kann man in drei Hauptabschnitte zusammenfassen:

1. Fast alle Nahrungsmittel (gleichgültig ob Fett oder Zucker oder die meisten Aminosäuren) werden in vielfältigen Reaktionen zu Essigsäure umgewandelt – dabei wird zunächst noch sehr wenig Energie frei.
2. Die Essigsäure wird nun in Kohlendioxid und Wasserstoff umgewandelt, auch dabei wird nur wenig Energie frei. Das ist die Reaktion, die der Citratzyklus besorgt:

$$CH_3COOH + 2\,H_2O \rightleftharpoons 2\,CO_2 + 8\,\mathrm{H}$$

3. Die meiste Energie steckt jetzt in diesen Wasserstoffen (H), diese werden mit Sauerstoff zu Wasser oxidiert und die dabei freiwerdende Energie als chemische Energie gebunden. Das geschieht räumlich getrennt vom Citratzyklus in der so genannten Atmungskette und ... – *aber das ist eine andere Geschichte.*

Wir wollen uns jetzt nur mit den Teilschritten des Citratzyklus befassen und uns dabei ein paar Erleichterungen erlauben. Grundsätzlich liegen alle diese Säuren bei neutralem pH-Wert als Anionen vor (also als Natrium- oder Kalium-Salze). Übersichtlicher und leichter zu merken sind aber die Formeln der undissoziierten Säuren – deshalb haben wir diese verwendet, aber die Namen der Anionen darunter geschrieben. Und außerdem regieren Enzyme – die wir hier weglassen – den Citratzyklus und diese haben Helfer, die so genannten Coenzyme. Die Wasserstoffe, die dabei entstehen und die wir als „H" schreiben, kommen natürlich nicht als H_2-Gas vor und schon gar nicht als freie H^+-Ionen, sondern sie werden an solche Coenzyme gebunden (*man könnte sie am ehesten noch als* $H^+ + e^-$ *schreiben*). Und auch einige der Säuren werden zwischendurch an Coenzyme gebunden: Die Essigsäure zum Beispiel tritt nicht als freie Essigsäure in den Citratzyklus ein, sondern gebunden an das so genannte Coenzym A. Auch alle diese Coenzyme lassen wir weg, wir wollen hier ja nicht Biochemie betreiben, sondern nur den Zusammenhang zwischen den einzelnen Säuren herstellen. Machen Sie sich daher auch keine Gedanken über den Mechanismus der auftretenden Reaktionen – da dabei immer Enzyme beteiligt sind, ist der Reaktionsverlauf viel schwerer durchschaubar als in der einfachen organischen Chemie.

① Es beginnt damit, dass je ein Molekül Acetat und Oxalacetat sich vereinigen, es entsteht Citrat (dieser erste Schritt gab dem ganzen Zyklus seinen Namen).

② Citrat lagert sich zu Isocitrat um, die HO-Gruppe verändert ihren Platz (damit wurde die tertiäre Alkoholgruppe in eine sekundäre umgewandelt, die dann im nächsten Schritt oxidiert werden kann).

③ Isocitrat gibt zwei Wasserstoffe ab (genauer gesagt sind es zwei H^+-Ionen und zwei Elektronen, aber gebunden an ein Coenzym) und aus der Hydroxy-Gruppe wird eine Carbonyl-Gruppe. Gleichzeitig wird die mittlere Carboxyl-Gruppe decarboxyliert, es entsteht α-Ketoglutarat, man kann es auch 2-Oxoglutarat nennen. (Das ergibt das erste CO_2 und die ersten beiden Hs.)

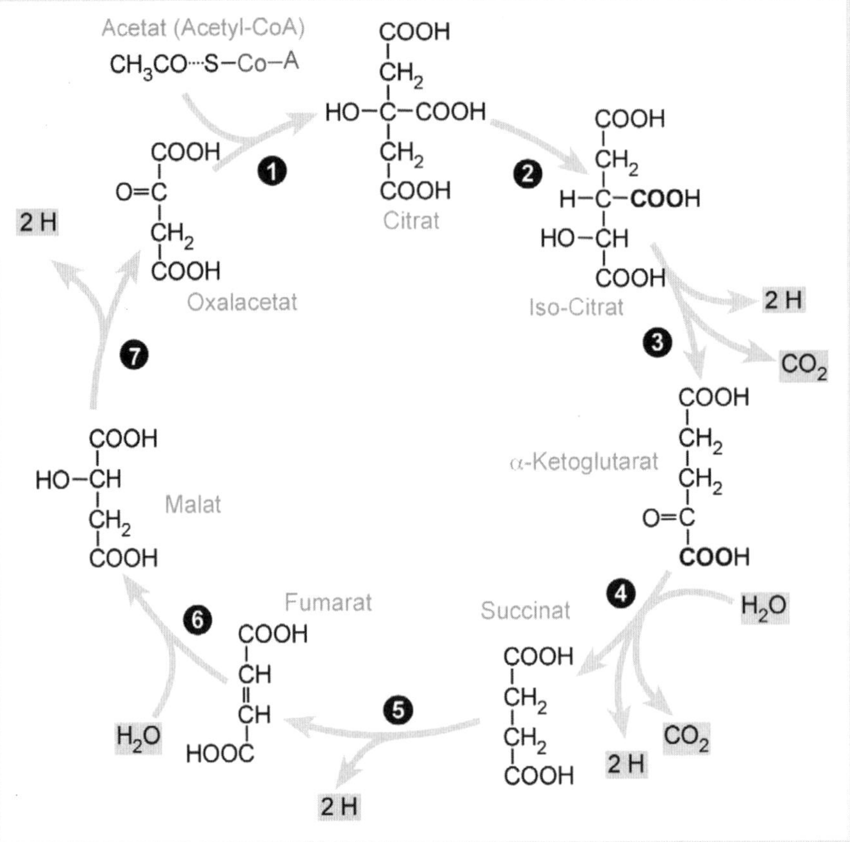

Acetat (Acetyl-CoA)
$CH_3CO\cdots S{-}Co{-}A$
Citrat
Iso-Citrat
α-Ketoglutarat
Succinat
Fumarat
Malat
Oxalacetat
2 H, CO_2, H_2O

④ Die Carboxyl-Gruppe neben der C=O Gruppe von α-Ketoglutarat wird nun ebenfalls decarboxyliert (α-Ketosäuren decarboxylieren leicht), gleichzeitig wird die C=O Gruppe zur Säure oxidiert, es entsteht Succinat. Dazu muss der Sauerstoff von einem Wassermolekül verwendet werden, und wieder werden zwei Hs frei. (Das ergibt das zweite CO_2 und zwei Hs, das erste H_2O wird verbraucht.)

⑤ Succinat eliminiert die nächsten zwei Hs, es entsteht Fumarat.

⑥ An die Doppelbindung wird Wasser addiert, es entsteht Malat (und das zweite Wasser wurde verbraucht).

⑦ Malat wird zu Oxalacetat oxidiert (diese Reaktion kennen wir schon), dabei entstehen die letzten beiden Hs.

Fertig. Das gebildete Oxalacetat kann mit einem weiteren Molekül Acetat reagieren und der Prozess beginnt wieder von vorne. Wenn Sie jetzt die in den Schritten ① bis ⑦ abgespaltenen Bruchstücke zusammenzählen, so erhalten Sie acht Hs und zwei CO_2. Investiert haben wir ein Acetat und zwei Wasser (das Oxalacetat am Anfang haben wir ja am Schluss zurückbekommen), das entspricht unserer zu Anfang angegebenen Summenreaktion.

9.5.6 Aminosäuren

Aminosäuren sind – wie der Name schon sagt – Carbonsäuren, die als zweite funktionelle Gruppe noch eine Amino-Gruppe $-NH_2$ besitzen. In den natürlich vorkommenden Aminosäuren hängt die Amino-Gruppe fast immer am α-Kohlenstoff, es sind also **α-Aminosäuren**. *Im zellulären Stoffwechsel kommen ganz vereinzelt auch Aminosäuren vor, bei denen die Amino-Gruppe an einem anderen Kohlenstoff hängt. In den Proteinen aber – auf die kommen wir noch zurück – gibt es nur α-Aminosäuren und zwar 20 verschiedene.* Diese normalen „natürlichen" Aminosäuren haben daher die Grundstruktur wie rechts in der Abbildung zu sehen.

```
    NH2
    |
R—C—COOH
    |
    H
```

Der Rest ***R*** bedeutet dabei wieder irgendeine organische Gruppierung. Die natürlichen Aminosäuren unterscheiden sich NUR in diesen Gruppen.

Nun hängen am α–Kohlenstoff VIER VERSCHIEDENE Liganden. Wie wir bereits wissen (Kapitel 8.4.2), haben wir hier ein asymmetrisches Kohlenstoffatom. Es gibt also zwei mögliche optische Isomere, D- und L-. Alle natürlichen Aminosäuren haben ausschließlich die **L-Form**.

Die natürlich vorkommenden Aminosäuren sind L-α-Aminosäuren.

Das ist wichtig! Da alle unsere Enzyme eine bestimmte Konfiguration benötigen, könnten wir D-Aminosäuren in unserer Nahrung nicht verwerten. Wenn es in der Natur eine Mischung beider Formen gäbe, müssten sich alle Lebewesen in zwei streng getrennte Untergruppen teilen. L-Tiere könnten dann

```
    NH2
    |
H—C—COOH
    |
    H
```

Glycin

Alanin

Phenylalanin

Serin

Cystein

Glutaminsäure

Arginin

nur L-Pflanzen fressen oder andere L-Tiere. Womöglich würde ihnen schlecht werden, wenn sie einmal irrtümlich von einer D-Pflanze kosteten. Es ist natürlich absolut denkbar, dass irgendwo im Weltall ein Planet existiert, wo zum Ausgleich nur D-Aminosäuren vorkommen. Manche Wissenschaftler spekulieren darüber, ob wir nur zufällig ein L-Planet sind, oder ob vielleicht die Erdrotation in Verbindung mit dem Magnetfeld bewirkt hat, dass sich irgendwann in der Urzeit die L-Aminosäuren durchgesetzt haben ... ?

Keine Regel ohne Ausnahme! Eine der 20 Aminosäuren, die in Proteinen vorkommen, ist keine L-Aminosäure! Aber auch keine D-Aminosäure!?

Was dann? Die Lösung ist ganz einfach. Unter den vielen verschiedenen Gruppen, die oben in der allgemeinen Formel mit R bezeichnet sind, gibt es die Möglichkeit, dass diese „Gruppe" ein simples Wasserstoff-Atom ist. Wenn wir also das R in der allgemeinen Formel durch H ersetzen, erhalten wir die einfachste aller Aminosäuren: **Glycin** *(Formel siehe vorhergehende Seite)*. Da aber hier der α-Kohlenstoff **zwei Wasserstoffatome** trägt, sind nicht alle vier Liganden verschieden, und es gibt keine Möglichkeit mehr, zwei geometrisch verschiedene Formen zu erhalten.

Da sich also die Aminosäuren nur durch die Seitenkette unterscheiden (das ist der Rest R), ist es sinnvoll, sie nach eben diesen Seitenketten einzuteilen. Dabei unterscheidet man grundsätzlich zwischen apolaren und polaren Resten. Aminosäuren mit **apolaren** Resten sind solche, die eine Alkyl- oder Aryl-Gruppe tragen (oder auch nur Wasserstoff), also Glycin oder Alanin oder – als komplizierteres Beispiel – Phenylalanin (leicht zu merken, ein Alanin mit einer zusätzlichen Phenylgruppe). **Polare** Reste können **ungeladen** sein, aber der Rest trägt eine funktionelle Gruppe mit Dipoleigenschaften wie $-OH$ (in Serin) oder $-SH$ (in Cystein). Es gibt aber auch polare Gruppen, die geladen sind, die also eine zusätzliche Säuregruppe enthalten (wie Glutaminsäure) oder eine stark basische Gruppe (wie Arginin). Bei neutralen pH-Werten trägt die Seitenkette der Glutaminsäure eine **negative** Ladung (liegt also als Anion vor), bzw. die Seitenkette von Arginin eine **positive** Ladung (durch Aufnahme eines H^+-Ions).

Wer ist hier hydrophob?

Sie mögen sich vielleicht wundern, warum man Aminosäuren ausgerechnet nach polaren und apolaren Seitenketten einteilt. Wäre nicht eine Einteilung in klein und groß, oder in aliphatisch versus cyclisch o.Ä. sinnvoller?

Nun, das liegt daran, dass polare Gruppen hydrophil sind, apolare Gruppen hingegen hydrophob. Und das Wechselspiel zwischen hydrophil und hydrophob erlaubt erst den Aufbau von biologischen Strukturen. Eine lebende Zelle könnte unmöglich existieren, wenn sie nicht beides enthalten würde. Erst dadurch entstehen stabile Membranen, Organellen usw. Nur so kann es die Zelle schaffen, in ihrem Inneren Räume und Funktionen voneinander zu trennen.

Nun ist aber der Ausdruck hydrophob grob irreführend. Das klingt so, als ob Öl – oder andere apolare Stoffe – dem Wasser „feindlich" gegenüberstehen, als ob sie Wasser abstoßen würden. Im Gegenteil, apolare Stoffe haben für Wasser nicht mehr und nicht weniger Sympathie als füreinander. Es ist das Wasser, das den Eigenbrötler spielt.

Durch die starken Dipoleigenschaften des Wassers will es unbedingt Bindungen mit anderen polaren Gruppen bilden. Jedes Wassermolekül möchte gerne an vier solchen Bindungen teilnehmen, jedes der beiden H-Atome will eine Brücke zu nachbarlichen Sauerstoff-Atomen bilden, und das O-Atom hätte gern zwei (wegen der zwei freien Elektronenpaare) Brücken zu nachbarlichen Wasserstoffen. In flüssigem Wasser klappt das nur teilweise, weil die störende Molekularbewegung immer wieder Bindungen aufbricht, aber im Eis ist es viel besser. Eis hat eine tetraedrische Struktur, jedes Wasseratom ist von vier anderen umgeben. Und wie regelmäßig sich die Bindungen im Eis ausbilden können, weiß jeder, der einmal eine Schneeflocke betrachtet hat.

Aber Wasser ist auch bereit, andere Moleküle mitspielen zu lassen. Diese müssen aber entweder polar genug sein, um mit dem Wasser eine ähnlich feste Bindung eingehen zu können, oder aber sie sind geladen. *So eine schöne fette Ladung ist natürlich ganz besonders attraktiv für jeden Dipol.* Apolare Stoffe dagegen sind für Wasser uninteressant. Um mit ihnen in Wechselwirkung zu treten, müsste das Wasser auf einen Teil seiner energetisch viel günstigeren Bindungen zu polaren Gruppen verzichten. Und daher bleibt das Wasser lieber unter sich. Nicht Öl stößt Wasser ab, das Wasser zieht sich vom Öl zurück, und als Ergebnis dieses – *man könnte sagen, „rassistischen"* – Verhaltens von Wasser bleibt den Ölmolekülen nichts anderes übrig, als ebenfalls unter sich zu bleiben. Das nennt man dann die hydrophobe Wechselwirkung: *Die „ausgeschlossenen Mauerblümchen" versammeln sich und bilden notgedrungen eine eigene Gruppe.*

Und jetzt muss ich Ihnen gestehen, dass alle bisher angegebenen Formeln von Aminosäuren – nein, nicht gerade falsch – aber doch nicht wirklich korrekt waren. Denn auch die erste (oder einzige) Carboxyl-Gruppe der Aminosäuren liegt in neutralem Milieu negativ geladen vor, und dafür ist auf der anderen Seite die Amino-Gruppe positiv geladen. Die korrekten Formeln für einige Aminosäuren sehen also in Wirklichkeit so aus:

$$H-\underset{H}{\overset{NH_3^{\oplus}}{C}}-COO^{\ominus}$$

Glycin

$$HO-CH_2-\underset{H}{\overset{NH_3^{\oplus}}{C}}-COO^{\ominus}$$

Serin

$$^{\ominus}OOC-CH_2-CH_2-\underset{H}{\overset{NH_3^{\oplus}}{C}}-COO^{\ominus}$$

Glutaminsäure

$$H_2N-\overset{\overset{\oplus}{NH_2}\,\|}{C}-NH-CH_2-CH_2-CH_2-\underset{H}{\overset{NH_3^{\oplus}}{C}}-COO^{\ominus}$$

Arginin

Überlegen wir uns, was da passiert ist: Die Carbonsäure-Gruppen reagieren nach der Formel:

$$H_2N-\overset{R}{\overset{|}{C}}H-COOH \rightleftharpoons H_2N-\overset{R}{\overset{|}{C}}H-COO^- + H^+$$

Das ist natürlich die normale Dissoziations-Reaktion einer Säure, man kann also das Massenwirkungsgesetz anwenden, den K_S-Wert bestimmen und daraus einen pK_S-Wert berechnen. *Das wissen Sie sicher noch alles. Wenn nicht, nachlesen in unserem Buch „Chemie verstehen“.* Diese pK_S-Werte der natürlichen Aminosäuren liegen zwischen 2 und 3. Nun steht aber der pK_S-Wert einer schwachen Säure in Beziehung zum pH-Wert der umgebenden Lösung: ist der pH-Wert gleich dem pK_S-Wert, so ist die Säure zur Hälfte dissoziiert (die beiden Seiten der oberen Gleichung sind also zu je 50 % vertreten). Ist der pH-Wert saurer (kleiner), so ist die Säure weniger dissoziiert (es ist also mehr undissoziierte Säure vorhanden), ist der pH-Wert alkalischer (größer), so ist mehr Anion vorhanden. *Beachten Sie, dass pH und pK_S logarithmische Größen sind, bei einem pK_S von 3 und einem pH von sagen wir 4 ist also nicht ein bisschen mehr Anion vorhanden, sondern schon mehr als zehnmal so viel Anion wie undissoziierte Säure, bei einem pH-Wert von 5 schon mehr als hundertmal so viel.* Das bedeutet aber, dass bei einem neutralen pH-Wert praktisch nur noch das Anion vorkommt.

Für die Amino-Gruppe kann man genau die gleichen Regeln aufstellen:

$$H_3{}^+N{-}\underset{\displaystyle |}{\overset{\displaystyle R}{C}}H{-}COOH \rightleftharpoons H_2N{-}\overset{\displaystyle R}{C}H{-}COOH + H^+$$

Man kann die positiv geladene Amino-Gruppe als schwache Säure auffassen. Die pK_S-Werte für die Amino-Gruppen der natürlichen Aminosäuren liegen zwischen 9 und 10. Bei pH-Werten saurer als 9 dominiert also die geladene Form, bei pH-Werten alkalischer als 10 die ungeladene Form.

Bei neutralen pH-Werten liegt die Carboxyl-Gruppe als Anion vor, die Amino-Gruppe als Kation.

Überlegen wir uns jetzt, was bei den verschiedenen pH-Werten mit BEIDEN Gruppen passiert, so erhalten wir das folgende Schema:

$$\underset{pH\,<\,2}{H_3{}^+N{-}\overset{\displaystyle R}{C}H{-}COOH} \rightleftharpoons \underset{3\,<\,pH\,<\,9}{H_3{}^+N{-}\overset{\displaystyle R}{C}H{-}COO^-} \rightleftharpoons \underset{10\,<\,pH}{H_2N{-}\overset{\displaystyle R}{C}H{-}COO^-}$$

Wir haben also Aminosäuren nie in der ungeladenen Form vorliegen. Und bei jedem halbwegs neutralen pH-Wert hat unsere Aminosäure wenigstens zwei Ladungen, eine negative und eine positive. Man spricht von einem **Zwitterion**, weil zwei gegensätzliche Ladungen am gleichen Molekül auftreten. (Bei polaren geladenen Aminosäuren kommt dann noch die Ladung der Seitenkette dazu, also z.B. bei Glutaminsäure noch eine weitere negative, bei Arginin noch eine weitere positive Ladung.)

Zwitterion:

Ein Molekül, das gleichzeitig eine positive und eine negative Ladung trägt.

Wenn wir so eine Aminosäure titrieren und bei möglichst sauren pH-Werten anfangen, so liegt zunächst nur die positiv geladene Form vor. Wir nehmen als Beispiel eine Aminosäure mit ungeladener Seitenkette (*und erhalten ungefähr die auf der folgenden Seite angegebene Kurve*).

Am Anfang geben wir Base (z.B. NaOH) zu, die Kurve wird flacher und der pH-Wert ändert sich nur wenig (die Aminosäure wirkt hier als Puffer). Schließlich erreichen wir einen Punkt, an dem genau die Hälfte der positiv geladenen Form in das Zwitterion umgewandelt wurde ①. Wir haben also eine 1:1 Mischung der beiden Formen und es gilt – wie für alle Puffer –, dass der erreichte pH-Wert gleich dem pK_S-Wert der Säure ist (jetzt der Carboxyl-Gruppe). Die Kurve ist jetzt besonders

An den Äquivalenzpunkten der Titrationskurve liegt praktisch nur eine einzige Form des Moleküls vor.

An den Stellen der Titrationskurve, an der eine 1:1 Mischung zweier Formen vorliegt, haben wir optimale Pufferwirkung. Der pH an diesen Stellen ist gleich dem pK_S-Wert.

flach. Setzen wir weiter NaOH zu, so beginnt die Kurve allmählich zu steigen, bis sich plötzlich der pH-Wert stark ändert ②. Wir haben jetzt gleichviel NaOH wie Aminosäure in der Lösung. Damit haben wir den Äquivalenzpunkt erreicht, es liegt (fast) nur mehr das Zwitterion vor. Titrieren wir weiter, kommen wir in einen zweiten Pufferbereich, schließlich erreichen wir einen Punkt, an dem gleiche Mengen von Zwitterion und der negativ geladenen Form vorliegen ③ – wieder ist der pH gleich dem pK_S-Wert (diesmal dem der Amino-Gruppe). Wenn wir fortsetzen, kommen wir zu einem zweiten Äquivalenzpunkt ④, hier haben wir doppelt soviel NaOH wie Aminosäure in der Lösung, also beide Gruppen titriert, es liegt (fast) nur mehr die negative geladene Form der Aminosäure vor. *Titrieren wir noch weiter, bekommen wir mehr und mehr überschüssige NaOH in unsere Lösung und der pH-Wert nähert sich allmählich dem der reinen NaOH-Lösung ⑤.*

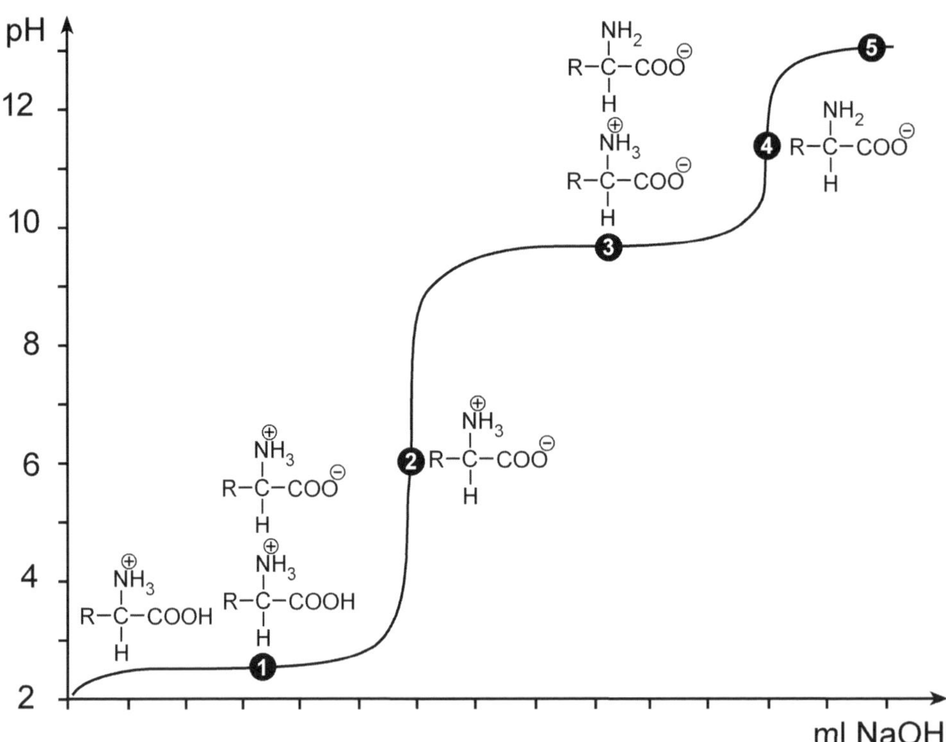

Von dieser Titrationskurve ist eine Stelle besonders bemerkenswert, nämlich der Punkt, an dem nur das Zwitterion vorhanden ist *(in unserer Darstellung der Punkt ②)*. Hier halten sich alle negativen und positiven Ladungen die Waage. Würde man ein elektrisches Feld anlegen, würden die Aminosäure-Moleküle keinen der beiden Pole bevorzugen, sie würden im elektrischen Feld daher nicht wandern. Man nennt diese Stelle den **isoelektrischen Punkt.** Der pH-Wert des isoelektrischen Punkts könnte aus der Kurve abgeschätzt werden, genauer ist es jedoch, wenn man ihn aus den pK_S-Werten berechnet, er ist einfach das arithmetische Mittel der beiden pK_S-Werte.

Den isoelektrischen Punkt der meisten Aminosäuren berechnet man nach der Formel:

$$I.P. = \frac{pK_{S1} + pK_{S2}}{2}$$

Komplizierter wird es allerdings, wenn auch noch die Seitenkette eine Ladung tragen kann, dann haben wir nämlich einen dritten pK_S-Wert und man muss sich genau überlegen, an welcher Stelle welche Ladungen auftreten und welche zwei pK_S-Werte man für die Berechnung des isoelektrischen Punkts braucht. (Natürlich darf man nicht das arithmetische Mittel aus allen dreien nehmen.)

Peptide und Proteine

In Abschnitt 9.5.1 haben wir die Säureamide kennen gelernt, die durch Reaktion von Carboxyl- und Amino-Gruppe entstehen. In den Aminosäuren haben wir diese beiden Gruppen in einem Molekül vereint, allerdings reagieren α-Aminosäuren nicht intramolekular (= mit sich selbst), da der Abstand zwischen Carboxyl- und Amino-Gruppe zu gering ist (es würde ein viergliedriger Ring entstehen). Doch die Carboxyl-Gruppe einer Aminosäure kann mit der Amino-Gruppe einer anderen Aminosäure reagieren:

$$H_2N{-}CH(R){-}C({=}O){-}OH \quad H_2N{-}CH(R){-}C({=}O){-}OH \rightleftharpoons H_2N{-}CH(R){-}C({=}O){-}N(H){-}CH(R){-}C({=}O){-}OH + H_2O$$

Die so hergestellte Säureamid-Bindung nennt man in diesem Fall **„Peptidbindung“** und so ein Molekül aus zwei Aminosäuren wäre ein Di-Peptid. Es wird Ihrer Aufmerksamkeit nicht entgangen sein, dass dieses Dipetid immer noch an den Enden eine Amino- und eine Carboxyl-Gruppe besitzt, also mit einer dritten Aminosäure zu einem Tripeptid reagieren könnte, und dieses könnte weiter reagieren zu einem Tetrapeptid, weiter zu einem Pentapeptid und immer so weiter, bis eine lange Kette entstanden ist. Säureamide sind – wie bereits erwähnt – ziemlich reaktionsträge, die Kette ist also sehr stabil. Sind viele Aminosäuren miteinander vereinigt, spricht man von einem Polypeptid, und wenn es besonders viele sind (etwa ab 50 Aminosäuren) von einem Protein. In so einem Protein (auch Eiweiß genannt) können hunderte bis tausende Aminosäuren vereinigt sein, oft besteht dann das Protein aus mehreren Ketten, die durch die Wechselwirkungen der Seitenketten miteinander verbunden sind.

Die Peptidbindung hat eine bemerkenswerte Eigenschaft: der Sauerstoff zieht die Elektronen der Doppelbindung an sich, zum Ausgleich gibt der Stickstoff nach und etwas von seinem freies Elektronenpaar ab. Dadurch nähert sich dessen Bindung zum Kohlenstoff einer Doppelbindung an und kann daher um diese Bindung nicht mehr gedreht werden. Die vier Atome (Sauerstoff, Kohlenstoff und Stickstoff, dazu noch der am Stickstoff hängende Wasserstoff) liegen also immer in einer Ebene. Diese Eigenschaft ist wichtig für die Konformation der Proteine. Man darf nicht vergessen, dass in einem Peptid oder Protein die Amino- und Carboxyl-Gruppen der Grundstruktur der Aminosäure in den Peptidbindungen verbraucht worden sind. Übrig bleibt nur EINE Amino-Gruppe am Anfang der Kette, EINE Carboxyl-Gruppe am Ende – und die vielen Gruppen, die an den SEITENKETTEN hängen. Es sind diese Seitenketten, welche die Eigenschaften des Proteins bestimmen. Vor allem die räumliche Struktur wird durch die Seitenketten festgelegt – zwischen den starren Peptidbindungen gibt es ja immer noch je zwei normale Einfachbindungen, um die gedreht werden kann. Die Kette windet und wickelt sich also so im Raum, wie es den Seitenketten gefällt. Diese Seitenketten können miteinander und mit Seitenketten anderer Stränge in Wechselwirkung treten, oft sind apolare Reste im Inneren des Moleküls vereint und polare Reste zeigen nach außen (wenn das Protein wasserlöslich ist). Nicht zuletzt sind die Seitenketten wichtig für die Funktion des Proteins.

Welche Funktionen haben Proteine? Nahezu alle, die in der belebten Welt vorkommen. Es gibt Proteine, die Strukturen aufbauen und welche, die Stoffe transportieren (z.B.: Hämoglobin), es gibt welche, die Katalysatoren sind (die Enzyme) und welche, die die Bewegung von Muskeln ermöglichen. Proteine sorgen als Antikörper für die Abwehr von Krankheitserregern und andere als Hormone für die interzelluläre Kommunikation. Und so weiter und so weiter ...

9.6 Amine

$R\,NH_2$, $R_2\,NH$, $R_3\,N$

Endsilbe: -amin

Formal kann man sich Amine vom Ammoniak ableiten, indem man eines oder mehrere H-Atome durch einen Alkyl- oder Arylrest ersetzt. Ist ein H-Atom ersetzt, erhält man ein **primäres Amin**, ersetzt man zwei H-Atome, gibt es ein **sekundäres Amin** und bei drei ausgetauschten Gruppen ein **tertiäres Amin**. Man kann auch vom Ammonium-Ion NH_4^+ ausgehend alle vier H-Atome ersetzen, dann bekommt man ein **quartäres Ammonium-Ion** (die positive Ladung am Stickstoff bleibt natürlich):

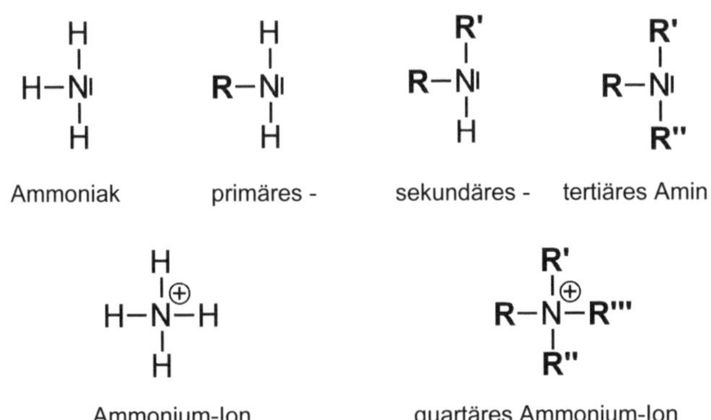

CH_3-NH_2

Methylamin

$CH_3-CH_2-NH_2$

Ethylamin

$CH_3-CH_2-NH-CH_3$

Ethylmethylamin

$(CH_3)_3N$

Trimethylamin

$C_6H_5-NH_2$

Phenylamin, **Anilin**

Die Namensgebung erfolgt aus den Namen der entsprechenden Gruppen mit der Endsilbe **-amin**. Methyl-Amin enthält also eine Methylgruppe an Stelle des H-Atoms im Ammoniak, Ethyl-Methyl-Amin hat je eine Ethyl- und eine Methylgruppe, usw. Einige Amine haben auch Trivialnamen, vor allem das Phenylamin muss man sich merken, es wird allgemein nur **Anilin** genannt.

Eine biologisch sehr wichtige Quelle für Amine ist die Decarboxylierung von Aminosäuren, es wird also aus einer Aminosäure CO_2 freigesetzt, zurück bleibt die Amino-Gruppe und die Seitenkette:

$$HOOC-CH_2-CH_2-CH(NH_2)-COOH \rightleftharpoons HOOC-\overset{\alpha}{C}H_2-\overset{\beta}{C}H_2-\overset{\gamma}{C}H_2-NH_2 + CO_2$$

Glutaminsäure — γ-Aminobuttersäure

Man kann diese Reaktion mit allen 20 in den Proteinen vorkommenden Aminosäuren durchführen, die so entstandenen

$HO-CH_2-CH_2-NH_2$

Cholamin

$HO-CH_2-CH_2-N^{\oplus}(CH_3)_3$

Cholin

$C_6H_5-CH_2-CH_2-NH_2$

Phenylethylamin

Amine werden als **biogene Amine** bezeichnet. Sie sind biologisch sehr wichtig und haben eine Vielzahl von Funktionen im Körper, als Gewebshormone, Neurotransmitter, Bestandteile von Coenzymen, usw. *Die oben angegebene γ-Aminobuttersäure spielt im Stoffwechsel des Gehirns eine wichtige Rolle. Decarboxyliert man Serin, erhält man Cholamin (= Ethanolamin), das – wie auch das davon abgeleitete Cholin – essenzieller Bestandteil von Lipiden ist. Und decarboxyliert man Phenylalanin, so erhält man Phenylethylamin, eine Substanz, die den Blutdruck und das Wohlbefinden steigert. Besonders viel davon findet sich in Kakao und in Schokolade!*

Enthält ein Molekül mehrere Aminogruppen, so wird es streng systematisch als Di-amin, Tri-amin, usw. bezeichnet. Ein besonders prominentes Diamin ist das **EDTA** (Abkürzung von **E**thylen-**d**iamin-**t**etra-**a**cetat), welches mit den meisten Metall-Ionen Komplexe bilden kann (siehe Kapitel 1.4). Da dieses EDTA mehr als ein Elektronenpaar zur Verfügung stellen kann (im Prinzip könnten von jeder Acetat-Gruppe und von den beiden Stickstoffen Elektronenpaare kommen, also maximal sechs), vermag es das Metall-Ion zu umklammern und in einen Käfig aus mehreren koordinativen Bindungen einzuschließen.

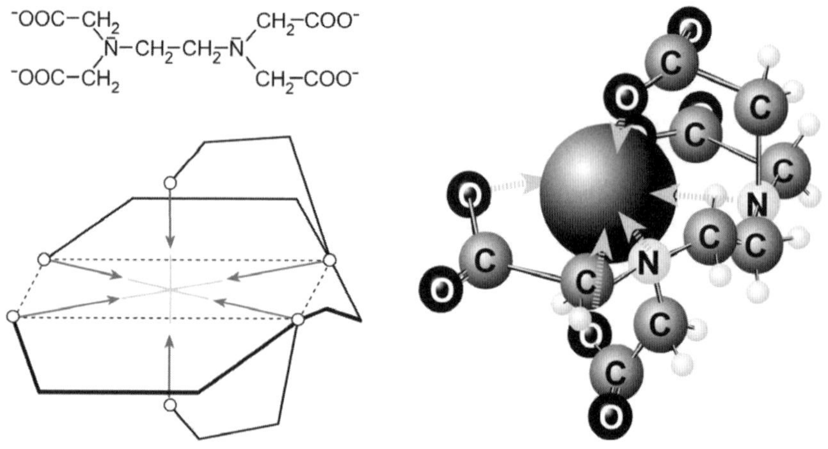

EDTA Raumstruktur eines EDTA-Metall-Komplexes

Solche Komplexe sind naturgemäß besonders fest, man nennt sie **Chelatkomplexe** („chele" heißt Krebsschere auf Griechisch), weil das Molekül wie eine Klaue das Metall-Ion umschließt. Liganden wie EDTA, die sich gleich mit mehreren

Elektronenpaaren an einem Komplex beteiligen können, nennt man **mehrzähnige** Liganden *(so als ob jedes Elektronenpaar ein Zahn wäre, mit dem es sich im Zentralatom verbeißt).* Da immer ein Molekül EDTA mit genau einem Metall-Ion reagiert, kann man damit Metalle titrieren (siehe Kapitel 11). EDTA eignet sich aber auch gut um giftige Schwermetalle unschädlich zu machen.

9.6.1 Eigenschaften und Reaktionen

Amine können als Basen reagieren, indem sie in Analogie zum Ammoniak H^+-Ionen aufnehmen können:

$$NH_3 + H^+ \rightleftharpoons NH_4^+ \qquad R{-}NH_2 + H^+ \rightleftharpoons R{-}NH_3^+$$

Da Alkyl-Gruppen einen (wenn auch geringen) +I-Effekt zeigen, sind aliphatische Amine stärker basisch als Ammoniak. (Der +I-Effekt schiebt Elektronen von den Alkyl-Gruppen zum Stickstoff. Das hilft etwas, die positive Ladung zu stabilisieren, also wird das obige Gleichgewicht etwas nach rechts verschoben.) Mehrere Gruppen verstärken den Effekt, daher sind sekundäre Amine stärker basisch als primäre, und tertiäre noch stärker basisch. Umgekehrt wissen wir aber schon, dass in aromatischen Aminen die Amino-Gruppe selbst einen +M-Effekt hat, also Elektronen in Richtung des Aromatischen Systems und vom Stickstoff wegschiebt (man könnte auch sagen, der aromatische Substituent hat einen −M-Effekt auf die Amino-Gruppe). M-Effekte überwiegen fast immer I-Effekte, daher sind aromatische Amine schwächer basisch als Ammoniak.

Alkyl-Gruppen verstärken die basische Reaktion des Amins, Aryl-Gruppen schwächen sie.

Wichtig ist die Reaktion von Aminen mit **salpetriger Säure** (die so genannte „Van Slyke-Reaktion"). Dabei reagieren die verschiedenen Typen von Aminen unterschiedlich:

Reaktion von Aminen mit HNO_2

Ähnlich wie bei den Alkoholen (Abschnitt 9.2.1) kommt es auch bei den Aminen darauf an, wie viele H-Atome noch für Reaktionen verfügbar sind. Bei einem primären Amin, das noch zwei H-Atome am Stickstoff trägt, reagiert der Sauerstoff der salpetrigen Säure mit diesen zwei Wasserstoffen zu Wasser, übrig bleiben die beiden Stickstoffe mit einer Doppelbindung dazwischen *(man kann die O= Gruppe der salpetrigen Säure wie eine Carbonylverbindung auffassen und erhält dann eine*

Reaktion, die der von Amino-Verbindungen mit einer Carbonylverbindung entspricht, siehe Abschnitt 9.4.1):

Primäre aromatische Amine geben Diazoniumsalze.

$$C_6H_5-NH_2 + O{=}N{-}OH \rightleftharpoons C_6H_5-\bar{N}{=}\bar{N}{-}OH + H_2O$$

$$\rightleftharpoons C_6H_5-\overset{\oplus}{N}{\equiv}\bar{N} + OH^- \longleftrightarrow C_6H_5-\bar{N}{=}\bar{N}^{\oplus} + OH^-$$

Diazoniumsalz

Dieses Produkt ist aber nur bei aromatischen Aminen halbwegs stabil (und auch das nur bei Temperaturen von etwa 0°C). Die HO-Gruppe spaltet sich leicht ab, zurück bleibt ein Kation, das mit entsprechenden Anionen eine salzartige Verbindung (ein Diazonium-Salz) bildet. *Diese Kationen können leicht – als elektrophile Reagenzien – an einem weiteren aromatischen System substituieren, man erhält dann zwei aromatische Ringe, die durch eine* –N=N– *Brücke verbunden sind. Solche Verbindungen sind farbig, da die Elektronen der Aromaten und die der Doppelbindung zwischen den beiden Stickstoffen miteinander leicht in Resonanz treten können. Es sind das die so genannten Azo-Farbstoffe, die wichtigsten synthetischen organischen Farben.*

Die Produkte aliphatischer Amine sind wesentlich instabiler und spalten Stickstoff ab, zurück bleibt ein Alkohol.

Primäre aliphatische Amine verwandeln sich unter Abspaltung von Stickstoff in den entsprechenden Alkohol.

$$R{-}NH_2 + O{=}N{-}OH \rightleftharpoons \left[\begin{matrix} R{-}N{=}N{-}OH \\ + H_2O \end{matrix}\right] \rightleftharpoons R{-}OH + N_2$$

Bei sekundären Aminen ist nur noch ein H-Atom übrig. Auch hier verbinden sich die beiden Stickstoffe miteinander, um Wasser abspalten zu können, muss aber die HO-Gruppe der Säure benutzt werden:

Sekundäre Amine ergeben Nitrosamine.

$$R(R')NH + HO{-}N{=}O \rightleftharpoons R(R')N{-}N{=}O + H_2O$$

Nitrosamin

Gleichgültig ob man von aliphatischen oder aromatischen Aminen ausgeht, es entstehen Nitrosamine. *Nitrosamine sind extrem reaktionsfähige Stoffe. Unter anderem reagieren sie auch mit DNA und sind daher sehr starke Mutagene und Carcinogene!*

Tertiäre Amine können mangels H-Atomen am Stickstoff nicht mehr reagieren. Mit salpetriger Säure entstehen daher aus tertiären aliphatischen Aminen einfach Salze der quartären Ionen, während aromatische tertiäre Amine dazu neigen, in para-Stellung am Aromaten substituiert zu werden.

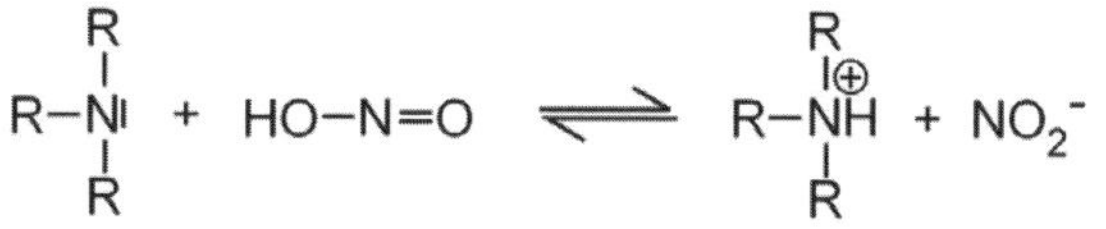

$$R_3N + HO{-}N{=}O \rightleftharpoons R_3NH^{\oplus} + NO_2^-$$

Tertiäre aliphatische Amine ergeben Salze.

$$R_2N{-}C_6H_5 + HO{-}N{=}O \rightleftharpoons R_2N{-}C_6H_4{-}N{=}O + H_2O$$

Tertiäre aromatische Amine geben eine Substitution am Aromaten in p-Stellung.

Sulfonamide

Eine etwas ungewöhnliche Aminosäure ist die 4-Aminobenzoesäure. Sie kommt in den Proteinen nicht vor, ist aber Bestandteil eines wichtigen Vitamins, der Folsäure (gehört zum Vitamin B2-Komplex). Auch Mikroorganismen benötigen diesen Stoff. Damit sie aber Folsäure herstellen können, müssen sie die 4-Aminobenzoesäure aufnehmen.

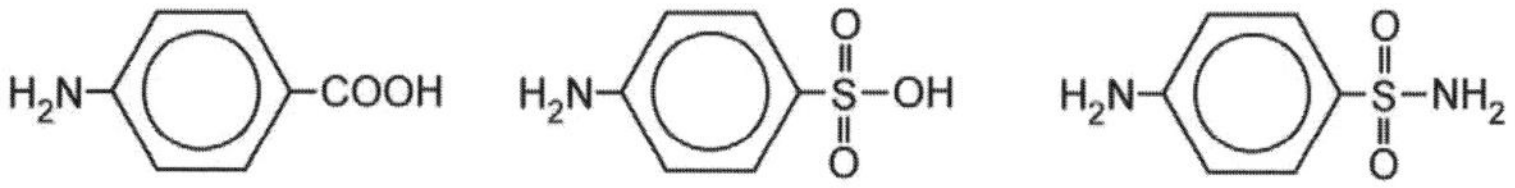

$H_2N{-}C_6H_4{-}COOH$ — 4-Aminobenzoesäure

$H_2N{-}C_6H_4{-}SO_2{-}OH$ — 4-Aminobenzol-Sulfonsäure

$H_2N{-}C_6H_4{-}SO_2{-}NH_2$ — 4-Aminobenzol-Sulfonsäure-amid, „Sulfanilamid“

Nun ist man draufgekommen, dass man Mikroorganismen auch ähnliche Moleküle anbieten kann, in denen die Carboxyl-Gruppe durch eine Sulfonsäure ersetzt ist, zum Beispiel Sulfanilamid. Die Mikroorganismen lassen sich täuschen, bauen das veränderte Molekül in ihre Folsäure ein – die ist dann aber unwirksam und die Bakterien verkümmern. Man kann so das Wachstum von Mikroorganismen gezielt verhindern, Sulfanilamid und seine Derivate sind die ältesten bekannten Antibiotika – sie werden als „Sulfonamide“ in der Medizin zur Bekämpfung von vielerlei Infektionen verwendet.

Wieso stören diese Substanzen aber nicht auch unseren Stoffwechsel? Nun, wir benötigen die komplette Folsäure und müssen sie als Vitamin aufnehmen, mit dem Baustein Aminobenzoesäure (und mit ähnlichen Verbindungen) fängt unser Stoffwechsel nichts an. Sulfonamide sind daher für uns (fast) ungiftig.

9.7 Schwefelhaltige Verbindungen

Vorsilbe Thio-

R–SH
Thioalkohol = Thiol

R–S–R
Thioether

$$R-\overset{\overset{\displaystyle O}{\|}}{C}-S-R'$$
Thioester

In einer Reihe von organischen Verbindungen kann man sich einen Sauerstoff durch einen Schwefel ersetzt denken und enthält so die entsprechende Schwefelverbindung. Um diese Stoffe zu benennen, setzt man vor den Namen der ursprünglichen Verbindung die Silbe **Thio-**.

So erhält man statt einem Alkohol einen **Thio-Alkohol** (auch kurz **Thiol** genannt, ein veralteter Name dafür ist **Mercaptan**), statt einem Ether einen **Thioether**, und wenn man einen Thioalkohol mit einer Säure verestert, erhält man einen **Thioester**.

$$\underset{\text{Säure}}{CH_3-\overset{\overset{\displaystyle O}{\|}}{C}-OH} + \underset{\text{Thioalkohol}}{HS-R'} \rightleftharpoons \underset{\text{Thioester}}{CH_3-\overset{\overset{\displaystyle O}{\|}}{C}-S-R'} + H_2O$$

Grundsätzlich sind Thio-Verbindungen reaktionsfähiger als die jeweils entsprechende Sauerstoff-Verbindung. Und wie H_2S (Schwefelwasserstoffsäure) stärker saurer ist als H_2O, so sind auch Thiole stärker saurer als Alkohole. Eine wichtige Eigenschaft von Thiolen ist die Fähigkeit, miteinander $-S-S-$Brücken zu bilden (so genannte Disulfidbrücken). Die Reaktion ist eine Oxidation, dabei wird der Wasserstoff auf andere Moleküle übertragen:

$$R-SH + HS-R' \underset{\text{red}}{\overset{\text{ox}}{\rightleftharpoons}} R-S-S-R' + 2\,H$$

Diese Reaktion ist von eminenter Bedeutung in der Biochemie. In Proteinen werden Cysteine (Abschnitt 9.5.6) in verschiedenen Strängen oder in Abschnitten desselben Stranges miteinander verbunden, indem ihre Thiol-Gruppen auf diese Weise Disulfid-Brücken bilden. Das ist eine der wichtigsten Strukturen, die die räumliche Konformation des Proteins mitbestimmt.

Es gibt noch eine andere bemerkenswerte Eigenschaft von Thiolen: Sie stinken entsetzlich. Und Verbindungen mit mehreren Thiol-Gruppen (entsprechend den mehrwertigen Alkoholen) stinken noch viel mehr. Bereits wenige Moleküle reichen aus, um unsere Nase zu beleidigen. Die „geruchsaktiven“ Substanzen der Stinktiere sind solche mehrwertigen Thiole.

Eine weitere Gruppe schwefelhaltiger Moleküle haben wir bereits vereinzelt kennen gelernt, nämlich die von Schwefelsäure abgeleiteten Verbindungen. Ersetzt man eine HO-Gruppe der Schwefelsäure durch einen Alkyl- oder Aryl-Rest, erhält man eine **Sulfonsäure**. Ersetzt man beide Gruppen, erhält man ein **Sulfon**. Ein Sauerstoff weniger ergibt ein **Sulfoxid**. *Man kann sich das Sulfoxid als Derivat der schwefeligen Säure vorstellen, in der beide HO-Gruppen ersetzt sind. Man kann aber auch in Gedanken den Schwefel in einem Thioether mit Sauerstoff oxidieren, die Aufnahme eines Atoms Sauerstoff gibt dann ein Sulfoxid, die Aufnahme eines zweiten Moleküls ein Sulfon.*

$$R-S(=O)_2-OH$$

Sulfonsäure

$$R-S(=O)_2-R'$$

Sulfon

$$R-S(=O)-R'$$

Sulfoxid

Waschmittel

Alle unsere Waschmittel sind so genannte Tenside, das sind Verbindungen, die an einem Ende eine hydrophile (wasserliebende) und am anderen eine lipophile (fettliebende) Gruppe tragen. Üblicherweise ist das eine Gruppe mit Ladung (meist negativ) und eine lange aliphatische Gruppe. Fett und Schmutz binden sich an die lipophile Gruppe, und die hydrophile Gruppe am anderen Ende bewirkt, dass sich das Zeug in Wasser löst.

Das älteste bekannte Tensid ist Seife: Alkalisalze langkettiger Fettsäuren, die durch Kochen von Fetten mit Lauge hergestellt wurden. Da das Salz dissoziiert, liegt die Fettsäure als Anion vor, trägt also an dem einen Ende eine negative Ladung. Nun haben Seifen aber – wie bereits erwähnt – den Nachteil, dass ihre Calcium-Salze nicht wasserlöslich sind. In hartem (kalkhaltigem) Wasser oder in Meerwasser fällt daher die Seife aus und wird unwirksam. Also haben sich die Chemiker daran gemacht, seifenähnliche Verbindungen herzustellen, deren Calcium-Salze wasserlöslich sind. So etwas erhält man am einfachsten, wenn man statt der Carboxyl-Gruppe eine Sulfonsäure verwendet. Die meisten unserer synthetischen Waschmittel enthalten eine derartige Verbindung.

Man kann natürlich bei der Synthese auch eine andere geladene Gruppe verwenden, sogar eine positiv geladene! Dann erhält man das Gegenteil einer Seife – eine so genannte Invertseife.

Es gibt auch nichtionische Tenside, die an einem Ende statt einer Ladung nur eine stark polare – aber ungeladene – Gruppe tragen. Außer einer Mischung von Tensiden enthalten moderne Waschmittel noch eine Unzahl anderer Stoffe: Enthärter (Phosphate und/oder Zeolithe), Bleichmittel, Enzyme (als Schmutzlöser), optische Aufheller (absorbieren UV-Licht und geben dafür normales Licht ab, die Wäsche wirkt heller – und sauberer – als sie eigentlich ist), Schauminhibitoren (damit die Waschmaschine nicht überschäumt), Parfümöle (riechen gut), Natriumsulfat (hält das Pulver rieselfreudig) u.A.m.

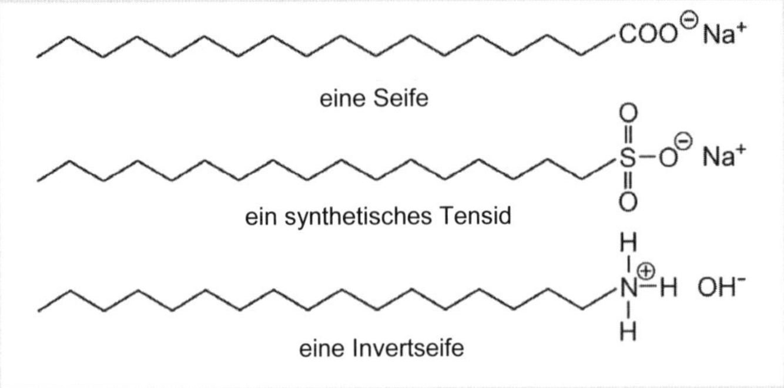

$COO^{\ominus}\ Na^+$

eine Seife

$SO_3^{\ominus}\ Na^+$

ein synthetisches Tensid

$NH_3^{\oplus}\ OH^-$

eine Invertseife

Als die ersten synthetischen Waschmittel breite Verwendung fanden, stellte sich heraus, dass sie die Umwelt enorm belasteten. Die aliphatischen Ketten dieser Tenside enthielten nämlich viele Verzweigungsstellen, an denen Methylgruppen saßen. Nun können aber verzweigte Kohlenwasserstoff-Ketten im Stoffwechsel von Organismen nicht (oder nur sehr schlecht) abgebaut werden, d.h. die Bakterien der Kläranlagen wurden damit nicht fertig und die Tenside gelangten unzerstört in die Flüsse. Die Flüsse haben dann entsprechend geschäumt. Heute werden praktisch alle Tenside nur noch mit unverzweigten Ketten hergestellt, sie sind „biologisch abbaubar".

9.8 Kohlensäure-Derivate

Ganz analog zu den Carbonsäuren kann man auch von der Kohlensäure Säureamide herstellen, indem man einfach die HO-Gruppe durch eine Amino-Gruppe ersetzt.

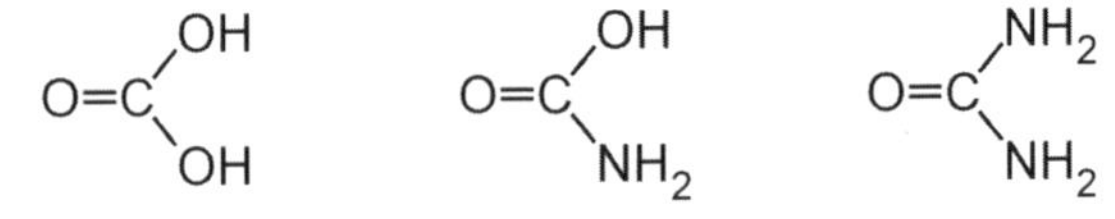

$O{=}C(OH)_2$	$O{=}C(OH)(NH_2)$	$O{=}C(NH_2)_2$
Kohlensäure	(Carbamidsäure)	**Harnstoff**

Tut man das nur mit einer Gruppe erhält man die Carbamidsäure. *Eigentlich erhält man sie nicht, sie ist nämlich unbe-*

*ständig. Beständig sind nur deren Salze, die **Carbamate** und die Ester der Carbamidsäure mit Alkoholen, die **Urethane**. Ammonium-Carbamat war in alter Zeit als „Hirschhornsalz“ in Riechfläschchen in Verwendung. Das Molekül zerfällt langsam in CO_2 und 2 NH_3, der stechende Geruch des Ammoniaks hat die Damen belebt, wenn eine Ohnmacht drohte.*

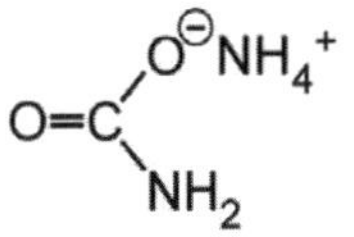

Ammonium-Carbamat

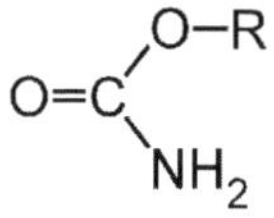

Ersetzt man dagegen beide HO-Gruppen, erhält man eine sehr stabile (und wichtige) Verbindung, den **Harnstoff**. Wie der Name schon andeutet findet man diese Verbindung im Harn. *Bitte nicht mit Harnsäure verwechseln, die kommt auch im Harn vor, ist aber chemisch etwas anderes!* Unser Körper benutzt Harnstoff, um überflüssigen Stickstoff auszuscheiden. Wenn wir mit unserer Nahrung Eiweiß aufnehmen, werden dessen Aminosäuren nur teilweise in körpereigenes Eiweiß umgewandelt, die Hauptmenge wird wie Zucker oder Fett zu Kohlendioxid und Wasser „verbrannt“. Da Aminosäuren aber auch zusätzlich noch Stickstoff enthalten, würde dieser in Form von giftigem Ammoniak übrig bleiben. Das verhindert die Zelle, indem sie den Stickstoff in Form von Harnstoff bindet, der leicht von der Niere aus dem Blut entfernt und ausgeschieden werden kann.

Urethan

Harnstoff:

ist ein Endprodukt des Stoffwechsels. Damit wird überflüssiger Stickstoff ausgeschieden.

Da Harnstoff zwei Aminogruppen enthält, können diese natürlich reagieren und Säureamide bilden. Diese Säureamide des Harnstoffs nennt man **Ureide**. *Nicht mit Urethanen verwechseln, siehe oben.* Und wenn man dafür eine Dicarbonsäure verwendet, so können deren beide Carboxyl-Gruppen mit den beiden Aminogruppen des Harnstoffs reagieren, und wir erhalten einen Ring (= ein cyclisches Ureid). Wichtig ist diese Reaktion, wenn man Malonsäure verwendet, dann bekommt man einen sechsgliedrigen Ring, die Barbitursäure.

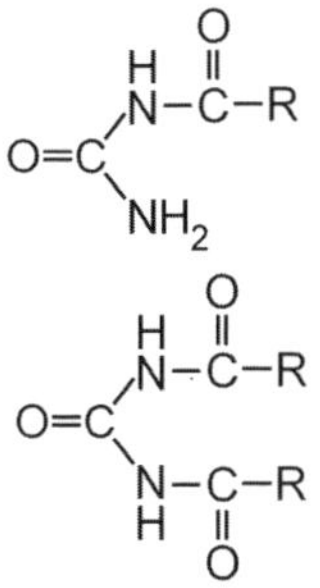

zwei Ureide

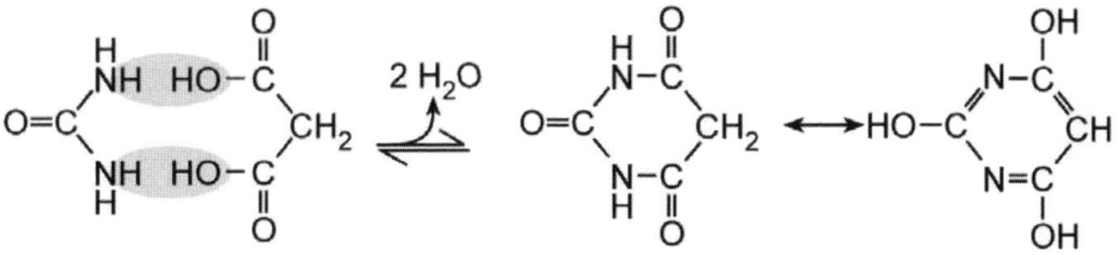

$2\,H_2O$

Barbitursäure

Durch Tautomerie kann Barbitursäure eine Anzahl von Enolformen bilden – oben wurde nur die dreifache Enol-Form angegeben. Sie enthält eine aromatische Anordnung von Doppelbindungen, ist also besonders stabil. Aber es können natürlich auch nur eine oder zwei Enol-Gruppen auftreten – und das in allen denkbaren Kombinationen. Da die Wasserstoffe so leicht wandern können, werden sie natürlich auch leicht als H^+abgespalten, sie sind daher azid (in Analogie zu den Carbonyl-Verbindungen, siehe Abschnitt 9.4.1) und daher heißt es auch Barbitur-SÄURE. Derivate der Barbitursäure sind wichtige Narkotika und Schlafmittel, z.B. ist die Diethyl-Barbitursäure das bekannte Veronal. *Von Bayer, der diese Verbindungen entdeckt hat, benannte sie nach seiner Braut, die mit Vornamen Barbara hieß. Sie mögen es vielleicht nicht als großes Kompliment betrachten, wenn man ausgerechnet ein Schlafmittel nach seiner Liebsten benennt. Aber er hat es sicher lieb gemeint – die Hochzeitsreise führte das Paar übrigens nach Verona, daher der Name „Veronal".*

Wenn man sich, von der Kohlensäure ausgehend, alle Sauerstoffe durch Stickstoff ersetzt denkt (oder wenn man im Harnstoff die C = O Gruppe in ein Imin überführt), so erhält man das **Guanidin**. *Das heißt deshalb so, weil man es im Vogelmist – dem Guano – gefunden hat. Aus der gleichen anrüchigen Quelle kommen die Namen für Guanin und Guanosin, die aber chemisch wieder etwas ganz anderes sind. Also nicht verwechseln!*

Guanidin

Guanidin ist die stärkste organische Base.

Bemerkenswert daran ist, dass Guanidin, wenn es H^+ aufnimmt, eine Anzahl gleichwertiger mesomerer Formen bildet. Da sich so die positive Ladung schön symmetrisch über drei Stickstoffe verteilt, ist diese Struktur sehr stabil – ihre Bildung ist begünstigt – daher nimmt Guanidin gerne H^+ auf – also ist Guanidin eine starke Base. (Die Stärkste in der ganzen organischen Chemie!)

Diese Guanidin-Struktur findet man vor allem in zwei biochemisch wichtigen Verbindungen, dem Arginin und dem Kreatin. Arginin ist deshalb eine besonders basische Aminosäure (siehe Abschnitt 9.5.6), Kreatin kann mit dem so stark basischen Guanidinrest leicht mit Phosphorsäure reagieren, dieses „Kreatinphosphat" ist DER *Energiespeicher in unseren Muskeln.*

$H_2N-\overset{\overset{\oplus}{NH_2}}{\overset{\|}{C}}-NH-CH_2-CH_2-CH_2-\overset{\overset{\oplus}{NH_3}}{\overset{|}{C}}H-COO^{\ominus}$

Arginin

$H_2N-\overset{\overset{\oplus}{NH_2}}{\overset{\|}{C}}-\underset{\underset{CH_3}{|}}{N}-CH_2-COO^{\ominus}$

Kreatin

9.9 Heterozyklen

Es gibt ringförmige Verbindungen, bei denen der Ring nicht nur aus C-Atomen besteht, sondern die auch noch eines oder mehrere „**Heteroatome**" im Ring enthalten. Das häufigste dieser Heteroatome ist Stickstoff, aber auch Sauerstoff und Schwefel treten auf. Auch hier gilt natürlich wieder, dass Ringe aus fünf oder sechs Gliedern am stabilsten sind, größere Ringe haben keine Bedeutung, es gibt aber Systeme, die aus mehreren miteinander verbundenen (kondensierten) Ringen bestehen.

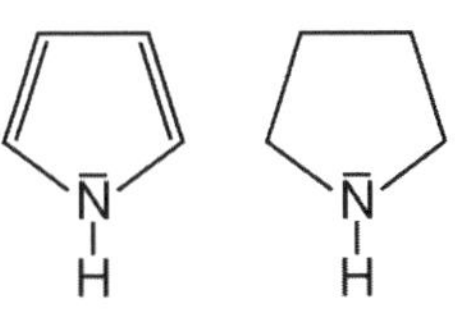

Pyrrol Pyrrolidin

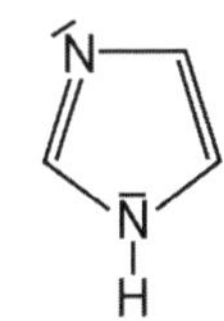

Imidazol

Nun wäre es sehr angenehm, wenn es für diese Ringe eine bestimmte Nomenklatur gäbe, wenn man also die Namen aus Silben wie Thio- (für Schwefel) und Azo- (für Stickstoff), Zahlwörtern für die Anzahl der Ringatome, usw. zusammensetzen würde. Leider haben alle diese Ringe Namen *(die sich die ersten Entdecker dieser Verbindungen vermutlich aus dem Daumen oder sonst woher gesaugt haben)* denen kein System zugrunde liegt. Wenigstens geht man meistens von Ringen mit Doppelbindungen aus und leitet davon die Namen der entsprechenden Ringe ohne Doppelbindungen ab. *Bei den sauerstoffhaltigen Ringen **Furan** und **Pyran** ist man ganz systematisch, die hydrierten Ringe heißen **Tetrahydrofuran** und **Tetrahydropyran**, man muss ja je vier Wasserstoffatome addieren, um die Doppelbindungen zu entfernen. Bei stickstoffhaltigen Ringen ist man schon viel weniger konsequent, die zu **Pyrrol** und **Pyridin** analogen Verbindungen heißen **Pyrrolidin** und **Piperidin**.*

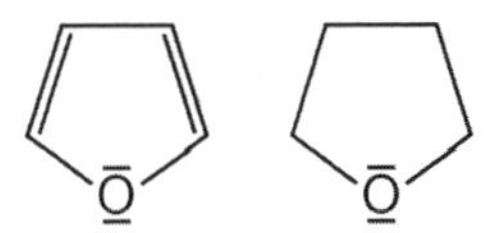

Furan Tetrahydrofuran

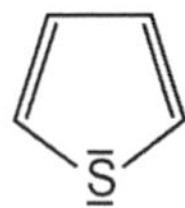

Thiophen

Befinden sich Substituenten am Ring, so wird die Verbindung aus den Namen dieser Substituenten und dem Ringnamen zusammengesetzt, wobei die Stellung des Substituenten durch die Nummer des Ringatoms, an dem der Substituent hängt, bezeichnet ist. Bei dieser Nummerierung geht man immer vom Heteroatom (bekommt die Nummer 1) aus. *Gibt es ein weiteres Heteroatom im Ring, wird so gezählt, dass dieses eine möglichst niedrige Nummer bekommt. Kompliziert wird es bei Verbindungen aus mehreren Ringen. Da hat so ziemlich jedes Ringsystem seine individuelle Art der Nummerierung.*

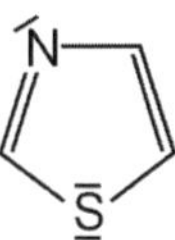

Thiazol

Pyridin Piperidin

Pyrimidin

Pyran Tetrahydropyran

Pteridin

Indol

Sie können sich jetzt sicher vorstellen, welche Vielzahl von Möglichkeiten das ergibt: Fünfer- und Sechserringe, Ringe mit und ohne Doppelbindungen, Ringe mit einem, zwei oder mehr gleichen Heteroatomen, Ringe mit verschiedenen Heteroatomen, Ringe mit gleichen Heteroatomen in verschiedenen Stellungen zueinander usw. Und dann noch die unendlichen Möglichkeiten, Systeme aus mehreren Ringen aufzubauen, wobei dabei auch durchaus Homozyklen (also nur C-Atome im Ring, aromatisch oder nicht-aromatisch) beteiligt sein können. Die nebenstehenden Beispiele sind also nur eine winzige Auswahl, wobei Ringsysteme bevorzugt wurden, die in der Biochemie wichtig sind. *Sie werden jetzt denken, dass Sie sich nicht einmal diese wenigen merken können! Na ja, wenn man sich mit solchen Verbindungen ständig beschäftigt, merkt man sie sich irgendwann ganz von allein! Und wenn man so etwas nur gelegentlich braucht, schaut man nach! Beißen Sie sich also durch dieses Kapitel durch, vergleichen Sie die Verbindungen miteinander, damit sie die Formeln wenigstens einmal gesehen haben und Ihnen die Namen ein wenig vertraut werden – und belassen Sie es vorläufig dabei.*

Heterozyklen können selbstverständlich auch Aromaten sein. Für so ein aromatisches System genügt ja ein Ring und drei Elektronenpaare (genauer $2n+2$ Elektronen, siehe Kapitel 7.5). Verbindungen wie **Pyrrol**, **Furan** oder **Thiophen** sind also Aromaten, weil jeweils ein freies Elektronenpaar vom Heteroatom die Elektronen der beiden Doppelbindungen ergänzt. Natürlich geben stark elektronegative Heteroatome ihre Elektronenpaare nur ungern ab. Stickstoff ist elektronegativer als Schwefel, Sauerstoff elektronegativer als Stickstoff. Daher ist der aromatische Charakter im Thiophen am stärksten ausgeprägt, im Furan hingegen am schwächsten.

Auch sonst beeinflussen die verschiedenen Heteroatome die Eigenschaften der Ringe. Stickstoffhaltige Verbindungen nehmen gerne H^+ auf, wirken also basisch. Dafür benötigt der Stickstoff aber sein freies Elektronenpaar (das Proton wird ja koordinativ gebunden). Im Pyrrol wird gerade dieses Elektronenpaar für das aromatische System benötigt und steht so nicht zur Verfügung. Daher ist Pyrrol nicht basisch. **Imidazol** hingegen schon, da ja noch ein zweiter Stickstoff vorhanden ist, und nur ein Elektronenpaar für den Aromaten benötigt wird. Ebenso ist **Pyridin** basisch, hier sind ausreichend Elektronen aus Doppelbindungen vorhanden. Das freie Elektronenpaar des Stickstoffs spielt bei der aromatischen Struktur nicht mit.

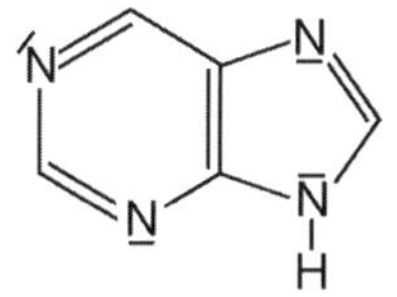

Einige der nebenstehenden Ringe sind biologisch enorm wichtig. So findet man im Vitamin B1 einen **Thiazol**ring, in der Folsäure (gehört zum Vitamin B2-Komplex) gibt es ein **Pteridin**. *Vitamine sind Stoffe, die unser Körper benötigt, aber selbst nicht aufbauen kann, weil sie zu kompliziert sind. Hier sind natürlich gerade die besonders ausgefallenen Ringe vertreten. Also müssen sie mit der Nahrung zugeführt werden.* Auch **Pyridin** kommt in Vitaminen vor – und im Nikotin, das wir mit Tabakrauch einatmen – *viele tun das angeblich sogar freiwillig!* **Indol** ist nur deshalb erwähnt, weil es Bestandteil einer wichtigen Aminosäure (Tryptophan) ist. Aber die bedeutendsten Heterozyklen der Biochemie leiten sich von **Pyrimidin** und **Purin** ab. Die so genannten „Basen" in den **Nukleinsäuren**, welche die genetische Information beinhalten, sind Derivate von Purinen und Pyrimidinen. Daneben haben vor allem Purine noch wesentliche Bedeutung im Stoffwechsel (vor allem im Energiestoffwechsel, denken Sie an **ATP**, das ein Purinderivat, nämlich Adenin, enthält). Auch **Coffein**, **Theobromin** und **Theophyllin** (die Alkaloide, die die physiologischen Wirkungen von Kaffee, Kakao und Tee verursachen) sind Purin-Derivate.

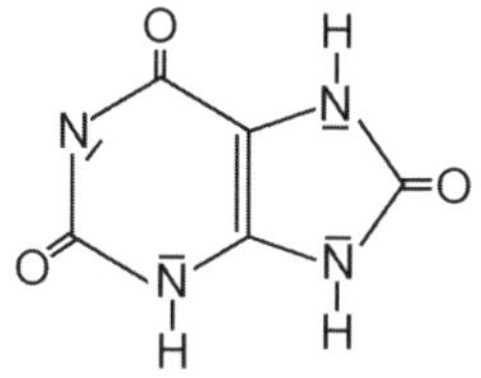

Purin

Harnsäure

*Das Abbau- und Ausscheidungsprodukt der Purine ist übrigens die **Harnsäure** – das ist das, was man nicht mit Harnstoff verwechseln soll, Sie erinnern sich, Abschnitt 9.8. Die Harnsäure trägt am Purin-Gerüst drei Carbonyl-Gruppen und da die benachbarten H-Atome wegen Tautomerie wieder azid sind, nennt man sie Harn-SÄURE. Diesen Effekt haben wir schon bei der Barbitursäure kennen gelernt.*

Noch kompliziertere Systeme kann man sich aus einfacheren Heterozyklen zusammengesetzt denken. So besteht das **Porphyrin-System** aus vier Pyrrol-Ringen, die durch $-CH=$ Brücken zu einem größeren Ring verbunden sind. Wird in der Mitte ein Fe^{2+}-Ion eingelagert (das ist wieder ein Chelatkomplex, siehe Abschnitt 9.6), erhalten wir **Häm**, das verbunden mit Protein den roten Blutfarbstoff Hämoglobin bildet. Ganz ähnliche Ringsysteme finden wir im **Chlorophyll** (mit Mg^{2+} als Zentralatom) und im **Cobalamin** (= Vitamin B12, Zentralatom Co^{2+}).

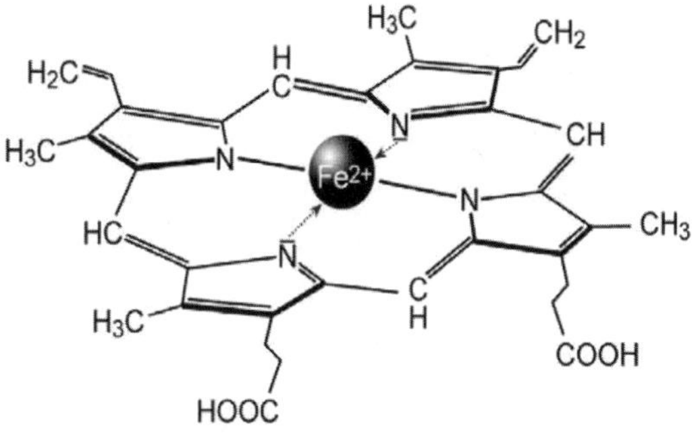

Häm

Übungen zu Kapitel 9

90. Wie viele primäre, sekundäre bzw. tertiäre Alkoholgruppen hat Glycerin?

91. Ist es möglich ein Isomer zu Naphtochinon zu finden, bei dem die beiden Sauerstoffe an verschiedenen Ringen hängen und das trotzdem eine chinoide Struktur hat?

92.* Sie haben eine Mischung von Methanol und Glykol (= Ethandiol). Welche möglichen Ether können sich in der Mischung bilden?

93. Sie oxidieren Methanol stufenweise bis zum Kohlendioxid. Welche Oxidationszahl hat der Kohlenstoff im Methanol, in den beiden Zwischenstufen und im Kohlendioxid?

94. Schreiben Sie die Strukturen der cyclischen Anhydride von Maleinsäure und Fumarsäure auf.

95. Bilden Sie Ester aus den folgenden Ausgangsstoffen und geben Sie die Reaktionsgleichungen an:

    a) Ameisensäure und Glycerin (ALLE Möglichkeiten)
    b) Essigsäure-Anhydrid und Glykol
    c) Propionylchlorid und Ethanol

96. Sie spalten von Weinsäure ein Molekül Wasser ab, danach wird Wasserstoff angelagert. Das entstehende Produkt wird a) so weit wie möglich oxidiert, ohne das Grundgerüst zu zerstören (also nicht bis zu Kohlendioxid und Wasser) und b) so weit wie möglich reduziert. Schreiben Sie die Reaktionsfolgen mit ALLEN Zwischenprodukten auf.

97. Was entsteht, wenn man die Aminosäuren Glycin, Alanin und Serin
    a) decarboxyliert?
    b) mit salpetriger Säure reagieren lässt?

98.* Bilden Sie einen Ester aus Methanthiol und Essigsäure und einen weiteren aus Methanthiol und Phosphorsäure. Beachten Sie dabei die Reaktionsmechanismen (Abschnitte 9.2.2 und 9.5.1). Was fällt Ihnen dabei auf?

99. Wie viele der in Abschnitt 9.9 aufgeschriebenen heterozyklischen Ringsysteme enthalten asymmetrische C-Atome?

ANALYTISCHE CHEMIE

Das Wort Analyse hat in verschiedenen Wissenschaften ganz unterschiedliche Bedeutungen. In der Chemie will man durch eine Analyse feststellen, woraus eine unbekannte Probe besteht. Dabei muss man grundsätzlich zwei Fragen unterscheiden: Was ist in der Probe enthalten (= **Qualitative Analyse**)? Wie viel ist davon vorhanden (= **Quantitative Analyse**)?

„Analysieren":

heißt auflösen, zergliedern.

So müsste man eigentlich immer zuerst eine qualitative Analyse durchführen um herauszufinden, welche Stoffe überhaupt in einer Probe vorkommen und könnte erst danach untersuchen, wie viel es von jedem der dabei gefundenen Stoffe gibt. Normalerweise weiß man aber aus Erfahrung, was alles in einer Probe vorkommt, einfach deshalb, weil man ähnliche Proben bereits analysiert hat. *Es kommt recht selten vor, dass man eine explodierte Drogerie zu begutachten hat.* Gleichgültig, ob man Harn, Knochen, Wunderkerzen oder Honig untersucht, alle diese Dinge wurden schon früher analysiert. Man hat daher ziemlich genaue Vorstellungen, woraus sie bestehen.

Es ist deshalb häufig nur noch von Interesse, Abweichungen von der üblichen Zusammensetzung zu erfassen, also z.B. in der Medizin Abweichungen vom Referenzwert. Wenn die übliche Konzentration von Glucose im Blutserum 4–7 mmol/l beträgt und Sie bei einem Patienten 15 mmol/l finden, so können Sie annehmen, dass eine erhebliche Stoffwechsel-Störung vorliegt. Finden Sie aber 150 mmol/l und der Patient ist trotzdem noch am Leben, so haben Sie falsch analysiert oder sich auf Ihrem Taschenrechner vertippt.

Von einem Analyse-Verfahren erwartet man bestimmte Eigenschaften. Es soll möglichst **spezifisch** sein: Das heißt, man will nur die gesuchte Substanz bestimmen und nicht andere in der Probe enthaltene Stoffe ganz oder teilweise mitmessen. Es soll möglichst **empfindlich** sein: Man will auch geringe Mengen noch einwandfrei nachweisen können. *Sie dürfen Ihrem Patienten von vorhin nicht literweise Blut abnehmen, er soll schließlich Ihre Untersuchungen auch überleben.* Ein Verfahren muss auch **präzise** sein. Das heißt, mehrere Messungen aus derselben Probe sollen zum gleichen Ergebnis führen. Und es soll **richtig** sein: Die erhaltenen Werte müssen stimmen.

Kriterien,

um eine Analysenmethode zu bewerten:

- Spezifität
- Empfindlichkeit
- Präzision
- Richtigkeit

Kein Verfahren kann alle diese Bedingungen hundertprozentig erfüllen. Man sollte ihnen aber möglichst nahe kommen. Oft muss man unter mehreren Methoden die für das jeweilige Problem günstigste aussuchen. Bei dieser Auswahl wird auch der notwendige Zeit-, Arbeits-, Geräte- und Geldaufwand eine Rolle spielen.

Gravimetrie:

das Produkt einer Reaktion wird gewogen und daraus die Menge eines in der Probe vorhandenen Stoffes berechnet.

Das einfachste und älteste Verfahren der quantitativen Analyse ist das Wägen von Substanzen. Erst als man am Ende des 18. Jahrhunderts feststellte, dass vor und nach einer chemischen Reaktion die Summe aller Massen gleich bleibt, konnte sich die Chemie als exakte Wissenschaft etablieren. Daraus entwickelte sich das Verfahren der sogenannten „**Gravimetrie**". Man wägt Reaktionsprodukte auf einer Waage ab. Das Problem ist bloß, vorher alle anderen Stoffe loszuwerden. *Wenn man z.B. die Konzentration von Sulfat-Ionen in einer Lösung feststellen will, so kann man zu einem bestimmten Volumen Lösung einen Überschuss an Barium-Ionen zusetzen. Es fällt unlösliches Bariumsulfat aus. Dieses wird abfiltriert, getrocknet und gewogen. Aus dem Gewicht an Bariumsulfat kann man leicht die ursprüngliche Konzentration an Sulfat berechnen.*

Gravimetrische Verfahren sind sehr leicht zu verstehen, aber in der Praxis sehr umständlich durchzuführen. Daher werden heute fast nur Verfahren wie **Maßanalyse** (Kap. 11) und **Potenziometrie** (Kap. 13), vor allem aber **spektroskopische Methoden** (Kap. 12) verwendet.

Hätte man es immer nur mit Reinstoffen zu tun, wären Analysen lächerlich einfach. In der Regel hat man jedoch einen Mischmasch von Stoffen, in denen Anwesenheit oder Menge einzelner Substanzen festgestellt werden soll. Oft stören jedoch die anderen Bestandteile, da viele Methoden eben doch nicht spezifisch genug sind, um die Bestimmung einer einzigen Substanz in einer Mischung mit vielen anderen Stoffen zu erlauben. Um solche Stoffgemische analysieren zu können, muss man sie in ihre einzelnen Komponenten oder wenigstens in Gruppen von Komponenten zerlegen, man muss das Gemisch „trennen". *Eine wichtige Ausnahme sind enzymatische Reaktionen. Enzyme sind biologische Katalysatoren, die oft nur eine einzige Reaktion katalysieren. Mit Hilfe von Enzymen kann man daher einen einzigen Stoff im Durcheinander einer biologischen Probe nachweisen.*

10 TRENNVERFAHREN

10.1 Fällung

Jede ausreichend fortgeschrittene Technologie ist von Magie nicht mehr zu unterscheiden.

*Arthur C. Clarke (*1917)*

Homogene Gemische (Lösungen) lassen sich durch **Verdampfen, Destillieren, Extrahieren** und anderes trennen. Heterogene Gemische bestehen aus mehreren Phasen, sie sind viel leichter zu trennen als homogene. Oft werden daher Lösungen zur besseren Auftrennung in heterogene Systeme übergeführt. Man ändert dann chemisch entweder den gelösten Stoff oder das Lösungsmittel, sodass der Stoff nicht mehr in Lösung bleibt. Es bilden sich dann 2 Phasen, das merkt man daran, dass die bisher klare Lösung durch das Auftreten einer zweiten Phase trüb wird. Man sagt der Stoff „fällt aus" oder „er bildet einen **Niederschlag"**. Dieser Niederschlag bleibt manchmal in Suspension, meist wird er sich nach einiger Zeit als **„Bodenkörper"** im Gefäß absetzen. Man kann die überstehende Lösung dann abgießen, oder die beiden Phasen durch **Filtrieren** oder **Zentrifugieren** voneinander trennen. *Beispiele für eine Filtration findet man in fast jedem Haushalt: der Kaffeefilter, der in Ihrer Kaffeemaschine den Sud vom flüssigen Kaffee trennt. Auch jedes Sieb – vom Teesieb bis zum Nudelsieb – ist ein Beispiel für eine, wenn auch sehr grobe, Filtration.*

Fällung:

erzeugt aus einer homogenen Lösung ein Zweiphasen-System.

Diese zwei Phasen kann man z.B. durch Filtration voneinander trennen.

10.2 Zentrifugation

Durch die Zentrifugalkraft in einem schnell rotierenden Behälter werden Teilchen nach außen gedrückt. Im Prinzip passiert dasselbe, wie wenn man einen Niederschlag absetzen lässt. Da die Zentrifugalkraft aber um ein Vielfaches stärker ist als die Erdanziehung, geht es sehr viel schneller. Die Teilchen müssen natürlich spezifisch schwerer als die umgebende Lösung sein. Sind sie leichter, setzen sie sich nicht ab, sondern schwimmen auf (sie „flotieren"). *Ein Beispiel dafür ist die Milchzentrifuge, nach der Zentrifugation kann oben das Fett abgeschöpft werden.*

Zentrifugation:

trennt zwei Phasen mit verschiedener Dichte voneinander.

Je schneller sich die Zentrifuge dreht, desto kleinere Partikel können abzentrifugiert werden. In einer **Ultrazentrifuge** können sogar Viren und große Moleküle (Proteine, Nukleinsäuren) aus der Lösung abgeschieden werden.

10.3 Destillation

Destillation:

trennt Substanzen mit unterschiedlichem Dampfdruck.

Die Technik der Destillation haben wir bereits beim destillierten Wasser kennen gelernt (Kapitel 5.5). Man trennt dabei die Bestandteile einer Lösung, indem man die Lösung erhitzt, dann verdampfen die flüchtigen Anteile (z.B. Lösungsmittel) und wenn man den Dampf auffängt und kondensiert, erhält man diese wieder, die schwer flüchtigen Anteile bleiben zurück.

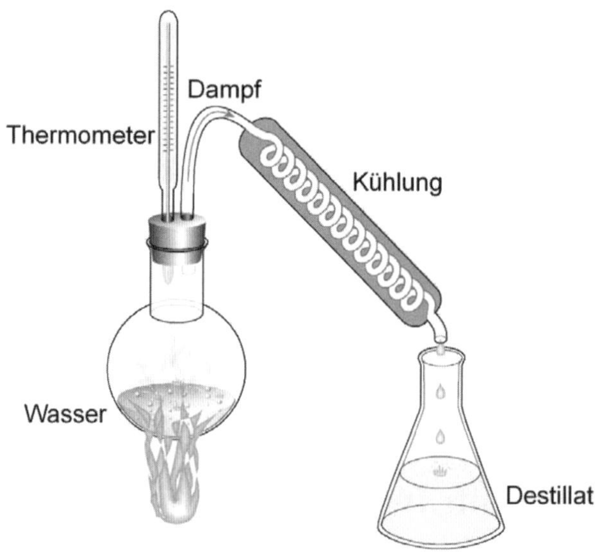

Nun hat man aber oft auch eine Mischung von mehreren flüchtigen Bestandteilen, sagen wir von zwei Flüssigkeiten, mit den Siedepunkten $Kp_1 = 80°C$ und $Kp_2 = 100°C$. Na gut, wir erhitzen eben die Mischung auf 80°C oder ein wenig darüber, dann erwarten wir, dass die eine Flüssigkeit destilliert und die andere zurückbleibt. Untersuchen wir dann aber unser Destillat, so müssen wir enttäuscht erkennen, dass dieses immer noch eine Mischung beider Flüssigkeiten darstellt. Was ist da schief gegangen?

Nun, jede offen stehende Flüssigkeit steht mit der Gasphase darüber in einem Gleichgewicht, sodass immer etwas Flüssigkeit in die Gasphase tritt (verdunstet), und auch etwas verdampfte Flüssigkeit wieder kondensiert. Den Partialdruck des Stoffs in der Gasphase nennt man den **Dampfdruck** der Flüssigkeit. Erhöht man die Temperatur des Systems, dann steigt der Dampfdruck, irgendwann wird er so hoch wie der gesamte Druck des Gases über der Flüssigkeit (also im Normalfall so hoch wie der Luftdruck), dann entwickeln sich auch im Inneren der Flüssigkeit Gasblasen und die Flüssigkeit siedet (oder „kocht"). Damit wird klar, dass man zwei Flüssigkeiten nicht so einfach trennen kann, wenn sich deren Siedepunkte nur wenig unterscheiden. Sobald die Mischung kocht, geht auch vom etwas weniger flüchtigen Anteil schon sehr viel in die Gasphase. Wir werden daher im Destillat zwar etwas mehr der Flüssigkeit mit dem niedrigeren Siedepunkt finden – aber eben nur etwas mehr. Wir haben eine geringe Anreicherung, aber keine ausreichende Trennung.

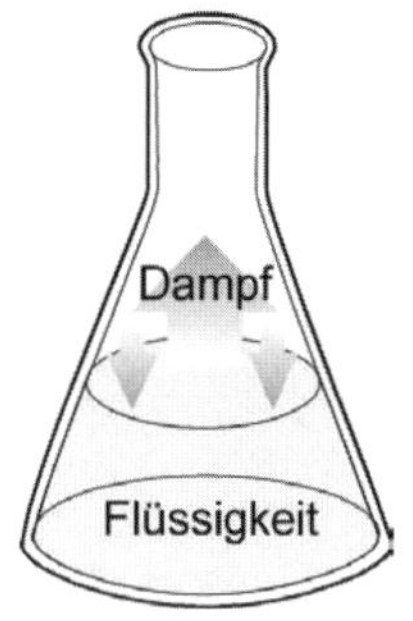

Um Substanzen mit ähnlichem Dampfdruck voneinander zu trennen, braucht man mehrere Destillationsschritte – oder eine Destillation über mehrere „Böden".

Nicht verzagen! Wir können uns ja helfen, indem wir unser Destillat nochmals destillieren, dann wird die Anreicherung natürlich besser, und nochmals ... und nochmals ... und nach etwa 20 oder 100 solchen Schritten haben wir dann eine ausreichende Trennung. Das ist Ihnen zu mühsam? Dann bauen Sie sich eben eine Anlage, in der man mehrere Destillationsstufen in einem Arbeitsgang erledigen kann. Stellen Sie sich vor, Sie leiten den Dampf direkt in einen zweiten Kolben. Dort kondensiert er, und wenn Sie jetzt weiter Dampf durchblubbern, wird

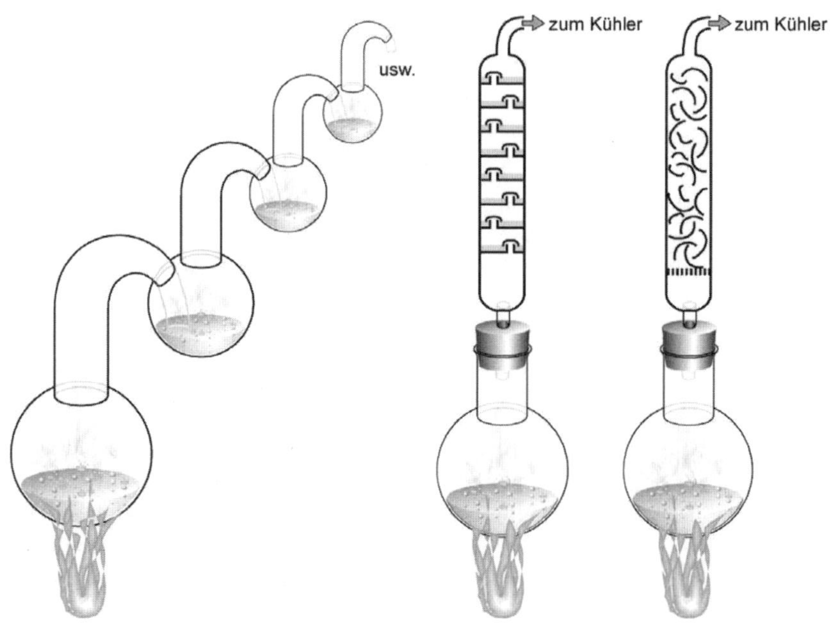

das entstandene Destillat vom nachkommenden Dampf beheizt und verdampft ein zweites Mal. *Also der nachströmende Dampf kondensiert und dafür verdampft das eben kondensierte Destillat nochmals und geht eine Stufe höher.* Damit haben Sie aber jetzt bereits den zweiten Destillationsschritt, der neue Dampf enthält mehr flüchtige Anteile als der erste Dampf, und wenn Sie den ganzen Aufbau mehrfach wiederholen, erhalten Sie auch entsprechend mehrere Destillationsschritte.

Da eine solche Apparatur natürlich irrsinnig aufwendig wäre, muss man das ganze vereinfachen, indem man über den Kolben ein hohes Rohr setzt, in dem viele kleine Destillationseinheiten untergebracht sind. Die Abbildung auf der vorigen Seite zeigt ein solches Rohr. *Man nennt diese Einheiten „Böden" und Spezialisten können genau berechnen, wie viele solcher Böden man braucht, um eine gewünschte Trennung zu erreichen.* Wenn Ihnen das immer noch zu kompliziert – oder zu teuer – ist, so können Sie das ganze vereinfachen, indem Sie ein dickes Rohr mit z.B. groben Glassplittern füllen. In den Ecken, Mulden und Spalten sammelt sich das Destillat, verdampft wieder und die Glassplitter wirken wie eine Vielzahl von Böden – sieht primitiv aus, ist aber sehr wirksam.

Sogar ein einfaches aufsteigendes Rohr wirkt wie einige wenige solcher Böden. Auch an der Rohrwand kondensiert das Destillat und wird durch nachströmenden Dampf wieder erhitzt. Die Trennung ist zwar weniger gut, reicht aber für einfache Zwecke aus. Jetzt wissen Sie, warum man beim Schnapsbrennen den Dampf zuerst in einem Kupferrohr steil nach oben leitet und ihn dann in einem schräg nach unten führenden Teil kondensieren lässt. Das aufsteigende Rohr entspricht etwa zwei Böden, Sie bekommen eine Anreicherung auf immerhin etwa 30–40% Ethanol im Destillat. Danach wiederholen Sie den ganzen Vorgang und erhalten einen von der Geschmacksqualität wesentlich verbesserten „Doppelt-Gebrannten" mit etwa 70% Ethanol, der zuletzt mit reinem Wasser wieder auf etwa 40% verdünnt wird. Sollten Sie jetzt beginnen im Keller heimlich Schnaps zu brennen, machen Sie sich das bitte mit Ihrem heimischen Finanzamt aus. Und sagen Sie niemandem, von wem Sie Ihre Tipps bekommen haben – von uns jedenfalls nicht!

Es gibt keine perfekten Trennungen und daher keine Stoffe, die 100%ig rein sind.

Um eine wirklich perfekte Trennung zu erhalten, müssten Sie unendlich viele Destillationsschritte anwenden. Normalerweise gibt man sich aber mit einen Anreicherung von 95% oder 99% oder meinetwegen 99.8% zufrieden. *Chemikalien, die Sie in einer Apotheke oder Drogerie kaufen, sind nie 100%ig rein.* Häufig gibt es noch ein weiteres Hindernis für eine perfekte Trennung, das so genannte **„Azeotrop“**. Moleküle treten nämlich gerne untereinander in Beziehung und wollen sich dann auch durch Destillation von ihren Freunden nicht trennen lassen. Dann haben Sie eine Mischung, die wie ein reiner Stoff bei einer konstanten Temperatur und einem konstanten Mischungsverhältnis siedet. Ethanol und Wasser geben so ein Azeotrop, und zwar bei 96 % Ethanol mit 4 % Wasser. Ganz gleich wie oft sie ein Ethanol / Wasser-Gemisch destillieren, sie können den Alkohol darin nicht besser anreichern, als eben nur bis zu diesen 96 %.

Azeotrop:

Stoffe destillieren gemeinsam in konstantem Mischungsverhältnis.

Viele Flüssigkeiten sieden erst bei sehr hohen Temperaturen – *so hoch, dass die Mischung sich dabei zersetzen oder gar Ihre Anlage vorher schmelzen würde.* Nun haben wir aber gesagt, eine Flüssigkeit beginnt zu kochen, sobald ihr Dampfdruck den Luftdruck übersteigt. Wenn man nun einfach den Luftdruck vermindert, so kocht alles bei wesentlich niedrigerer Temperatur. Also macht man die Anlage dicht und pumpt die Luft möglichst heraus. Durch eine solche **„Vakuum-Destillation“** – *ist kein echtes Vakuum, aber ein Druck von vielleicht 0.01 bar* – kann man auch hochsiedende Stoffe destillieren, sogar Stoffe, die bei Normaltemperatur fest sind.

Sehr schwer flüchtige Substanzen kann man unter stark vermindertem Druck destillieren.

10.4 Extraktion

Es gibt zwei große Gruppen von Lösungsmitteln. In polaren Lösungsmitteln lösen sich Stoffe sehr gut, die selbst polar sind – deren Moleküle also einen Dipol haben –, oder deren Teilchen geladen sind, wie zum Beispiel Salze. In apolaren Lösungsmitteln lösen sich umgekehrt Stoffe gut, die selbst keine Dipoleigenschaften aufweisen, z.B. Fette. Wenn wir ein polares und ein apolares Lösungsmittel – also etwa Wasser und Chloroform – in das gleiche Gefäß gießen, so mischen sich diese beiden nicht. Wir erhalten zwei übereinander geschichtete Phasen. Schütteln wir das Ganze heftig, so erhalten wir eine Emulsion von feinen Tröpfchen des einen Lösungsmittels im anderen. Nach einiger Zeit – je nach Stabilität der Emulsion – vereinigen sich die Tröpfchen wieder und wir erhalten wie zuvor zwei übereinandergelagerte Schichten der beiden Lösungsmittel.

Polare Lösungsmittel:

Die Moleküle enthalten Dipole, z.B. Wasser, Alkohole.

Apolare Lösungsmittel:

die Moleküle tragen (fast) keinen Dipol, z.B. Benzin, Benzol, Äther, Chloroform.

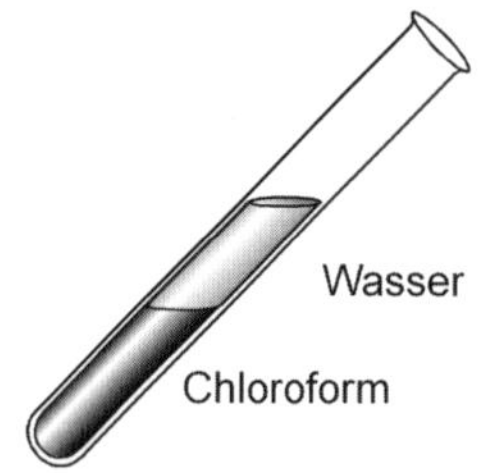

hydrophil = lipophob

Ionen und Moleküle mit polaren Gruppen

(Salze und andere Elektrolyte, niedere Alkohole, Kohlehydrate, Nukleinsäuren, manche Proteine, ...)

lipophil = hydrophob

apolare Moleküle

(Kohlenwasserstoffe, Ether, Ester, Fette, manche Proteine, ...)

Wir wollen jetzt in so einem System irgendeinen Stoff lösen. Der Stoff wird sich in einem der beiden Lösungsmittel besser lösen. Ist er **hydrophil** (dann ist er gleichzeitig **lipophob**, die beiden Bezeichnungen sind synonym), dann löst er sich besser in der polaren Phase, ist er **hydrophob** (= **lipophil**), bevorzugt er die apolare Phase. Es ist völlig gleichgültig, in welcher Reihenfolge wir die 3 Komponenten mischen (ob wir also den Stoff zuerst allein in Wasser oder Chloroform lösen, oder ihn dem Gemisch von beiden zusetzen). Wenn wir das Ganze durchschütteln, stellt sich mit der Zeit immer wieder dasselbe Gleichgewicht zwischen den Konzentrationen des Stoffs in Wasser und in Chloroform ein.

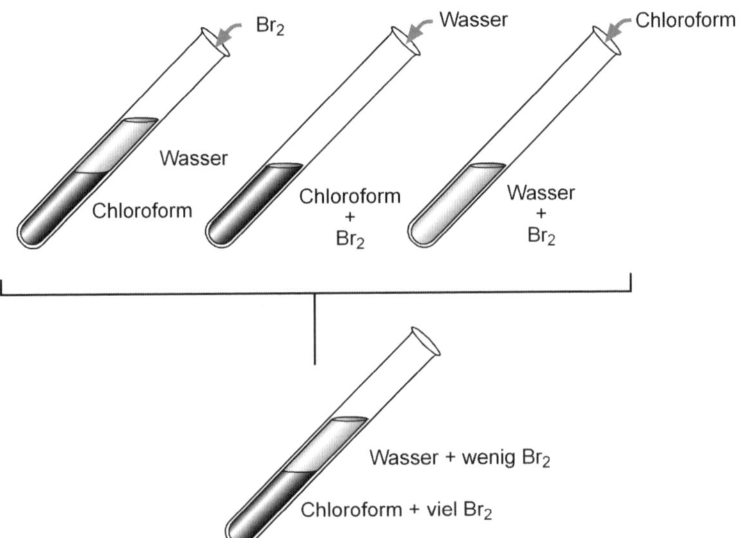

Nun bleibt aber nicht jedes Molekül des gelösten Stoffs ständig in der gleichen Phase, es können einige durchaus die Phase wechseln. Gleichzeitig reisen aber etwa ebenso viele Moleküle in die Gegenrichtung. Ähnlich einer chemischen Reaktion haben wir auch hier ein dynamisches Gleichgewicht, diesmal ein so genanntes **Verteilungsgleichgewicht**, das wir analog zu einer chemischen Reaktion formulieren können:

$$\text{Stoff}_{\text{(in Wasser)}} \rightleftharpoons \text{Stoff}_{\text{(in Chloroform)}}$$

Auch auf diese Gleichung lässt sich das Massenwirkungsgesetz anwenden. Bezeichnen wir die Konzentration in Wasser mit c_2 und die Konzentration in Chloroform mit c_1, so erhalten wir:

$$K = \frac{c_1}{c_2}$$

Dieses einfache Gesetz heißt **Nernstscher Verteilungssatz**. *Vorsicht! Verwechseln Sie das nicht mit der Nernstschen Gleichung aus der Elektrochemie! Herr Nernst war sehr tüchtig und hat sich daher mehrfach verewigt. Das Verhältnis zwischen c_1 und c_2 ändert sich nicht, auch wenn man die Eprouvette noch so kräftig schütteln würde. Dann emulgiert zwar Wasser und Chloroform ineinander und die Grenzflächen werden viel größer, die Konzentrationen bleiben jedoch nach wie vor dieselben. Hätte sich allerdings das Gleichgewicht noch nicht eingestellt (wenn wir den Stoff gerade erst zugegeben hätten), so würde sich die Geschwindigkeit, mit der das Gleichgewicht entsteht, durch unser Geschüttel wesentlich erhöhen.*

Nernstscher Verteilungssatz:

Das Verhältnis der Konzentrationen eines sich zwischen 2 Phasen verteilenden Stoffs ist im Gleichgewicht bei gegebener Temperatur konstant.

Es gibt noch genügend andere Arten von Verteilungsgleichgewichten. So könnte ein Stoff aus einer flüssigen oder gasförmigen Phase an der **Oberfläche** einer festen Phase **adsorbiert** werden. Auch dieses **Adsorptionsgleichgewicht** ist ein dynamisches Gleichgewicht.

Man kann damit Stoffe voneinander trennen. Man nennt solche Verfahren **Extraktionsverfahren**, weil ein einzelner Stoff aus einem Gemisch in eine andere Phase **„ex-trahiert“** (= herausgezogen) wird. Nehmen wir an, wir hätten eine Mischung von zwei Stoffen, einer wäre 10-mal besser in Chloroform ($k_1 = 0.1$), der andere 10-mal besser in Wasser ($k_2 = 10$) löslich. Wir schütteln das Ganze in einer Mischung aus Chloroform und Wasser, damit sich das Gleichgewicht möglichst rasch einstellt (daher nennt man diese Prozedur auch **Ausschütteln**) und warten dann, bis sich die beiden Phasen wieder voneinander getrennt haben.

Wenn wir gleiches Volumen von Wasser und Chloroform verwenden, ist das einfach zu rechnen. *Es gehen dann jeweils 10 Teile in das eine und 1 Teil in das andere Lösungsmittel, insgesamt 11 Teile. Wir haben also 10 Elftel (~91 %) in einem und 1 Elftel (~9 %) im anderen Lösungsmittel.* Dann haben wir jetzt etwa 91 % des einen Stoffs im Wasser mit 9 % des anderen Stoffs verunreinigt, für Chloroform ist das Verhältnis umgekehrt. *Wenn die Volumina der beiden Phasen nicht gleich sind, wird es komplizierter. Hätten wir doppelt so viel Wasser wie Chloroform, so wäre das Konzentrationsverhältnis immer noch 10 : 1, aber es wären 2 x 10 Teile der Gesamtmenge im*

Wasser und 1 Teil im Chloroform (also 20/21 im Wasser, 1/21 in Chloroform.

Diese Trennung ist natürlich nicht besonders gut, 9 % Verunreinigung ist zu viel. Wir können aber die beiden Phasen voneinander trennen (z.B. die obere in ein anderes Gefäß gießen) und jede mit einer frischen Portion des jeweils anderen Lösungsmittels erneut ausschütteln. Dann werden wir von den 9 % Verunreinigung wieder 10/11 los. Das können wir jetzt so oft wiederholen, bis wir mit dem Ergebnis zufrieden sind.

Beachten Sie: Hätten wir stattdessen nur einmal mit der doppelten Menge des anderen Lösungsmittels extrahiert, so hätten wir nur eine geringe Verbesserung der Reinigung bekommen. Dadurch, dass wir die Phasen trennen, wieder ausschütteln, wieder trennen, usw. wird unsere Reinigung wesentlich effizienter. Mehrmaliges Ausschütteln mit geringerer Menge Lösungsmittel ist wesentlich wirksamer, als einmaliges Ausschütteln mit einem großen Überschuss. Die Mehrarbeit, die wir uns dabei antun, wird auch entsprechend belohnt.

Durch sehr viele Schritte wird die Trennung zwar besser, kann aber auch hier nie vollständig werden, es bleibt immer noch ein – wenn auch sehr kleiner Rest – der anderen Substanz übrig. Eine 100 %ige Reinheit eines Stoffs ist eben in der Chemie NIEMALS zu realisieren und ist auch theoretisch unmöglich. Jede Substanz (jedes Reagens, jede Chemikalie, jedes Medikament) enthält immer geringe Spuren von Verunreinigungen.

10.5 Chromatographie

Machen Sie mit mir gemeinsam ein Gedankenexperiment: Stellen Sie sich eine große Platte mit vielen kleinen Löchern oder Rinnen vor. Diese Löcher sind alle randvoll mit Wasser gefüllt. Darüber ist eine gemeinsame Schicht apolares Lösungsmittel, z.B. Ether. Die Platte ist ein wenig geneigt, sodass diese Schicht ganz langsam fließt und auf der einen Seite heruntertropft. Dafür muss man von der anderen Seite ständig neue Flüssigkeit nachliefern. Da das Fließen langsam erfolgt, haben Etherschicht und Wasser in jedem Loch genug Zeit, gelöste Substanzen streng nach dem Nernstschen Verteilungssatz auszutauschen. *Vorläufig sind aber noch keine gelösten Substanzen vorhanden.* Die ganze Anlage sieht ungefähr wie in der folgenden Abbildung dargestellt aus. *NEIN! Werden Sie jetzt nicht kompliziert und beweisen mir, dass so eine Maschinerie ein Blödsinn ist! Das weiß ich! Wir machen ja ein Gedankenexperiment und denken wird man ja noch dürfen. Alles, was ich von Ihnen verlange ist, dass Sie mit mir geistig ein bisschen spazieren gehen und die Dinge einfach auf sich zukommen lassen.*

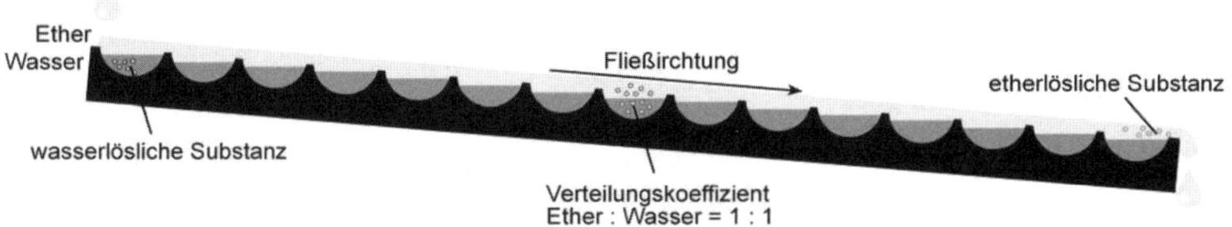

So! Jetzt geben wir eine geringe Menge irgendeines Stoffs hinzu, und zwar ganz oben im ersten Loch. *Golfspieler mögen die Ausdrucksweise verzeihen.* Jetzt gibt es verschiedene Möglichkeiten:

a) Die Substanz löst sich praktisch nur im Wasser, dann wird sie im ersten Loch bleiben. Da die Löcher nur über die Etherschicht miteinander verbunden sind, gibt es keine Möglichkeit, in ein anderes Loch zu wechseln.

b) Die Substanz löst sich praktisch nur im Ether, dann wird sie die Wasserlöcher unbeachtet lassen und im Ether bleiben. Sie bewegt sich dann so schnell wie die Etherschicht.

c) Die Substanz ist in beiden Lösungsmitteln löslich. Sie wird einmal im Wasser sein (und stehen bleiben), das andere Mal im Ether (und fließen). Je besser sie sich im Wasser löst desto länger bleibt sie stehen, je öfter sie sich im Ether befindet, desto häufiger bewegt sie sich. Insgesamt bewegt sich die Substanz also mit einer Geschwindigkeit, die dem Verhältnis der Löslichkeiten (oder dem Konzentrationsverhältnis aus dem Nernstschen Verteilungssatz) entspricht.

Sie werden das jetzt vielleicht anzweifeln und erwarten, dass sich eine Substanz, die in beiden Phasen löslich ist, über den gesamten Bereich aller Löcher verschmieren muss. Das stimmt aber nicht. Wenn Sie es nicht glauben, rechnen Sie es einfach für $k = 1 : 1$ *nach. Zunächst haben Sie jeweils die Hälfte des Stoffes im ersten Loch und im Ether darüber. (Auf der nächsten Seite ist das gezeigt: Im ersten Loch ist oben und unten je ½, die anderen Löcher sind leer.) Wenn jetzt der Ether um ein Loch weiterrückt, stellt sich das Verhältnis neu ein (frischer Ether über dem ersten Loch, dafür geht aus dem weitergescho-*

Gleichgewicht		ein Loch weiter
$\frac{1}{2}\ \frac{0}{0}\ \frac{0}{0}\ \frac{0}{0}\ \frac{0}{0}$	→	$\frac{0}{0}\ \frac{1}{2}\ \frac{0}{0}\ \frac{0}{0}\ \frac{0}{0}\ \frac{0}{0}$
$\frac{1}{2}\ \frac{0}{0}\ \frac{0}{0}\ \frac{0}{0}\ \frac{0}{0}$	→	$\frac{1}{2}\ \frac{0}{0}\ \frac{0}{0}\ \frac{0}{0}\ \frac{0}{0}$
$\frac{1}{4}\ \frac{1}{4}\ \frac{0}{0}\ \frac{0}{0}\ \frac{0}{0}$	→	$\frac{0}{0}\ \frac{1}{4}\ \frac{1}{4}\ \frac{0}{0}\ \frac{0}{0}\ \frac{0}{0}$
$\frac{1}{4}\ \frac{1}{4}\ \frac{0}{0}\ \frac{0}{0}\ \frac{0}{0}$	→	$\frac{1}{4}\ \frac{1}{4}\ \frac{0}{0}\ \frac{0}{0}\ \frac{0}{0}$
$\frac{1}{8}\ \frac{1}{4}\ \frac{1}{8}\ \frac{0}{0}\ \frac{0}{0}$	→	$\frac{0}{0}\ \frac{1}{8}\ \frac{1}{4}\ \frac{1}{8}\ \frac{0}{0}\ \frac{0}{0}$
$\frac{1}{8}\ \frac{1}{4}\ \frac{1}{8}\ \frac{0}{0}\ \frac{0}{0}$	→	$\frac{1}{8}\ \frac{1}{4}\ \frac{1}{8}\ \frac{0}{0}\ \frac{0}{0}$
$\frac{1}{16}\ \frac{3}{16}\ \frac{3}{16}\ \frac{1}{16}\ \frac{0}{0}$	→	$\frac{0}{0}\ \frac{1}{16}\ \frac{3}{16}\ \frac{3}{16}\ \frac{1}{16}\ \frac{0}{0}$
$\frac{1}{16}\ \frac{3}{16}\ \frac{3}{16}\ \frac{1}{16}\ \frac{0}{0}$	→	$\frac{1}{16}\ \frac{3}{16}\ \frac{3}{16}\ \frac{1}{16}\ \frac{0}{0}$
$\frac{1}{32}\ \frac{4}{32}\ \frac{6}{32}\ \frac{4}{32}\ \frac{1}{32}$	→	$\frac{0}{0}\ \frac{1}{32}\ \frac{4}{32}\ \frac{6}{32}\ \frac{4}{32}\ \frac{1}{32}$
$\frac{1}{32}\ \frac{4}{32}\ \frac{6}{32}\ \frac{4}{32}\ \frac{1}{32}$	→	$\frac{1}{32}\ \frac{4}{32}\ \frac{6}{32}\ \frac{4}{32}\ \frac{1}{32}$
$\frac{1}{64}\ \frac{5}{64}\ \frac{10}{64}\ \frac{10}{64}\ \frac{5}{64}\ \frac{1}{64}$		
$\frac{1}{64}\ \frac{5}{64}\ \frac{10}{64}\ \frac{10}{64}\ \frac{5}{64}\ \frac{1}{64}$		u.s.w.

benen Ether etwas Substanz in das zweite Loch). Nach der neuen Gleichgewichtseinstellung haben Sie jetzt überall 1/4 der ursprünglichen Menge. (Sie haben es ja gleich gesagt. Ich weiß, aber frohlocken Sie nicht zu früh!) Schieben Sie den Ether noch um ein Loch weiter, im Gleichgewicht erhalten Sie 2 mal 1/8 (erstes Loch), 2 mal 1/4 (zweites Loch) und 2 mal 1/8 (drittes Loch). Sie müssen das Ganze noch eine Weile weiter betreiben, dann sehen Sie, dass sich die Substanz zwar über einige Löcher verteilt, dass diese Ausbreitung aber begrenzt ist und die Hauptmenge nach einigen hundert Schritten in einer relativ geringen Zahl von Löchern bleibt. Und diese Hauptmenge wandert tatsächlich genau halb so schnell wie die Etherphase.

Wenn Sie ein Gemisch von Substanzen aufgetragen haben, so werden die Substanzen voneinander getrennt am anderen Ende heruntertropfen. Zuerst kommen jene, die sich am besten in der **mobilen Phase** *(um diesen Ausdruck endlich einzuführen, das ist jene Phase, die sich bewegt, in unserem Beispiel also der Ether)* lösen, danach diejenigen, die sich auch ein wenig in der **stationären Phase** *(das ist natürlich das Wasser)* lösen, usw. Stoffe, die ausschließlich in der stationären Phase löslich sind, bleiben am Anfang stecken und kommen nie weiter. Für eine gute Auftrennung brauchen Sie allerdings eine sehr hohe Anzahl von Löchern, je mehr, desto besser. Einige tausend sind das Minimum.

Klingt völlig verrückt, ich weiß. Aber Sie werden gleich erfahren, wie man das wirklich macht.

10.5.1 Verteilungschromatographie

Laufmittel:

besteht aus einer hydrophilen und einer lipophilen Phase. Im Normalfall bleibt die hydrophile Phase stehen (= stationäre Phase), die lipophile Phase bewegt sich weiter (= mobile Phase).

Stellen Sie sich vor, Sie nehmen einen Bogen Filterpapier und tropfen nahe dem unteren Ende etwas von einem Substanzgemisch darauf. Den Tropfen lassen Sie noch schnell trocknen, dann hängen Sie den Streifen in ein Gefäß, das unten mit einem Lösungsmittelgemisch (dem so genannten **Laufmittel**) gefüllt ist. Der Streifen soll nur mit dem unteren Ende eintauchen. Jetzt geben Sie noch einen Deckel auf das Gefäß. Dann warten wir, was passiert.

Das Laufmittel besteht aus Wasser und zumindest noch einem organischen Bestandteil *(z.B. ein höherer Alkohol),* der sich mit Wasser schlecht, aber doch mischt. Die Mischung beginnt jetzt langsam vom Papier aufgesogen zu werden und steigt höher und höher. Das Papier besteht aus Zellulosefasern, die sich mit Wasser vollsaugen, aber von dem organischen Bestandteil nichts wissen wollen. Der organische Anteil steigt daher zwischen den Zellulosefasern hoch, während das Wasser in den Fasern stehen bleibt. Wir haben also eine mobile organische Phase und eine stationäre wässrige Phase. Die Stoffe, die wir vorher aufgetropft haben, haben jetzt die Wahl, entweder mit der mobilen Phase mitzulaufen, in der wässrigen Phase zu bleiben oder von einer in die andere zu wechseln. *Die Zellulosefasern entsprechen den Löchern im vorigen Kapitel. Es ist leicht einzusehen, dass in einem genügend großen Papier tausende und abertausende Fasern hintereinander zu durchwandern sind.* Die Stoffe werden sich daher je nach ihrer Löslichkeit voneinander trennen. Nach einiger Zeit holt man das Papier heraus, trocknet es und kann die an den verschiedenen Stellen befindlichen Substanzen mit chemischen oder physikalischen Tricks nachweisen oder auch weiterverwenden. Da man dieses Verfahren zuerst mit verschiedenen Farbstoffen ausprobiert hat *(man kann dann zusehen, wie sich die Farben voneinander trennen),* wurde es **Chromatographie** genannt. Dieser Name ist geblieben, obwohl schon längst alle möglichen anderen Stoffe damit untersucht werden.

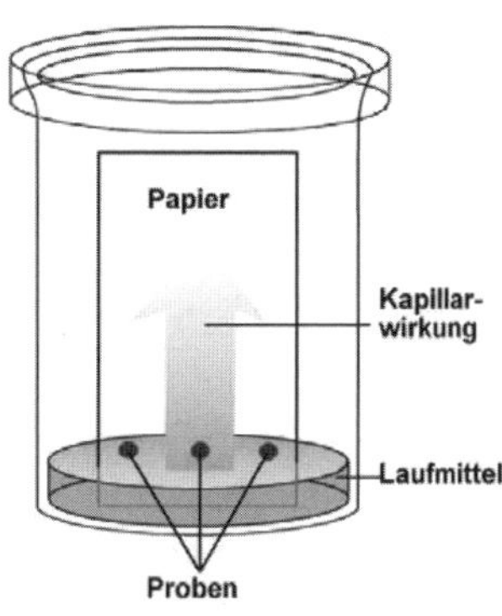

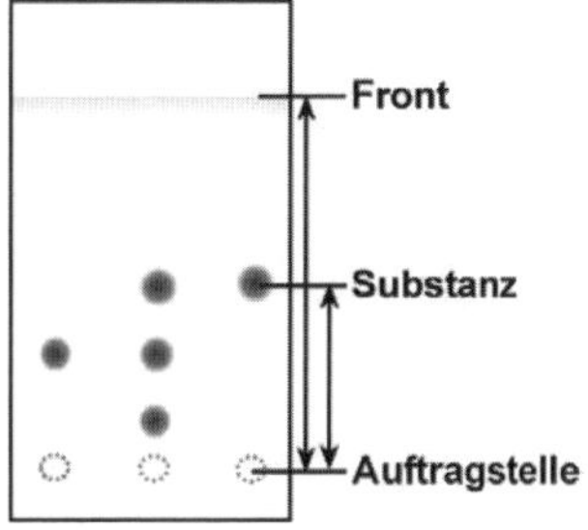

Um die getrennten Substanzen zu charakterisieren, hat man den $\mathbf{R_f}$-Wert eingeführt. Der gibt an, wie viel die Substanz im Vergleich zur mobilen Phase gewandert ist. *R_f bedeutete ursprünglich Verhältnis zur Front, inzwischen hat sich aber die Bezeichnung Retentionsfaktor eingebürgert.*

R_f-Wert:

gibt die Wanderungsgeschwindigkeit einer Substanz im Verhältnis zur Geschwindigkeit der mobilen Phase an.

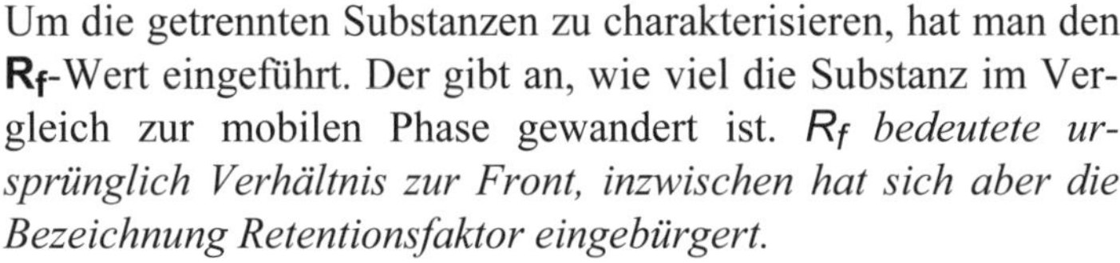

$$R_f = \frac{\text{Wanderungsstrecke Substanz}}{\text{Wanderungsstrecke Laufmittel}}$$

Man misst dafür einfach die Strecke ab, die die Front (das ist der Beginn der nassen Zone am Papier) gewandert ist und dividiert durch die Wanderungsstrecke des Stoffs. Eine Substanz, die nur mit der mobilen Phase wandert, hat dann $R_f = 1$. Eine Substanz, die sich nur in der stationären Phase befindet (also an der Auftragsstelle bleibt), hat $R_f = 0$. Die R_f-Werte anderer Stoffe liegen zwischen diesen beiden Extremen.

Man darf diese R_f-Werte nicht als unveränderliche Naturkonstanten betrachten. Schon kleine Unterschiede in der Zusam-

Je nachdem, in welchem Träger die Chromatographie stattfindet, spricht man von:

Papier-

Dünnschicht-

Säulen-

Chromatographie.

mensetzung des Laufmittels, Temperaturunterschiede, Unterschiede im verwendeten Filterpapier ändern die R_f-Werte. In der Praxis lässt man am gleichen Bogen neben der unbekannten Mischung einige bekannte Substanzen mitlaufen (auf so einem Bogen ist Platz genug für eine ganze Reihe von Auftrennungen) und kann dann deren R_f-Werte vergleichen und gegebenenfalls korrigieren.

Das soeben beschriebene Verfahren ist die **Papierchromatographie**. Es ist das älteste chromatographische Verfahren. Da sich aber die Ergebnisse je nach Qualität des verwendeten Papiers unterschieden, suchte man bald nach einem Ersatz, der weitgehend gleichbleibende Verhältnisse herstellte. Naheliegend war, gepulverte Zellulose auf eine Platte (Glas oder Aluminium) in dünner Schicht aufzubringen. Diese „Dünnschicht-Platte" funktioniert genau wie Papier bezüglich mobiler und stationärer Phasen. Die **Dünnschichtchromatographie** (abgekürzt **DC**) wird heute noch sehr gerne verwendet.

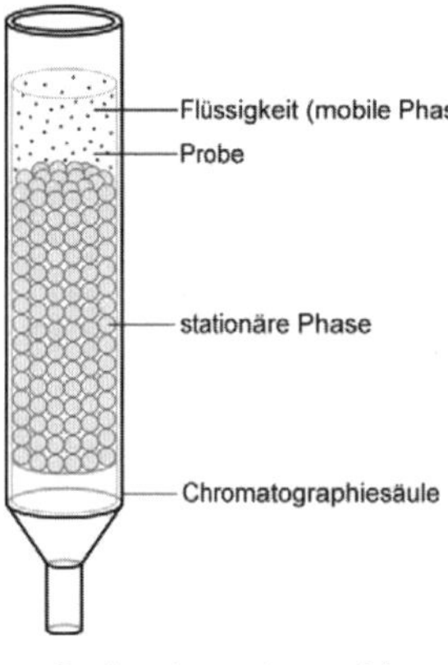

Säulenchromatographie

Man kann aber auch das Zellulosepulver in ein senkrechtes Rohr stopfen. Oben gießt man dann die Probe hinein und schwemmt daraufhin dauernd mit Laufmittel nach. Irgendwann kommen die aufgetrennten Substanzen am unteren Ende heraus, voneinander getrennt und einzeln nacheinander. Da das senkrechte Rohr wie eine Säule aussieht, spricht man von **Säulenchromatographie**. Der große Vorteil: Man kann die Säule (fast) beliebig dick und lang machen. Daher kann man damit auch größere Mengen trennen.

Verteilungs-Chromatographie:

Stoffe werden dank ihrer unterschiedlichen Verteilung zwischen zwei Lösungsmitteln getrennt.

Wenn sich die zu trennenden Stoffe, wie hier beschrieben, zwischen einer mobilen und einer stationären Phase verteilen, spricht man von **Verteilungschromatographie**.

10.5.2 Adsorptionschromatographie

Adsorptions-chromatographie:

Stoffe werden durch unterschiedliche Verteilung zwischen der Oberfläche einer festen Phase und einer weiteren Phase getrennt.

Wir können auch Chromatographie betreiben, indem wir die stationäre Phase durch eine feste Oberfläche, an der sich Stoffe binden, ersetzen. Diese Variante wird **Adsorptionschromatographie** genannt. Aluminiumoxid (Al_2O_3) wird häufig dafür verwendet. Man kann es in eine Säule füllen oder auf eine Dünnschichtplatte aufstreichen. Ist die mobile Phase flüssig, so unterscheidet sich dieses Verfahren äußerlich kaum von den im vorigen Kapitel beschriebenen Methoden. *Das ist ebenfalls eine Art der Säulen- bzw. Dünnschichtchromatographie.*

Die mobile Phase kann aber auch ein Gas sein. Dann muss die zu untersuchende Substanz ebenfalls gasförmig vorliegen. Das erreicht man durch Verdampfen der Probe bei höherer Temperatur. Natürlich kann man so eine **Gaschromatographie** (abgekürzt **GC**) nur als Säulenchromatographie in geschlossenen Rohren durchführen. Oft wählt man dafür sehr lange (einige Meter) und dünne Kapillar-Rohre, die man dann nicht mehr mit stationärer Phase zu beschicken braucht. Die Wand der Röhre selbst ist die stationäre Phase und an ihrer Oberfläche absorbiert der untersuchte Stoff, oder er wird mit dem Gasstrom mitgerissen, je nach Affinität zu dieser verwendeten Oberfläche. *Diese Kapillaren sind natürlich nicht gerade, sondern wie ein Kabel aufgerollt. Man kann damit sehr geringe Mengen sehr ähnlicher Stoffe sehr gut voneinander trennen.*

Wenn diese weitere Phase ein Gas ist, spricht man von

Gaschromatographie.

10.5.3 Ionenaustauscher

Diese und die in der Folge beschriebenen Verfahren werden vorwiegend als Säulenchromatographie angewendet.

Ein **Ionenaustauscher** besteht aus vielen kleinen Kügelchen eines organischen Materials *(vielleicht ein Millimeter Durchmesser, oft noch wesentlich kleiner)* die an der Oberfläche geladene Gruppen, zum Beispiel $-SO_3^-$, tragen. Natürlich müssen die Ladungen dieser Gruppen ausgeglichen werden, also binden sich daran Gegen-Ionen, z.B. Na^+. Mit so einem Ionenaustauscher kann man nun wieder eine Säule füllen. Lässt man eine Lösung anderer Kationen durch diese Säule fließen, so verdrängen diese die Na^+-Ionen und binden sich an deren Stelle am Austauscher. (Die Ionen werden also gegeneinander „ausgetauscht".) Damit man die Stoffe auch wieder frei bekommt, spült man mit einer Lösung nach, die eine hohe Konzentration an Na^+-Ionen enthält – *man **„eluiert"** einfach mit einer konzentrierten Kochsalzlösung*. Irgendwann gewinnen die vielen Na^+-Ionen und verdrängen den Stoff wieder, der dann unten aus der Säule herausrinnt. Hatte man ein Stoffgemisch, so werden die Stoffe verschieden stark am Austauscher gebunden und sind durch Na^+-Ionen verschieden leicht zu verdrängen. Eluiert man daher nacheinander mit immer konzentrierteren Salzlösungen, kann man die einzelnen Stoffe getrennt herunterholen. *Es gibt noch andere Möglichkeiten: Trägt man z.B. eine Mischung verschiedener Aminosäuren auf, so werden die Aminosäuren, die ja ebenfalls eine positive Ladung tragen, an der Oberfläche des Ionenaustauschers gebunden. Eluiert man nun mit Puffer und steigert allmählich den pH-Wert, so wird jede*

Ionenaustauscher:

ein Stoff, der Ionen binden kann. Diese Ionen stehen im Gleichgewicht mit der umgebenden Lösung und können gegen andere Ionen aus dieser Lösung getauscht werden.

Aminosäure nach Überschreiten ihres pK_S*-Werts die positive Ladung verlieren und vom Puffer mitgenommen werden. Da die Aminosäuren verschiedene* pK_S*-Werte besitzen, werden sie auch bei verschiedenen* pH*-Werten ausgewaschen und so voneinander getrennt.*

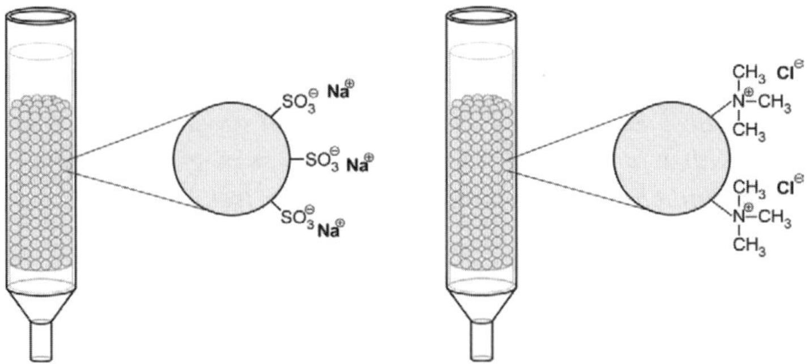

Kationen-Austauscher Anionen-Austauscher

Das war die Beschreibung eines **Kationen-Austauscher**s. Ein **Anionen-Austauscher** funktioniert analog, nur dass er eben positiv geladene Gruppen wie z.B. $-N(CH_3)_3^+$ trägt. *ACHTUNG: Ein KATIONEN-Tauscher trägt negativ geladene ANIONEN und tauscht damit in der Lösung befindliche KATIONEN aus. Beim Anionen-Tauscher ist es umgekehrt. Der Name richtet sich nicht nach den Ionen, die er trägt, sondern nach den Ionen, mit denen er reagiert! Wenn Sie einen Löwen in einer Falle fangen wollen, werden Sie eine Ziege in der Falle anbinden. Wenn der Löwe kommt und die Ziege fressen will, schnappt die Falle zu und der Löwe ist gefangen. Das Ganze ist dann eine LÖWEN-Falle, obwohl sich eine Ziege darin befindet.*

Mit Ionenaustauschern kann man alle Stoffe voneinander trennen, die geladen sind – negativ oder positiv oder beides (wie zum Beispiel Proteine). *Jetzt verstehen Sie, wie man mit einem Ionenaustauscher Wasser entsalzen kann. Man braucht dazu einen Kationen-Austauscher* UND *einen Anionen-Austauscher, welche als Gegen-Ionen mit* H^+ *bzw. mit* OH^- *beladen sind. Gießt man durch ein solches Gemisch (man sagt Mischbett-Austauscher dazu) Leitungswasser (oder Meerwasser), so werden die darin enthaltenen Ionen gegen eben dieses* H^+ *und* OH^- *ausgetauscht. Diese vereinigen sich natürlich zu Wasser. Auf diese Weise erhält man Wasser ohne Salze bei weitem billiger als wenn man destillieren würde. Ungeladene Verunreinigungen sind dann noch dabei, sie stören aber meistens nicht.*

In der Technik werden Ionenaustauscher vor allem zur Entsalzung von Wasser verwendet.

Auch in jedem modernen Geschirrspüler befindet sich ein Ionenaustauscher. Wer hat schon gern den Kalk aus dem Wasser auf seinen Gläsern? Auch wenn es eigentlich nicht schadet, sieht es doch unschön aus. Also ersetzt man Ca^{2+} *mit Hilfe eines Ionenaustauschers durch das viel besser lösliche* Na^+. *Ist der Austauscher erschöpft, muss man ihn regenerieren: Man füllt einen Überschuss an Kochsalz ein, sodass die Bindungsstellen des Austauschers wieder mit Natrium-Ionen beladen werden.*

Der allerwichtigste Ionenaustauscher jedoch liegt gratis überall in der Natur herum: Es ist die normale Erde, wie sie auf jedem Acker vorkommt. Diese Erde wirkt als Ionenaustauscher: Sie bindet die Salzionen, die durch Düngung auf das Feld kommen und gibt sie langsam wieder her (= tauscht sie gegen andere Ionen aus). So bekommen die Pflanzen ständig in geringer Konzentration die notwendigen Nährstoffe. Wäre das nicht so, würde jeder Dünger beim ersten Regen sofort in das Grundwasser geschwemmt werden, und die Pflanzen hätten nichts davon.

Es gibt natürliche Ionenaustauscher, der wichtigste ist Erde (Humus).

10.5.4 Affinitätschromatographie

Wir füllen wieder eine Säule mit einem Material, das aus kleinen Kugeln eines organischen Stoffes besteht. Diesmal hängen wir aber keine geladenen Gruppen an, sondern binden einfach das Substrat für ein von uns erwähltes Enzym daran. Wenn wir jetzt ein Proteingemisch (z.B. einen biologischer Extrakt) durch diese Säule gießen, wird unser Enzym (und nur dieses!) mit dem Substrat reagieren und dabei zurückgehalten. Damit wir das Enzym erhalten, kann man später mit einer Lösung des betreffenden Substrats eluieren. *Dann verbindet sich das Enzym mit dem löslichen Substrat und wird wieder frei.*

Affinität:

die Vorliebe, die Neigung mit einem anderen Stoff zu reagieren.

Hat man Stoffe mit einer speziellen Affinität füreinander, kann man diese Eigenschaft zur Trennung benutzen.

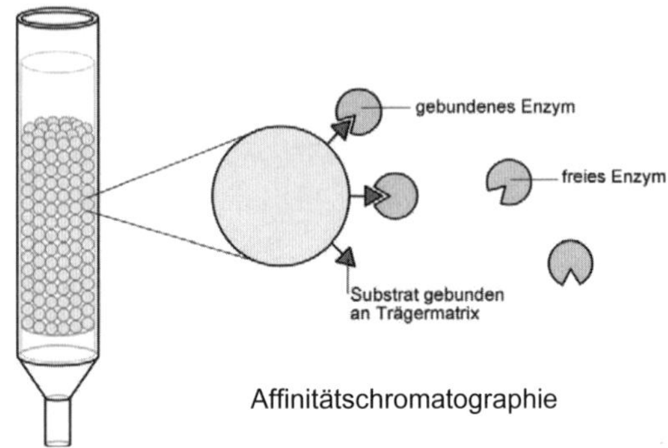

Affinitätschromatographie

Dieses Verfahren ist ganz besonders selektiv, man kann damit auch andere biologisch wichtige Stoffe, die spezifisch miteinander reagieren (Hormon-Rezeptoren, Immunglobuline, u.a.), reinigen. Oft genügt bereits ein einziger Trennschritt, um aus einem sehr komplizierten Gemisch ein weitgehend gereinigtes Protein zu erhalten.

10.5.5 Gelfiltration

Gelfiltration:

eigentlich die Umkehr der normalen Filtration: große Moleküle gehen durch, kleine werden zurückgehalten.

Stellen Sie sich noch einmal unsere Säule vor, gefüllt mit den bereits erwähnten Kugeln. Diese tragen aber diesmal gar keine Gruppen, sondern sie haben feine Poren, sodass jede Kugel wie ein Badeschwamm von einem Labyrinth an Kanälen durchzogen ist. Kleine Teilchen können in dieses Labyrinth eintreten, große müssen draußen bleiben. Gießt man eine Lösung, die verschiedene Moleküle enthält, durch diese Säule, so fließen die großen Moleküle relativ flott durch die Säule, während die kleinen wesentlich länger brauchen, da sie in die Poren eindringen und dort eine Weile bleiben.

Probenmoleküle verschiederner Größe
Säulenmaterial mit Kanälen

Gelfiltration

Man kann es auch anders erklären: Das Volumen der Säule ist für die Teilchen verschieden. Große Moleküle sehen nur den Zwischenraum zwischen den Kugeln, für kleine Moleküle kommt auch das Volumen der Poren dazu. Wenn wir zum Beispiel eine Säule von 10 ml verwenden, so werden etwa 7 ml vom so genannten Gel (das sind die Kugeln) eingenommen, die restlichen 3 ml sind Zwischenraum. Trägt man eine Lösung von z.B. Proteinen und Salz auf und wäscht mit Puffer nach, so wird das Protein nach 3 ml eluieren, das Salz erst nach etwa 8 ml.

Mit dieser Methode kann man Stoffe nach ihrer Größe trennen. Es gibt verschiedene Gele für verschiedene Größenbereiche. Die häufigste Anwendung ist, wie oben erwähnt, die Entfernung von Salzen aus einer Lösung von Makromolekülen *(nicht notwendigerweise Proteine)*.

10.5.6 Verbesserungen

Bei jedem chromatographischen Verfahren wird die Trennung besser, je mehr einzelne Trennungsstufen (entspricht den Löchern unseres Gedankenexperiments von vorhin) in der Säule möglich sind. Das Material in der Säule sollte daher sehr gleichmäßig und fein sein. Besonders feines Säulenmaterial (also kleine Kugeln) bedeutet aber, dass die Zwischenräume sehr eng sind und daher die Kapillarkräfte enorm steigen. In solchen Säulen muss die Flüssigkeit mit Hochdruck durchgepresst werden. Hierfür sind (sehr teure) Spezialpumpen notwendig. Damit erreicht man aber auch Trennungen von einer Qualität, wie sie früher nur mit Gaschromatographie möglich war. Solche Anlagen heißen **HPLC**. *(**LC** kommt von „liquid chromatograpy", also Flüssigkeits-Chromatographie; **HP** wird von „high pressure" oder von „high performance" abgeleitet).*

10.6 Elektrophorese

Man nehme ein langes Gefäß (einen Trog oder ein Rohr), das mit Lösung eines Elektrolyten (z.B. einer wässrigen Salzlösung) gefüllt ist. Mittels zweier Elektroden an den Enden legen wir nun an diese Lösung elektrische Spannung an.

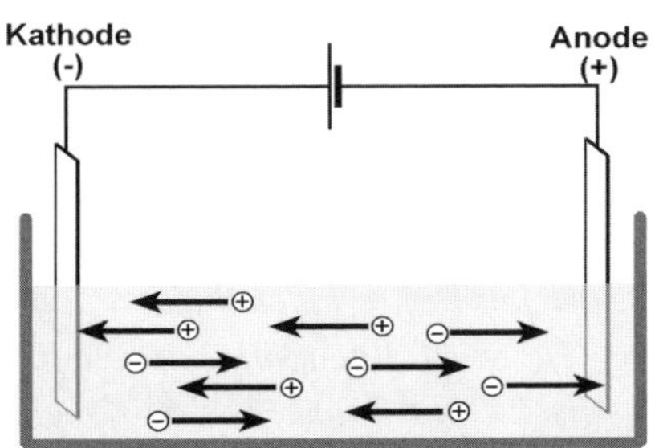

Elektrophorese:

Substanzen werden durch ihre unterschiedliche Wanderung im elektrischen Feld getrennt.

Nicht verwechseln mit

Elektrolyse:

Es finden chemische Reaktionen mit Hilfe elektrischer Kräfte statt.

Wie wir wissen, wandern in der Lösung die Kationen zur Kathode, die Anionen zur Anode. Das gibt uns die Möglichkeit, Ionen voneinander zu trennen. Man kann aber auch stärker geladene Ionen – die schneller wandern – von schwächer geladenen Ionen unterscheiden. Das Medium, in dem sich die Ionen befinden, bremst diese dabei durch Reibung ab. *Die Ionen müssen auf ihrem Weg die Moleküle des Lösungsmittels zur Seite drängen.* Große Moleküle werden natürlich stärker gebremst. Bei gleicher Ladung wandern daher kleine Moleküle schneller als größere.

Heute führt man eine solche **Elektrophorese** nicht mehr in einer herumschwappenden Lösung durch *(als sogenannte freie Elektrophorese; das hat man früher wirklich gemacht!)* sondern in einem „Träger". Das ist eine poröse oder gelartige Substanz (z.B. Papier, Zelluloseacetat, Stärkegel, Acrylamid-Gel, Agarose-Gel u.a.), welche die Elektrolyt-Lösung aufsaugt und verhindert, dass sich die schöne Trennung bei der kleinsten Erschütterung wieder mischt. Das ist die **Trägerelektrophorese**.

Man kann damit geladene Stoffe ausgezeichnet voneinander trennen. Besonders für Aminosäuren, Proteine und Nukleinsäuren ist diese Technik hervorragend geeignet. Verändert man die Bedingungen, kann man auch die Auftrennung beeinflussen. Da die Ladung von Proteinen oder Aminosäuren vom pH-Wert abhängt, führt man die Elektrophorese immer in einem gepufferten Medium durch. Entspricht der pH-Wert des Puffers dem isoelektrischen Punkt der Aminosäure oder des Proteins, so wandert das Molekül nicht, da sich positive und negative Ladungen gegenseitig aufheben. *Falls Sie vergessen haben, was der isoelektrische Punkt ist, so sehen Sie in Kapitel 9.5.6 nach, er ist dort lang und breit erklärt.* In saurem Milieu treten mehr positive Ladungen auf, die Teilchen wandern als Kationen. In einem alkalischen Medium entstehen mehr negative Ladungen, die Teilchen wandern zur Anode. Je nach Wunsch kann man durch geschickte Wahl des Puffers erreichen, dass die zu untersuchenden Stoffe alle nur nach einer oder in verschiedene Richtungen wandern.

Der große Vorteil der Elektrophorese:

Durch Veränderung des pH-Werts kann man Bedingungen schaffen, die „maßgeschneidert" für das jeweilige Trennproblem sind.

Das klassische Beispiel für die Anwendung der Elektrophorese im klinischen Bereich ist die Trennung der Proteine des Blutserums. Serum wird an eine Stelle des Trägers (Papier oder Zelluloseacetat), der mit Puffer befeuchtet ist, aufgetragen. Für eine bestimmte Zeit wird Spannung angelegt, danach der Streifen herausgefischt, mit Säure fixiert (dabei denaturieren die Proteine und bleiben auf dem Träger kleben) und gefärbt (das macht die Proteine als farbige Zonen sichtbar). Die Proteine werden dabei vorwiegend nach der Ladung getrennt. Der verwendete Puffer hat einen pH von 8 bis 9. Da der isoelektrische Punkt der allermeisten Serumproteine zwischen 5 und 7 liegt, wandern sie als Anionen. Albumin ist am schnellsten, die γ-Globuline (isoelektrischen Punkt bei etwa 7) bleiben fast stehen. Dazwischen liegen die Fraktionen der α- und β-Globuline.

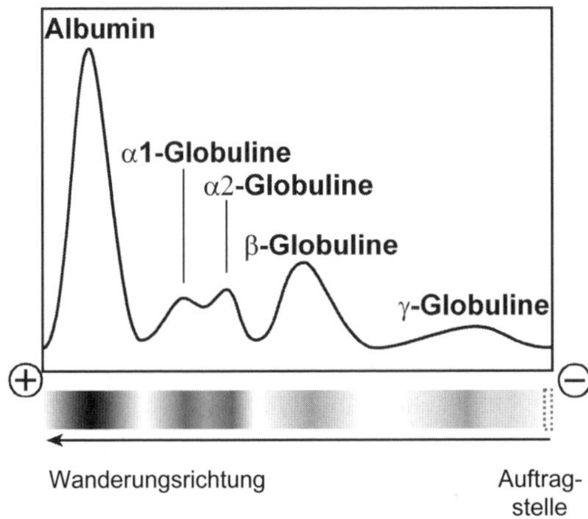

Elektrophorese von Serumproteinen

*Man kann die Trennung auch quantitativ auswerten. Das benötigte Gerät, das „**Densitometer**“, ist eine Art Photometer, welches die Intensität der Färbung entlang der Wanderungsstrecke misst und als Kurve aufzeichnet. Die Fläche unter der erhaltenen Kurve ist der Menge an Protein proportional. Weicht im Serum eines Menschen die Menge einzelner Proteinfraktionen vom üblichen Wert ab, kann der Experte daraus diverse physiologische oder pathologische Zustände erkennen.*

Die **Gel-Elektrophorese** wird in einem dichten Gel durchgeführt. Die Reibung ist sehr hoch, sodass die Größe der Moleküle deren Wanderungsgeschwindigkeit erheblich beeinflusst. Serumproteine werden dabei in 50 oder mehr verschiedene Fraktionen aufgetrennt. Mit der Gel-Elektrophorese werden häufig Nukleinsäuren untersucht. Diese sind völlig gleichmäßig geladen, also hat eine doppelt so große Nukleinsäure auch doppelt so viele Ladungen. In einer freien Elektrophorese würden daher alle Nukleinsäuren etwa gleich schnell wandern. Im Gel hingegen werden die größeren viel stärker gebremst und sind

Man kann die Dichte des Gels variieren und so der gewünschten Trennung anpassen. Je kleiner die zu trennenden Teilchen, desto kleiner sollen die Poren des Gels sein, und desto konzentrierter stellt man das Gel her.

Nukleinsäuren werden im Gel nur nach der Größe getrennt.

langsamer, daher erhält man eine Trennung ausschließlich nach der Größe und kann diese damit ganz einfach bestimmen.

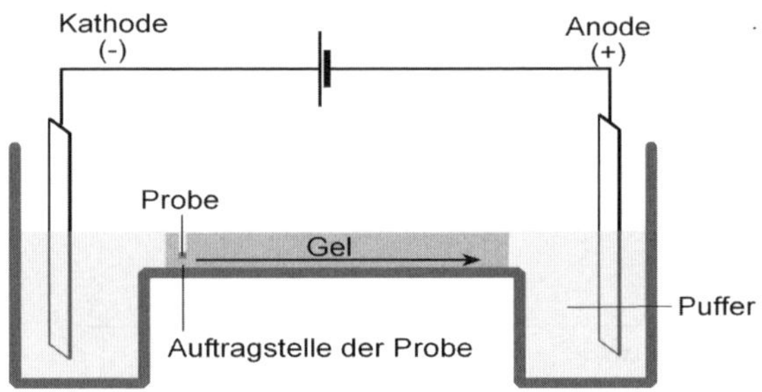

Gel-Elektrophorese

Für Proteine erreicht man eine Trennung nach der Größe durch Verwendung von SDS.

Diese praktische Trennung nur nach Größe hätte man gerne auch für Proteine. Dem steht aber die unterschiedliche Ladung der Proteine entgegen. Also ließ man sich etwas einfallen: Man behandelt die Proteine mit einem Überschuss eines Tensids, und zwar mit Natrium-Dodecylsulfat (englisch = „**s**odium-**d**o-decyl-**s**ulfate" = **SDS**). SDS denaturiert die Proteine, es entfaltet sie und bindet sich an deren Oberfläche. Die Proteine liegen dann als langgestreckte Stäbchen vor, die dicht mit SDS bedeckt sind. Da SDS negativ geladen ist, trägt die Oberfläche eine gleichmäßige Schicht an Ladungen, wobei die Eigenladung der Proteine unbedeutend ist. Die Wanderungsgeschwindigkeit im Gel wird also bei dieser **SDS-Elektrophorese** wieder nur durch die Teilchengröße bestimmt, sodass man leicht die relative Molekülmasse der Proteine ermitteln kann. *Komplizierte, zusammengesetzte Proteine, die aus mehreren Ketten bestehen, zerfallen dabei in ihre Untereinheiten.*

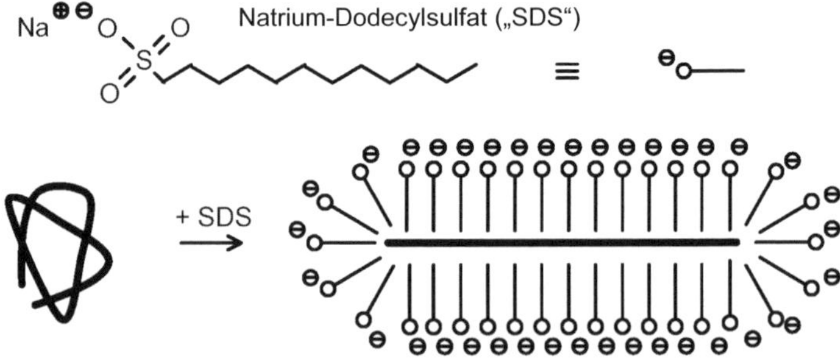

gefaltetes Protein

entfaltetes Protein mit SDS

Isoelektrische Fokussierung: Ein sehr kompliziertes Puffersystem (aus mehreren Puffern) wird so angeordnet, dass sich längs der Trennstrecke der Elektrophorese der pH-Wert kontinuierlich verändert. Die Proteine wandern so lange, bis sie in einen pH-Bereich geraten, der ihrem isoelektrischen Punkt entspricht und bleiben dort stehen. Unabhängig von der Größe trennt diese Methode nur nach den elektrischen Eigenschaften.

Isoelektrische Fokussierung:

Trennung von Proteinen nur nach ihrem isoelektrischen Punkt.

2-D-Elektrophorese (2-dimensionale Elektrophorese): Man kann die beiden letztgenannten Verfahren kombinieren, indem man das nach einer isoelektrischen Fokussierung erhaltene Gel (die erste Dimension) quer auf ein SDS-Gel legt und noch einmal auftrennt (die zweite Dimension).

2-D-Elektrophorese:

trennt Proteine nach zwei Kriterien, eine Dimension nach dem isoelektrischen Punkt, die andere nach der Größe.

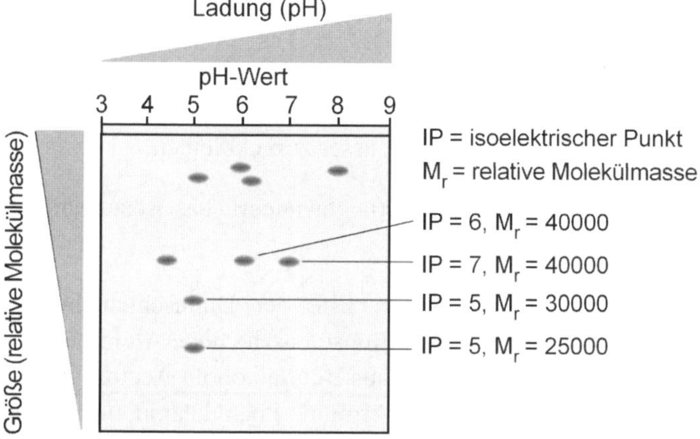

Auf dem so erhaltenen Gel sind die Proteine über die gesamte Fläche als Punkte verteilt, und sowohl nach der Ladung (z.B. von links nach rechts) als auch nach der Größe (z.B. von oben nach unten) verteilt. Ein einziges 2-D-Gel kann hunderte bis einige tausend verschiedene Proteine zeigen. *Eines der wichtigsten Vorhaben in der modernen Biologie wäre die Auftrennung und Darstellung SÄMTLICHER Proteine einer Zell-Art – diese Gesamtheit von etwa 20.000 Molekülen wird auch „Proteom" genannt – in einem solchen oder ähnlichen Trennverfahren. Leider funktioniert das noch nicht ganz, die Suche nach neuen, alternativen Verfahren ist im Gange (mehr in der nächsten Auflage dieses Buches).*

Übungen zu Kapitel 10

100. Sie haben eine unbekannte Menge Schwefelsäure. Sie setzen einen Überschuss an Bariumchlorid zu, filtrieren und trocknen das ausgefällte Bariumsulfat und wägen es ab. Sie erhalten 40.0 mg Bariumsulfat. Wie viel Schwefelsäure war vorhanden? *Die relativen Atommassen finden Sie im Anhang.*

101. Sie haben eine Lösung von 160 mg eines Stoffs in 10 ml Wasser. Der Verteilungskoeffizient (Chloroform / Wasser) k = 3 / 1.

   a) Sie schütteln 3 x mit 10 ml Chloroform aus, wie viele mg bleiben im Wasser? *Anmerkung: Es geht hier darum, möglichst wenig des Stoffs zu verlieren. Sie schütteln daher immer nur jene Phase weiter aus, die die Restmenge des Stoffs enthält, um auch von diesem Rest noch möglichst viel zu reinigen.*

   b) Sie schütteln 1 x mit 30 ml Chloroform aus, wie viele mg bleiben im Wasser?

102. Sie haben eine Lösung von 100 mg eines Stoffs in 10 ml Wasser. Der Verteilungskoeffizient (Chloroform / Wasser) k = 20 / 1. Wie oft müssen Sie mit je 10 ml Chloroform ausschütteln, damit weniger als 0.001 % im Wasser zurückbleiben?

103. Eine Substanz ist auf einem Chromatogramm 5 cm gewandert, das Lösungsmittel 12 cm. Wie groß ist der R_f-Wert?

104. Sie wollen ein Gemisch von Aminosäuren mit Hilfe der Dünnschichtchromatographie auftrennen. Dazu verwenden Sie mit Cellulose beschichtete Aluminiumfolien. Als Laufmittel verwenden Sie eine Mischung aus Butylalkohol / Aceton / Eisessig. Sie haben in Ihrer Probe die Aminosäuren Arginin, Phenylalanin und Serin. Welche wandert am weitesten, welche am wenigsten? *Hinweis: Sie machen Verteilungschromatographie, das Wasser in ihrem Laufmittel bindet sich an die Cellulose und bildet die stationäre Phase, das restliche Laufmittel die mobile Phase.*

105. Sie wollen ein Protein mittels Gelfiltration entsalzen. Dazu verwenden Sie eine Säule mit einem Volumen von 25 ml. Das eigentliche Gel (ohne die Zwischenräume) nimmt davon 18 ml ein. Die Poren im Gel haben ein Gesamtvolumen von 12 ml. Sie tragen Ihre Probe auf, und während Sie mit Puffer nachspülen, fangen Sie die unten aus der Säule tropfende Lösung in Eprouvetten auf. Sobald jeweils 2 ml Lösung in einer Eprouvette ist, wechseln Sie zur nächsten Eprouvette (= sie sammeln Fraktionen von 2 ml). In welcher Fraktion erwarten Sie das Protein, in welcher das Salz?

106. Sie machen Elektrophorese von Proteinen. Sie haben drei Proteine mit den isoelektrischen Punkten I.P. = 5, I.P = 7, I.P. = 8.

   Wohin wandern diese Proteine (zur Anode oder zur Kathode) wenn der Puffer ihrer Auftrennung jeweils einen der folgenden pH-Werte hat:

   a) pH = 6 b) pH = 7 c) pH = 9

11 MAßANALYSE

Ideen kommen mir sehr leicht. Und dann gehe ich ins Labor und finde, dass sie alle falsch sind.

George Scatchard (1890–1925)

Wenn man zwei Stoffe hat, die einigermaßen vollständig miteinander reagieren, so kann man die Menge des einen Stoffs errechnen, wenn man die äquivalente (= gleichwertige) Menge des anderen Stoffs kennt. Die verwendete Reaktion muss quantitativ sein, sie muss stöchiometrisch verlaufen, und es muss eine Möglichkeit geben, den Äquivalenzpunkt zu erkennen. Quantitativ: Die Reaktion muss so gut wie vollständig ablaufen. Stöchiometrisch: die beiden Reaktionspartner müssen in einem genau bestimmbaren Verhältnis reagieren, es darf keine Nebenreaktionen geben. Der Äquivalenzpunkt ist erreicht, wenn die Reaktion gerade vollständig geworden ist, meist kann man das mit Hilfe eines geeigneten **Indikators** erkennen.)

Eine unbekannte Menge Substanz reagiert vollständig mit der Lösung eines anderen Stoffs mit genau bekannter Konzentration.

Nun wird man natürlich nicht einen Klumpen des einen Stoffs mit einem anderen Klumpen verreiben, sondern macht dies in Lösung. Man stellt sich eine Lösung mit genau bekannter Konzentration her – eine so genannte **Maßlösung** – und setzt diese langsam dem Stoff zu, dessen Menge man nicht kennt. Wenn klar ist, dass äquivalente Mengen miteinander reagiert haben, unterbricht man die Zugabe, misst das Volumen der Maßlösung und berechnet aus Volumen und Konzentration die Menge des einen Stoffs. Daraus kann dann auf die (unbekannte) Menge des zweiten Stoffs geschlossen werden. Dieses Verfahren nennt man **Maßanalyse** (oder auch **Volumetrie**, weil es auf die Messung des verbrauchten Volumens ankommt). Die Tätigkeit des Vergleichens wird als titrieren bezeichnet.

Aus der dafür notwendigen Menge (ergibt sich aus Volumen und Konzentration) kann die Menge des unbekannten Stoffes berechnet werden.

Menge ist Konzentration mal Volumen:

$$m = c \times V$$

Weil das jetzt ziemlich theoretisch war, spielen wir alles noch mal mit einem konkreten Beispiel durch. Wir haben eine bestimmte, unbekannte Menge Salzsäure. Um herauszufinden, wie viel Salzsäure das ist, suchen wir zuerst eine Reaktion dieser Säure mit einem anderen Stoff. Das ist hier leicht, wir nehmen einfach die Neutralisation durch ein basisches Oxid wie Natronlauge, dabei entsteht Kochsalz und Wasser.

$$HCl + NaOH \rightleftharpoons Na^{+} + Cl^{-} + H_2O$$

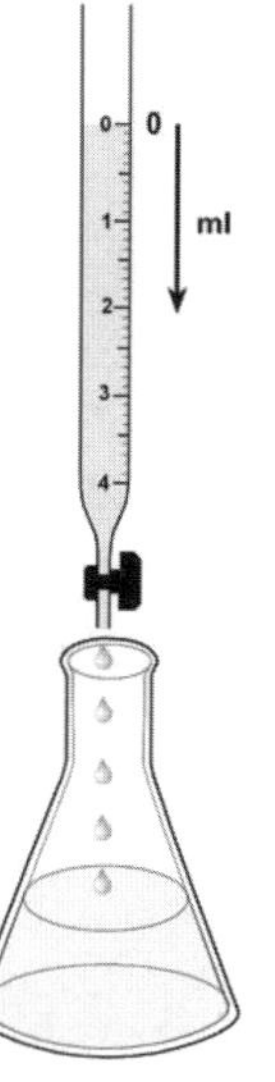

Nun bereiten (oder kaufen) wir eine Lösung von Natronlauge mit genau bekannter Konzentration (c_1) und geben zur unbekannten Salzsäure solange etwas von dieser Lösung, bis alles reagiert hat. Dann haben wir den so genannten Äquivalenz-

punkt erreicht, es ist nur noch Wasser und Kochsalz in der Lösung, sodass die Lösung nicht mehr sauer reagiert – aber auch gerade noch nicht basisch. Diesen Äquivalenzpunkt erkennen wir, indem wir den pH-Wert der Lösung überwachen, mit Hilfe eines Indikators oder mit einem Messgerät (pH-Meter). Nun bestimmen wir das Volumen der verbrauchten Natronlauge (V_1) und können aus Volumen und Konzentration die Menge (m_1) an verbrauchter Natronlauge berechnen. Da wir wissen, dass 1 mol Salzsäure mit 1 mol Natronlauge reagiert (das erkennt man an der Reaktionsgleichung), ist es jetzt klar, dass wir so viel mol Säure (m_2) hatten wie mol Lauge verbraucht wurden.

$$m_1 = c_1 \times V_1$$

$$m_2 = m_1$$

Häufig will man nicht die Menge des unbekannten Stoffs (m_2), sondern seine Konzentration (c_2) in einer unbekannten Lösung wissen. Dazu müssen wir feststellen, wie viel von dieser Lösung titriert wurde (V_2). Menge, Konzentration und Volumen stehen natürlich wieder im gleichen Zusammenhang. Wenn sich die beiden Mengen, die miteinander reagiert haben, im Verhältnis 1 : 1 entsprechen, können wir die übrigen Gleichungsteile gleichsetzen und erhalten so eine Gleichung, aus der wir die gewünschte Konzentration (c_2) unmittelbar aus dem Volumen der unbekannten Lösung, sowie aus verbrauchtem Volumen und Konzentration der Maßlösung ausrechnen können.

$$m_2 = c_2 \times V_2$$

$$c_1 \times V_1 = m_1 = m_2 = c_2 \times V_2$$

$$\mathbf{c_1 \times V_1 = c_2 \times V_2}$$

Die Reaktion, die dabei benützt wird, muss nicht unbedingt eine Neutralisation sein. Auch andere chemische Umsetzungen sind verwendbar.

Es kann natürlich passieren, dass nicht nur je ein Mol reagiert. *Hätten wir Schwefelsäure statt Salzsäure verwendet, so würden 2 mol NaOH zu nur 1 mol H_2SO_4 äquivalent sein.* Dann muss man dies bei der Rechnung entsprechend berücksichtigen. Bei Neutralisationen rechnet man nach dem Verhältnis der umgesetzten H^+-Ionen um, bei Redox-Reaktionen nach dem der aufgenommenen oder abgegebenen Elektronen. Mit anderen Worten, wir setzen in unserer Formel oben noch links und rechts die Faktoren z_1 und z_2 ein, wobei diese Faktoren einfach die Anzahl der links, bzw. rechts umgesetzten H^+-Ionen bzw. Elektronen wiedergeben.

$$z_1 \times c_1 \times V_1 = z_2 \times c_2 \times V_2$$

Das war jetzt natürlich nur ein Schnellstkurs über Titrationen. Eine ausführliche Beschreibung, wie und warum eine Titration funktioniert, finden Sie in unserem Buch „Chemie verstehen“.

Unser Buch „Chemie berechnen" hingegen liefert Ihnen genaue Anleitungen zur Berechnung von Titrationen – mit vielen Übungsbeispielen. Erwähnenswert ist noch, dass die Maßanalyse zwar eine relativ elegante Methode der quantitativen Analyse ist, trotzdem aber immer mehr aus der Mode kommt. Stattdessen verwendet man lieber spektroskopische Verfahren. Diese sind zwar etwas weniger genau, doch dafür empfindlicher (man braucht kleinere Probenmengen für die Bestimmung), schneller und man kann sie noch dazu leichter von Maschinen (Analyseautomaten) durchführen lassen.

Übungen zu Kapitel 10

110. Bei der Titration von 20.0 ml HCl erhalten Sie einen Verbrauch von 24.0 ml NaOH (c_{NaOH} = 0.1000 mol/l).

   a) Wie groß ist die Konzentration der HCl?

   b) Wie groß ist die Menge (mol) an HCl in Ihrer Probe?

111. Bei der Titration von 230 mg Säure erhalten Sie einen Verbrauch von 16.65 ml NaOH (c_{NaOH} = 0.1000 mol/l). Unter der Annahme, dass die Säure einwertig ist (= nur ein dissoziierbares H-Atom enthält), wie groß ist die relative Molekülmasse der Säure?

12 SPEKTROSKOPIE

Jedes bewegte Teilchen ist zugleich eine Welle. Die **Wellenlänge** (der Abstand von einem Wellenberg zum anderen oder von einem Wellental zum anderen) ist umso kleiner, je größer die kinetische Energie des betreffenden Teilchens ist. Der Grund, dass man z.B. einem fliegenden Tennisball die Welleneigenschaften nicht ansieht, liegt daran, dass die Wellenlänge dieses Tennisballs unvorstellbar klein ist. Ein einzelnes Elektron, das doch wesentlich kleiner und energieärmer als ein Tennisball ist, hat eine Wellenlänge, die etwa dem Durchmesser eines Atoms entspricht. Umgekehrt sind alle Wellen gleichzeitig auch bewegte Teilchen. Das Teilchen, das der elektromagnetischen Strahlung (das ist das sichtbare Licht und alle seine Verwandten) zugeordnet ist, heißt **Photon**. Dieses Photon ist sehr klein und bewegt sich mit Lichtgeschwindigkeit. Wegen der Äquivalenzbeziehung von Masse und Energie

Fünfzig Jahre angestrengtes Nachdenken haben mich der Antwort auf die Frage „Was sind Lichtquanten?“ nicht näher gebracht. Heute bilden sich Hinz und Kunz ein, es zu wissen. Aber da täuschen sie sich!

Albert Einstein (1879–1955)

$$E = m \times c^2$$

m = Masse, E = Energie, c = Lichtgeschwindigkeit

muss man dem Photon eine Masse zuordnen, die aber nur vorhanden ist, solange sich das Photon bewegt (die Ruhemasse des Photons ist null). Da die Energie des Lichts also an Teilchen gebunden ist, ist sie portioniert (richtig sagt man „gequantelt“). Sie kann nur in einer Menge abgegeben oder aufgenommen werden, die einem oder mehreren Photonen entspricht. Die Energie eines Photons ist mit seiner Wellenlänge beziehungsweise seiner Frequenz durch folgende Beziehung verbunden:

Das Licht besteht aus Teilchen, die Wellen sind

oder

das Licht besteht aus Wellen, die Teilchen sind.

$$E = \eta \times \nu \quad \text{oder} \quad E = \eta \times c / \lambda \quad \text{wegen} \quad c = \nu \times \lambda$$

η = Wirkungsquantum, ν = Frequenz, λ = Wellenlänge

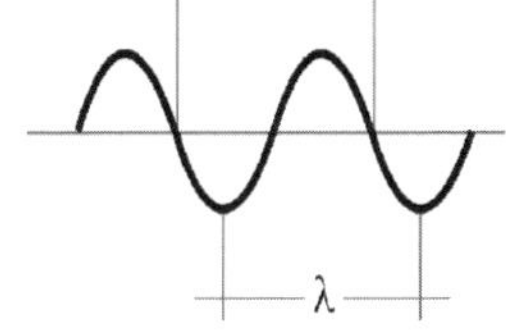

Dabei ist η das „**Plancksche Wirkungsquantum**“ (= eine fundamentale Naturkonstante) und ν die **Frequenz** des Lichts (Schwingungen pro Sekunde). Frequenz mal Wellenlänge ergibt die Geschwindigkeit der Welle – also die Lichtgeschwindigkeit. Da die Lichtgeschwindigkeit konstant ist, sind Frequenz und Wellenlänge umgekehrt proportional. Das bedeutet:

Mehr Energie ... höhere Frequenz ... geringere Wellenlänge
Weniger Energie ... niedrigere Frequenz ... größere Wellenlänge

12.1 Das elektromagnetische Spektrum

Die verschiedenen Arten von elektromagnetischen Strahlen unterscheiden sich nur durch ihre Energie.

Ein **Spektrum** ist die Verteilung einer Häufigkeit oder Intensität in Abhängigkeit von der Energie oder einer energieabhängigen Eigenschaft. Wenn wir hier von Spektren sprechen, meinen wir immer die Intensität einer elektromagnetischen Strahlung in Abhängigkeit von deren Frequenz oder Wellenlänge. Der gesamte Bereich der **elektromagnetischen Schwingungen** ist ungeheuer groß und umfasst die verschiedensten Arten von Strahlungen. Uns interessiert hier vor allem der Abschnitt, dessen Strahlung mit chemischen Vorgängen in Wechselwirkung steht – der Bereich des (sichtbaren und unsichtbaren) Lichts.

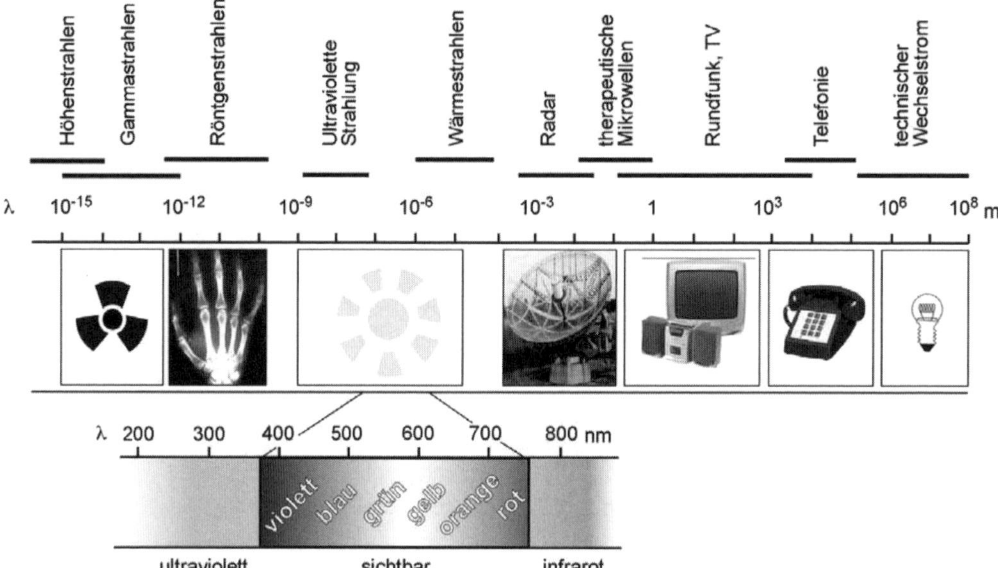

Das **Licht**, das wir sehen können, umfasst also nur einen ganz kleinen Teil der möglichen elektromagnetischen Strahlungen. In diesem Bereich sind wir jedoch in der Lage verschiedene Wellenlängen zu unterscheiden (allerdings sehr unvollkommen). Diese verschiedenen Wellenlängen werden von uns als Farben (= die so genannten **Spektralfarben**) wahrgenommen. Eine etwa gleichmäßige Mischung aller Farben erscheint uns weiß.

Licht, das langwelliger (= energieärmer) ist als rotes Licht, ist für uns unsichtbar. Man nennt es **Infrarot** (selten auch Ultrarot). Licht, das energiereicher und kurzwelliger ist als violett, nennt man **Ultraviolett**.

Trifft weißes Licht auf irgendeinen Stoff, so wird ein Teil des Lichts von den Molekülen des Stoffs aufgenommen, d.h. **absorbiert**. Wenn alles Licht absorbiert wird, so erscheint uns der Stoff schwarz. Wird nur ein Teil absorbiert, z.B. nur rotes Licht, so bleiben die anderen Wellenlängen übrig und können von unseren Augen wahrgenommen werden, der Stoff erscheint uns grün. Wird nur blaues Licht absorbiert, so erscheint der Stoff orange usw. Diese paarweise Zuordnung der Farben nennt man **Komplementärfarben**. Also ist grün die Komplementärfarbe von rot, rot die Komplementärfarbe von grün, gelb ist die Komplementärfarbe von violett usw. Beleuchtete Körper erscheinen uns deshalb in einer bestimmten Farbe, weil die entsprechende Komplementärfarbe absorbiert wird. Das gilt sowohl für die Oberflächenfarben von undurchsichtigen Körpern als auch für die Farben von durchsichtigen Stoffen. In einem gelben Glasfenster werden die violetten Strahlen absorbiert, der Rest geht durch.

Licht und verwandte Wellen können mit Molekülen in Wechselwirkung treten. Daher absorbieren Stoffe Licht.

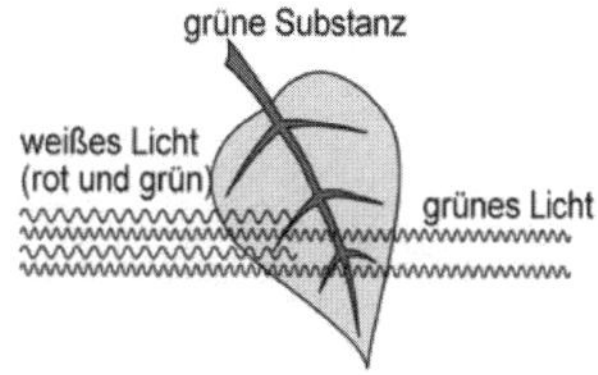

Natürlich können Stoffe auch bei mehreren verschiedenen Wellenlängen absorbieren und andere, dazwischen liegende Wellenlängen durchlassen. Uns erscheint der Stoff dann in einer Farbe, die keine reine Spektralfarbe ist, z.B. braun.

12.2 Absorptions- und Emissionsspektren

Worauf beruht nun diese Absorption von Licht? Jedes Atom und jedes Molekül hat verschiedene mögliche Formen, in denen es existieren kann. Diese Formen nennt man **Energiezustände** oder einfach nur **Zustände**. Atome oder Moleküle in verschiedenen Zuständen enthalten verschieden viel Energie, es gibt daher energiereichere und energieärmere Zustände. Natürlich werden energieärmere Zustände bevorzugt, und der Zustand mit der geringsten Energie, der so genannte **Grundzustand**, wird normalerweise für die meisten Atome gelten.

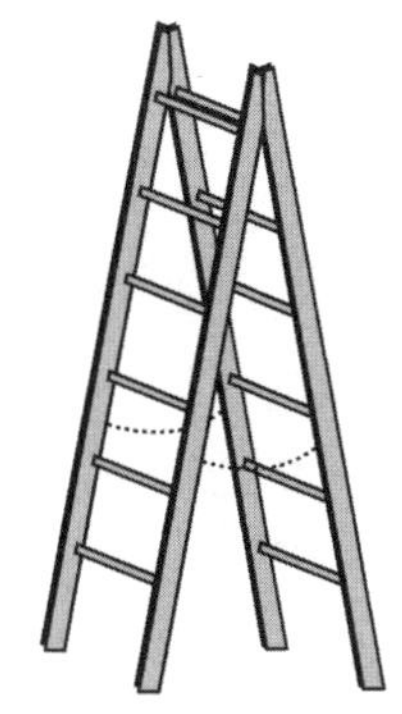

Sie können sich diese Zustände wie die Sprossen einer Leiter vorstellen, zwischen den Sprossen kann man nicht stehen (da fällt man durch). Solange Sie sich auf der Erde neben der Leiter befinden, sind Sie im Grundzustand. Klettern Sie Sprossen hinauf, müssen Sie Energie aufwenden. Fällt die Leiter um, kehren Sie in den Grundzustand zurück. Dabei wird Energie frei. (Und wie!) Da kaum jemand auf eine Leiter klettert, wenn er nicht muss (wenn er nicht durch irgend etwas dazu „ange-

regt" wurde), befinden sich die meisten Menschen im Grundzustand und nur wenige stehen auf Leitern. Mit der Zeit werden einige hinunter, andere dafür hinaufsteigen. So befinden sich auch Atome oder Moleküle normalerweise im Grundzustand und nur einige wenige sind höher oben.

Ein Atom im Grundzustand kann nur in einen höheren (= energiereicheren) Zustand übergehen, wenn aus der Umgebung Energie zugeführt wird. Es muss dafür aber **genau so viel Energie** aufnehmen **wie die Differenz** zwischen den beiden Zuständen beträgt. Wenn daher z.B. Licht als Energiequelle dient, dann kann nur eine ganz bestimmte Wellenlänge absorbiert werden (= eine bestimmte Frequenz = eine bestimmte Energie). Das Atom im energiereicheren Zustand bezeichnet man als **angeregt** und die höheren Energiezustände als **angeregte Zustände**, daher wird der Übergang vom Grundzustand in einen angeregten Zustand auch **Anregung** genannt. Aus dem angeregten Zustand kann das Atom wieder in seinen Grundzustand zurückkehren, dabei **emittiert** (= sendet) es Licht mit genau der gleichen, definierten Wellenlänge aus, mit der es angeregt wurde.

In Atomen können Elektronen durch Licht angeregt werden, diese gehen dann in einen energetisch höheren Zustand über.

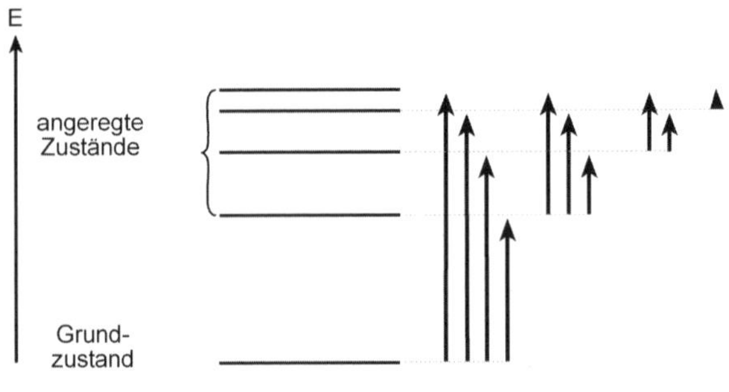

Energieniveaus im Atom

Da ein Atom mehrere angeregte Zustände hat (diese werden oft auch **Energieniveaus** genannt) und da es außerdem aus einem angeregten Zustand in den anderen angeregten übergehen kann, gibt es verschiedene Serien von möglichen Übergängen mit den dazugehörigen Wellenlängen. *Diese Wellenlängen kann man messen, das hat zu wesentlichen Erkenntnissen über den Bau der Atome geführt.*

Diese verschiedenen Energiezustände entsprechen einfach den verschiedenen möglichen Verteilungen von Elektronen in den Schalen des Bohr-Sommerfeldschen Atommodells, bzw. in den verschiedenen Orbitalen (Kap. 1.1). In Molekülen gibt es zusätzlich noch andere Möglichkeiten. Durch die Bindung entstehen ja Molekülorbitale, welche in isolierten Atomen nicht vorkommen. Doppelbindungen und vor allem konjugierte Doppelbindungen bieten besonders günstige Übergänge von einem Energieniveau in das andere. Solche Doppelbindungen sind für die Farben der organischen Farbstoffe verantwortlich. Darüber hinaus können Atome um ihre gemeinsame Bindung schwingen – Bindungen sind nämlich nicht starr, sondern eher mit einem Gummiband oder einem elastischen Stab zu vergleichen. Die Atome sind daher im Molekül oder im Kristallgitter nicht fest an ihren Plätzen fixiert, sondern sie „wackeln" hin und her. Weiters können sich Moleküle um ihre eigene Achse drehen – sie rotieren. Je nachdem, ob ein Molekül schneller oder langsamer schwingt, ob es schneller oder langsamer rotiert, enthält es auch mehr oder weniger Energie. Genauso wie bei den Elektronen-Zuständen sind aber auch dabei nur ganz bestimmte Zustände erlaubt, es ergeben sich wieder bestimmte, festgelegte Energieniveaus. *Es ist natürlich nicht leicht einzusehen, warum sich etwas nur mit einer ganz bestimmten Geschwindigkeit drehen darf. Bei Schwingungen ist es anschaulicher, denken Sie an Musikinstrumente. Jede Saite einer Harfe, die gezupft wird, hat einen bestimmten Ton, also nur eine mögliche Grundschwingung mit einigen dazugehörigen Oberschwingungen.* Die Energiedifferenzen zwischen den einzelnen Schwingungszuständen sind wesentlich geringer als zwischen den Elektronenniveaus, daher ist für die Anregung aus einem Schwingungszustand in den anderen wesentlich weniger Energie – also Licht mit längerer Wellenlänge erforderlich. Noch geringer sind die Energiedifferenzen bei der Rotation. Die für die einzelnen Anregungen in Frage kommenden Wellenlängen zeigt die folgende Abbildung.

Moleküle können Energie zusätzlich auch noch durch Rotationen oder Schwingungen aufnehmen.

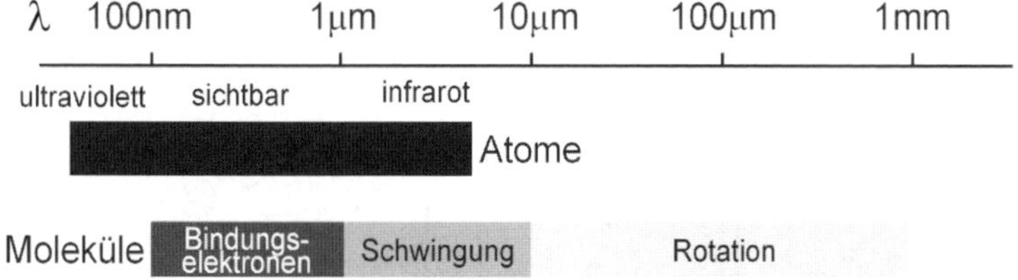

Für Analysen ist vor allem der ultraviolette und der sichtbare Bereich von Bedeutung. *Die Infrarot-Spektroskopie befasst sich mit den Schwingungen und Rotationen. Man kann daraus viele*

Erkenntnisse über die Struktur von Molekülen erhalten. Leute, die das betreiben, befinden sich etwa in der Situation eines Blinden, der noch nie eine Harfe gesehen hat, aber aus den Tönen der Harfenmusik berechnen will, wie lang die einzelnen Saiten sein müssen und wie sie angeordnet sind. Doch wenn man in Molekülen Elektronen-Anregungen messen will, so spielen immer auch Rotationen und Schwingungen mit, da jedes einzelne Elektronenniveau aus Serien von Rotations- und Schwingungsniveaus besteht, sodass eine Vielzahl von verschiedenen Übergängen möglich ist. Statt einzelner erlaubter Wellenlängen wie bei Atomen erhalten wir bei Molekülen ganze Bündel von möglichen Kombinationen.

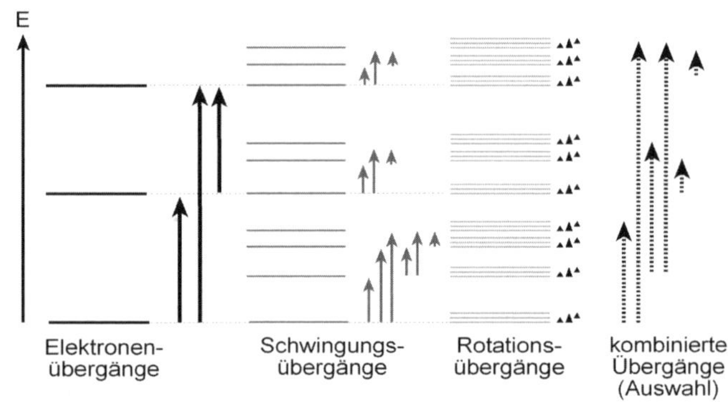

Energieniveaus im Molekül

Fluoreszenz:

Ein Molekül gibt die Anregungsenergie nur teilweise ab.

Es wird noch komplizierter! Durch die vielen möglichen Übergänge in einem Molekül kommt es vor, dass ein angeregtes Molekül nicht direkt in seinen Grundzustand zurückgeht, sondern stufenweise. Daher wird nicht mehr Licht derselben Wellenlänge, die zur Anregung geführt hat, ausgesendet, sondern anderes, langwelligeres Licht. *Kurzwelliger kann es nie sein, da ja nicht mehr Energie abgegeben werden kann, sondern nur weniger.* Dieses ausgesendete Licht nennt man **Fluoreszenzlicht** und das Phänomen heißt **Fluoreszenz**.

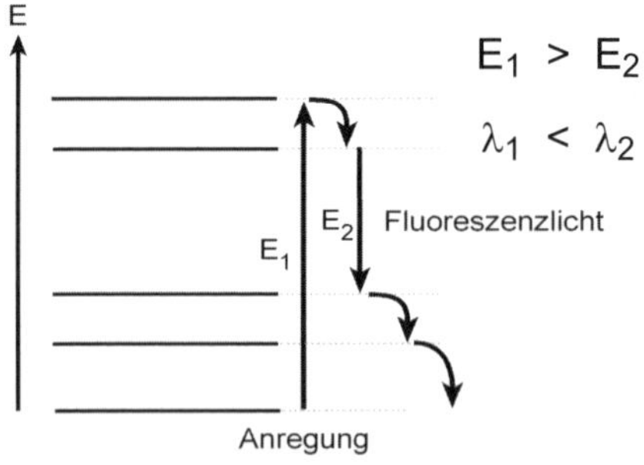

Fluoreszenz

Leider werden hier im üblichen Sprachgebrauch einige Begriffe ständig verwechselt. Fluoreszenz tritt praktisch gleichzeitig mit der Anregung durch eingestrahltes Licht auf, der Stoff leuchtet aber in einer anderen Farbe als der, mit der er beleuchtet wird. Das ist besonders eindrucksvoll, wenn die Anregung mit ultraviolettem Licht erfolgt, das man nicht bemerkt. Der Stoff scheint plötzlich von selbst zu leuchten. Sie kennen diese Erscheinung vermutlich aus Diskotheken oder von Bühneneffekten: Es wird finster und nur bestimmte Gegenstände, z.B. Kleidungsstücke, leuchten auf. Stoffe, die belichtet werden und das Licht dann verspätet wieder aussenden, die also im Dunkeln nachleuchten, zeigen hingegen **Phosphoreszenz**. *Wird die Anregungsenergie anders als durch Licht zugeführt (z.B. durch chemische Prozesse) spricht man von* **Lumineszenz**. *Die Leuchtziffern einer Armbanduhr zeigen also Phosphoreszenz, während ein Glühwürmchen Lumineszenz betreibt.*

Häufig will man feststellen, mit welchen Wellenlängen des Lichts ein Stoff in Wechselwirkung treten kann. Dann bestimmt man die Intensität des Lichts, das vom Stoff reflektiert oder durchgelassen wird. Misst man bei verschiedenen Wellenlängen, so kann man feststellen, auf welche Wellenlänge(n) die Substanz am besten anspricht. Die graphische Darstellung der Intensität in Abhängigkeit von der Wellenlänge (oder auch von der Frequenz) nennt man das **Spektrum** dieser Substanz.

Bei der **Emissions-Spektrometrie** wird der Stoff (z.B. durch Wärmezufuhr) zur Lichtaussendung angeregt, man misst das ausgesendete (= emittierte) Licht. Bei der **Absorptions-Spektrometrie** wird der Stoff mit Licht bestrahlt und der Verlust gemessen, der als Absorption („Verschlucken") durch den Stoff entsteht. Bei der **Fluorometrie** wird mit bestimmten Wellenlängen bestrahlt und das bei einer anderen Wellenlänge emittierte Licht bestimmt.

Atom-Spektroskopie wird hauptsächlich verwendet, um bestimmte Metalle (Na, K, Ca, Mg, Pb, Cd, Hg) nachzuweisen. Die Probe wird in einer Flamme verdampft und die ausgesendeten Spektrallinien werden untersucht. Das Gerät dazu heißt **Flammen-Photometer**. Umgekehrt kann man aber auch die Absorption der verdampften Metalle benutzen. Das macht man am einfachsten, indem man Licht einer Metalldampflampe desselben Metalls einstrahlt. *Eine Metalldampflampe ist eine Lampe, in der der Dampf eines Metalls zum Leuchten angeregt wird.* Da die Metalldampflampe genau die Spektrallinien aussendet, die das zu bestimmende Metall absorbiert, wird ausschließlich dieses Metall gemessen. Will man ein anderes Metall bestimmen, braucht man eine andere Lampe. Diese Geräte nennt man **Atomabsorptions-Spektrometer**.

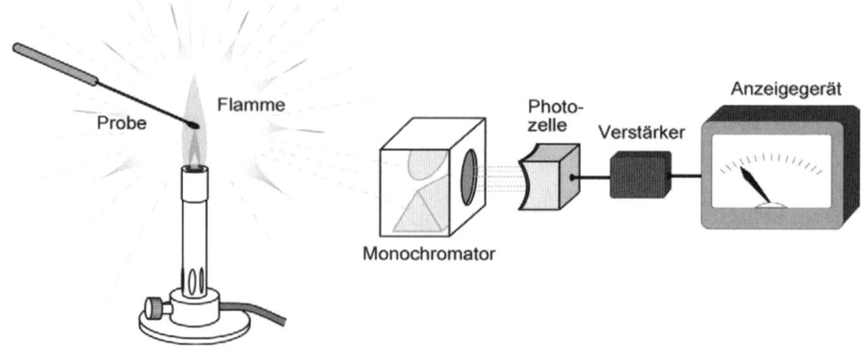

Emissions-Spektroskopie (Flammenphotometer)

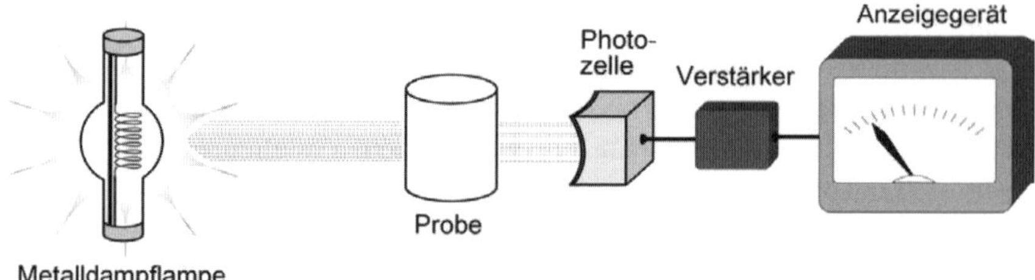

Absorptions-Spektroskopie (Atomabsorptions-Photometer)

Für die quantitative Bestimmung von Molekülen wird vor allem die Absorptions-Spektrometrie verwendet (die verwendeten Geräte werden **Photometer** genannt), manchmal auch die Fluorometrie (Abschnitt 12.2.3).

Nur einzelne Atome oder Moleküle (also Gase) zeigen ungestörte Spektrallinien.

Betrachtet man Spektren, die mit solchen Methoden aufgenommen wurden, so fällt auf, dass diese oft nicht wie erwartet aus einzelnen Linien bestehen. Atomspektren, die aus Metalldämpfen erhalten wurden, erfüllen unsere Erwartungen noch am besten. Man bekommt nur bei einigen Wellenlängen eine Absorption. In so einem Fall spricht man von einem diskontinuierlichen Spektrum.

Stören sich die Teilchen gegenseitig oder werden durch Lösungsmittel beeinflusst, verbreitern sich Linien und gehen ineinander über.

In festen und flüssigen Körpern beeinflussen sich die Atome gegenseitig so stark, dass die Energieniveaus verschmiert werden, es entstehen kontinuierliche Spektren. Spektren von gelösten Stoffen sind ebenfalls kontinuierlich, da die Moleküle des Lösungsmittels mit dem Stoff in Wechselwirkung treten und dabei die Energiezustände beeinflusst werden.

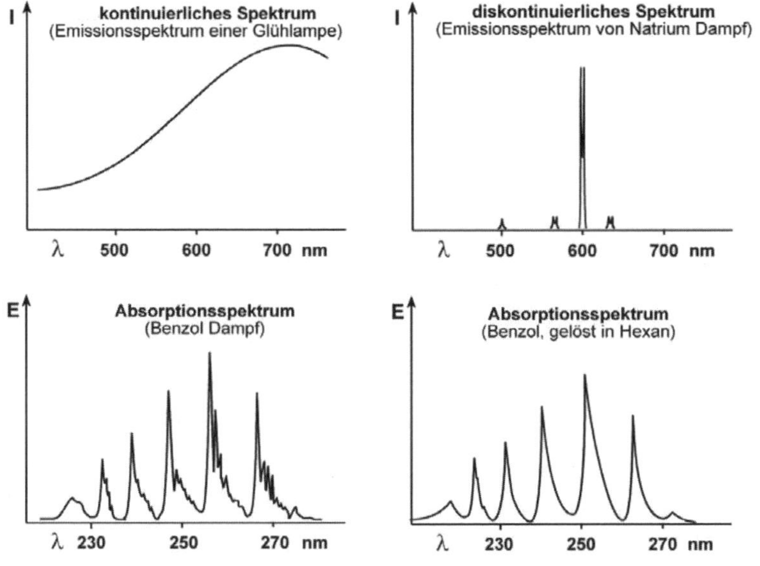

Beispiele für Spektren

Aufbau eines Photometers

Moderne und teure Analysengeräte sehen einander alle sehr ähnlich. Es sind meistens geschlossene Kästen mit einigen Knöpfen und Schaltern, oft hängt auch noch ein Computer daran. Weil man dem Ding nicht ansieht, was es tut, und damit Sie sich vorstellen können, was im Inneren passiert, wollen wir uns ganz kurz mit den wichtigsten Bauelementen eines Photometers auseinandersetzen. (Photometer gehören heute zu den wichtigsten Geräten in nahezu jedem Laboratorium!)

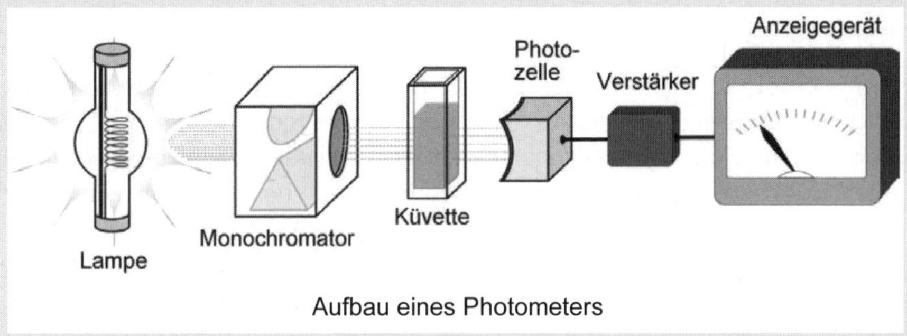

Aufbau eines Photometers

Die Art der verwendeten **Lichtquelle** (Lampe) richtet sich nach der gewünschten Wellenlänge. Heute sind vor allem zwei Arten von Lampen in Verwendung. Die **Wolframfadenlampe** (= Metallfadenlampe) ist eine simple Glühlampe, wie sie auch in jedem Diaprojektor eingebaut ist. Sie dient für Messungen zwischen 340 und 800 nm *(also im Wesentlichen sicht-*

bares Licht), während **Wasserstofflampen** oder **Quecksilberdampflampen** für Messungen im ultravioletten Bereich eingesetzt werden.

Der **Monochromator** ist jene Einheit, die aus dem gemischten Licht, welches die Lampe aussendet, die gewünschte Wellenlänge aussucht und durchlässt. Im einfachsten Fall könnte man dafür einen „Filter" verwenden (eine gefärbte Glasplatte, genau wie die Lichtfilter, die man beim Fotografieren manchmal vor die Kamera schiebt). Bessere Monochromatoren arbeiten nach dem Prinzip eines optischen Prismas, welches das Licht in seine Spektralfarben zerlegt. Dreht man das Prisma, so kann man je nach Wunsch verschiedene Wellenlängen erhalten. So ein Monochromator liefert nahezu monochromatisches (= einfärbiges) Licht. Nahezu deshalb, weil für streng monochromatisches Licht die Blende unendlich eng sein müsste, dann käme aber auch unendlich wenig Licht durch. In der Praxis muss man einen Kompromiss zwischen möglichst einheitlichem Licht und ausreichender Lichtmenge schließen. Andere Monochromatoren arbeiten mit Gittern an Stelle von Prismen.

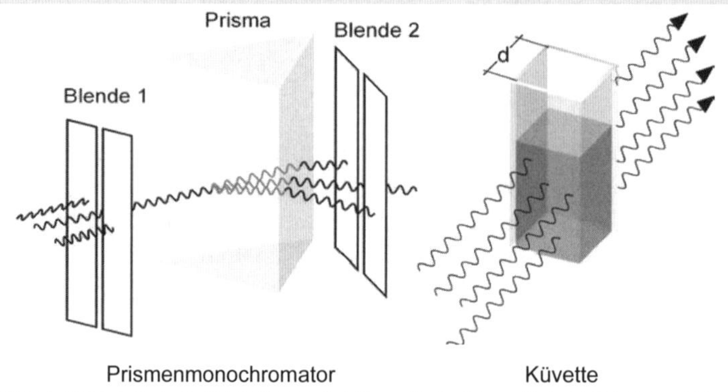

Das gefilterte Licht (I_0) gelangt weiter zur **Küvette.** Das ist das Gefäß, in dem sich die Probelösung befindet. Üblicherweise sind Küvetten prismen- oder quaderförmig, mindestens zwei gegenüberliegende Wände sind durchsichtig. Für Messungen mit sichtbarem Licht genügen Küvetten aus Glas oder Kunststoff. Im ultravioletten Bereich muss bei Wellenlängen unter 340 nm Quarz verwendet werden, da Glas in diesem Bereich absorbiert. Die **Schichtdicke d** der Lösung ist der innere Abstand zwischen den beiden durchstrahlten Wänden, also die Dicke der Flüssigkeitsschichte.

Da durchgelassene Licht (I) trifft auf ein Messgerät, z.B. auf eine **Photozelle,** die das auftreffende Licht in elektrischen Strom umwandelt. Dieser Strom wird im **Verstärker** elektronisch verstärkt und im **Anzeigegerät** kann seine Stärke abgelesen werden. Die Skalen der Anzeigegeräte geben allerdings nicht den Photostrom an, sondern zeigen direkt Extinktion und Transmission *(siehe nächste Seite)*.

12.2.1 Lambert-Beersches Gesetz

In der Analytik wird häufig die Absorption von gelösten Stoffen gemessen. Man bestimmt also, wie viel Licht beim Durchtritt durch die zu untersuchende Probe verloren geht. Die Messung der Lichtstärke wird **Photometrie** genannt, das dafür erforderliche Gerät heißt, wie erwähnt, **Photometer**. Nun ist die Messung von Licht zwar eine sehr nette Beschäftigung, was einen aber wirklich interessiert, ist die Menge oder die Konzentration des Stoffs, den man misst. Daher braucht man eine Beziehung zwischen Konzentration und absorbiertem Licht.

Photometrie:

Man misst, wie viel Licht von einer Lösung absorbiert wird.

Daraus kann man dann die Konzentration des gelösten Stoffs bestimmen.

Wenn Licht durch eine Lösung einer absorbierenden Substanz fällt, so wird die Intensität des Lichts hinter der Probe (**I**) geringer sein als die ursprüngliche Lichtintensität (**I_0**) vor der Probe. Im äußersten Fall ist I_0 und I gleich groß, dann geht alles Licht durch und die Probe absorbiert nicht. Das Verhältnis I zu I_0 wird als **Transmission T** bezeichnet.

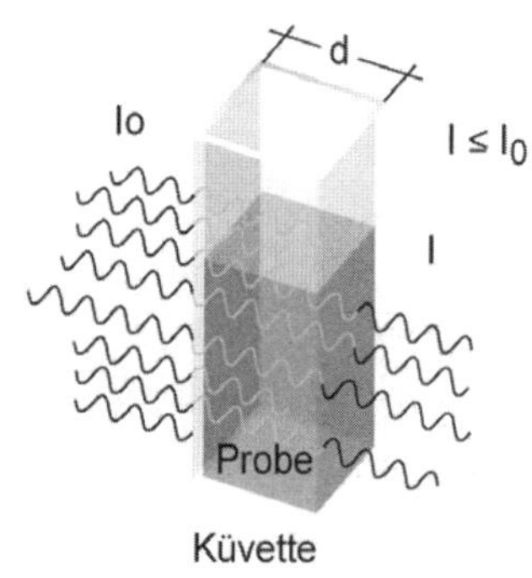

Transmission:

das Verhältnis zwischen durchgelassenem und eingestrahltem Licht.

$$I / I_0 = T$$

$$I / I_0 = T$$

Da I kleiner oder gleich groß ist wie I_0, ist T kleiner oder gleich 1. Manchmal gibt man statt der Transmission auch die **Durchlässigkeit** an. Das ist der Anteil durchgelassenen Lichts in Prozent. *(Man multipliziert T mit 100 und gibt das Ergebnis in Prozent an.)* Viel wichtiger als diese beiden Größen ist aber die **Extinktion** (= Auslöschung). Das ist der negative dekadische Logarithmus der Transmission. *In der Chemie gibt es eine gewisse Vorliebe für negative dekadische Logarithmen, das werden Sie inzwischen schon bemerkt haben!*

Extinktion:

der negative Logarithmus der Transmission.

$$E = -(\log T) = \log(1/T) = \log(I_0/I)$$

$$E = -(\log T)$$

Da es nur Transmissionen zwischen 1 und 0 gibt, muss jede Extinktion zwischen 0 und ∞ (unendlich) liegen. Machen Sie sich mit dem Zusammenhang dieser Größen und ihrer praktischen Bedeutung anhand der folgenden Tabelle vertraut:

	Transmission	Durchlässigkeit	Extinktion	Bedeutung
$I = I_0$	$T = 1$	100 %	$E = 0$	Das gesamte Licht geht durch, die Probe absorbiert nicht.
$I = ^1/_2\, I_0$	$T = 0.5$	50 %	$E = 0.3$	Die Hälfte des Lichts wird absorbiert, die Hälfte durchgelassen.
$I = ^1/_{10}\, I_0$	$T = 0.1$	10 %	$E = 1$	Nur 1 / 10 des Lichts wird durchgelassen.
$I = ^1/_{100}\, I_0$	$T = 0.01$	1 %	$E = 2$	Nur noch 1 / 100 des Lichts wird durchgelassen.
$I = 0$	$T = 0$	0 %	$E = \infty$	Das gesamte Licht wird absorbiert, die Probe ist undurchsichtig.

Nehmen wir an, eine Probe würde Licht zur Hälfte absorbieren. Dann wäre $I = 1/2 \times I_0$. Nehmen wir weiter an, das durchgelassene Licht würde durch eine weitere, gleichartige Probe und wieder durch eine gleiche Probe fallen. Dann würde jedes Mal die Lichtintensität auf die Hälfte reduziert.

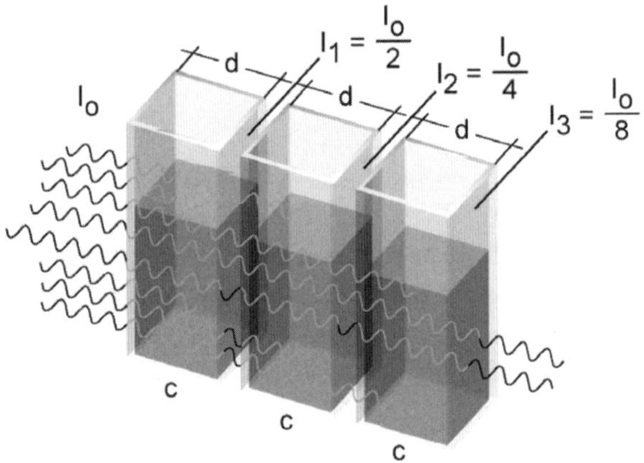

Die Extinktion ist proportional der Schichtdicke.

Die dabei erhaltenen Transmissionen T wären 0.5, 0.25 und schließlich 0.125, die entsprechenden Extinktionen E wären dann 0.3, 0.6 und 0.9. *Nachrechnen, wer es nicht glaubt.* Das heißt, die Extinktion steigt linear mit der Anzahl der verwendeten Proben. *Sie ahnen vielleicht schon, warum man sich ausgerechnet auf die Extinktion so kapriziert?!* Natürlich kann man statt dreier verschiedener Proben auch eine dreimal so dicke Probe nehmen. Die **Schichtdicke** (d) einer Probe ist also proportional der Extinktion.

Sie hätten aber auch bei der einfachen Schichtdicke bleiben können und stattdessen den absorbierenden Stoff aus den drei Proben in der ersten Probe vereinigen können. Dann wäre die Konzentration in dieser Probelösung dreimal so hoch gewesen und Sie hätten wieder eine Extinktion von E = 0.9. Die Extinktion ist also auch proportional der **Konzentration** (c) einer Probe.

Die Extinktion ist proportional der Konzentration.

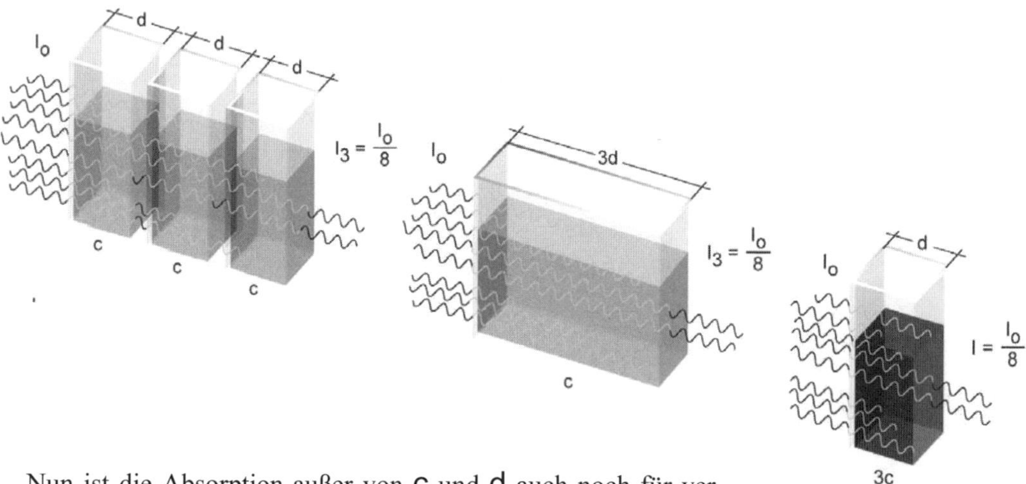

Nun ist die Absorption außer von c und d auch noch für verschiedene Stoffe und für denselben Stoff bei verschiedenen Wellenlängen verschieden. Man braucht daher noch eine **Proportionalitätskonstante** (ε), die angibt, wie viel ein bestimmter Stoff bei einer bestimmten Wellenlänge absorbiert. Damit können wir die gesuchte Beziehung wie folgt anschreiben:

$$E = \varepsilon \times c \times d$$

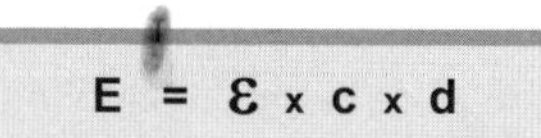

Das ist das berühmte **Lambert-Beersche Gesetz**. Die Schichtdicke (d) wird hier immer in cm angegeben, die Konzentration normalerweise in mol/l. Die Konstante ε muss für jeden Stoff bei jeder Wellenlänge bestimmt werden. Man misst die Extinktion bei bekannter Konzentration und gegebener Schichtdicke und berechnet daraus ε.

Lambert-Beersches Gesetz:

Die Extinktion ergibt sich aus dem Produkt von Konzentration, Schichtdicke und der Stoffkonstanten ε.

$$\varepsilon = E / (c \times d)$$

Wäre die Schichtdicke 1 cm und die Konzentration 1 mol/l, so erhält ε den Zahlenwert (nicht die Dimension!) von E. Dieses ε ist der **spezifische molare Extinktionskoeffizient**, die Extinktion, die eine Lösung des Stoffes von 1 mol/l bei einer Schichtdicke von 1 cm und einer gegebenen Wellenlänge zeigt.

In der Praxis ist eine Konzentration von 1 mol/l sehr hoch und kaum verwendbar. Die Schichtdicke von 1 cm ist aber sehr praktisch und wird häufig benutzt. *Und bei $d = 1$ braucht man die Schichtdicke bei der Berechnung nicht mehr zu beachten.*

Wie misst man mit einem Photometer?

Stellen Sie sich vor, sie wollen die Konzentration einer Substanz im Photometer bestimmen, wissen aber noch nichts über die optischen Eigenschaften dieser Substanz? Zunächst würden Sie feststellen, bei welchen Wellenlängen der Stoff absorbiert, also ein Spektrum aufnehmen, indem Sie bei verschiedenen Wellenlängen die Extinktion bestimmen und die Ergebnisse dann in ein Diagramm eintragen:

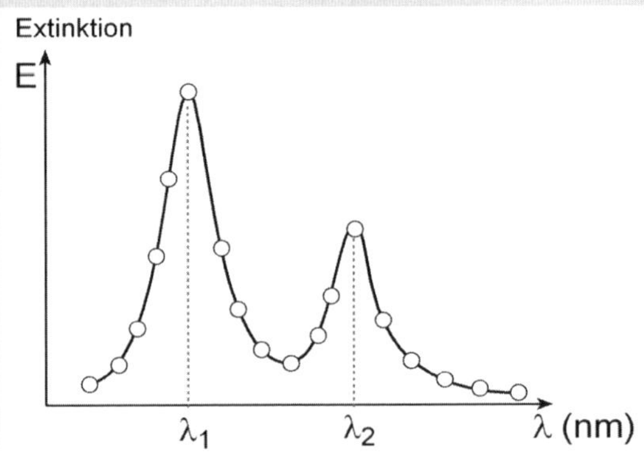

Für alle weiteren Messungen mit dieser Substanz werden Sie natürlich die Wellenlänge aussuchen, die eine möglichst hohe Extinktion liefert. λ_2 ist eine Möglichkeit, λ_1 ist aber besser!

Bevor wir jetzt eine Probe messen, müssen wir das Photometer **eichen**: Wir füllen die Küvette mit Wasser oder mit einem so genannten Leerwert. *Das ist die Lösung, in der sich normalerweise die Probe befindet, nur ohne Probe.* Dann stellen wir das Gerät so ein, dass es die Extinktion $E = 0$ anzeigt. *Das Photometer misst ja immer nur I, es sieht I_0 nicht. Indem wir es mit Wasser auf Null stellen, teilen wir dem Gerät mit, wie groß I_0 ist (wenn $E = 0$, dann ist $T = 1$ und $\mathbf{I} = \mathbf{I_0}$).* Oft genügt Wasser nicht, weil man in einer Lösung misst, in der sich neben der gesuchten Substanz noch andere absorbierende Stoffe befinden (Lösungsmittel, Verunreinigungen, Reagenzien). Die gesuchte Extinktion ist dann die Differenz zwischen einer Probe, die alle Beimischungen, aber keine gesuchte Substanz enthält (das ist der so genannte **Leerwert**), und der zu messenden Lösung. Man kann mit Wasser auf Null stellen, dann Probe und Leerwert getrennt messen und die Werte subtrahieren. Eicht man hingegen gleich mit dem Leerwert, so kann man die Extinktion der Substanz direkt ablesen.

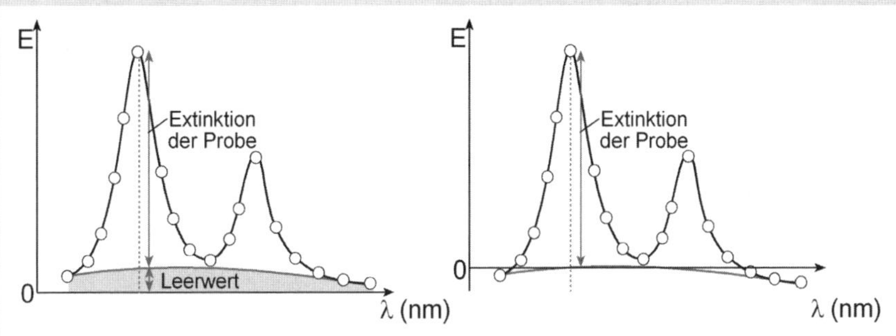

Nun gibt es drei mögliche Methoden aus der Extinktion die Konzentration Ihrer Substanz zu ermitteln.

1. Sie bereiten eine Lösung bekannter Konzentration und messen deren Extinktion. Daraus können Sie (E, c und d sind bekannt) mithilfe des Lambert-Beerschen Gesetzes ε berechnen. Haben Sie ε, so können Sie für jede weitere Lösung dieses Stoffs aus der gemessenen Extinktion sofort die Konzentration berechnen.

2. Sie bereiten mehrere Lösungen mit bekannter, aber verschiedener Konzentration (z.B. 0.1 mol/l, 0.2 mol/l, 0.3 mol/l, 0.4 mol/l, 0.5 mol/l) und messen deren Extinktionen. Die gemessenen Werte tragen Sie in ein Diagramm Extinktion gegen Konzentration ein. Sie können nun aus diesem Diagramm sofort jeder weiteren Extinktion (E?) die zugehörige Konzentration (c?) zuordnen, ersparen sich also bei der Bestimmung von unbekannten Proben alle Rechnungen.

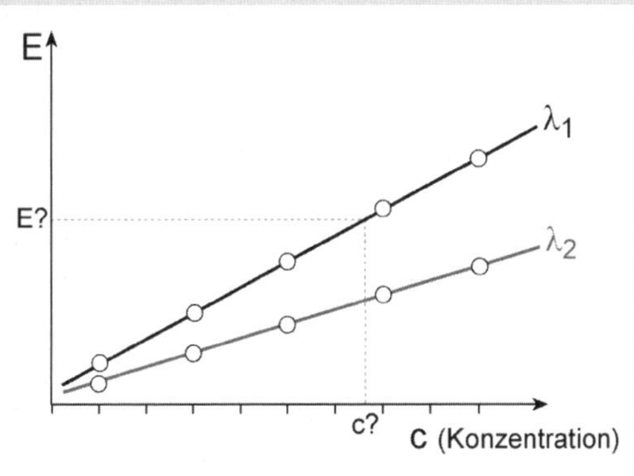

Hätten Sie bei einer anderen Wellenlänge (λ_2 statt λ_1 in der Abbildung auf der vorigen Seite) gemessen, so hätten Sie auch eine andere Eichgerade erhalten. *Wieso liefert diese aber mit einer unbekannten Probe dieselben Ergebnisse?* Es kann passieren, dass die Kurve bei höheren Konzentrationen abbiegt, dass also das Lambert-Beersche Gesetz nicht mehr streng gilt. Trotzdem können Sie Ihre Eichkurve auch in diesem Bereich zur Konzentrationsbestimmung verwenden.

3. Solange das Lambert-Beersche Gesetz gilt, bleibt die Proportionalität zwischen c und E streng gewahrt. Sie können also eine Lösung bekannter Konzentration (c) mit der unbekannten Konzentration (c_1) vergleichen, indem Sie die Extinktion der bekannten Lösung (E) mit der unbekannten Lösung (E_1) in Beziehung setzen.

$$E = \varepsilon \times c \times d \quad \text{und} \quad E_1 = \varepsilon \times c_1 \times d$$

$$E / c = \varepsilon \times d \quad \text{und} \quad E_1 / c_1 = \varepsilon \times d$$

das ergibt $E / c = E_1 / c_1$ oder auch $c_1 / c = E_1 / E$

Es verhalten sich also die Extinktionen wie die Konzentrationen. Die Umformung gibt dann:

$$\mathbf{c_1 = c \times E_1 / E}$$

Aus den beiden Extinktionen und der einen Konzentration kann so leicht die unbekannte Konzentration berechnet werden.

12.2.2 Fluorometrie

Wie bereits erwähnt, absorbieren manche Stoffe Licht und werden davon angeregt, dafür anderes, langwelligeres Licht abzugeben. Dieses andere, das emittierte Licht, kann gemessen werden. *Sie müssen jetzt bedenken, dass zwar das von der Probe emittierte Licht meist recht schwach ist, dafür aber weit und breit sonst kein Licht dieser Wellenlänge in Ihrem Gerät vorkommt. Sie messen also vor einem Hintergrund von Null, das ist messtechnisch viel günstiger als die Messung eines Unterschieds der Lichtintensität wie beim normalen Photometer. Man kann das emittierte Licht beliebig verstärken, sodass man im Extremfall einzelne Photonen erfasst. Fluoreszenz-Methoden sind daher extrem empfindlich – man kann damit winzigste Spuren einer Substanz nachweisen.*

Da wir zwei verschiedene Wellenlängen von Licht verwenden, brauchen wir auch zwei Monochromatoren, einen vor der Probe, den anderen dahinter. Der erste wählt die Wellenlänge aus, mit der wir anregen. *Man könnte auch mit Laserlicht anregen, dann braucht man keinen ersten Monochromator, dafür aber für jede Wellenlänge einen eigenen Laser.* Der zweite Monochromator filtert alles unerwünschte Licht aus, vor allem verirrtes (gestreutes) Licht, mit dem wir angeregt haben. Schlau ist auch, das emittierte Licht nicht in der Achse des durchgehenden Anregungslichts zu messen, sondern senkrecht dazu – die Küvette muss dann entsprechend ausgebildet sein, um das Licht seitlich herauszulassen.

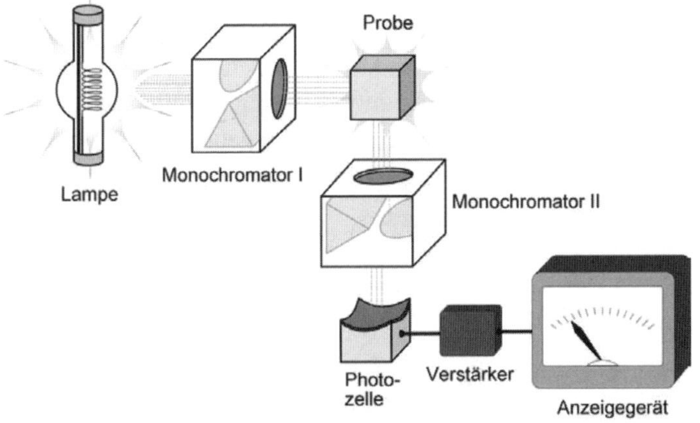

Fluorometer

12.2.3 Reflexphotometrie

Hier wird das Licht gemessen, das von der Probe reflektiert wird. Damit kann man einen Farbstoff auf einem undurchsichtigen Träger bestimmen. Das Verfahren eignet sich daher für die quantitative Auswertung eines Teststreifens, eines Chromatogramms oder einer Elektrophorese (Kap. 10).

12.2.4 Nephelometrie

Trübe oder kolloidhaltige Lösungen streuen Licht. Da diese Streuung abhängig von der Substanzmenge ist, kann man aus der Abschwächung des durchfallenden Lichts (Turbidimetrie) oder aus der Intensität des Streulichts (Tyndallometrie) die Konzentration bestimmen.

12.2.5 Infrarot- und Raman-Spektroskopie

IR-Spektroskopie:

gibt Information über die Bindungen, aus denen ein Molekül besteht.

Infrarotes Licht (**IR**) regt Moleküle zur Schwingung (und Rotation) an. Die verschiedenen Bindungen haben bestimmte, ganz charakteristische Wellenlängen, bei denen sie Licht absorbieren. Im infraroten Bereich hat daher jeder Stoff ein anderes Spektrum. Man verwendet diese Methode, um einen Stoff zu charakterisieren oder um Verunreinigungen eines fremden Stoffs festzustellen. Wie Sie an dem nachfolgenden Beispiel erkennen können, sieht so ein Spektrum reichlich kompliziert aus und ist es wohl auch. Durch die Vielzahl der Banden ergibt sich für den Fachmann aber auch eine Fülle an Informationen.

Da Wasser stark absorbiert, muss man die Proben trocken untersuchen. Die Substanz wird entweder in einem wasserfreien Lösungsmittel gelöst, oder zerrieben, mit Kaliumbromid (KBr) gemischt und zu einer festen Pille gepresst. Für infrarote Strahlung ist diese Pille durchsichtig.

$CH_3-CH_2-C(=O)-NH_2$

Propionsäureamid

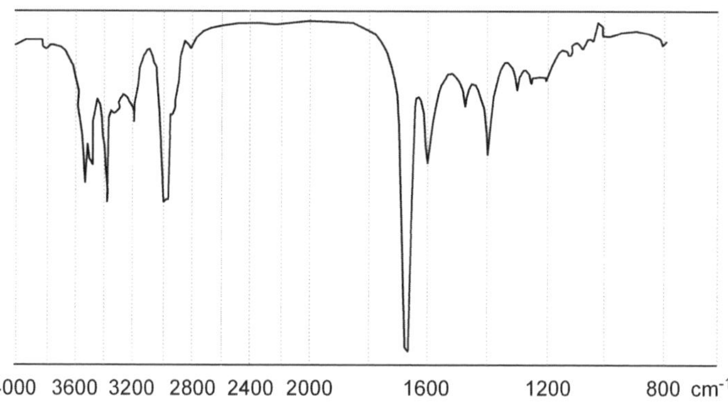

IR-Spektrum von Propionsäureamid

Betrachten wir kurz das Beispiel, damit Sie eine Vorstellung bekommen, was man aus solch einem Spektrum erkennen kann. Es wird hier die Absorption gegen den Kehrwert der Wellenlänge angezeigt. *Es ist üblich, die Frequenz oder den Kehrwert der Wellenlänge anzugeben, größere Zahlen bedeuten daher geringere Wellenlängen und höhere Energie.* H_2N- absorbiert etwa bei $3400\ cm^{-1}$, die Bindungen H_3C- und $-CH_2-$ im Bereich um $2900\ cm^{-1}$. Dreifachbindungen würden zwischen 2100 und 2300 cm^{-1} absorbieren, kumulierte Doppelbindungen zwischen 2000 und 2200 cm^{-1} – dieser Bereich ist hier leer. Eine starke Bande rund um $1700\ cm^{-1}$ bedeutet eine

C=O Gruppe, dort absorbieren Aldehyde und Ketone; Ester etwas über 1700 cm^{-1}, Säureamide hingegen etwas unter 1700 cm^{-1} mit einer zweiten Bande bei 1600 cm^{-1}. Der Bereich unterhalb 1500 cm^{-1} enthält meist eine Vielzahl an Banden, diese sind zwar nicht ganz einfach zuzuordnen, jedoch charakteristisch für jede einzelne Verbindung. Man nennt diese Zone daher die „Fingerprint-Region".

IR-Spektroskopie:

wird verwendet, um unbekannte Stoffe zu charakterisieren oder um Verunreinigungen festzustellen.

Sie können sich sicher vorstellen, dass man IR-Spektren von möglichst allen Verbindungen sammeln kann, früher in dicken Büchern, heute als File für ein Computerprogramm. Man kann also das Spektrum einer zunächst unbekannten Verbindung leicht mit dem Inhalt der Datenbank vergleichen. Nur wenn man verunreinigte Verbindungen oder Gemische hat, wird es schwierig, weil dann natürlich eine Vielzahl an Banden auftritt, die einander teilweise überlagern.

Damit Licht von einer Schwingung etwas „bemerkt", muss sich die Ladungsverteilung entlang der Bindung ändern. Anders ausgedrückt, in den beiden Extremen der Schwingung müssen sich die Dipoleigenschaften des Moleküls unterscheiden. Tun sie das nicht, weil z.B. das Molekül um eine Bindung streng symmetrisch ist, so findet man diese Bindung nicht im Infrarot. Dafür findet man solche Schwingungen häufig im **Raman-Spektrum**. Bei der Raman-Spektroskopie wirkt intensives Licht – man nimmt Laserlicht dafür – auf die Moleküle, diese streuen das Licht nach allen Seiten, natürlich hauptsächlich mit derselben Wellenlänge wie das eingestrahlte Licht. Daneben tritt aber immer etwas Licht mit den Schwingungen des Moleküls in Wechselwirkung, dessen Energie wird so um den Betrag der Schwingungsenergie erhöht oder vermindert. Man findet im Streulicht neben der eingestrahlten Wellenlänge eine Anzahl von schwachen Banden, die etwa den Regeln der IR-Spektroskopie folgen, nur dass es vorwiegend jene Banden sind, die man im IR NICHT sieht. Da Raman-Spektroskopie apparativ recht aufwendig ist, wird sie nicht für Routineuntersuchungen, sondern eher für Spezialzwecke eingesetzt (z.B. für die Strukturaufklärung von neuen, komplizierten Verbindungen, für die Aufklärung von Reaktionsmechanismen u.ä.).

IR-Spektroskopie:

zeigt Schwingungen, die nicht symmetrisch zum Symmetriezentrum erfolgen.

Raman-Spektroskopie:

zeigt Schwingungen, die symmetrisch zum Symmetriezentrum erfolgen.

Angewandte Spektroskopie: der Mikrowellenherd

Die Energie, die ein Stoff aus dem IR-Licht aufnimmt, wird in Schwingungs-, Rotations- und letztlich Bewegungsenergie umgewandelt, der Stoff erwärmt sich somit. IR-Strahlung ist Wärmestrahlung. *Das haben wir schon im Kapitel 5.4.4 besprochen: Durch das IR-Licht der Sonne erwärmt sich ein Glashaus und im Sommer unser Auto, wenn wir es nicht im Schatten parken.* Wasser absorbiert von allen bekannten Stoffen infrarotes Licht am stärksten. Das nützt man im Mikrowellenherd aus, um wasserhaltige Stoffe zu erhitzen. Man schickt intensive IR-Strahlung von den Wellenlängen, die dem Wasser entsprechen, auf die Speisen. Die Wassermoleküle – und nur diese – werden angeregt, werden heiß und erhitzen so die gesamte Speise, und nur die Speise. *Die Suppe kocht und der Teller bleibt zunächst noch kalt.* Das funktioniert mit jeder Nahrung, die Wasser enthält, also so ziemlich mit allem außer Würfelzucker und Zwieback. Der Vorteil ist: Es geht schnell, Sie müssen nicht dauernd umrühren und verbrauchen deutlich weniger Energie. Sie wollen ja nur die Speise erhitzen. Wenn sie das Ganze auf einer elektrischen Kochplatte machen, heizen sie zuerst die Platte, dann den Topf, usw. und benötigen dazu viel mehr Strom.

Gefahren: Wird die Speise zu heiß, verdampft das Wasser und zurück bleibt das eingetrocknete Essen. Man muss dem Dampf Gelegenheit geben, zu entweichen. Kommen Sie nie auf die Idee, ein fest verschlossenes Gefäß in der Mikrowelle zu erhitzen. Es könnte überhitzen und der Überdruck des Dampfs das Gefäß platzen lassen. *Wenn Sie es nicht glauben, erhitzen Sie ein frisches Ei in der Mikrowelle – nachher müssen Sie allerdings das Gerät von den Resten des explodierten Eies reinigen.*

Wenn Sie eine dicke Wasserschicht haben, kommen die Wellen oft gar nicht ganz durch, sondern werden nahe der Oberfläche absorbiert. Dann ist die Oberfläche der Suppe kochend heiß und darunter ist alles noch kalt, da muss man dann doch umrühren. Riskant ist das bei Fläschchen für Babys. Da könnte es passieren, dass der Säugling einen ersten Schluck kochend heißer Nahrung bekommt. Wenn Sie also so etwas in der Mikrowelle wärmen wollen – wogegen natürlich nichts einzuwenden ist –, unbedingt danach schütteln und zwei Minuten stehen lassen. Dann ist alles gemischt und das Gefäß hat die Temperatur der Flüssigkeit angenommen, sodass Ihre Hand merkt, wenn der Inhalt zu heiß sein sollte.

Und keine Metalle in die Mikrowelle stellen, nicht einmal Teller mit Goldrand. Metall sammelt die Wellen und lädt sich elektrisch auf – das kann unangenehm werden, und das Gerät geht auch kaputt. Dass das Innere aller Mikrowellengeräte perfekt abgeschirmt sein muss, damit keine Strahlung nach außen dringt, hat nichts damit zu tun, dass diese Strahlen gesundheitsschädlich wären. Es handelt sich nur um viel Energie, und sollte ein verirrter

Strahl gebündelt in Ihre Augen geraten, kann das schlimm enden. *Auch ein heißer Lötkolben ist an sich nicht „ungesund", trotzdem halten Sie den nicht in ihre Augen.*

Völliger Blödsinn ist die Auffassung, dass Gerichte aus der Mikrowelle schädlich sind, weil sie mittels – ach so böser – Strahlung zubereitet wurden. Um Stoffe zu verändern müssen Bindungen getrennt werden, und dazu bedarf es einer gewissen Energie. Die Energie von infrarotem Licht reicht dazu nicht aus, die von sichtbarem Licht nur in ganz wenigen Fällen: Der Sehpurpur in unseren Augen ist ein Beispiel für ein Molekül, das seine chemische Struktur mithilfe von sichtbarem Licht ändert. Aber dieser Sehpurpur ist von der Natur ganz speziell für diesen Zweck entwickelt. Übliche Moleküle werden erst von ultraviolettem Licht chemisch verändert. Wären also Mikrowellen für das Essen gefährlich, dann erst recht das viel energiereichere Tageslicht – und wir alle dürften nur im Finstern kochen und essen.

Im Gegenteil, bedenkliche Stoffe entstehen in Nahrungsmitteln bei zu großer Hitze. Im Mikrowellenherd werden aber nie mehr als 100°C erreicht, solange die Gefäße offen sind und Wasser verdampfen kann. Wenn Sie hingegen Ihr Menü z.B. auf einem konventionellen Herd wärmen, kann es bei schlampigem Umrühren passieren, dass am Topfboden lokal Überhitzung auftritt und das Essen anbrennt. Angebrannte Nahrung enthält viele Substanzen, die krebserregend oder sonst schädlich sein können. Das gilt natürlich auch für halbverkohltes Fleisch aus mäßig missglückten Grill- und Bratvaktionen ...

Vom Gesundheitsstandpunkt ist also ein Mikrowellenherd harmlos, die Bratpfanne oder gar der Gartengrill sind hingegen durchaus gefährliche Geräte.

12.3 Massenspektrometrie

Für die Massenspektrometrie (**MS**) muss die Probe zunächst verdampft werden, danach wird der Dampf mit Elektronen hoher Energie beschossen. Diese Elektronen schlagen aus den Molekülen der Probe ebenfalls ein Elektron heraus, sodass positiv geladene Ionen zurückbleiben.

$$\mathrm{M} \longrightarrow \mathrm{M}^+$$

Nun wird das Ion in einem **elektrischen Feld** beschleunigt und anschließend in einem **Magnetfeld** abgelenkt. Natürlich werden dabei kleinere (leichtere) Ionen stärker abgelenkt als größere (schwerere), sodass man eine Auftrennung in die verschie-

Massenspektrometer:

trennt Moleküle und deren Bruchstücke nach der Größe.

denen **Ionengrößen** erhält. Man kann dann direkt deren relative Molekülmasse ablesen.

War die Probe ein organischer Stoff, so werden die Moleküle beim Beschuss mit Elektronen zum Teil in **Bruchstücke** zerlegt, wir erhalten also nicht nur Ionen mit der relativen Molekülmasse der ursprünglichen Verbindung – den so genannten **M^+-Peak** –, sondern auch kleinere Fragmente. Aus der Verteilung dieser Fragmente kann man auf die Struktur des organischen Moleküls schließen. Erhält man z.B. Fragmente, die um 15 Einheiten kleiner sind als M^+, so ist wahrscheinlich eine CH_3-Gruppe abgebrochen, ist das Fragment um 29 Einheiten kleiner, fehlt vielleicht eine $CH_3 \cdot CH_2-$ -Gruppe oder eine CHO-Gruppe. Analog deutet eine Verminderung um 16 Einheiten auf eine NH_2-Gruppe hin usw. Sehen wir uns das an einem Beispiel an, wir nehmen wieder Propionsäureamid und betrachten dessen Massenspektrum:

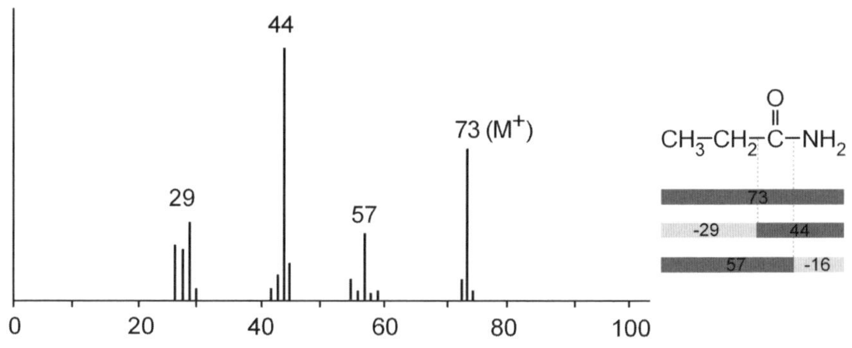

Massenspektrum von Propionsäureamid

Im Massenspektrum wird die Zusammensetzung eines Stoffs aus Elementen mit verschiedenen Isotopen sichtbar.

Dabei fällt auf, dass auch vor dem M^+-Peak, der hier recht auffallend ist (das ist nicht immer so), ein ganz kleiner Peak sitzt, der um eine Einheit größer ist. Das liegt daran, dass natürlicher Kohlenstoff nicht nur aus ^{12}C, sondern auch etwas aus ^{13}C besteht. Mit einer gewissen Wahrscheinlichkeit enthalten also manche Moleküle auch ein einzelnes ^{13}C-Atom und sind daher um eine Einheit schwerer als die übrigen. *Das Gleiche gilt natürlich auch für die anderen deutlichen Peaks, die alle von einem kleinen Vorläufer begleitet sind.*

Der Peak mit 73 entspricht der relativen Molekülmasse, der mit 57 der Abspaltung eine NH_2-Gruppe, der mit 44 der Abspaltung einer $CH_3 \cdot CH_2-$ -Gruppe, die sich selbst wieder als Peak mit 29 finden lässt. Die kleineren Peaks entsprechen selteneren

Ereignissen, also Abspaltungen, die z.T. mit Umlagerungen innerhalb des Moleküls verbunden sind, u.ä.

Man kann aber auch noch genauere Geräte bauen, die die Größe der Bruchstücke auf Tausendstel Einheiten genau bestimmen. Mit dieser ***hochauflösenden Massenspektrometrie*** *kann man die Zusammensetzung der Fragmente aus den Elementen ermitteln, also z.B. zwischen* $CH_3 \cdot CH_2-$ *(*M_r = 29.042*) und* $CHO-$ *(*M_r = 29.009*) unterscheiden.*

Natürlich ist die Massenspektrometrie besonders gut geeignet, wenn die Probe ohnehin schon in Dampfform vorliegt. Das passiert zum Beispiel nach Trennung durch Gaschromatographie (Kapitel 10.5.2), sodass man einfach das Massenspektrometer direkt nach dem Gaschromatographen setzt und die Struktur der dort getrennten Stoffe automatisch untersucht. Mit dieser Zusammenstellung – man nennt so etwas **GC-MS-Kopplung**, also Gaschromatographie-Massenspektrometrie-Kopplung – kann man Mischungen in Rekordzeit analysieren, eines der vielseitigsten und effizientesten Verfahren der analytischen Chemie.

Die Kopplung von GC mit MS ist besonders effizient.

12.4 NMR

Durch ihre Ladung verhalten sich Protonen wie winzige Magnete. Bringt man daher ein Proton in ein starkes Magnetfeld, so richtet es sich darin aus. Dabei kann man zwei Varianten beobachten: eine energieärmere Orientierung, bei der die Richtung des Magnetfelds mit der des Protons übereinstimmt, und eine energiereichere, in der beide antiparallel stehen. Der Übergang von der einen zur anderen Orientierung kann durch Aufnahme elektromagnetischer Strahlung erfolgen, d.h. dass die Protonen eine bestimmte Frequenz absorbieren.

„Nuclear Magnetic Resonance“ (NMR):

in der deutschen Sprache meist als **Kernspin-Resonanz** bekannt.

Nun sind aber Protonen in allen Atomkernen enthalten, sodass man dieses Prinzip auch auf Atome anwenden kann. Befinden sich mehrere Protonen (oder auch Neutronen) im Kern, heben sich die Orientierungen gegenseitig auf. Verwertbar sind daher nur Kerne mit einer ungeraden Protonenzahl (und mit einer ungeraden Anzahl von Nukleonen), das sind in der organischen Chemie nur sehr wenige Kerne. Neben ^{19}F und ^{31}P ist es vor allem und zuerst der Wasserstoff ^{1}H.

Man bringt also die Probe – gelöst in einem Lösungsmittel, das selbst keine Wasserstoffatome enthalten darf, z.B. CCl_4 *– in ein starkes Magnetfeld von etwa* 10 000 *Gauß (das ist so stark, dass es jede Armbanduhr und jeden Herzschrittmacher killen würde) und misst die Absorption der Probe bei einer Frequenz von etwa* 10–100 MHz *(das ist im oberen Bereich die Frequenz von UKW-Radios). Man könnte die Frequenz variieren, um verschieden absorbierende Kerne zu bestimmen, in der Praxis hält man die Frequenz konstant und variiert das Magnetfeld ein wenig – das kommt auf das Gleiche heraus, da Magnetfeldstärke und Frequenz voneinander abhängen. Und dann kann man ein Absorptionsspektrum der verschiedenen Wasserstoffatome aufschreiben, so ähnlich wie wir es schon von der IR-Spektroskopie kennen.*

Verschiedene chemische Umgebung der H-Atome bewirkt eine Verschiebung des Signals.

Das Ganze hätte wenig Sinn, wenn man damit nur die bloße Anwesenheit von Wasserstoff in der Probe beweisen würde. Doch je nach der chemischen Umgebung – Sie ahnen es sicher schon – absorbieren Wasserstoffe bei verschiedenen Frequenzen (bzw. Magnetfeldstärken), sodass man zum Beispiel problemlos die Wasserstoffe einer CH_3-C- -Gruppe, einer CH_3-O- -Gruppe oder einer CH_3-CO- -Gruppe voneinander unterscheiden kann, und erst recht die Wasserstoffe aus einem aromatischen System.

Spin-Spin Kopplung benachbarter H-Atome bewirkt eine Aufspaltung der Signale:

1 H: ½ = ½ ⊥

2 Möglichkeiten, Nachbarsignal spaltet

2 H:
¼ = = ½ = ⊥ ¼ ⊥ ⊥

3 Möglichkeiten, Nachbarsignal spaltet

Besonders spannend wird es, da benachbarte Wasserstoffe (also solche, die an benachbarten C-Atomen sitzen) miteinander kommunizieren können. Das bewirkt, dass der Spin jedes Wasserstoffs von dem Spin der Nachbarwasserstoffe beeinflusst wird, sodass sich das Signal je nach der Anzahl der benachbarten Wasserstoffe aufspaltet. Wenn wir also in einem Molekül die Gruppierung $-CH-CH_2-$ finden, so kann das einzelne Wasserstoffatom im Spin entweder parallel oder antiparallel zum Magnetfeld vorliegen. Es gibt also zwei Möglichkeiten, sodass sich das Signal der beiden benachbarten Wasserstoffatome in zwei Linien spaltet. Umgekehrt haben die beiden Wasserstoffe daneben drei Möglichkeiten: beide parallel, beide antiparallel, eine parallel und das andere antiparallel. Daher spaltet das einsame H-Atom in drei Linien auf, die mittlere davon doppelt so hoch, da die Kombination parallel / antiparallel häufiger ist als die beiden anderen.

Geeicht wird dieses Gerät mit Tetramethylsilan. Darin befinden sich chemisch gleichwertige Wasserstoffe, die nur ein einziges, scharfes Signal geben. Diesem Signal wird der Wert $\delta = 0$ *zu-*

geordnet, die Signale anderer Verbindungen sind gegenüber diesem Wert etwas verschoben.

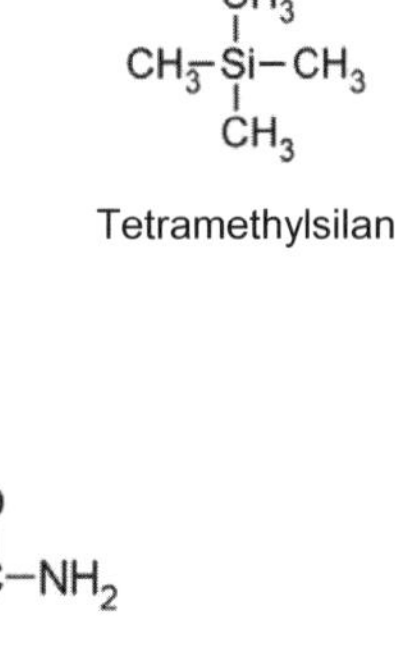

CH3-CH2-C(=O)-NH2

10 9 8 7 6 5 4 3 2 1 0 δ

MNR-Spektrum von Propionsäureamid

Wir nehmen wieder unser bereits bekanntes Propionsäureamid als Beispiel: Da finden wir Signale von drei verschiedenen Sorten von Wasserstoffen. Würde man die Flächen unter den Signalen messen (das kann man), so ergibt sich, dass sich diese Flächen von links nach rechts wie 1:1:1½ verhalten. Die Fläche gibt das Mengenverhältnis der Wasserstoffe an, also haben wir 2+2+3 Wasserstoffe im Molekül (oder ein Vielfaches davon). Die ersten beiden Wasserstoffe geben ein verschwommenes Signal, es handelt sich um das der NH_2-Gruppe. *Da diese Wasserstoffe teilweise an Wasserstoffbrücken beteiligt sein können, oder die NH_2-Gruppe zwischendurch in eine NH_3^+-Gruppe übergehen kann, sind sie chemisch nicht ausnehmend definiert, das gibt ein verschmiertes Signal. Das Gleiche würde auch mit dem H-Atom einer HO-Gruppe passieren.*

Dann gibt es zwei H-Atome, die drei andere sehen (und daher in vier Banden aufspalten) und drei H-Atome, die zwei andere sehen (und daher in drei Banden aufspalten). Diese müssen an benachbarten C-Atomen stehen. Es handelt sich also offensichtlich um eine CH_3-CH_2-Gruppierung. Die beiden H-Atome bei δ ~ 2.3 sind keine Bestandteile einer $-C-CH_2-C-$ Kette, denn dann hätten sie Werte um δ = 1.4. Es muss also in der unmittelbaren Nachbarschaft noch etwas anderes als eine reine Kohlenwasserstoff-Kette vorkommen, hier die Säureamid-Gruppe, die eine stärkere Verschiebung (δ = 2.2) bewirkt. Auch die CH_3-Gruppe am Ende ist noch leicht von dieser Säureamid-Gruppe beeinflusst, daher zeigen diese Wasserstoffe eine etwas höhere Verschiebung (δ ~ 1.2) als die endständigen H-Atome einer reinen Kohlenwasserstoffkette (δ = 0.9).

Gruppe	δ
CH_3-C-	0.9
CH_3-C-O-	1.4
CH_3-CO-R	2.2
CH_3-N	2.3
CH_3-O-R	3.3
$-C-CH_2-C-$	1.4
$-C-CH_2-CO-N$	2.2
$-C-CH_2-CO-R$	2.4

Sie können sich jetzt vermutlich vorstellen, wie man – mit etwas Denksport – auch die Struktur wesentlich komplizierterer Moleküle *(heute mit guten Computern bis hin zu kleinen Proteinen)* auf diese Weise bestimmen kann. Und wenn NMR allein nicht ausreicht, kann man ja zusätzlich noch immer IR- und Massenspektren zu Hilfe nehmen.

12.5 Polarimetrie und Refraktometrie

Wir haben uns in Kapitel 8.2.4. mit optischer Isomerie befasst. Stoffe mit dieser Eigenschaft drehen das sichtbare Licht. Je mehr von einem solchen Stoff in einer Lösung vorhanden ist, desto stärker wird das Licht gedreht. Man kann also aus dem Dreh-Winkel die Konzentration berechnen, wenn man weiß, um welchen Stoff es sich handelt. Darauf beruht die **Polarimetrie**, eine alte Methode, die häufig noch zur Bestimmung des Zuckergehaltes (Zucker sind optisch aktiv) in Getränken verwendet wird. *Vorsicht: nicht mit **Polarografie** in, Kapitel 13.3, verwechseln. Bei dieser werden Metallionen auf Grund ihres elektrischen Verhaltens in Lösung bestimmt.)*

Stoff	Brechungsindex bei 589 nm
Vakuum	genau 1
Luft	1.0003
Wasser	1.333
Ethanol	1.361
Benzol	1.501
Glas	1.45−2.14
Diamant	2.417

Da durchsichtige Stoffe das Licht verschieden stark brechen, kann man deren Brechungsindex verwenden, um eine Flüssigkeit zu charakterisieren oder um deren Reinheit zu überprüfen. Dabei wird ein Tropfen in ein **Refraktometer** gebracht und der Brechungsindex gemessen. *Auch Edelsteine werden mit Hilfe ihres Brechungsindex auf Echtheit geprüft. Den Brechungsindex von Diamant kann man auch mit der besten Glasmischung nicht erreichen.*

12.6 EPR / ESR

„Elektronen paramagnetische Resonanz", auch ESR **„Elektronen-Spin-Resonanz"** genannt.

diamagnetisch:

die magnetischen Momente aller Elektronen kompensieren einander

Auch Elektronen haben einen Spin. Und ganz ähnlich wie der Spin von Protonen im NMR wird der Elektronenspin in einem EPR-Gerät gemessen. Auch hier gilt, dass sich die Spins zweier Elektronen in einem Elektronenpaar gegenseitig aufheben (die Spins zweier Elektronen im gleichen Orbital sind ja $+½$ und $-½$). Daher sind die üblichen organischen Moleküle diamagnetisch und EPR-inaktiv. Man kann also nur ungepaarte Elektronen messen, wie sie z.B. in Radikalen vorkommen –, nur sind die meisten Radikale sehr kurzlebig.

Allerdings gibt es in biologischen Systemen Proteine, die paramagnetische Metallionen besitzen. Gerade diese Metallionen sind aber wichtig für die biologische Rolle des Proteins (z.B. für die Aktivität eines Enzyms), sodass EPR-Untersuchungen dieser Proteine wertvolle Informationen über den Mechanismus dieser Funktionen liefern.

paramagnetisch:

das magnetische Moment mindestens eines Elektrons bleibt übrig.

Ein Beispiel zur Strukturaufklärung

Um zu verstehen, wie man Informationen aus verschiedenen Spektren kombinieren kann, wollen wir versuchsweise anhand von Spektren die Struktur eines – ganz einfachen – Moleküls bestimmen.

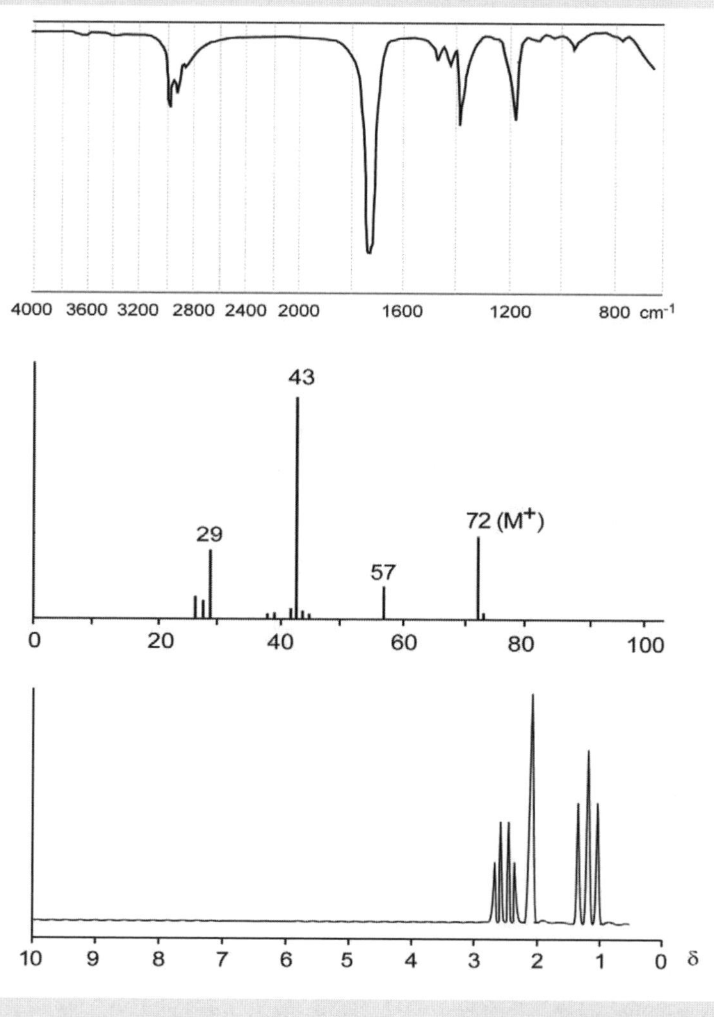

Wir haben eine unbekannte Substanz, von der wir wissen, dass sie nur die Elemente Kohlenstoff, Wasserstoff und Sauerstoff enthält. Etwa zwei Drittel der Masse ist Kohlenstoff, etwa ein Zehntel Wasserstoff. IR, MS und NMR geben uns die auf der vorigen Seite dargestellten Spektren. Aus dem M^+-Peak geht hervor, dass unsere Verbindung eine relative Molekülmasse von 72 aufweist. Dann entfallen also zwei Drittel davon auf Kohlenstoff, das gibt etwa 48, würde also 4 C-Atomen entsprechen, und etwa ein Zehntel auf Wasserstoff, gibt etwa 7 H-Atome. Was bleibt übrig?

$$73 - 48 - 7 = 17$$

Es gibt daher EIN Sauerstoffatom mit $M_r = 16$, folglich haben wir nicht 7 sondern 8 H-Atome und können die Summenformel unserer Verbindung aufschreiben:

$$72 = 48 + 8 + 16 \qquad C_4H_8O$$

Das IR-Spektrum zeigt eine ganz ausgeprägte Bande bei etwa $1720\,cm^{-1}$. Das wäre typisch für ein gesättigtes Keton oder einen gesättigten Aldehyd.

Das Massenspektrum zeigt uns eine Bande bei M-15 und bei M-29 (also minus CH_3- und minus CH_3-CH_2- ?) und eine dazupassende Bande von 29 (CH_3-CH_2- ?). Der Wert 29 kann aber auch auf eine Aldehydgruppe, also $-CHO$, zurückzuführen sein, nachdem wir ja im IR-Spektrum eine entsprechende Bande finden.

Im NMR-Spektrum finden wir drei Gruppen von Signalen: Eine Gruppe von vier Signalen koppelt mit einer anderen Gruppe von drei Signalen. Die vier Signale sind also offensichtlich eine $-CH_2-$ -Gruppe, welche drei benachbarte Wasserstoffe sieht, die drei Signale eine CH_3-Gruppe, die zwei benachbarte Wasserstoffe sieht. Das macht insgesamt 5 H-Atome, bleiben noch drei übrig, die in dem einen, hohen Signal stecken müssen. Da diese nicht aufspalten, müssen sie von anderen H-Atomen getrennt sein. Also haben wir:

CH_3-CH_2- und davon getrennt CH_3-

Wir haben alle H-Atome und 3 C-Atome verbraucht, es bleibt nur noch 1 C und 1 O übrig, also C=O. Damit ergibt sich unsere Struktur als:

$$CH_3-CH_2-\underset{\underset{O}{\|}}{C}-CH_3$$

War doch eigentlich ganz einfach?! Ich möchte allerdings nicht verschweigen, dass es bei komplizierteren Molekülen doch sehr viel schwieriger wird. Aber darum brauchen Sie sich nicht zu kümmern – es sei denn, Sie wollen theoreti-

scher Chemiker werden. Es geht hier vor allem darum, dass Sie eine ungefähre Vorstellung bekommen, wie und warum so etwas funktioniert und auf welche Weise die Chemiker zu ihren „Weisheiten" kommen.

Übungen zu Kapitel 12

120* Farben werden durch die Anregung von Elektronen erzeugt. Werden die Farben der Dinge, die wir üblicherweise in unserer Umgebung sehen, von Elektronen verursacht, die dabei Energie aufnehmen oder die dabei Energie abgeben?

121 Ein Stoff absorbiert Licht im Wellenlängenbereich 750–600 nm und auch im Bereich 500–400 nm. Welche Farbe hat dieser Stoff?

122* Lässt man Sonnenlicht durch ein Prisma fallen, so erhält man eine Auftrennung in verschiedene Farben. Bei genauer Betrachtung fällt jedoch auf, dass in dem sonst kontinuierlichen Spektrum schmale Zonen dunkel bleiben (die so genannten Fraunhoferschen Linien). Diese Linien entsprechen den Emissionslinien verschiedener Elemente. Erklären Sie die Entstehung dieser Linien!

123 Wie groß ist die Transmission, wenn:

a) $E = 0.5$ b) $E = 3$
c) $E = 6$ d) $I = I_0 / 20$
e) $I_0 = 5 \times I$

124 Wie groß ist die Extinktion, wenn:

a) $T = 0.4$ b) $T = 0.3$
c) $I = I_0 / 20$ d) $I_0 = 5 \times I$
e) $T = 0.95$

125 a) Die Lösung eines Stoffs mit der Konzentration 0.025 mol/l zeigt eine Extinktion von $E = 0.5$ ($d = 1$ cm, $\lambda = 500$ nm). Wie groß ist ε?

b) Eine andere Lösung desselben Stoffs zeigt eine Extinktion $E = 0.34$ ($d = 1$ cm, $\lambda = 500$ nm). Wie groß ist ε? Wie groß ist c?

126 Sie wollen eine Eichkurve bestimmen und erhalten folgende Werte: $E = 0.18$ ($c = 0.010$ mol/l), $E = 0.26$ ($c = 0.20$ mol/l), $E = 0.71$ ($c = 0.40$ mol/l) und $E = 1.10$ ($c = 0.60$ mol/l).

a) Zeichnen Sie diese Eichkurve. Welcher Punkt dürfte das Resultat einer falschen Messung sein?

b) Eine Lösung unbekannter Konzentration zeigt eine Extinktion $E = 0.90$. Wie groß ist die Konzentration?

c) Berechnen Sie aus jedem der 4 Werte, mit denen Sie die Eichkurve ermittelt haben, den molaren Extinktionskoeffizienten ε ($d = 1$ cm). Welches Resultat dürfte falsch sein?

127 Die Lösung einer bestimmten Substanz zeigt eine Extinktion $E = 0.75$. Sie wissen, dass bei diesem Stoff die Konzentration $c = 0.02$ mol/l einer Extinktion von $E = 0.30$ entspricht. Berechnen Sie die Konzentration Ihrer Lösung.

128 Erklären Sie, warum ein Fluorometer zwei Monochromatoren benötigt und warum ein Atomabsorptions-Spektrometer ganz ohne Monochromator auskommen kann.

129* Welche Struktur hat die Verbindung, die die folgenden Spektren gibt?

(C = 48.5 %, H = 5.1 %, N = 14.2 %, der Rest ist Sauerstoff)

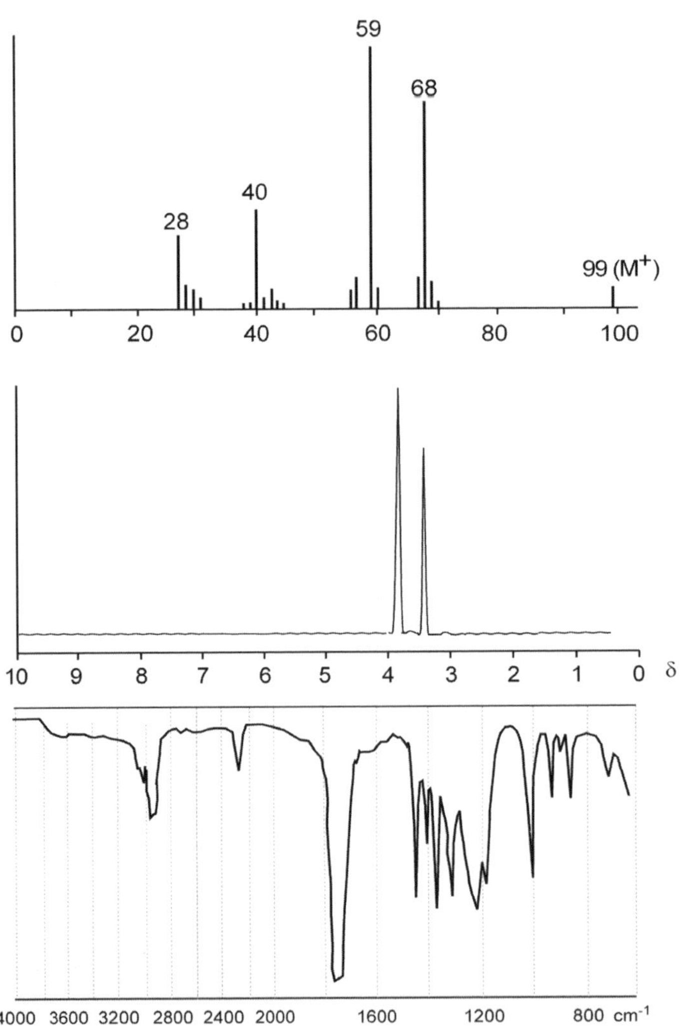

13 POTENZIOMETRIE

Ein Chemiker, der kein Physiker ist, ist gar nichts.

Robert Bunsen (1811–1899)

Bei jeder Redox-Reaktion reagiert ein Oxidationsmittel mit einem Reduktionsmittel, das eine wird reduziert, das andere oxidiert.

$$A_{red} + B_{ox} \rightleftharpoons A_{ox} + B_{red}$$

$$Cu + Zn^{2+} \rightleftharpoons Cu^{2+} + Zn$$

Jede Oxidation oder Reduktion entspricht einem bestimmten Potenzial der beteiligten Elektronen.

Bei dieser Reaktion treten Elektronen von einem Reaktionspartner auf den anderen über. Wir können die Lage des Gleichgewichts vorhersagen, wenn wir wissen, wie groß das **Potenzial** (= das Vermögen, die Kraft) der Reaktionspartner ist, Elektronen aufzunehmen oder abzugeben. Jedem Redoxpaar (das ist jede Reaktionshälfte, also jeder Partner in seiner oxidierten und reduzierten Form) kann man so ein Potenzial zuweisen.

$$A_{red} \rightleftharpoons A_{ox} + 2\,e^-$$

$$Cu \rightleftharpoons Cu^{2+} + 2\,e^-$$

Die Kombination einer Oxidation mit einer Reduktion kann als Potenzialdifferenz (= Spannung) gemessen werden.

Das Potenzial ist aber einzeln nicht messbar, da ein einzelnes Redoxpaar nicht reagiert. Man muss daher immer die Differenz der Potenziale zweier Redoxpaare messen. Eine Potenzialdifferenz wird als Spannung bezeichnet.

Um die Spannung zu messen, die zwischen dem Potenzial von Kupfer und Zink besteht, muss man die beiden Redoxpaare räumlich trennen. Das kann man tun, indem man einen Zinkstab in eine Lösung mit Zink-Ionen taucht (also z.B. gelöstes Zinksulfat) und in einem zweiten Gefäß einen Kupferstab in eine Lösung mit Kupfer-Ionen. Damit die beiden miteinander reagieren können, müssen wir die beiden Metalle durch einen Draht leitend verbinden. Durch diesen Draht können die Elektronen fließen und wenn man ein Messgerät dazwischen schaltet, zeigt es die Spannung an.

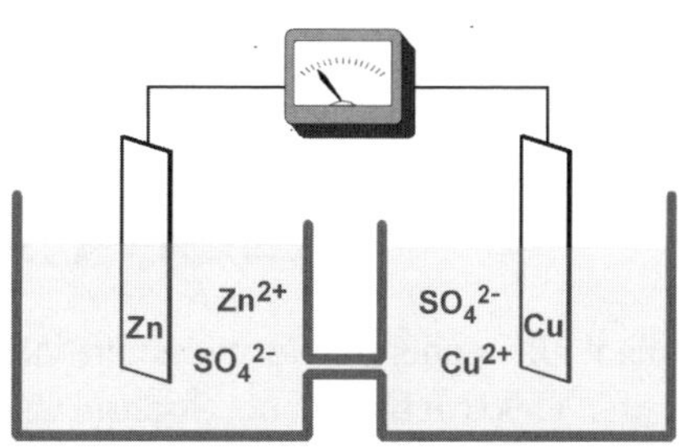

Man muss allerdings auch die beiden Lösungen mit einem dünnen Rohr verbinden – durch einen so genannten Stromschlüssel. Durch diesen Stromschlüssel wandern Ionen und sorgen dafür, dass sich die Ladungen ausgleichen können. Ansonsten würde die Reaktion sofort zum Stillstand kommen, weil die ersten paar Elektronen, die durch den Draht gewandert sind, die eine Seite negativ aufladen und jedes weitere Elektron abstoßen würden. So eine Elektrode (der Metallstab) gemeinsam mit der umgebenden Lösung nennt man **Halbzelle** oder **Halbelement,** sie entspricht dem einzelnen Redoxpaar. Die Kombination zweier Halbelemente ist ein **galvanisches Element** (im täglichen Sprachgebrauch eine Batterie oder ein Akkumulator), sie entspricht einer vollständigen Redox-Reaktion.

Normalpotenzial:

das Potenzial eines Redoxpaars unter Normalbedingungen (1 mol/l, 1 bar, usw.).

Das Potenzial ist aber auch von der Konzentration der beteiligten Stoffe abhängig. Damit man das beim Vergleich verschiedener Redoxpaare nicht berücksichtigen muss, legt man alle Konzentrationen mit 1 mol/l fest (alle Gase haben 1 bar Druck). Die so erhaltenen Potenziale heißen **Normalpotenziale** (oder auch **Standardpotenziale**). Weil Potenziale nur relativ zueinander vergleichbar sind – messen kann man nur die Differenz zweier Potenziale –, muss zuerst ein Normalpotenzial festgelegt werden, auf das man dann alle anderen beziehen kann. Da in der Chemie die Wasserstoff-Ionen eine so wichtige Rolle spielen, hat man sich dafür folgende Reaktion ausgesucht:

$$H_2 \rightleftharpoons 2\,H^+ + 2\,e^- \qquad E_0 = 0$$

Man setzt willkürlich das Potenzial des Redoxpaars H_2/H^+ gleich null, und kann damit alle anderen Potenziale vergleichen.

In einer Lösung, die 1 mol/l H^+ enthält, perlt Wasserstoffgas mit einem Druck von 1 bar über eine Platinelektrode. Diese Elektrode hat den Namen **Normalwasserstoffelektrode** erhalten, ihr **Normalpotenzial** ist willkürlich mit **Null** festgelegt worden.

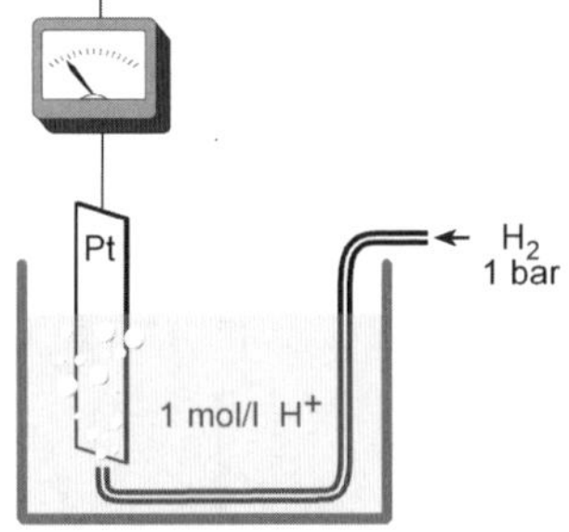

Normalwasserstoffelektrode

Damit kann man alle anderen Normalpotenziale vergleichen und erhält so die **elektrochemische Spannungsreihe**. *Darin* *steht in jeder Zeile ein Redoxpaar mit dem zugehörigen Normalpotenzial. Natürlich besteht jedes dieser Redoxpaare aus einem Reduktions- und dem korrespondierenden Oxidationsmittel. Das Oxidationsmittel ist umso stärker und das Reduktionsmittel umso schwächer, je positiver das Normalpotenzial ist. Also stehen die stärksten Oxidationsmittel rechts unten, die stärksten Reduktionsmittel links oben.*

Elektrochemische Spannungsreihe

			E_0
K	⇌	$K^+ + e^-$	−2.92 V
Na	⇌	$Na^+ + e^-$	−2.71 V
Mg	⇌	$Mg^{2+} + 2\,e^-$	−2.37 V
Al	⇌	$Al^{3+} + 3\,e^-$	−1.66 V
Zn	⇌	$Zn^{2+} + 2\,e^-$	−0.76 V
Fe	⇌	$Fe^{2+} + 2\,e^-$	−0.44 V
Pb	⇌	$Pb^{2+} + 2\,e^-$	−0.13 V
H_2	⇌	$2\,H^+ + 2\,e^-$	0.00 V
Cu	⇌	$Cu^{2+} + 2\,e^-$	+0.35 V
Ag	⇌	$Ag^+ + e^-$	+0.81 V
Au	⇌	$Au^{3+} + 3\,e^-$	+1.38 V

Die Potenziale von Reaktionen werden nach ihrer Größe in der elektrochemischen Spannungsreihe angeordnet.

13.1 Konzentrationsketten

Wenn in einer Halbzelle die Konzentration eines Partners nicht 1 mol/l ist, wird das Potenzial um einen bestimmten Betrag vom Normalpotenzial abweichen. Dafür gibt es eine Formel, die **Nernstsche Gleichung**:

Das Potenzial hängt von der Art der Reaktion ab, aber auch von der Konzentration der beteiligten Stoffe.

$$E = E_0 + \frac{0.060}{n} \times \log \frac{[Ox]}{[Red]}$$

E = Potenzial bei der gegebenen Konzentration
E_0 = Normalpotenzial
n = Anzahl der umgesetzten Elektronen
[Ox] = Konzentration der oxidierten Form (mol/l oder bar)
[Red] = Konzentration der reduzierten Form (mol/l oder bar)

Die Nernstsche Gleichung erlaubt die Berechnung beliebiger Potenziale, indem man das Normalpotenzial um einen konzentrationsabhängigen Wert korrigiert.

Das ist gar nicht so schwierig wie es aussieht. Die Gleichung hat die Form $E = E_0 + \text{Korrektur}$. Wenn man also das aktuelle Potenzial E wissen will, so muss man das Normalpotenzial E_0 um einen bestimmten Wert korrigieren. Und dieser Korrekturwert enthält eben unter anderem den Logarithmus der Konzentrationen, die bei der Reaktion eine Rolle spielen. Wären die Konzentrationen alle 1, so wäre der Logarithmus Null und die Gleichung wird zu $E = E_0$, dann ist das Potenzial das Normalpotenzial.

Konzentrationskette:

eine Anordnung, bei der sich zwei Halbzellen nur in der Konzentration eines Reaktionspartners unterscheiden.

Wenn man aus allen Konzentrationen das Potenzial berechnen kann, so ist es natürlich umgekehrt auch möglich, die Spannung zu messen, und daraus die unbekannte Konzentration eines Reaktionspartners zu berechnen. Diese Art von Analyse heißt **Potenziometrie**. Sie könnten zum Beispiel eine Versuchsanordnung aufbauen, die aus zwei chemisch gleichen Halbzellen besteht, die sich nur durch die Konzentration eines der beteiligten Stoffe unterscheiden, so etwas nennt man eine **Konzentrationskette**. *Also zwei Zn/Zn^{2+} Elektroden mit unterschiedlicher Konzentration an Zink-Ionen, oder zwei H_2/H^+ Elektroden mit unterschiedlicher H^+-Konzentration.*

Die gemessene Spannung ergibt sich aus der Differenz der beiden Potenziale:

$$E = E_1 - E_2$$

Und da sonst alles gleich ist, hängt die Potenzialdifferenz NUR vom Konzentrationsunterschied ab. Kennt man also die Konzentration in der einen Halbzelle, kann man daraus die Konzentration in der anderen aus der gemessenen Spannung berechnen. *Es ist aus der Nernstschen Gleichung leicht zu erkennen, dass ein Konzentrationsunterschied um den Faktor 10 immer eine Spannungsänderung von $0.060/n$ V bewirkt. (Ein Unterschied um den Faktor 100 daher $2 \times 0.060/n$ V, usw.).* Diese Regel gilt für jede Art von Elektrode. Wenn wir die H^+-Konzentration (also den pH-Wert) messen wollen, müssen wir dafür nicht die sehr umständliche Wasserstoffelektrode benutzen. Jede andere Elektrode, an deren Reaktion H^+-Ionen beteiligt sind, tut es auch.

13.2 Ionenselektive Elektroden

Die **Glaselektrode** enthält eine dünne Glasmembran, die nur von H^+-Ionen passiert werden kann. Wenn auf beiden Seiten der Membranen verschiedene H^+-Konzentrationen vorhanden sind, würden die H^+-Ionen gerne wandern, um die Konzentration auszugleichen. *Das können Sie aber nicht, weil die Gegen-Ionen die Glaswand nicht passieren können. Und allein dürfen sie nicht hinüber, da sonst eine ungleiche Ladungsverteilung entstünde.* Dieser Wunsch nach Konzentrationsausgleich entspricht einem „Druck" von Ladungen, also einem Potenzial. Das Potenzial ist abhängig vom Unterschied der Konzentration an H^+-Ionen und folgt natürlich genau den Regeln der Nernstschen Gleichung. Man kann also aus der Spannung, die man zwischen der Glaselektrode und einer beliebigen Vergleichselektrode misst, den pH-Wert errechnen. In der nebenstehenden Abbildung ist als Vergleichselektrode eine Ag / Ag^+ Elektrode rund um die Glaselektrode herumgebaut. Das dahinter geschaltete Messgerät wird üblicherweise gleich mit einer Skala versehen, die den pH-Wert angibt, sodass man sich die Rechnung erspart. So ein Gerät heißt **pH-Meter**.

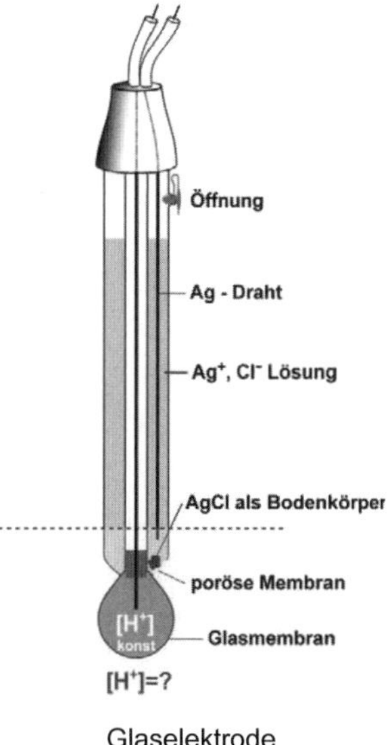

Glaselektrode

Die Glaselektrode ist eine so genannte **Ionenselektive Elektrode.** Sie ist so konstruiert, dass sie nur auf H^+-Konzentrationen anspricht. Es gibt auch Elektroden für andere Ionen, z.B. für Ca^{2+}, Cl^-, F^- u.a. Man kann damit sehr schnell und einfach Konzentrationen messen. Der Nachteil: Die Messung ist recht ungenau, da nur große Konzentrationsunterschiede deutliche Spannungsänderungen bewirken.

Ionenselektive Elektroden:

verwenden die gemessene Potenzialdifferenz, um die Konzentration eines bestimmten Ions zu bestimmen (z.B. H^+-Ionen bei der Glaselektrode).

13.3 Polarographie

Stellen Sie sich eine Salzlösung vor, in die eine Anode und eine Kathode eintauchen. Legt man Spannung an, so werden sich die Metall-Ionen als Metall an der Kathode abscheiden – und da sie dabei Elektronen abgeben, fließt Strom. Die Stärke dieses Stromes ist proportional der Ionenkonzentration in der Lösung, und die Spannung, ab der das passiert, ist charakteristisch für die einzelnen Ionenarten. *Das kennen wir schon von vorher.*

Übrigens, man kann das hier beschriebene elektrochemische Verfahren nur zu leicht mit der zuvor erwähnten (Kapitel 12.5) Polarimetrie, einer spektroskopischen Methode, verwechseln!

Natürlich würde das abgeschiedene Metall die Messung beeinflussen, folglich benötigt man eine Kathode, deren Oberfläche sich ständig erneuert. Deshalb verwendet man eine **Quecksilber-Tropfelektrode**: aus einem dünnen Rohr tropft ständig Quecksilber, sodass ständig neues Quecksilber die Kathodenoberfläche bildet. Der Quecksilbersumpf, der unten entsteht, kann als Anode dienen. Man muss also nur die Spannung langsam erhöhen und den dabei fließenden Strom auf einem geeigneten Gerät mitschreiben lassen. *Das gilt für eine altmodische Anordnung, heute verwendet man dafür – wie für alles andere – einen Computer.*

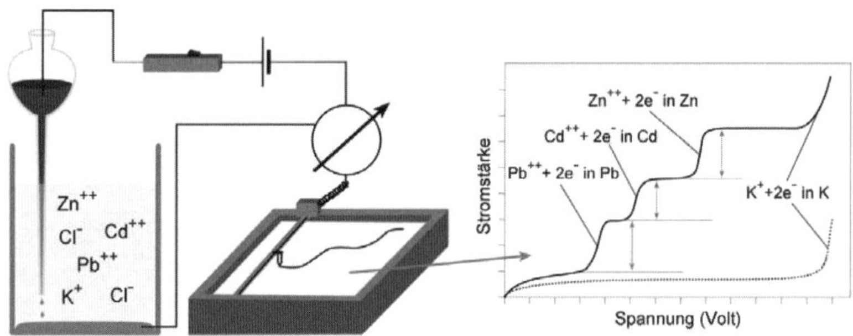

Metallabscheidung zeigt sich als „Strom-Stufe", wobei die Spannung der Stufe das abgeschiedene Metall anzeigt, die Stufenhöhe dessen Menge. Das ist ein sehr empfindliches und schnelles Verfahren, welches auch die gleichzeitige Bestimmung mehrerer Metalle in einer Mischung erlaubt.

Übungen zu Kapitel 13

130. Welche Spannung messen Sie, wenn Sie unter Normalbedingungen eine Elektrode mit dem Redoxpaar Fe/Fe^{2+} und eine mit dem Redoxpaar Ag/Ag^{+} miteinander verbinden?

131. Bei welcher Konzentration von Zn hat eine Zn/Zn^{2+} Halbzelle das Potential null?

132. Eine Konzentrationskette mit zwei Al/Al^{3+}-Elektroden zeigt eine Spannung von 0.04 V. Wie groß ist der Konzentrationsunterschied?

133. Ein pH-Meter (Glaselektrode) hat im Inneren einen $pH = 7.0$, es entsteht ein Potenzial $E = -0.30\ V$. Welchen pH-Wert hat die gemessene Lösung?

14 RADIOCHEMIE

Wir meinen die Natur zu beherrschen, aber wahrscheinlich hat sie sich nur an uns gewöhnt.

Karl Heinrich Waggerl (1897–1973)

Radiochemie ist die Chemie der radioaktiven Stoffe. *Zum Unterschied dazu beschäftigt sich die Strahlenchemie mit den Wechselwirkungen zwischen Strahlung und Materie. Allzu strenge Grenzen kann man nicht ziehen. Wir werden auch in diesem Kapitel mit Strahlenchemie zu tun haben, nämlich wenn wir uns mit der Messung radioaktiver Strahlung befassen.*

Radioaktive Stoffe sind solche, die **radioaktive Strahlung** aussenden. Diese Strahlung kommt immer aus dem Kern. *Das ist der Unterschied zur Röntgenstrahlung, die immer aus der Elektronenhülle kommt.* Wir müssen uns also zunächst kurz mit dem Aufbau von Atomkernen befassen.

Bekanntermaßen befinden sich im Atomkern nur zwei Arten von Teilchen, Neutronen und Protonen. Da beide annähernd die gleiche Masse haben, ergibt die Anzahl beider die sogenannte **Massenzahl**. Nur Protonen tragen eine (positive) Ladung, so entspricht die **Kernladungszahl** (oder auch **Ordnungszahl**) der Anzahl der Protonen. Jeder Kern kann durch Angabe von Massezahl und Kernladungszahl eindeutig charakterisiert werden. Einen solchen Kerntypus nennt man ein **Nuklid**.

Nuklid:

Kernart, wird durch Massenzahl und Ordnungszahl (oder Elementsymbol) charakterisiert.

^{35}S, ^{16}O, ^{3}H

Alle Kerne mit der gleichen Protonenanzahl gehören zu einem Element. Es gibt daher so viele Elemente wie mögliche Kernladungszahlen. Man kann auf die Angabe der Kernladungszahl verzichten, wenn man stattdessen das entsprechende Elementsymbol verwendet. Um verschiedene Nuklide beschreiben zu können, setzt man die Massezahl hochgestellt davor.

Verschiedene Nuklide desselben Elements nennt man **Isotope**. Diese unterscheiden sich nur in der Masse ihrer Kerne. Die Ladungszahl, das Verhalten der Elektronenhülle und folglich auch die chemischen Eigenschaften sind bei Isotopen gleich.

Isotope:

Nuklide desselben Elementes.

^{1}H, ^{2}H, ^{3}H

Die meisten bekannten Nuklide sind instabil. Bei diesen Kernen ist das Verhältnis von Protonen zu Neutronen ungünstig. Sie versuchen daher dieses Verhältnis zu ändern, um einen stabileren, also energieärmeren Zustand zu erreichen. Dabei geben sie Energie in Form von Strahlung ab, sie sind radioaktiv.

Da sich die meisten instabilen Nuklide schon vor Milliarden von Jahren in stabile umgewandelt haben, finden wir in der Natur vorwiegend stabile Kerne. Die radioaktiven Nuklide, die man in Medizin und Technik verwendet, werden fast alle künstlich (z.B. im Kernreaktor) hergestellt.

14.1 Strahlungsarten

Alpha-Strahlen:

Teilchen aus 2 p und 2 n, sehr kurze Reichweite.

Die Teilchen von **Alpha-Strahlen** bestehen aus je zwei Protonen und zwei Neutronen (sind also Kerne von Heliumatomen). Durch einen Alpha-Zerfall vermindert sich daher im Kern die Ordnungszahl um 2, die Massenzahl um 4. *Der Kern rutscht im Periodensystem zwei Positionen weiter nach links. Diese Art von Strahlung findet sich vor allem bei schweren Elementen. Die natürlich vorkommenden Uran- und Thoriumisotope und ihre Zerfallsprodukte können hintereinander mehrere Alpha-Zerfälle durchlaufen, dabei entstehen die so genannten Zerfallsreihen. Für Radium z.B. sieht diese Reihe so aus:*

Nuklid	^{226}Ra	$\longrightarrow$	^{222}Rn	$\longrightarrow$	^{218}Po	$\longrightarrow$	^{214}Pb
Ordnungszahl	88		86		84		82

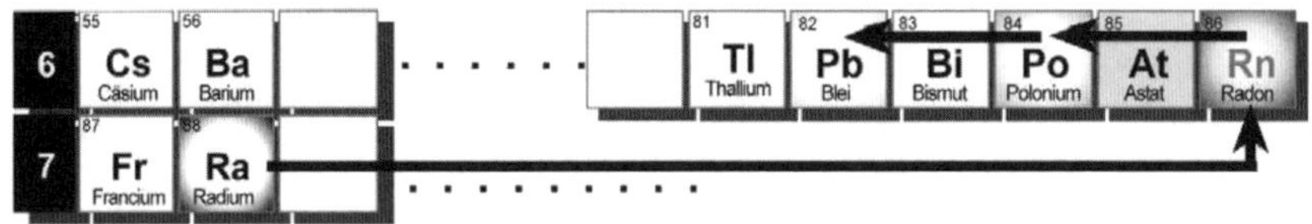

α-Zerfall im Periodensystem

Beta-Strahlen:

Teilchen sind Elektronen (oder Positronen), kurze Reichweite.

Auch **Beta-Strahlen** bestehen aus Teilchen und zwar aus Elektronen. *Es gibt auch Beta-plus-Strahlung, die besteht aus „Elektronen" mit positiver Ladung, den so genannten **Positronen**.* Im Kern zerfällt ein Neutron in ein Proton und ein Elektron, Letzteres wird aus dem Kern ausgestoßen. Der Kern behält seine Massenzahl, bekommt aber eine positive Ladung mehr als vorher. *Der Kern rückt im Periodensystem um eine Stelle nach rechts. Diese Art von Zerfall ist bei den künstlich hergestellten Radionukliden besonders häufig, sie kommt aber auch natürlich vor. Für die Radiocarbon-Methode zur Altersbestimmung archäologischer Funde benutzt man die Reaktion:*

$$^{14}C \longrightarrow {}^{14}N + e^-$$

Weitere Isotope und deren Zerfallsreaktionen, die in der Forschung und in der medizinischen Diagnostik häufig eingesetzt werden:

$^{3}H \rightarrow {}^{3}He + e^-$

$^{35}S \rightarrow {}^{35}Cl + e^-$

$^{32}P \rightarrow {}^{32}S + e^-$

$^{131}J \rightarrow {}^{131}Xe + e^-$

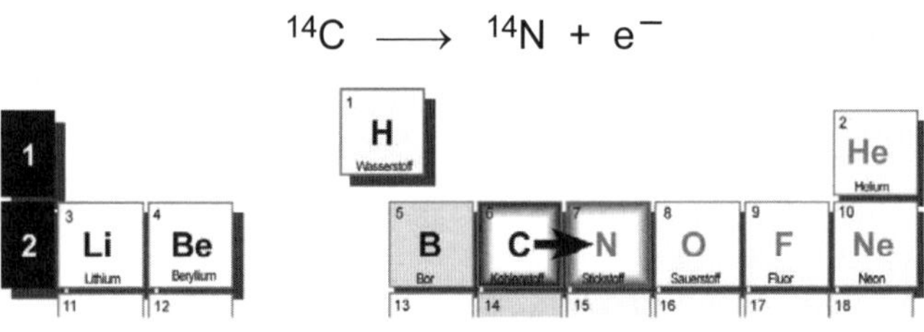

β-Zerfall im Periodensystem

Gamma-Strahlen:

elektromagnetische Strahlung, große Reichweite.

Gamma-Strahlen sind elektromagnetische Wellen, so wie Licht, nur sehr viel energiereicher. Oft entstehen sie als Nebenprodukt eines Alpha- oder Beta-Zerfalls (dann findet man ein Gemisch von z.B. β- und γ-Strahlung). Kerne von reinen Gamma-Strahlern lagern sich nur energetisch um und geben dabei überschüssige Energie als Strahlung ab. Die Anzahl der Teilchen im Kern bleibt dabei unverändert.

Grundsätzlich sind alle diese Strahlen sehr energiereich, jedenfalls genug, um beim Auftreffen auf andere Stoffe zahlreiche chemische Bindungen zu spalten. Dabei entstehen Ionen und Radikale. Daher nennt man diese Strahlung auch „**ionisierende**" Strahlung. Es gibt aber auch hier Unterschiede zwischen viel und sehr viel. So emittiert z.B. Tritium (das ^{3}H in der Liste, siehe vorige Seite) Elektronen mit einer Energie von maximal 18 KeV, hingegen haben die Elektronen von ^{32}P eine maximale Energie von 1700 KeV. *Die Abkürzung KeV bedeutet Kilo-Elektronenvolt, also 1000 eV. Überlegt man sich, dass für die Spaltung einer chemischen Bindung einige eV ausreichen, so wird klar, dass selbst ein einzelnes „schwaches" β-Teilchen von Tritium hunderte Moleküle zerstören kann.*

Alpha-Teilchen sind schwer und haben meist viel Energie. Diese geben sie sofort vollständig ab, wenn sie auf Materie treffen und bleiben stecken. Ein Blatt Papier genügt, um sie aufzuhalten. Gefährlich ist diese Strahlung für die obersten Hautschichten, vor allem aber wenn man strahlendes Material in den Körper aufnimmt (also schluckt oder einatmet). Beta-Teilchen sind kleiner und imstande, einige bis viele Schichten an Atomen zu durchdringen, wobei sie zwischendurch von diesen Atomen abprallen können. Dabei geben sie aber doch relativ bald ihre Energie ab. Dünne Kunststoff- oder Glasplatten reichen zur Abschirmung. Außer für tiefere Hautschichten ist diese Strahlung besonders für die Augen gefährlich (und natürlich ebenfalls bei Inkorporation). Gamma-Quanten geben nur sehr zögernd Energie ab, es sind zentimeterdicke Schichten von schwerem Material notwendig, will man sie auch nur abschwächen. Diese Unterschiede in der Reichweite der Strahlungsarten muss man natürlich berücksichtigen, wenn man sie verwenden oder messen will.

Stellen Sie sich die feste Materie als Wald vor, in den entweder ein Flugzeug hineinfliegt, oder in den ein Fußball und eine Gewehrkugel hineingeschossen werden. Das Flugzeug (α) bleibt sicher in der ersten oder zweiten Baumreihe stecken und gibt seine gesamte Bewegungsenergie sofort ab. Der Fußball (β) wird eindringen, irgendwann an einem Baum abprallen, *von dort auf einen anderen Baum auftreffen usw. Er gibt seine Energie in Portionen ab. Am weitesten wird höchstwahrscheinlich die Gewehrkugel (γ) kommen, da kann es sogar passieren, dass sie auf der anderen Seite wieder herauskommt.*

14.2 Zerfallsgeschwindigkeit

Radioaktive Atomkerne zerfallen unabhängig von äußeren Einflüssen und senden dabei Strahlung aus.

Dieses Ereignis kann man für einen einzelnen Kern nicht voraussagen. Für eine größere Anzahl von Kernen kann man jedoch eine statistische Vorhersage machen.

Radioaktiver Zerfall ist ein rein zufälliger Prozess. Er lässt sich durch nichts (nicht durch Temperatur, nicht durch Druck, nicht durch die chemische Umgebung) beeinflussen. Es gibt auch keine Möglichkeit vorherzusehen, ob ein bestimmter Kern im nächsten Augenblick zerfallen wird oder erst in tausend Jahren. Ist die Menge an vorhandenem radioaktivem Stoff groß, so ist natürlich die Wahrscheinlichkeit, dass darin demnächst ein Zerfall stattfinden wird, entsprechend höher. Für den einzelnen Kern spielt es aber keine Rolle, ob in seiner Umgebung noch andere, gleiche Kerne existieren. *Eine solche Reaktion nennt man Reaktion erster Ordnung. Es hängt nur von EINER Konzentration (oder Menge) ab, wie viele Zerfälle auftreten.*

Halbwertszeit:

die Zeit, innerhalb der die Hälfte eines radioaktiven Stoffs zerfällt.

Bei einer größeren Anzahl Atome kann man angeben, wie viele sich innerhalb der nächsten Zeit umwandeln werden. *Nicht auf ein einzelnes Atom genau, sondern nur die ungefähre Anzahl.* Es ist oft praktisch die Zeit anzugeben, in der die Hälfte aller vorhandenen Atome zerfallen sein wird. Das ist die so genannte **Halbwertszeit**. Nach einer Halbwertszeit ist also nur noch die Hälfte des ursprünglichen Radionuklids vorhanden, nach der zweiten Halbwertszeit die Hälfte der verbleibenden Hälfte, also ein Viertel, nach der dritten Halbwertszeit ein Achtel, usw. Die Halbwertszeit ist für jedes Radionuklid eine konstante Größe, die man in Tabellen nachschlagen kann. Eine Halbwertszeit kann nur Bruchteile einer Sekunde dauern, eine andere Millionen von Jahren.

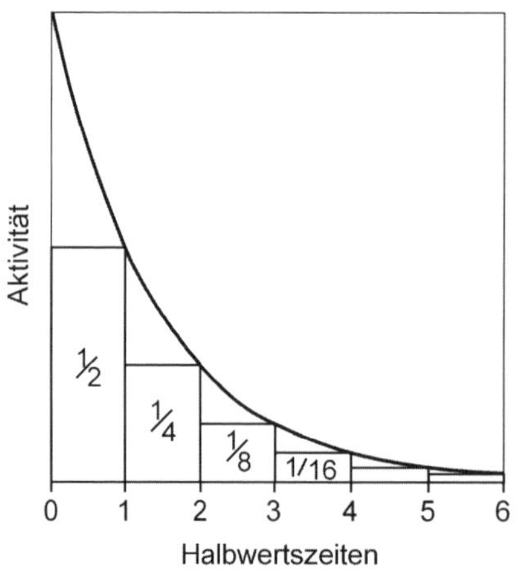

14.3 Maße für Radioaktivität und Strahlung

Bei Einheiten muss man streng unterscheiden, was man eigentlich misst. Leider behandelt die Sensationspresse öfters Themen im Zusammenhang mit Radioaktivität und wirft dabei gern alle Begriffe hoffnungslos durcheinander. Und dass es für manche Größen mehrere Maße gibt, oder dass sich alte Einheiten hartnäckig neben den neueren SI-Einheiten halten, macht die Sache auch nicht einfacher.

Als Maß für **Radioaktivität** gibt man an, wie viele Teilchen in einer gegebenen Probe in der Zeiteinheit zerfallen. Das alte Maß dafür ist das **Curie (Ci)**, das sind 3.7×10^{10} Zerfälle pro Sekunde *(das ist die Aktivität von einem Gramm Radium)*. Dem SI-System entspricht das **Becquerel (Bq)**, nämlich 1 Zerfall pro Sekunde. War das Curie unpraktisch groß, so ist das Becquerel unpraktisch klein. Man muss daher ständig mit Vorsilben wie „Kilo" oder „Mega" arbeiten. Häufig verwendet man auch **DPM**, das sind Zerfälle pro Minute, (von „decays per minute") oder **CPM**, das sind Impulse („counts") pro Minute. *Zerfälle sind die tatsächlichen Ereignisse in der Probe, Impulse sind das, was man davon mit einem Messgerät erfasst.*

Radioaktivität:

Einheit: Becquerel

1 Bq = 1 Zerfall / Sekunde

andere Einheiten:

Curie, DPM, CPM

Kilo	K	10^3
Mega	M	10^6
Giga	G	10^9
Tera	T	10^{12}

Damit Sie eine Vorstellung von den Mengen bekommen: Man arbeitet im Labor nur mit so viel Aktivität wie man gerade gut messen kann, aber nicht mit mehr. Ein typischer Laborversuch benutzt daher etwa einige KBq (KiloBecquerel) bis wenige MBq (MegaBecquerel), selten mehr. Wenn man mit GBq hantieren will, was in der Medizin vorkommen kann, braucht man schon aufwändige Vorsichtsmaßnahmen wie spezielle Abschirmungen, unter Umständen Robotergreifarme usw. Mit TBq (TeraBecquerel) dringt man schon in Bereiche vor, die in Brennstäben von Kernreaktoren vorkommen.

Als Maß für vorhandene **ionisierende Strahlung** kann man die Menge der entstandenen Ionen angeben. Die üblichste Maßeinheit dafür, das **Röntgen (R)**, ist jene Strahlenmenge, die in 1 cm^3 Luft eine gewisse Menge Ionen (*eine elektrostatische Ladungseinheit, das sind 3.3×10^{-10} Coulomb*) erzeugt. Die korrekte SI-Einheit ist **Coulomb / kg**, die ist aber so unpraktisch groß, dass sie kaum verwendet wird. *Natürlich möchten Sie jetzt wissen, wie viel Röntgen z.B. von einem Becquerel erzeugt werden. Das kann man aber nicht umrechnen. Becquerel ist eine Menge an Zerfällen in einer gegebenen radioaktiven Probe. Röntgen ist eine entstandene Ionenmenge in der Umgebung dieser Probe. Wie viele Ionen in der Umgebung entstehen,*

Ionisierende Strahlung:

Einheit: Röntgen (R)

1 R = 3.3×10^{-10} Coulomb / cm^3 Luft

oder SI-Einheit:

Coulomb / kg

hängt neben der Aktivität der Probe auch ab von der Art der Strahlung, von der Energie der Strahlung, vom Abstand, von der Geometrie des Ganzen, von dazwischen liegenden Materialien, und, und, und ...

Energiedosis:

(aufgenommene Energie)

Einheit: Gray

1 Gy = 1 Joule / kg

(alte Einheit: rad)

(1 rad = 0.01 Gy)

Menschen bestehen aber nicht aus Luft. Wenn wir feststellen wollen, ob und wie wir durch Strahlung gefährdet sind, so ist es nur sinnvoll anzugeben, wie viel Strahlenenergie von unserem Körper aufgenommen wird. Die **Energiedosis** ist diese Menge an aufgenommener Strahlungsenergie. Sie wird nach dem SI-System in **Gray (Gy)** angegeben, das ist 1 Joule / kg. *Falls Ihnen einmal ältere Angaben begegnen sollten: Früher hat man die Energie von 100 erg / g als rad bezeichnet. 100 rad entsprechen daher 1 Gy.*

Wenn man sich nur an der aufgenommenen Energie orientiert, macht man in biologischen Systemen einen Fehler bei der Abschätzung von Gefahren. Dieselbe Energiemenge richtet nämlich je nach Strahlungsart unterschiedlich viel Schaden an, also multipliziert man die Angabe für **Energiedosis** noch mit einem Faktor (RBW-Faktor, für **r**elative **b**iologische **W**irkung) und bekommt die **Äquivalentdosis**. Der Faktor ist für β- und γ-Strahlung ungefähr 1, für α-Strahlung höher *(für andere Strahlenarten noch höher; neben den erwähnten α-, β-, γ-Strahlen gibt es nämlich noch viele andere, z.B. Neutronenstrahlung oder Teilchenstrahlen aus Beschleunigern)*. Durch diese Multiplikation wird aus dem Gray das **Sievert (Sv)** *(beziehungsweise aus dem rad das rem, 100 rem sind 1 Sv)*. Da für β- und γ-Strahlung üblicherweise mit 1 umgerechnet wird, bleiben dabei die Zahlenwerte gleich, 1 Gray γ-Strahlung bewirkt also eine biologische Dosis von 1 Sievert.

Äquivalentdosis:

Einheit: Sievert

1 Sv = 1 Gy x RBW

(alte Einheit: rem)

(1 rem = 0.01 Sv)

Die **Dosisleistung** ist einfach die aufgenommene Dosis pro Zeiteinheit. Sie wird in Sv (oder Gy) / Stunde angegeben. *Früher waren es rad / h oder rem / h.* Wenn wir uns also in einem Feld von ionisierender Strahlung bewegen, ist die Dosisleistung in Sv / h eigentlich das Einzige was uns interessiert. Schließlich wollen wir ja wissen, welche Dosis wir in der Zeit bekommen, die wir hier verbringen. *Leider können normale Geigerzähler das nicht anzeigen. Die messen ja die Ionen in der Luft, geben also bestenfalls Röntgen pro Stunde an. Es ist aber nicht ganz falsch anzunehmen, dass 1 Röntgen / h etwa 0.01 Gy / h entspricht, bzw. 1 Coulomb / kg einer Energiedosis von 35 Gy. Das ist jedoch eine grobe Schätzung, die durchaus um den Faktor 2-3 oder sogar noch mehr ungenau sein kann.*

Dosisleistung:

Einheit: Sievert / Stunde (Sv / h)

Gray / Stunde (Gy / h)

(alte Einheiten: rem / h, rad / h)

Strahlendosis: wie viel ist wie viel?

Aus unserer Umgebung erhalten wir etwa 1.5–5 mSv (Millisievert) an natürlicher Strahlendosis pro Jahr, je nachdem wo wir leben. *Extremwerte bis etwa 5 mSv/Jahr sind möglich. Auf Berggipfeln erhalten wir aufgrund der Höhenstrahlung eine höhere Dosis, ebenso in Gebieten mit Urgesteinsboden (wie z.B. im Bayerischen Wald oder im Waldviertel). Doch auch die unmittelbare Umgebung spielt eine Rolle. In einem Holzhaus ist die jährliche Strahlendosis wesentlich geringer als in einem Haus aus Stein oder Ziegel.* Regelmäßiges Fernsehen mit einem Röhrengerät beschert(e) uns zusätzlich etwa 0.02 mSv/Jahr. *Plasmaschirme, LCD-Displays oder LED Monitore geben keine Strahlung ab.* Ein normaler Passagierflug in 10 000 m Höhe bringt weitere 0.005 mSv für jede Flugstunde. Eine einzelne medizinische Röntgenuntersuchung aber kann uns bereits eine zusätzliche Dosis von bis zu 20 mSv verpassen! *Das schwankt sehr stark, je nach Art der Untersuchung. Moderne Röntgengeräte verursachen eine wesentlich geringere Strahlenbelastung als ältere Anlagen, und eine einzelne Aufnahme auch viel weniger als eine lange dauernde Untersuchung wie z.B. eine Computertomographie mit einer Unzahl an Aufnahmen.*

Welche Dosis gefährlich ist, kann man schlecht angeben, da man zwischen kurzzeitiger und langzeitiger Wirkung unterscheiden muss. **Akut tödlich** kann eine Einzeldosis ab 2 Sv sein, bei einer Kurzzeit Dosis von 4.5–5 Sv, sterben etwa 50 % der betroffenen Personen, falls nicht sofortige medizinische Hilfe einsetzt. *Beachten Sie, wir sprechen jetzt von Sievert, im vorigen Absatz waren es MILLI-Sievert, also beim Vergleich nicht auf die Umrechnung vergessen!* Medizinisch erkennbare Wirkungen, zuerst als Veränderungen im Blutbild, zeigen sich etwa ab 0.25 Sv. Leute, die beruflich mit Strahlung umgehen müssen – sogenannte **strahlenexponierte Personen** –, dürfen maximal 0.02 Sv pro Jahr bekommen. *Vor allem darf nur ein sehr kleiner Personenkreis diese Dosis bekommen, keinesfalls die Gesamtbevölkerung.* Wenn es im Fall einer Katastrophe darum geht, Leben zu retten, dürfen Einsatzkräfte eine einzelne Dosis von 0.10 Sv erhalten, diese aber nur ein einziges Mal im ganzen Leben!

Bei den Langzeitfolgen kommt es darauf an, in welchem Zeitraum man eine bestimmte Dosis erhalten hat. Da Radioaktivität ein normaler Umweltfaktor ist, haben wir **Schutzmechanismen** entwickelt, die mit der natürlichen Umgebungsstrahlung oder auch einem Mehrfachen davon fertig werden. Eine Belastung von, sagen wir 0.005 bis 0.01 Sv pro Jahr ist also sicher unbedenklich, sofern wir diese Strahlung gleichmäßig erhalten und unsere Abwehrmechanismen nicht kurzzeitig überlasten. Wie es darüber aussieht, weiß man nicht. Ab einer kurzzeitigen Dosis von 0.1 Sv steigt sicher die Wahrscheinlichkeit, im Laufe des Lebens an Krebs zu erkranken, nur darf man diese Wahrscheinlichkeit nicht willkürlich gegen niedrigere Werte extrapolieren. Um möglichst auf der sicheren Seite zu bleiben, sollte man – vor allem wenn man mit ionisierenden Strahlen arbeitet – daher immer die Grundregel des Strahlenschutzes beachten, welche lautet: „Niemand darf einer Strahlendosis ausgesetzt werden, die das unbedingt Notwendige überschreitet.“

14.4 Messung

Da radioaktive Strahlung sehr hohe Energie hat, gibt es beim Auftreffen auf Materie eine Vielfalt an sehr ungewöhnlichen chemischen und physikalischen Reaktionen. Aus ungeladenen Molekülen entstehen dabei häufig Radikale und Ionen, das gilt für radioaktive Strahlung ebenso wie für Röntgenstrahlung.

Radioaktive Strahlung kann photographische Schichten schwärzen.

Ionisierende Strahlung schwärzt photographische Emulsionen. *Die Radioaktivität ist so entdeckt worden. Eine Uranerzprobe hat einen Stapel Photoplatten verdorben, als sie zufällig darauf lag!* Diese Eigenschaft wird bei der **Autoradiographie** ausgenützt. Ein radioaktiver Gegenstand (z.B. eine chromatographische Auftrennung radioaktiver Substanzen) wird längere Zeit mit einer photographischen Platte in Kontakt gehalten. Nach dem Entwickeln ist die Stärke und Form der radioaktiven Probe (im Beispiel also die Position der radioaktiven Stoffe nach Elektrophorese oder Chromatographie) sichtbar.

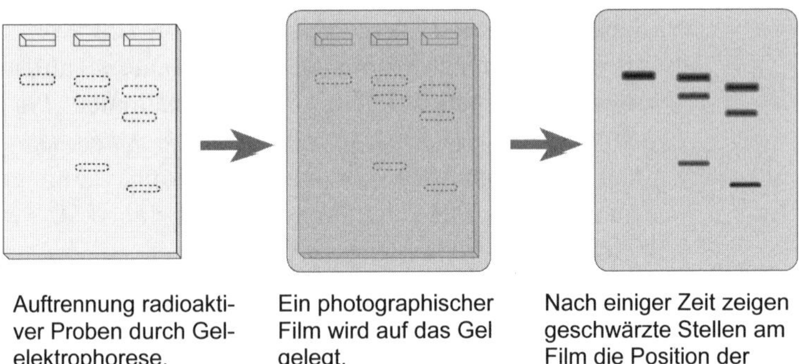

Autoradiographie

Diese Art des Nachweises radioaktiver Verbindungen nach einer Auftrennung war eines der grundlegenden Verfahren in jedem Labor, das sich mit Gentechnik oder molekularer Genetik befasst. Heute werden zu diesem Zweck meist fluoreszierende Farbstoffe verwendet

Man kann die Fähigkeit der Strahlung Materie, also auch Gase, zu ionisieren, ausnützen, indem man an zwei Metallplatten (oder an einen Draht und an ein umgebendes Rohr) Spannung anlegt. Wird das dazwischen befindliche Gas ionisiert, so leitet es elektrischen Strom, der gemessen werden kann. Dieser Strom ist proportional der Energie der Strahlung (so ein Gerät heißt **Proportionalzählrohr**). Eine Weiterentwicklung davon ist das **Geiger-Müller-Zählrohr**, bei dem die Spannung so groß ist, dass jedes so entstandene Ion durch die hohe Spannung beschleunigt wird und beim Aufprall auf andere Gasmoleküle neue Ionen erzeugt, die wieder neue Ionen erzeugen, usw. Die so ausgelöste Ionenlawine löst im Gerät eine Art Kurzschluss aus. Deren Anzahl lässt Rückschlüsse auf die Teilchenzahl zu.

Durch die erzeugten Ionen wird das Gas in einem Zählrohr elektrisch leitend.

Proportionalzählrohr:

es wird der Stromfluss gemessen.

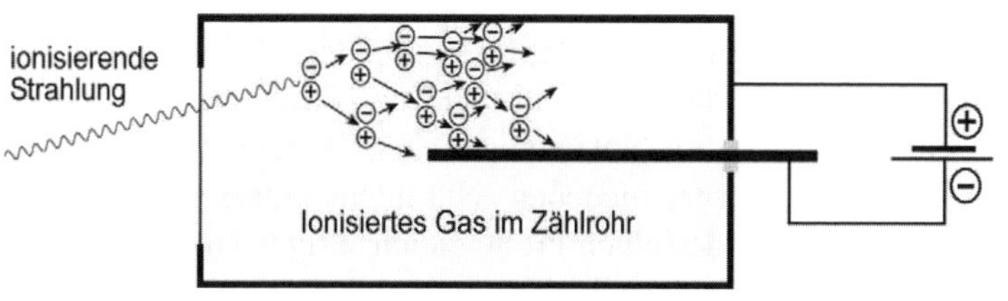

Geiger-Müller Zählrohr

Geiger-Müller-Zählrohr:

jedes ionisierende Teilchen erzeugt eine Lawine von Ionen.

Jeder Kurzschluss gibt entsprechend verstärkt ein Knacksen im Lautsprecher, das ist dann das bekannte „Ticken“ des Geiger-Zählers. Damit erhält man aber nur eine Angabe über die Teilchenzahl und keinen Hinweis auf die Energie der Strahlung. Dafür sind die Signale viel stärker und brauchen nachträglich nicht kompliziert verstärkt zu werden. Man kann daher mit Geiger-Müller-Zählrohren ausgerüstete Geräte viel einfacher, kleiner und vor allem tragbar bauen. Solche Strahlen-Messgeräte werden auch als „Monitore“ (= Mahner, Warner) bezeichnet. Das hat nichts mit dem Monitor (= Bildschirm) Ihres Computers zu tun.

Man muss bei allen diesen Methoden immer beachten, mit welcher Art von Strahlung man umgeht. Die oben beschriebene Autoradiographie funktioniert z.B. sehr gut mit β-Strahlen, weil aufgrund der kurzen Reichweite die Schwärzung des Films sehr nahe am Ursprung der Strahlung liegt. Hingegen bekäme man mit γ-Strahlern keine vernünftigen Ergebnisse, die würden auch meterweit entfernte Filmbereiche schwärzen. Umgekehrt kann man α-Strahlen (und schwache β-Strahlen, wie von Tritium) nicht mit einem Geigerzähler messen, da diese Strahlung in der

Nicht jede Methode der Messung ist für jede Art der Strahlung geeignet.

Wand des Zählrohrs stecken bleibt, und gar nicht bis ins Innere gelangt. Auch für die meisten anderen β-Strahler benötigt man Zählrohre, die an einem Ende eine extrem dünne Wand (das so genannte Endfenster) besitzen.

Szintillationszähler:

Die Strahlungsenergie wird in Lichtblitze umgewandelt und das Licht gemessen.

Schon sehr früh hat man beobachtet, dass ionisierende Strahlung auf einem geeigneten Leuchtschirm Lichtblitze erzeugt. *Viele Physiker saßen damals stunden- und tagelang vor dem Mikroskop und zählten mühsam die einzelnen Lichtblitze. Glücklicherweise gibt es inzwischen Geräte, die uns diese Arbeit abnehmen.* Im **Szintillationszähler** ist die radioaktive Probe in möglichst engem Kontakt mit einer geeigneten Leuchtsubstanz. Mit sehr empfindlichen Instrumenten kann man auch kleinste Lichtblitze elektronisch verstärken und registrieren. *Man nennt sie* ***Photomultiplier****. Damit kann man ein Glühwürmchen in 10 km Entfernung aufspüren.* Die Anzahl der Lichtblitze entspricht der Zahl der Impulse, die Intensität des Blitzes ist ein Maß für die Energie der Strahlung. Da Radionuklide Strahlung mit unterschiedlicher Energie abgeben, kann man zwischen verschiedenen Nukliden unterscheiden oder sogar mehrere in derselben Probe gleichzeitig bestimmen.

Es gibt zwei Arten von Szintillationszählern. Natrium-Jodid gibt bei Bestrahlung Lichtblitze ab – es wirkt als **Szintillator**. Die Probe (in einem Gefäß) wird in die Mitte eines Natrium-Jodid-Kristalls gebracht. So wird Gamma-Strahlung gemessen.

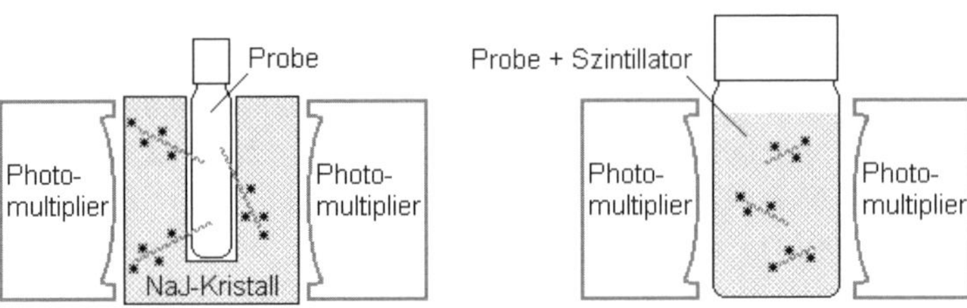

Prinzip des Gamma-Counters

Prinzip des Beta-Counters

Beta-Strahlen würden bei dieser Methode schon von der Gefäßwand absorbiert. Die Probe wird daher besser direkt in einem Lösungsmittel gelöst oder suspendiert, welches auch den Szintillator (eine organische Verbindung) enthält. Probe und Szintillator werden so zu einer Einheit und kaum ein Beta-Teilchen geht verloren. Diese zweite Methode nennt man **Flüssigkeits-Szintillation** und die entsprechenden Geräte Flüssigkeits-Szintillations-Zähler (**LSC**, englisch „liquid scintillation counter"). Trotzdem können immer noch Impulse verloren gehen, wenn nämlich die Mischung Stoffe enthält, welche die Beta-

Teilchen abfangen, bevor sie ein Szintillator-Molekül erreichen. Diese Erscheinung heißt **Quench** („to quench" bedeutet löschen). Vor allem biologisches Material (Blut- und Harnproben, Gewebestücke, u.a.) enthält eine Vielzahl an quenchenden Substanzen *(man darf „quenchend" sagen; der Duden kennt schließlich auch das Zeitwort „xeroxieren")*. Um solche Fehler korrigieren zu können, empfiehlt es sich, unter möglichst identischen Bedingungen geeignete Standards (bekannter Aktivität) mitzumessen.

Dosimeter:

messen die erhaltene Strahlendosis. Die Personen tragen das Gerät am Körper. Nach einer bestimmten Zeit (Dauer eines Versuchs, oder im Monatsabstand) wird die erhaltene Dosis ermittelt.

Will man feststellen, welche Strahlendosis eine Person erhalten hat, verwendet man so genannte **Personendosimeter.** Der Träger führt während der Arbeit (z.B. als Röntgenassistent) das Dosimeter mit. Danach kann man die akkumulierte Strahlendosis ablesen. Im einfachsten Fall verwendet man ein **Filmdosimeter**, bei dem die Schwärzung eines photographischen Films Auskunft über die erhaltene Strahlung gibt. Das **Stabdosimeter** besteht aus einem Metallrohr mit einem davon isolierten und elektrisch aufgeladenen Draht im Inneren. Ionisierende Strahlung macht das dazwischenliegende Gas elektrisch leitend und die Ladung geht – ähnlich wie beim Zählrohr – teilweise oder ganz verloren. Die Restladung wird später gemessen und die erhaltene Dosis daraus berechnet. Nach einem völlig anderen Prinzip funktioniert das **Thermolumineszenz-Dosimeter** (TLD). Ionisierende Strahlung ist imstande, in einem Kristall einzelne Atome oder Ionen aus ihren Plätzen herauszuschlagen. So entstehen „Fehler" im Kristallgitter. Bei erhöhter Temperatur können die vertriebenen Atome aber wieder an ihre ursprünglichen Plätze zurückspringen. Dabei wird Energie in Form von Licht (oder Wärme) frei. Dafür besonders geeignete Kristalle werden als Dosimeter verwendet. Will man am Dosimeter die akkumulierte Dosis ablesen, wird es erhitzt. Je mehr Fehlstellen vorhanden sind, desto mehr Licht gibt der Kristall dabei ab. *Diese Dosimeterart ist besonders empfindlich und auch sehr genau. Man braucht jedoch ein relativ teures Gerät für die Auswertung.*

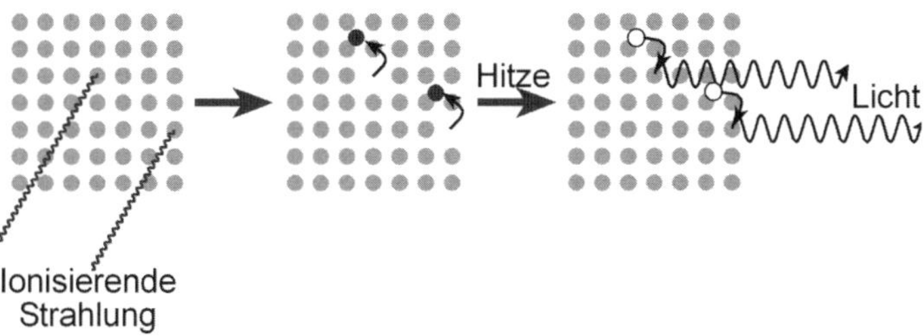

Thermolumineszenzdosimeter

14.5 Anwendungsbeispiele

Ein Radionuklid verhält sich chemisch wie die stabilen Isotope desselben Elements, ist aber aufgrund seiner Strahlung leicht zu entdecken. Man kann damit Moleküle **markieren**, die mithilfe eines radioaktiven Atoms als „Mascherl" jederzeit wiedererkannt werden können. So lässt sich verfolgen, was mit einer bestimmten Substanz im Stoffwechsel passiert oder welche Zwischenstufen bei der Synthese einer komplizierten Verbindung auftreten. Dafür muss man die betreffende Substanz radioaktiv markiert in ein biologisches System bringen und das Gemisch nach einiger Zeit mit einer der in Kapitel 10 beschriebenen Methoden in seine Bestandteile trennen. Die radioaktiven Verbindungen müssen aus der ursprünglich zugesetzten Verbindung entstanden sein. Wenn man dann die dazwischen liegende Zeit variiert, kann man auch feststellen, welche Verbindungen rasch (= zuerst) entstehen und welche später. Oder man beobachtet, wie sich radioaktives Jod in der **Schilddrüse** sammelt und testet so, ob sie normal funktioniert.

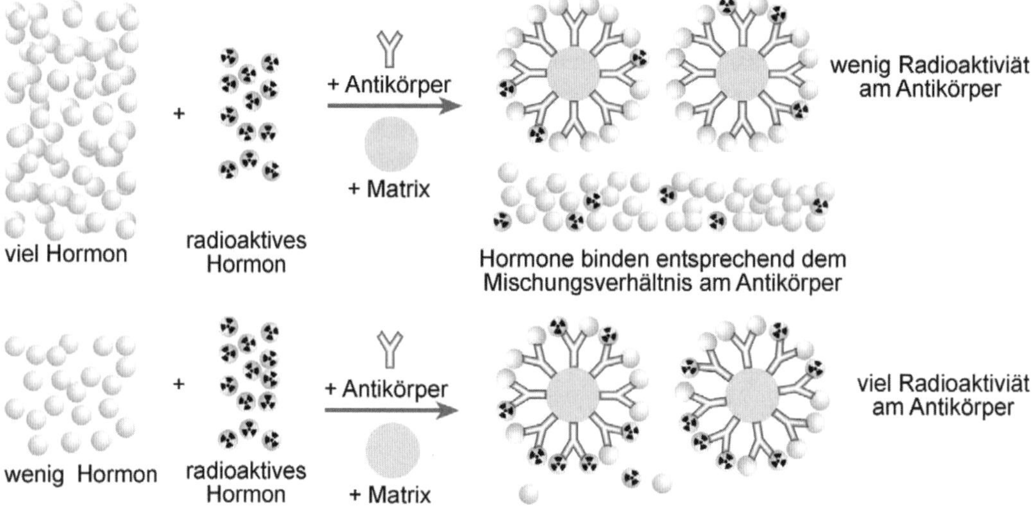

RIA (= „Radio-Immuno-Assay")

Eine besonders häufige klinische Verwendung von Radionukliden ist der **RIA** („Radio-Immuno-Assay"). Man kann damit z.B. die Menge von Hormonen bestimmen. Dazu braucht man einen Antikörper *(den kann man selbst herstellen oder kaufen),* der mit diesem Hormon einen unlöslichen Komplex bildet. Weiters benötigt man etwas radioaktives Hormon. Man mischt nun die Probe (enthält eine unbekannte Menge Hormon) mit einer genau bekannten Menge radioaktivem Hormon und dem Antikörper. Der Antikörper reagiert mit beiden und bildet einen unlöslichen Niederschlag. Die Radioaktivität des Niederschlags wird bestimmt. Enthält die Probe kein eigenes Hormon, so ist viel vom zugesetzten radioaktiven Hormon im Niederschlag. Umso mehr Hormon in der Probe war, desto stärker wurde das radioaktive Hormon mit dem inaktiven aus der Probe verdünnt und umso weniger Aktivität wird gemessen. *Man macht vorher normalerweise eine Eichkurve mit verschiedenen Lösungen bekannter Hormonkonzentration.*

Man kann mit radiochemischen Verfahren nicht nur Hormone sondern auch viele Enzyme oder andere Proteine aus dem Serum oder in intakten Zellen nachweisen. In der medizinischen, biologischen und biochemischen Forschung werden so viele verschiedenartige Arbeitsmethoden angewandt, die auf der Verwendung von Radioisotopen beruhen, dass damit dicke Lehrbücher gefüllt werden können. Und natürlich darf man auch nicht auf den Einsatz radioaktiver Verbindungen in der Strahlentherapie vergessen. Dazu kommt noch eine Vielzahl an rein physikalischen Anwendungen, z.B. Messung der Dicke von Folien oder des Flüssigkeitsstands in geschlossenen Behältern, die Strahlung wird dann je nach z.B. Folienstärke verschieden abgeschwächt. Auch die Rauchmelder in öffentlichen Gebäuden enthalten Radionuklide.

Nun ist aber die Anwendung radioaktiver Methoden etwas in Verruf geraten, weil Radioaktivität nicht ungefährlich ist, und weil der unvermeidbare Abfall speziell gelagert und behandelt werden muss. Statt radioaktiver Methoden werden daher immer mehr und mehr alternative Verfahren angewendet, in denen anstelle der Markierung mit einem Radionuklid die Markierung durch Enzyme oder fluoreszierende Farbstoffe tritt, oder Stoffe mithilfe von Antikörpern nachgewiesen werden. Das ist gut und sinnvoll, wenn es sich um Routine-Verfahren handelt, die weltweit in vielen Labors durchgeführt werden. In der Grundlagenforschung bringt es weniger: Wenn man einen bestimmten Versuch nur einmal (oder einige wenige Male) durchführen will, hat es keinen Sinn, vorher umständlich und monatelang eine komplizierte Alternativprozedur zu entwerfen.

Man sollte aber auch beachten, dass Alternativen unter Umständen wieder andere gefährliche Stoffe freisetzen (Fluoreszenz-Farbstoffe, die mit Nukleinsäuren reagieren können mindestens so mutagen wirken wie Strahlung). Nun kann man jedoch Radioaktivität viel einfacher messen und kontrollieren als chemische Verunreinigungen. Das ist der Segen und gleichzeitig der Fluch, der an der Radioaktivität haftet. Daher lässt sich nach einem Experiment mithilfe eines Messgeräts leicht zeigen, dass wirklich keine Radionuklide zurückgeblieben oder entkommen sind, während Spuren von giftigen oder sonst bedenklichen Substanzen VIEL leichter unentdeckt bleiben.

Positive Wirkungen radioaktiver Strahlung auf die Gesundheit ...

... gibt es nicht! Kurorte preisen in ihrer Werbung manchmal noch immer eine vorgeblich „heilende Wirkung der natürlichen Radioaktivität“ (Radon!) an, da werden dann Bäder in radioaktiven Quellen, radioaktives Mineralwasser, usw. empfohlen – doch hat man in vielen eingehenden Untersuchungen keinerlei Hinweise auf eine biopositive Wirkung von ionisierenden Strahlen feststellen können. Und die getroffene Unterscheidung zwischen gesunder „natürlicher“ und schädlicher „künstlicher“ Radioaktivität ist Blödsinn.

Radioaktiv IST radioaktiv! Punkt!

Übungen zu Kapitel 14

140 Ein Radionuklid hat eine Halbwertszeit von 20 Minuten.

a) Wie viele % der ursprünglichen Menge sind nach 1 Stunde zerfallen?

b) Wie viele % der ursprünglichen Menge sind nach 1 Stunde noch vorhanden?

141 Von einem Radionuklid sind nach 72 Tagen 75 % zerfallen. Wie groß ist die Halbwertszeit?

142 In einem Laboratorium herrscht eine Dosisleistung von 0.1 mSv/h. Wie lange darf jemand hier arbeiten, bis er die zulässige Gesamtdosis eines Vierteljahres von 0.03 Sv erreicht hat?

143* Materie, die α-, β- oder γ-Strahlung ausgesetzt ist, wird zwar verändert, kann aber davon NICHT selbst radioaktiv werden. (Anders ist es bei Bestrahlung mit Neutronen u.ä.!). Wieso werden aber Gegenstände, die sich in der Nähe von Radium (α-Strahler) befinden, nach einiger Zeit selbst radioaktiv? *Hinweis: die Zerfallsreihe für Radium finden Sie in Abschnitt 14.1.*

15 BEURTEILUNG VON MESSERGEBNISSEN

Dieses Kapitel wirkt wie ein Anhängsel an die bisherigen. In Wirklichkeit ist es aber besonders wichtig. Sie werden möglicherweise nie in die Verlegenheit gebracht, eine Titration oder eine andere Art von Analyse selbst durchführen zu müssen. Sie bekommen aber sicher irgendwann einmal Messergebnisse von Labors oder Zahlenmaterial aus wissenschaftlichen Untersuchungen präsentiert und sollen die darin enthaltenen Daten (richtig!) interpretieren.

Soweit sich die Gesetze der Mathematik auf die Realität beziehen, sind sie unsicher, und soweit sie sicher sind, zielen sie an der Realität vorbei.

Albert Einstein (1879–1955)

15.1 Signifikante Stellen

Jede Messung hat eine bestimmte Genauigkeit. Wenn ein Schneider Ihre Maße nimmt, weil er Ihnen ein Kleidungsstück anfertigen soll, so verwendet er ein Zentimetermaß. Es hätte wenig Sinn, wenn er nur auf Dezimeter genau messen würde, dann würde die hergestellte Kleidung schlottern oder zu eng sein. Umgekehrt bringt es auch nichts, ihre Maße auf Millimeter genau zu bestimmen, je nach Tageszeit ändert sich Ihre Körpergröße ein wenig und je nach momentaner Ernährungslage ändert sich Ihr Bauchumfang. Wenn der Schneider daher Ihre Maße auf Zentimeter genau abnimmt, kalkuliert er ein, dass Sie morgen *(nach dem Genuss von drei Schnitzeln und der dazupassenden Menge Bier)* um einige Zentimeter dicker sein können. Wenn er also Ihren Umfang, z.B. mit – sagen wir – 105 cm feststellt *(Respekt!)*, so ist er sich im Klaren, dass es auch 104 oder 107 cm sein könnten. Er hat so viele Ziffern (= Stellen) notiert, wie für ihn und seine Messung sinnvoll sind, wobei die ersten beiden Stellen (1 und 0) sicher sind. *(Hoffentlich. Sollte Ihr Umfang in der Zwischenzeit auf über 110 cm steigen, wäre vielleicht eine Diät anzuraten).* Die letzte Ziffer (5) kann etwas ungenau sein.

Das Ergebnis jeder Messung soll nur die Stellen enthalten, welche aufgrund der begrenzten Genauigkeit sinnvoll erscheinen.

Genau so sollten Sie ALLE Messergebnisse angeben! So viele Stellen wie sinnvoll sind, wobei die letzte Stelle ungenau sein darf. Da Sie normalerweise eine Messung im Labor so genau wie möglich machen wollen, richtet sich das Endresultat nach der Genauigkeit des unsichersten Teilschritts. *Wenn Sie die Fläche Ihres Schrebergartens berechnen wollen, und Sie wissen die Breite in Metern, so bringt es keinen Vorteil, wenn Sie die Länge auf Millimeter genau bestimmen. Multiplizieren Sie Länge mit Breite, dann dürfen Sie das Ergebnis nicht genauer als in* m^2 *angeben, da das Ergebnis nur so genau sein kann wie*

Diese sinnvollen (= signifikanten) Stellen enthalten alle zuverlässigen Stellen plus eine letzte, die zweifelhaft sein darf.

Bei Rechenergebnissen hat das Endresultat so viele signifikante Stellen wie der ungenaueste Wert der Angabe.

der ungenaueste Ausgangswert. Solange Sie die Breite nicht besser ermitteln, können Sie sich die Arbeit ersparen und brauchen die Länge auch nur in Metern zu wissen. SIE *müssen entscheiden, ob Ihnen dieses ungenaue Ergebnis genügt. Wenn nicht, so müssen Sie versuchen, genauere Messwerte zu bekommen, aber fangen Sie damit beim ungenauesten Wert an.*

Auch Nullen, die das Ergebnis einer Messung sind, sind signifikante Stellen und dürfen nicht willkürlich weggelassen werden:

1 m ist NICHT dasselbe wie 1.00 m!

Häufig sind Nullen keine signifikanten Stellen, sondern dienen nur dazu, den Stellenwert auszudrücken. Anders ist es, wenn die Null das Resultat eines Messergebnisses ist. Nehmen wir an, es ist Ihnen gelungen, nach erfolgreicher Hungerkur Ihren Umfang auf 100 cm zu reduzieren. *Rank und schlank wie der junge Frühling eilen Sie natürlich sofort zu Ihrem Schneider, denn Sie benötigen jetzt dringend eine neue Garderobe.* Würde der Schneider jetzt 1 m Umfang (oder auch 1.0 m) notieren, wären Sie zu Recht empört, denn ungefähr einen Meter haben Sie früher auch schon gehabt. Das korrekte Maß wäre 1.00 m, also wieder 3 signifikante Stellen. Sie dürfen gemessene Nullen genauso wenig weglassen, wie Sie auch keine dazu erfinden dürfen. *Der Schneider darf nicht* 1.0000 m *notieren, solange er ein Zentimetermaß und keine Schublehre benutzt.*

Es gibt Nullen, die nicht signifikant sind, sondern die nur den Stellenwert ausdrücken. Solche Nullen sollten durch Wahl geeigneter Einheiten oder Schreibweisen möglichst vermieden werden.

ACHTUNG: Signifikante Stellen haben nichts mit **Dezimalstellen**, aber auch nichts mit Stellen vor und hinter dem Komma usw. zu tun. Wenn Sie 105 cm Leibesumfang haben, so ist dieser Wert auf drei signifikante Stellen angegeben. Man kann diesen Wert auch als 1.05 m oder 0.00105 km ausdrücken. Es bleibt immer die gleiche Genauigkeit von drei signifikanten Stellen. *Es steht Ihnen frei, Ihren Umfang in* mm *oder* µm *auszudrücken, das wären dann* 1050 mm *oder* 1050000 µm. *Beachten Sie, dass es dabei zwei Arten von Nullen gibt. Vernünftiger wäre es, für solche Angaben die Exponentialschreibweise zu wählen, also* 1.05×10^3 mm *oder* 1.05×10^6 µm.*)*

15.2 Fehler

Bei jeder Messung treten Fehler auf. Nehmen wir an, Sie betreten Ihren bereits erwähnten Schrebergarten *(den aus dem vorigen Abschnitt, wie groß er genau ist, wissen Sie allerdings immer noch nicht).* Sie wollen diesmal aber feststellen, wie gut heuer die Apfelernte ausfallen wird, und zählen daher die Früchte ab, die sich auf Ihrem Apfelbaum befinden. Sie erhalten bei der ersten Zählung 125 Äpfel. Zur Sicherheit zählen Sie noch einmal, jetzt sind es 118 Äpfel. Sie nehmen an, dass Sie beim zweiten Mal einige Früchte übersehen haben. Bei der dritten Zählung erhalten sie 126 Äpfel. Sie wissen nicht, ob Sie jetzt endlich alle erwischt haben, oder ob Sie irrtümlich einen (oder mehrere) Äpfel doppelt gezählt haben. Sie können weiterzählen, bis Sie schwarz werden, die erhaltene Anzahl wird immer wieder um den einen oder anderen Apfel abweichen. Der Fehler, den Sie bei dieser Tätigkeit machen, ist ein **zufälliger Fehler** (oder **statistischer Fehler**). Ihre Zählungen pendeln um einen Mittelwert, welcher der tatsächlichen Anzahl (dem **wahren Wert**) hoffentlich nahe kommen dürfte.

Zufällige (= statistische) Fehler:

entstehen durch Ungenauigkeiten der angewendeten Methode, die Ergebnisse mehrerer Messungen schwanken um einen Mittelwert.

Es kann natürlich sein, dass Sie nicht um den Baum herumgegangen sind: Sie wollten den Liegestuhl nicht verlassen und haben die ganze Zeit nur Früchte gezählt, die von einer Seite aus sichtbar waren. In Wirklichkeit besitzen Sie daher wesentlich mehr Äpfel, Sie haben einen **systematischen Fehler** begangen. *Die Zählungen könnten auch immer zu hoch sein. Wenn Sie betrunken sind, sehen Sie die Äpfel doppelt, ebenfalls ein systematischer Fehler.* Während sich statistische Fehler bei vielen Einzelbestimmungen gegenseitig aufheben, bewirken systematische Fehler eine Verzerrung aller Resultate in eine Richtung. Der Mittelwert bei einem systematischen Fehler ist daher ebenso falsch wie die einzelnen Messungen!

Systematische Fehler:

Durch einen Fehler der Messung werden alle Ergebnisse gleichmäßig in eine Richtung verschoben.

Im schlimmsten Fall sind Sie eine botanische Niete und haben Ihren Apfelbaum mit der daneben stehenden Tanne verwechselt. Dass Sie Tannenzapfen gezählt haben, muss man als **groben Fehler** bezeichnen. Ihr Ergebnis (Anzahl der Tannenzapfen) steht zu dem wahren Wert (Anzahl der Äpfel) in keiner Beziehung.

Grobe Fehler:

Das Ergebnis ist völlig falsch (sinnlos).

Solange Sie den wahren Wert nicht kennen, können Sie aus den Ergebnissen Ihrer Zählungen nicht feststellen, ob Sie einen systematischen Fehler (oder groben Fehler) begangen haben, es sei denn, Sie kommen im Laufe der Zeit dahinter. Die Kenngröße für den systematischen Fehler ist die **Richtigkeit**. *Die*

Richtigkeit:

gibt an, um wie viel das Ergebnis vom wahren Wert abweicht.

übliche Methode, um die Richtigkeit einer Messung zu überprüfen ist es, einen Standard zu messen, von dem man den wahren Wert kennt. Wenn die Messung für diesen Standard einen vernünftigen Wert liefert, ist anzunehmen, dass die gleiche Methode auch mit einer unbekannten Probe ein richtiges Ergebnis liefert.

Mit statistischen Methoden kann man Größe des zufälligen Fehlers abschätzen.

Sie können aus mehreren Messungen abschätzen, wie groß der statistische Fehler sein dürfte. *Beachten Sie, dass Sie MEHRERE Messungen brauchen. Wenn Sie Ihre Äpfel 5-mal zählen und immer 127 Äpfel herausbekommen, werden Sie diesem Ergebnis vertrauen. Erhalten Sie ständig einen völlig anderen Wert, so können Sie aus allen Ergebnissen den Mittelwert ziehen. Je mehr Ihre einzelnen Zählungen voneinander abweichen, umso weniger werden Sie diesem Mittelwert vertrauen.* Die Kenngröße für den statistischen Fehler ist die **Präzision** (auch **Streuung** genannt). Ihr Ergebnis ist umso zuverlässiger, je präziser die Einzelmessungen übereinstimmen.

Präzision:

gibt an, wie weit Einzelbestimmungen voneinander abweichen.

Die bisher betrachteten Fehler waren auf die Methode oder auf den Experimentator zurückzuführen. Es kann aber sein, dass Sie gar nicht in der Lage sind, den gewünschten Wert direkt zu bestimmen, sondern sich mit **Stichproben** begnügen müssen. Auch das gibt einen statistischen Fehler. Je größer die Anzahl der Stichproben und je weniger die Einzelwerte streuen, desto näher wird der so ermittelte Wert dem wahren Wert kommen. *Sie wollen feststellen, wie viele Äpfel ein durchschnittlicher Apfelbaum trägt. Dazu müssten Sie ALLE Apfelbäume der Welt zählen und daraus den Mittelwert berechnen. Da Sie aber nicht so viel Zeit haben, zählen Sie einige Bäume und schließen von dieser Stichprobe auf die Gesamtheit aller Apfelbäume. Wenn Sie nur drei Bäume zählen wird das Ergebnis natürlich dürftiger ausfallen, als wenn Sie 1 000 Bäume untersucht hätten.*

15.3 Statistik

Dieser Abschnitt beinhaltet eine äußerst oberflächliche Behandlung der wichtigsten statistischen Grundbegriffe. Eine wesentlich ausführlichere Einführung in die Statistik finden Sie in unserem Buch „Chemie berechnen“, dessen Ankauf für Sie ebenso wie auch für uns ein Gewinn wäre ...

Wir wollen abschätzen wie groß unser statistischer Fehler ist. Dazu benötigen wir zunächst eine Serie an Einzelmessungen (x_1, x_2, ... x_n). Aus diesen berechnet man dann den **Mittelwert**

($\bar{x}$), indem einfach alle Werte addiert und durch die Anzahl der Werte (= n) dividiert werden.

Um den zufälligen (= statistischen) Fehler anzugeben, benutzt man die **Varianz** (**s^2**) und die **Standardabweichung** (s). Dafür muss man für jeden einzelnen Messwert die Differenz zum Mittelwert berechnen. Die Summe der Quadrate aller dieser Differenzen wird durch die Anzahl der Messungen minus 1 dividiert. Das Ergebnis ist die Varianz. Sie erkennen daraus, dass mindestens zwei Messungen für das Verfahren benötigt werden. Hätte man nur eine einzige Messung, müsste man durch Null dividieren und es käme Blödsinn heraus!

Mathematische Antitalente, ACHTUNG: Sie müssen für jeden Wert einzeln die Differenz zum Mittelwert berechnen, und davon JEDEN EINZELNEN Wert quadrieren. Dabei erhalten alle Quadrate positive Vorzeichen (minus mal minus ist plus). Danach die Quadrate addieren und durch $n-1$ dividieren. Würde man zuerst die Abweichungen zum Mittelwert addieren und dann erst die Summe quadrieren, ginge es wesentlich schneller, wäre aber falsch (wird trotzdem immer wieder versucht)!

Die Wurzel der Varianz ist die Standardabweichung. Je kleiner s^2 oder s ist, desto größer ist die **Präzision** der Messung. Braucht man das Ergebnis für weitere statistische Berechnungen, verwendet man die Varianz. Will man damit die Streuung eines Ergebnisses angeben, ist die Standardabweichung anschaulicher. Mit einer Wahrscheinlichkeit von 68 % weichen einzelne Messungen um weniger als die Standardabweichung vom Mittelwert ab. Die Wahrscheinlichkeit, dass eine Messung um weniger als die doppelte Standardabweichung abweicht, beträgt 95 %, um weniger als die dreifache Standardabweichung 99.7 %. Daher gibt man bei Ergebnissen den Mittelwert und die Standardabweichung an.

$$\bar{x} \pm s$$

Wenn wir also das Ergebnis unseres Apfelbaum-Problems mit 123 ± 4 Äpfel angeben, so bedeutet das, dass unser errechneter Mittelwert 123 Äpfel war. Mit einer Wahrscheinlichkeit von 68 %, also in etwa zwei Drittel aller Fälle, liegt eine einzelne Zählung innerhalb des Bereichs 119–127, mit einer größeren Wahrscheinlichkeit von 95 % im Bereich 115–131, usw. Beachten Sie, dass die Wahrscheinlichkeit nie 100 % wird, wir können den Unsicherheitsbereich noch so groß machen, es bleibt immer die geringe Möglichkeit, dass eine einzelne Messung doch noch außerhalb liegt.

Mittelwert:

die Summe aller Werte dividiert durch deren Anzahl.

$$\bar{x} = \frac{\sum x_i}{n}$$

Varianz:

die Summe der Quadrate aller Abweichungen vom Mittelwert, dividiert durch die Zahl der Werte minus eins.

$$s^2 = \frac{\sum(\bar{x} - x_i)^2}{n-1}$$

Standardabweichung:

Die Wurzel der Varianz.

$$s = \sqrt{\frac{\sum(\bar{x} - x_i)^2}{n-1}}$$

Man gibt nach einer mehrfachen Messung den Mittelwert ± die Standardabweichung an.

Daraus kann man abschätzen, wie weit Einzelbestimmungen vom Mittelwert abweichen ...

Nun interessiert uns eigentlich viel mehr, ob der Mittelwert stimmt, ob also unser Ergebnis die tatsächliche Anzahl der Äpfel angibt! Da unser Mittelwert aber aus Einzelwerten errechnet wird, die etwas unsicher sind, wird auch der errechnete Mittelwert etwas unsicher sein. Allerdings wird er deutlich weniger vom idealen „wahren Wert" abweichen als ein einzelner Messwert (sonst hätten wir uns die Arbeit der mehrfachen Messung ja nicht antun müssen).

... und man kann abschätzen, wieweit der gemessene Mittelwert vom wahren Wert abweicht.

Grundsätzlich gelten für den Mittelwert ähnliche Regeln und Unsicherheiten wie für die Einzelwerte. Was für die Einzelwerte die Standardabweichung ist, ist für den Mittelwert die Standardabweichung dividiert durch die Wurzel von n (der Zahl der Messungen). Mit 68 %-iger Wahrscheinlichkeit weicht also unser Mittelwert nur um $s/\sqrt{n}$ vom wahren Wert ab – in welche Richtung wissen wir nicht. Mit 95 %-iger Wahrscheinlichkeit ist die Abweichung kleiner als $2\ s/\sqrt{n}$, usw. *Wenn wir also unsere Äpfel dreimal gezählt haben (123 ± 4 Äpfel), so liegt der wahre Wert mit einer Wahrscheinlichkeit von 68 % innerhalb des Bereiches 121 – 125. ($s/\sqrt{n}$, also 4 dividiert durch $\sqrt{3}$, gibt 2.3, ungefähr 2). Er liegt mit der Wahrscheinlichkeit von 95 % im Bereich 119 – 127, usw. Auch hier wird die Wahrscheinlichkeit nie 100 %, sodass es eine Gewissheit dabei nicht gibt. Der wahre Wert könnte also ganz woanders liegen, aber das ist sehr, sehr unwahrscheinlich.*

Diese Abschätzung des wahren Werts setzt natürlich voraus, dass wir nur statistische Fehler haben. Kommt ein systematischer oder gar ein grober Fehler vor, stimmt nichts mehr.

Variationskoeffizient:

Standardabweichung in % des Mittelwerts.

$$VK(\%) = \frac{s \times 100}{x}$$

Wenn man die Genauigkeit von verschieden großen Ergebnissen vergleichen will, braucht man eine Beziehung zwischen Standardabweichung und Mittelwert. Ergebnisse wie 123 ± 4 und 8 ± 4 haben zwar die gleiche Standardabweichung, sind aber doch offensichtlich unterschiedlich genau. Hier empfiehlt es sich, den **Variationskoeffizienten** anzugeben, das ist die Standardabweichung in % des Mittelwerts. *Der Variationskoeffizient im obigen Beispiel wäre dann 3.5 % (für 123 ± 4) und 50 % (für 8 ± 4).*

Übungen zu Kapitel 15

150 Geben Sie korrekt das Ergebnis aus Übung 110 an *(dort absichtlich schlampig angegeben, damit es hier nicht ZU leicht wird)*, wenn die Angabe des Verbrauchs lautete:

a) 24 ml NaOH   b) 24.0 ml NaOH   c) 24.00 ml NaOH

151 Geben Sie das Ergebnis aus Übung 100 korrekt an, wenn die Angabe lautete:

a) 40 mg   b) 40.0 mg   c) 40.00 mg

A.1 Periodensystem und Atommassen

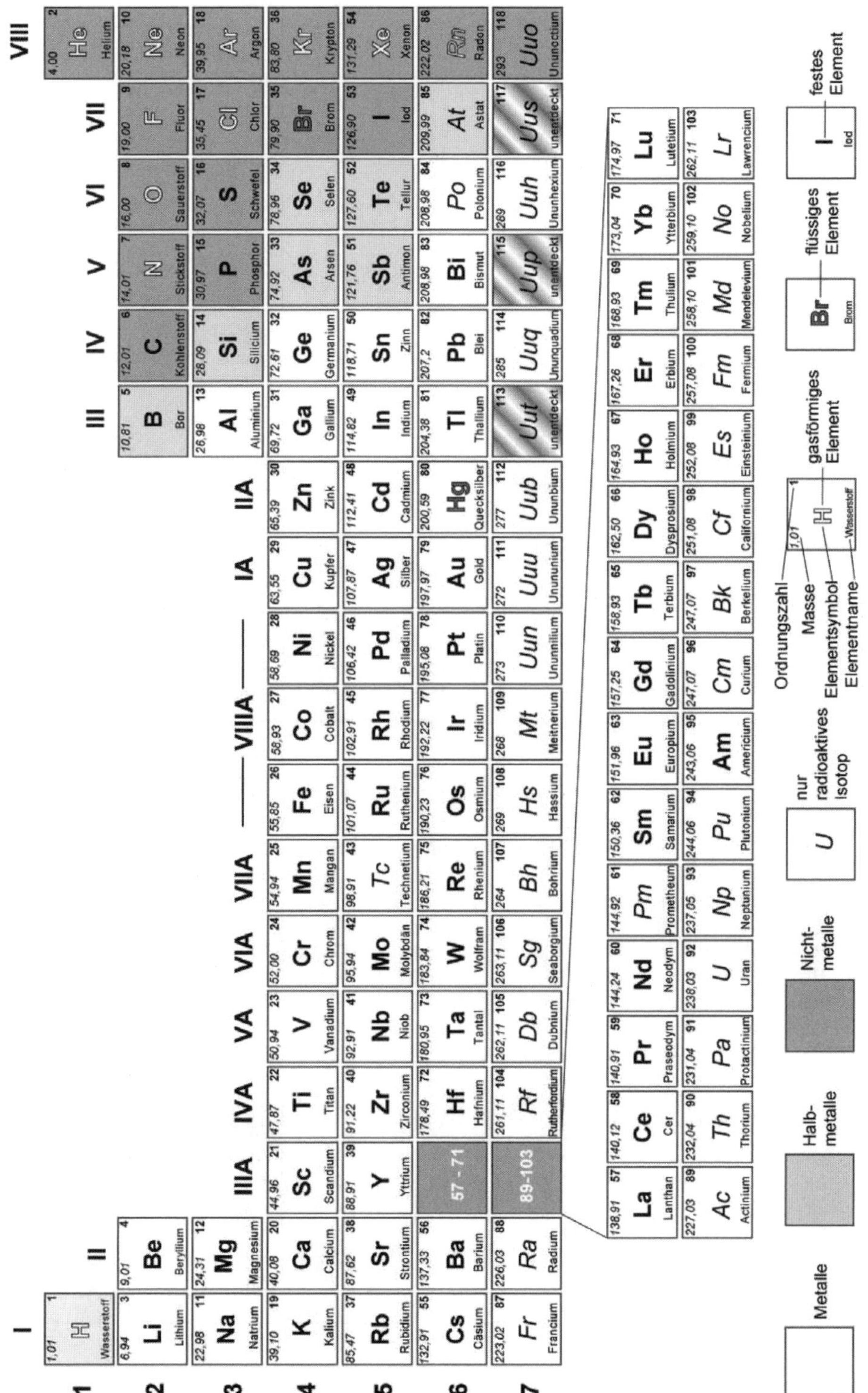

Ordnungs-zahl	Symbol	Name	Mr	Ordnungs-zahl	Symbol	Name	Mr
89	**Ac**	Actinium	(227)	25	**Mn**	Mangan	54.94
47	**Ag**	Silber	107.870	42	**Mo**	Molybdän	95.94
13	**Al**	Aluminium	26.98	7	**N**	Stickstoff	14.007
95	**Am**	Americium	(243)	11	**Na**	Natrium	22.9898
18	**Ar**	Argon	39.948	41	**Nb**	Niob	92.91
33	**As**	Arsen	74.92	60	**Nd**	Neodym	144.24
85	**At**	Astat	(210)	10	**Ne**	Neon	20.183
79	**Au**	Gold	196.97	28	**Ni**	Nickel	58.71
5	**B**	Bor	10.81	102	**No**	Nobelium	(253)
56	**Ba**	Barium	137.36	93	**Np**	Neptunium	(237)
4	**Be**	Beryllium	9.012	8	**O**	Sauerstoff	15.9994
83	**Bi**	Wismut	208.98	76	**Os**	Osmium	190.2
97	**Bk**	Berkelium	(249)	15	**P**	Phosphor	30.974
35	**Br**	Brom	79.909	91	**Pa**	Protactinium	(231)
6	**C**	Kohlenstoff	12.001	82	**Pb**	Blei	207.19
20	**Ca**	Calcium	40.08	46	**Pd**	Palladium	106.4
48	**Cd**	Cadmium	112.40	61	**Pm**	Promethium	(147)
58	**Ce**	Cer	140.12	84	**Po**	Polonium	(210)
98	**Cf**	Californium	(251)	59	**Pr**	Praesodym	140.91
17	**Cl**	Chlor	35.435	78	**Pt**	Platin	195.09
96	**Cm**	Curium	(247)	94	**Pu**	Plutonium	(242)
27	**Co**	Kobalt	58.93	88	**Ra**	Radium	(226)
24	**Cr**	Chrom	52.00	37	**Rb**	Rubidium	85.47
55	**Cs**	Cäsium	132.91	75	**Re**	Rhenium	186.23
29	**Cu**	Kupfer	63.54	45	**Rh**	Rhodium	102.91
66	**Dy**	Dysprosium	162.50	86	**Rn**	Radon	(222)
68	**Er**	Erbium	167.26	44	**Ru**	Ruthenium	101.1
99	**Es**	Einsteinium	(254)	16	**S**	Schwefel	32.064
63	**Eu**	Europium	151.96	51	**Sb**	Antimon	121.75
9	**F**	Fluor	19.00	21	**Sc**	Scandium	44.96
26	**Fe**	Eisen	55.85	34	**Se**	Selen	78.96
100	**Fm**	Fermium	(253)	14	**Si**	Silizium	28.09
87	**Fr**	Francium	(223)	62	**Sm**	Samarium	150.35
31	**Ga**	Gallium	69.72	50	**Sn**	Zinn	118.69
64	**Gd**	Gadolinium	157.25	38	**Sr**	Strontium	87.62
32	**Ge**	Germanium	72.59	73	**Ta**	Tantal	180.95
1	**H**	Wasserstoff	1.0080	65	**Tb**	Terbium	158.92
2	**He**	Helium	4.003	43	**Tc**	Technetium	(99)
72	**Hf**	Hafnium	178.49	52	**Te**	Tellur	127.60
80	**Hg**	Quecksilber	200.59	90	**Th**	Thorium	(232.04)
67	**Ho**	Holmium	164.93	22	**Ti**	Titan	47.90
53	**I**	Iod	126.90	81	**Tl**	Thallium	204.37
49	**In**	Indium	114.82	69	**Tm**	Thulium	168.93
77	**Ir**	Iridium	192.2	92	**U**	Uran	(238.03)
19	**K**	Kalium	39.102	23	**V**	Vanadin	50.94
36	**Kr**	Krypton	83.80	74	**W**	Wolfram	183.85
57	**La**	Lanthan	138.91	54	**Xe**	Xenon	131.30
3	**Li**	Lithium	6.939	39	**Y**	Yttrium	88.91
71	**Lu**	Lutetium	174.97	70	**Yb**	Ytterbium	173.04
103	**Lw**	Lawrencium	(257)	30	**Zn**	Zink	65.37
101	**Md**	Mendelevium	(256)	40	**Zr**	Zirkon	91.22
12	**Mg**	Magnesium	24.312				

A.2 Ionisierungsenergien, Elektronegativitäten, Atom- und Ionenradien

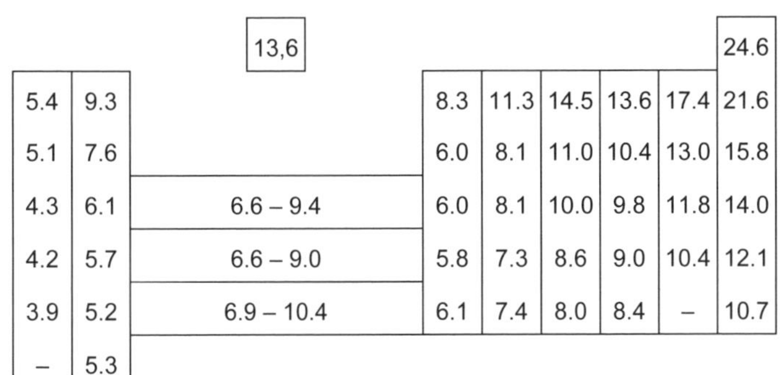

		13,6						24.6
5.4	9.3		8.3	11.3	14.5	13.6	17.4	21.6
5.1	7.6		6.0	8.1	11.0	10.4	13.0	15.8
4.3	6.1	6.6 – 9.4	6.0	8.1	10.0	9.8	11.8	14.0
4.2	5.7	6.6 – 9.0	5.8	7.3	8.6	9.0	10.4	12.1
3.9	5.2	6.9 – 10.4	6.1	7.4	8.0	8.4	–	10.7
–	5.3							

Ionisierungsenergie (in eV)

		2.1						–
1.0	1.5		2.0	2.5	3.0	3.5	4.0	–
0.9	1.2		1.5	1.8	2.1	2.5	3.0	–
0.8	1.0	1.3 – 1.6	1.6	1.8	2.0	2.4	2.8	–
0.8	1.0	1.2 – 1.7	1.7	1.8	1.9	2.1	2.5	–
0.7	0.9	1.2 – 1.9	1.8	1.8	1.9	2.0	2.2	–
0.7	0.9							

Elektronegativität

Atom- und Ionenradius (in 10^{-10} m)

H 0,30

Li 1,52	Li^{+} 0,50	Be 1,12	Be^{++} 0,31	B 0,88	C 0,77	N 0,70	O 0,68	O^{--} 1,40	F 0,64	F^{-} 1,36
Na 1,86	Na^{+} 0,95	Mg 1,60	Mg^{++} 0,65	Al 1,43	Si 1,17	P 1,10	S 1,04	S^{--} 1,84	Cl 0,99	Cl^{-} 1,36
K 2,31	K^{+} 1,33	Ca 1,97	Ca^{++} 0,87	Ga 1,22	Ge 1,17	As 1,10	Se 1,17	Se^{--} 1,98	Br 1,14	Br^{-} 1,95
Rb 2,44	Rb^{+} 1,48	Sr 2,15	Sr^{++} 1,13	In 1,62	Sn 1,40	Sb 1,49	Te 1,37	Te^{--} 2,21	I 1,33	I^{-} 2,16
Cs	Cs^{+}	Ba	Ba^{++}	Tl	Pb	Bi	Po		At	

A3 Lösungen der Übungsaufgaben

Kapitel 1

10. 1.2×10^{-9} m – *Die Wellenlänge ist etwa die Größe eines Atoms.*
6×10^{-34} m – *Aufgrund seiner viel größeren Masse hat der Golfball viel mehr Energie als ein einzelnes Elektron, daher sind seine Welleneigenschaften nicht mehr bemerkbar.*

11.* 1s, 2s, 2 x 2p, 3s, 2 x 3p, 2 x 3d – *In der zweiten Schale gäbe es eine Knotenlinie, die kann ein Kreis* (2s) *oder eine senkrechte, bzw. waagrechte Gerade* (2p) *sein. In der dritten Schale gäbe es zwei Knotenlinien, diese können angeordnet sei als zwei konzentrische Kreise* ◎ (3s), *als Parallelen waagrecht* = *und senkrecht* II (3p), *oder senkrecht aufeinander stehend* + *und* x (3d).

13. Wir erhalten wieder zwei Molekülorbitale, ein bindendes und ein antibindendes. Beide sind vollständig mit Elektronen gefüllt. Da der Energieverlust der Elektronen im antibindenden Orbital genau den Gewinn der Elektronen im bindenden Orbital aufhebt, besteht für zwei He-Atome kein Grund, eine Bindung einzugehen.

14.* Sie erhalten in beiden Fällen drei bindende und drei antibindende Orbitale. In N_2 sind nur die bindenden Orbitale mit Elektronen gefüllt, und zwar vollständig. Das gibt eine sehr stabile Struktur, daher ist N_2 sehr reaktionsträge. Für O_2 bleiben aber zwei Elektronen übrig, die sie einzeln (!) in zwei der drei antibindenden Orbitale schlichten müssen – und dort fühlen sie sich nicht wohl und würden gern reagieren. Verbindungen mit ungepaarten Elektronen sind Radikale (siehe Kapitel 6.2) und sehr reaktionsfähig. O_2 ist sogar ein Biradikal (zwei ungepaarte Elektronen).

Kapitel 2

21. Kohlenstoff, Kupfer, Wasserstoff, Eisen, Blei, Quecksilber, Stickstoff, Sauerstoff, Kalium, Silizium, Natrium, Schwefel, Zinn.

22. Fe: $1s^2\ 2s^2\ 2p^6\ 3s^2\ 3p^6\ 4s^2\ 3d^6$
Se: $1s^2\ 2s^2\ 2p^6\ 3s^2\ 3p^6\ 4s^2\ 3d^{10}\ 4p^4$
Zr: $1s^2\ 2s^2\ 2p^6\ 3s^2\ 3p^6\ 4s^2\ 3d^{10}\ 4p^6\ 5s^2\ 4d^2$
I: $1s^2\ 2s^2\ 2p^6\ 3s^2\ 3p^6\ 4s^2\ 3d^{10}\ 4p^6\ 5s^2\ 4d^{10}\ 5p^7$

23. Ionisierungsenergien: Metalle ≤ 8.0, Halbmetalle $8.1-8.6$, Nichtmetalle ≥ 9.8
Elektronegativität: Metalle ≤ 1.9, Halbmetalle $1.8-2.1$, Nichtmetalle ≥ 2.1.

Kapitel 3

30. Um das Doppelte – *Die Teilchenzahl ist in jedem Gas gleich.* He *(*$M_r = 4$*) ist doppelt so schwer wie* H_2 *(*$M_r = 2 \times 1 = 2$*).*

31. $\overset{-I}{HCl}$ $\overset{+I}{HOCl}$ $\overset{+III}{HClO_2}$ $\overset{+V}{HClO_3}$ $\overset{+VII}{HClO_4}$

32.* Trockene Luft – *Feuchte Luft enthält Wasserdampf, also Wasser in Gasform. Die Gesamtzahl der Moleküle ist aber dieselbe (in jedem Gas). Wenn wir also einige Moleküle* N_2 *(*$M_r = 28$*) und* O_2 *(*$M_r = 32$*) durch Wassermoleküle (*$M_r = 18$*) ersetzen, wird die Mischung leichter.*

33. $2\,\overset{0}{H_2} + \overset{0}{O_2} \rightleftharpoons 2\,\overset{+I\;-II}{H_2O}$ $\overset{0}{C} + \overset{0}{O_2} \rightleftharpoons \overset{+IV\;-II}{CO_2}$ $2\,\overset{0}{Fe} + \overset{0}{O_2} \rightleftharpoons 2\,\overset{+II\;-II}{FeO}$

$$\overset{0\;\;+I\;\;-II}{C_6H_{12}O_6} + 6\,\overset{0}{O_2} \rightleftharpoons 6\,\overset{+IV\;-II}{CO_2} + 6\,\overset{+I\;-II}{H_2O}$$

Randbemerkung: Der Wert 0 *für den Kohlenstoff im Zucker ist ein Durchschnittswert, genau genommen hat ein* C*-Atom* –*I, ein zweites* +*I, die restlichen vier haben null.*

34.* Man kann in konzentrierter Schwefelsäure noch SO_3 lösen. *Diese Lösung heißt „Oleum" oder „rauchende Schwefelsäure". Wenn man Wasser zugibt, reagiert das gelöste* SO_3 *damit zu Schwefelsäure.*

35. $2\,NO_2 + H_2O \rightleftharpoons HNO_3 + HNO_2$

Bei Disproportionierung ändert ein Stoff (hier Stickstoff) seine Oxidationszahl, ein Atom bekommt eine höhere, das andere eine tiefere. Wir brauchen also ZWEI *Moleküle* NO_2*, die Oxidationszahl muss von* +*IV einerseits nach* +*III und andererseits nach* +*V wechseln. (Da Stickstoff maximal* +*V hat, gibt es kaum eine andere Möglichkeit.) Und wenn dann dabei noch Wasser aufgenommen wird, kann nichts anderes entstehen als die beiden Säuren.*

36. In der phosphorigen Säure ist ein H-Atom direkt an den Phosphor gebunden und dissoziiert nicht. Wir haben in H_3PO_3 also drei Sauerstoffe gegen zwei dissoziierbare Wasserstoffe, in H_3PO_4 vier Sauerstoffe gegen drei dissoziierbare Wasserstoffe – jeweils nur einen Sauerstoff mehr. Beide Säuren sind also mäßig stark. (K_S etwa 10^{-2}).

37. <O=C=O>, $|C^{-}\equiv O|^{+}$, Stickstoff: $|N\equiv N|$

38. $2\,NaHCO_3 \rightleftharpoons CO_2 + Na_2CO_3 + H_2O$

Die andere Möglichkeit ($NaHCO_3 \rightleftharpoons CO_2 + NaOH$*) wäre zwar einfacher, passiert jedoch glücklicherweise nicht. Natronlauge im Kuchen würde auch nicht sonderlich gut schmecken.*

39. C, N, As, Sb, Bi, O, S, H (sehr wenig), Edelgase.

Kapitel 4

40. Hg nur eine ($6s^2$), Pt zwei ($6s^2$, $5d^8$), Ce drei ($6s^2$, $5d^1$, $4f^1$).

41. 0.6 Liter CO – *3 g Eisen sind 0.054 mol, also brauchen wir die Hälfte, nämlich 0.027 mol CO für eine 50 %-ige Sättigung. 1 mol jedes Gases sind 22.7 Liter, also sind 0.027 mol etwa 0.6 Liter.*

42. 1 Fe mit +II und 2 Fe mit +III, *man kann Fe_3O_4 als Verbindung von FeO + Fe_2O_3 auffassen.*

43.* $MnO_2 + 4\,HCl \rightleftharpoons MnCl_2 + 2\,H_2O + Cl_2$

Um aus Salzsäure Chlor zu bekommen, muss das Cl^- der Salzsäure oxidiert werden. Also wird im Gegenzug das Mangan reduziert. Braunstein (Oxidationszahl +IV) wird zu Mangan mit der stabileren Oxidationszahl +II reduziert, nicht weiter (also nicht zu Oxidationszahl null, das wäre metallisches Mangan, und das Metall löst sich in Salzsäure unter Bildung von Mn^{2+}-Ionen).

Kapitel 5

50.* Dekompressionskrankheit entsteht, wenn man in großer Wassertiefe Luft atmet und sich dabei der Stickstoff ständig unter dem erhöhtem Druck in den Körperflüssigkeiten löst. Wale halten die Luft an, nehmen also nur ein Lungenvolumen Luft in die Tiefe mit. Das ist zu wenig, um die Dekompressionskrankheit auszulösen.

51. Etwa 20 Millionen Tonnen – *60 g Protein enthalten 9 g Stickstoff. Multipliziert mit 6 Milliarden macht das 54 000 Tonnen pro Tag, gibt 20 Millionen Tonnen pro Jahr.*

52.* Das Eis der Antarktis liegt auf festem Land, das der Arktis schwimmt zum Großteil auf dem Wasser. Eis, das auf Wasser schwimmt, verdrängt genauso viel Wasser, wie es selbst wiegt. Schmilzt dieses Eis, verdrängt es immer noch die gleiche Menge. Arktisches Eis, das nicht auf Festland aufliegt, sondern schwimmt, verändert daher beim Schmelzen den Meeresspiegel nicht.

53. 350 deutsche Härtegrade.

54. Nein! – *Normal hartes Trinkwasser mit 20 Härtegraden enthält 3.2 mmol/l. Man müsste daher täglich mehr als 6 Liter davon trinken. Und nur etwa ein Drittel des zugeführten Ca wird resorbiert, also müsste man sogar 20 Liter trinken.*

Kapitel 6

60.* a) $CH_3{-}O{-}CH_3$ $\quad$ $CH_3{-}CH_2{-}OH$

b) $CH_3{-}O{-}O{-}CH_3$ $\quad$ $CH_3{-}O{-}CH_2{-}OH$ $\quad$ $CH_3{-}CH_2{-}O{-}OH$

$HO{-}CH_2{-}CH_2{-}OH$ $\quad$ $CH_3{-}\underset{\displaystyle OH}{\underset{|}{C}H}{-}OH$

c) $CH_3-NH-CH_3$ $\quad$ $CH_3-CH_2-NH_2$

d) $CH_3-O-NH-CH_3$ $\quad$ $CH_3-O-CH_2-NH_2$ $\quad$ $CH_3-NH-CH_2-OH$

$HO-CH_2-CH_2-NH_2$ $\quad$ $CH_3-CH(NH_2)-OH$ $\quad$ $CH_3-CH_2-NH-OH$

$CH_3-CH_2-O-NH_2$

61. $CH_3Cl + OH^- \rightleftharpoons CH_3OH + Cl^-$

62. Im Prinzip möglich, Sie müssten nur alle • der Radikale durch Ladungen ersetzen, dann wird statt dem einzelnen Elektron die Ladung weitergegeben. *Allerdings sind in einer normalen Reaktionsmischung immer positive* UND *negative Ladungen vorhanden. Diese ziehen sich gegenseitig an, finden sich also viel leichter als zwei Radikale, sodass es wegen dieser Vereinigung von positiv und negativ eher vorzeitig zum Abbruch der Reaktionskette kommt.*

63. $CH_2=CH-CH_3 + I_2 \rightleftharpoons CH_2I-CHI-CH_3$

64. $CH_3-CH_2-CH_2-OH \rightleftharpoons H_2O + CH_3-CH=CH_2$

65. $H-C\equiv N| \longleftrightarrow H-\overset{\oplus}{C}=\overset{\ominus}{N}$ $\quad$ $^{\oplus}CH_2-C(CH_3)=CH_2 \longleftrightarrow CH_2=C(CH_3)-\overset{\oplus}{C}H_2$

$CH_3-C(=O)-O^{\ominus} \longleftrightarrow CH_3-C(-O^{\ominus})=O$

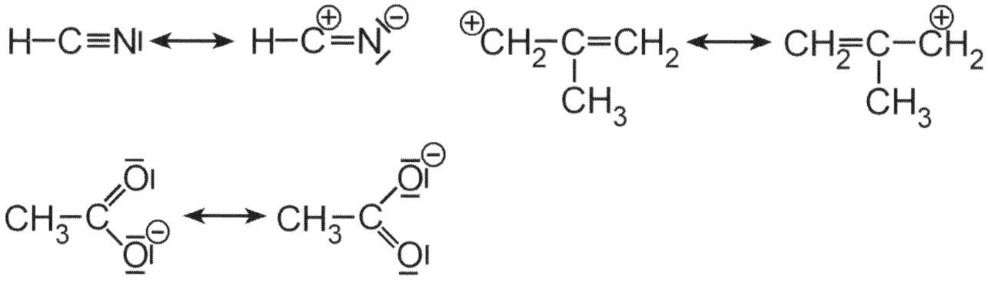

66. [Resonanzstrukturen des Anilins]

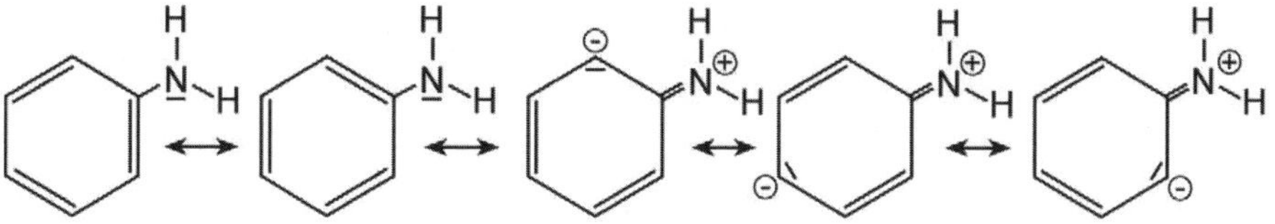

Kapitel 7

70.*

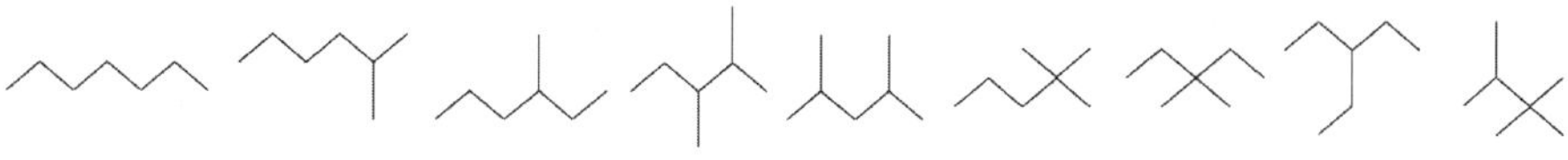

71.* 5 Isomere, davon 4 Strukturisomere, nämlich $CHCl_2 \cdot CH_2 \cdot CH_3$, $CH_2Cl \cdot CHCl \cdot CH_3$, $CH_3 \cdot CCl_2 \cdot CH_3$ und $CH_2Cl \cdot CH_2 \cdot CH_2Cl$. *Aber* $CH_2Cl \cdot CHCl \cdot CH_3$ *hat einen asymmetrischen Kohlenstoff, sodass es hier noch eine D- und eine L-Form gibt (siehe Kapitel 8.2.4).*

72. $CH_2{=}CH_2 + H_2O \rightleftharpoons CH_3{-}CH_2{-}OH$

73. Es ist alles analog zu Butadien – die zusätzliche Methylgruppe ändert im Prinzip nichts. Es gibt nur doppelt so viele Produkte, weil die Methylgruppe am Ende in Stellung 2 oder 3 landet.

74. Nur zwei. *Cl und OH am gleichen C-Atom, bzw. Cl und OH an verschiedenen C-Atomen.*

75.* Beim Umwandeln von Sessel- in Wannenform werden drei axiale H-Atome zu äquatorialen und drei äquatoriale zu axialen (die, die an der Ecke stehen, welche umklappt.) Beim weiteren Umwandeln in die andere Sesselform ändern sich in gleicher Weise die sechs übrigen H-Atome, sodass am Ende alle H-Atome die Stellung gewechselt haben.

76.* Sieben – *Man kann die beiden Methylgruppen wie im Benzol in o-, m- und p-Stellung anordnen. Da an jeder Ecke des Cyclohexan-Rings zwei Bindungen frei sind, gibt es davon noch je zwei Formen, in denen die Substituenten auf der gleichen oder auf verschiedenen Seiten des Rings stehen. Das ist eine Sonderform der cis-trans-Isomerie, die dadurch entsteht, dass um die Bindungen des Rings selbst nicht mehr gedreht werden kann. Und zusätzlich gibt es das Isomer, bei dem beide Methylgruppen am gleichen C-Atom hängen.*

77. Benzaldehyd hat einen −M-Effekt, dirigiert nach m; Anilin hat einen +M-Effekt, dirigiert nach o-, p-.

78.* a) und c) Benzol chlorieren, gibt Chlorbenzol (dirigiert nach o- und p-); danach nitrieren, gibt Mischung aus 1-Nitro-2-Chlor-Benzol und 1-Nitro-4-Chlor-Benzol.

b) Benzol nitrieren, gibt Nitrobenzol (dirigiert nach m-); danach chlorieren gibt 1-Nitro-3-Chlor-Benzol.

d) und e) Benzol chlorieren, gibt Chlorbenzol (dirigiert nach o- und p-); danach nitrieren gibt Mischung aus 1-Nitro-2-Chlor-Benzol und 1-Nitro-4-Chlor-Benzol; Ersteres nochmals nitriert gibt Mischung aus 1,3-Dinitro-2-Chlor-Benzol und 1,3-Dinitro-4-Chlor-Benzol; das andere nochmals nitriert gibt nur 1,3-Dinitro-4-Chlor-Benzol.

f) Benzol nitrieren, gibt Nitrobenzol (dirigiert nach m-); nochmals nitrieren gibt 1,3-Dinitrobenzol (dirigiert nach m-); danach chlorieren gibt 1,3-Dinitro-5-Chlor-Benzol.

Kapitel 8

80. a) 3-Amino-4-Ethyl-4-Methyl-1-Hexen (oder 3-Amino-4-Ethyl-4-Methyl-Hex-1-en)

b) 5-Brom-1-Chlor-3-Ethyl-3-Methyl-1,6-Diphenyl-Hexa-di-1,4-en
(oder ... -1,4-Hexadien)

81. Cyclohexenol (OH an C-5; C-Atome 1–5 nummeriert), $H-C(=O)-(H-C-OH)_3-H$, $C_6H_5-CH_2-CH(NH_2)-COOH$, $HC\equiv C-C(CH_3)=C(CH_3)-C(=O)-CH_3$ (C-Atome 1–6 nummeriert)

82. a) und d), b) und f) und i), c) und k), g) und j) – *Nur die Namen zu vergleichen ist verwirrend, man muss sich die Formeln aufschreiben und dann diese vergleichen.*

83.* a) 2 – *1-Cl-Propan und 2-Cl-Propan.*

b) 5 – *zwei Strukturisomere von n-Butan und zwei von iso-Butan, das 2-Cl-n-Butan enthält ein asymmetrisches C-Atom, sodass es noch D- und L- davon gibt.*

c) 7 – *immer wenn zwei Substituenten an den beiden Enden der Doppelbindung stehen, hat man cis/trans-Isomerie, natürlich auch dann, wenn ein Substituent –Cl, der andere z.B. $-CH_3$ oder $-CH_2Cl$ ist; daher: cis-1,3-di-Cl-Propen, trans-1,3-di-Cl-Propen, cis-1,2-di-Cl-Propen, trans-1,2-di-Cl-Propen, 2,3-di-Cl-Propen, 1,1-di-Cl-Propen, 3,3-di-Cl-Propen.*

d) 2 – *1,3- di-Cl-Propin und 3,3- di-Cl-Propin.*

84. $CH_3-C(=O)-CH_3 \rightleftharpoons CH_2=C(OH)-CH_3$

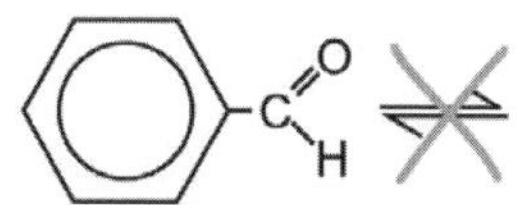

$C_6H_5-CH_2-C(=O)H \rightleftharpoons C_6H_5-CH=C(OH)H$ $C_6H_5-C(=O)H$ (keine Tautomerie)

Im letzten Fall (Oxo-Phenyl-Methan = Benzaldehyd) gibt es keine tautomere Form, da es am benachbarten C-Atom kein H-Atom gibt. Die aromatische Struktur würde auch gestört werden, wenn man ein H-Atom abzieht, und das lässt sich ein Aromat nicht gefallen.

85.

80. a)	1 C-Atom	(das, an dem die Amino-Gruppe hängt)
80. b)	1 C-Atom	(das, an dem die Ethyl- und die Methylgruppe hängen)
81. a)	1 C-Atom	(das, an dem die Hydroxylgruppe hängt)
81. b)	2 C-Atome	(die beiden in der Mitte)
81. c)	1 C-Atom	(das, an dem die Amino-Gruppe hängt)
81. d)	keines	

86. a) Zwei asymmetrische C-Atome, drei Isomere. *Die Situation ist wie in Weinsäure, da die zusätzliche CH_2-Gruppe genau in der Symmetrieebene des Moleküls steht, ändert sich nichts.*

b) Zwei asymmetrische C-Atome, vier Isomere. *Die zusätzliche CH_2-Gruppe zerstört die übergeordnete Symmetrie, die obere Hälfte des Moleküls unterscheidet sich von der unteren.*

87.

identisch	Enantiomere	Diastereomere
a = **h**	**a** (= h) und **d** (= e)	**a** (= h) und **i** (= k)
d = **e**		**a** (= h) und **j** (= l)
i = **k**	**i** (= k) und **j** (= l)	**d** (= e) und **i** (= k)
j = **l**		**d** (= e) und **j** (= l)
b = **g**	**b** (= g) und **c** (= f)	
c = **f**		

Wenn man die Formeln teilweise (nämlich c, d, g, h, k, l) um 180° in der Papierebene dreht, wird es einfacher, dann steht die C=O Gruppe in ähnlichen Strukturen an der gleichen Stelle. Beachten Sie, dass ein C-Atom, das eine Doppelbindung oder zwei H-Atome trägt, nicht asymmetrisch ist. Dann ist es also gleichgültig, ob die anhängenden Gruppen nach links oder rechts geschrieben sind. Nur zwei bzw. ein C-Atom in der Mitte sind (ist) asymmetrisch.

Kapitel 9

90. Zwei primäre, eine sekundäre, keine tertiäre Alkoholgruppe.

91.

92*. a) Methanol allein: $CH_3–O–CH_3$

b) 1 Molekül Glykol: $CH_2–CH_2$ (über O verbrückt: \ O /)

c) 2 Moleküle Glykol: $HO–CH_2–CH_2–O–CH_2–CH_2–OH$

$CH_2–CH_2$
| |
O O
| |
$CH_2–CH_2$

d) 3, 4, 5 Moleküle Glykol: analog zu c) längere Ketten oder Ringe

e) 1 Molekül Glykol und ein oder zwei Moleküle Methanol:

$CH_3–O–CH_2–CH_2–OH$ $CH_3–O–CH_2–CH_2–O–CH_3$

f) 2, 3, 4 Moleküle Glykol und ein oder zwei Moleküle Methanol: analog zu e) eine längere Kette von Glykolen, an einem oder beiden Enden die $–O–CH_3$-Gruppe.

93. Methanol –II, Formaldehyd 0, Ameisensäure +II, Kohlendioxid +IV

94. *Wegen der räumlichen Ausrichtung der beiden –COOH-Gruppen in der Fumarsäure ist ein intramolekulares Anhydrid nicht möglich. Sie müssten also zwei Moleküle intermole-*

kular reagieren lassen. Wie man an der so gebildeten Struktur (10er-Ring) leicht erkennt, wird diese Reaktion aber eher nicht ablaufen. Wenn Sie versuchen, gewaltsam Wasser abzuspalten, so lagert sich Fumarsäure um (öffnet dabei Bindungen!) und bildet ebenfalls Maleinsäure-Anhydrid.

95.

$$H-C(=O)-OH + HO-CH_2-CH(OH)-CH_2-OH \rightleftharpoons H-C(=O)-O-CH_2-CH(OH)-CH_2-OH,\quad HO-CH_2-CH(O-C(=O)-H)-CH_2-OH \quad + nH_2O$$

$$H-C(=O)-O-CH_2-CH(O-C(=O)-H)-CH_2-OH,\quad H-C(=O)-O-CH_2-CH(OH)-CH_2-O-C(=O)-H,\quad H-C(=O)-O-CH_2-CH(O-C(=O)-H)-CH_2-O-C(=O)-H$$

$$(CH_3-CO)_2O + HO-CH_2-CH_2-OH \rightleftharpoons CH_3-C(=O)-O-CH_2-CH_2-O-C(=O)-CH_3 + H_2O$$

$$CH_3-CH_2-C(=O)Cl + HO-CH_2-CH_3 \rightleftharpoons CH_3-CH_2-C(=O)-O-CH_2-CH_3 + HCl$$

Anmerkungen: a) Man muss beachten, dass ein, zwei oder drei Hydroxy-Gruppen des Glycerins verestert sein können, und dann noch in verschiedener Stellung. Je nachdem entstehen dann ein, zwei oder drei Moleküle Wasser. b) Die Veresterung mit Anhydrid gibt natürlich den gleichen Ester wie mit zwei Molekülen Essigsäure, es wird aber nur ein Molekül Wasser frei, da das zweite schon bei der Anhydrid-Bildung entfernt wurde. Außerdem gibt es hier natürlich die Möglichkeit, dass nur eine Hydroxygruppe des Glykols verestert ist. (Dann bleibt eine Essigsäure übrig oder es reagiert ein Molekül Anhydrid mit zwei Molekülen Glykol. Diese Möglichkeiten sind oben nicht extra angegeben.)

96.

COOH–CHOH–CHOH–COOH ⇌ COOH–CH=COH–COOH ⇌ COOH–CH_2–CHOH–COOH

a.) ⇌ COOH–CH_2–C=O–COOH

b.) ⇌ COOH–CH_2–CHOH–HC=O ⇌ COOH–CH_2–CHOH–CH_2OH ⇌ HC=O–CH_2–CHOH–CH_2OH ⇌ CH_2OH–CH_2–CHOH–CH_2OH

97. Glycin: a) Methylamin, b) Glykolsäure

Alanin: a) Ethylamin, b) Milchsäure

Serin: a) Ethanolamin (= Cholamin), b) α,β-Dihydroxypropionsäure (= Glycerinsäure)

Mit salpetriger Säure gibt auch eine Aminosäure die van Slyke-Reaktion eines primären Amins.

98.* Im ersten Fall (Essigsäure) bekommen Sie einen Thioester, im zweiten Fall (Phosphorsäure) einen normalen Ester. Durch den unterschiedlichen Mechanismus kommt das Atom (Sauerstoff oder Schwefel), welches Säure und Alkohol miteinander verbindet, bei Estern organischer Säuren vom Alkohol, bei Estern anorganischer Säuren von der Säure.

99. Keines – *Das könnte sich natürlich in einigen Fällen ändern, wenn zusätzliche Substituenten an den Ringen hängen.*

Kapitel 10

100. 16.8 g. *M_r ($BaSO_4$) = 233.4, Mr (H_2SO_4) = 98.1 – Wenn 233.4 g Bariumsulfat aus 98.1 g Schwefelsäure entstehen, so entstehen 40 mg Bariumsulfat aus wie viel Schwefelsäure (Schlussrechnung)?*

101. a) 2.5 mg – *Nach dem ersten Ausschütteln sind 120 mg im Chloroform und 40 mg im Wasser. Diese 40 mg teilen sich beim zweiten Mal in 30 mg (Chloroform) und 10 mg (Wasser), die 10 mg werden ein drittes Mal geteilt, in 7.5 mg und 2.5 mg.*

b) 16 mg – *Die Substanz löst sich dreimal besser in Chloroform und Sie haben auch dreimal so viel Volumen, insgesamt also (drei mal drei) neunmal mehr im Chloroform als im Wasser. 9 + 1 = 10, 10 Teile sind 160 mg, ein Teil (16 mg) ist im Wasser.*

102. Viermal – *Jedes Ausschütteln senkt die Menge im Wasser auf ein 21-stel. Also 100 mg durch 21 = 4.8, durch 21 = 0.22, durch 21 = 0.011, durch 21 = 0.0005.*

103. R_f = 0.42

104. Phenylalanin wandert am weitesten, danach kommt Serin. *Das Laufmittel ist stark sauer (Eisessig ist konzentrierte Essigsäure), daher ist Arginin sicher positiv geladen und am stärksten hydrophil, es wird die stationäre Phase bevorzugen. Serin ist durch die* HO-*Gruppe polar, bevorzugt also auch eher die stationäre Phase, Phenylalanin ist apolar, bevorzugt daher die mobile Phase.*

105. Protein in Fraktion 4, Salz in Fraktion 10 – *Das Volumen der Zwischenräume, in denen sich das Protein bewegt, ist 7 ml (25 ml Gesamtvolumen – 18 ml Gel). Daher kommt das Protein nach 7 ml. Das Salz bewegt sich im Zwischenraum und in den Poren (7 ml + 12ml), also in 19 ml.*

106.

Puffer	Isoelektrischer Punkt		
	5	7	8
pH = 6	→ Anode	→ Kathode	→ Kathode
pH = 7	→ Anode	bleibt stehen	→ Kathode
pH = 9	→ Anode	→ Anode	→ Anode

Kapitel 11

110. a) 0.12 mol/l b) 0.0024 mol = 2.4 mmol

111. M_r = 138.1 – *Sie verbrauchen 1.665 mmol NaOH, das entspricht auch 1.665 mmol Säure. Schlussrechnung: wenn 1.665 mmol Säure 230 mg sind, so sind 1 mol Säure wie viel?*

Kapitel 12

120.* Elektronen, die Energie aufnehmen – *Die Farben, die wir bei den Gegenständen der Umgebung sehen, sind das Licht, das übrig bleibt, weil der Gegenstand bestimmte Wellenlängen absorbiert, weil also seine Elektronen die Energie dieser Wellenlängen aufnehmen.*

121. Grün – *750 – 600 nm (rot bis gelb) und 500 – 400 nm (blau bis violett) werden absorbiert, die übrig bleibenden 599 – 501 nm sind grün.*

122. Das von der Sonne emittierte Licht muss die heißen Gase der Sonnenatmosphäre durchdringen. Die dort befindlichen Elemente absorbieren die ihnen entsprechenden Wellenlängen. Diese Linien sind also ein Beweis für das Auftreten dieser Elemente in der Sonnenatmosphäre.

123. a) T = 0.3 b) T = 0.001 c) $T = 10^{-6}$ d) T = 0.05 e) T = 0.2

124. a) E = 0.4 b) E = 0.5 c) E = 1.3 d) E = 0.7 e) E = 0.022

125. a) $\varepsilon = 20$ b) $\varepsilon = 20$, $c = 0.017$ mol/l – *Da ε eine Stoffkonstante ist, muss sie gleich bleiben. Wenn also eine Lösung des gleichen Stoffs unter denselben Bedingungen eine andere Extinktion zeigt, dann hat diese Lösung auch eine andere Konzentration.*

126. a) Der zweite Wert ($E = 0.26$) weicht von der Eichgeraden ab und ist offensichtlich falsch.

b) 0.50 mol/l – *Das Resultat kann direkt von der Eichgeraden abgelesen werden.*

c) $\varepsilon_1 = 1.80$, $\varepsilon_2 = 1.30$, $\varepsilon_3 = 1.78$, $\varepsilon_4 = 1.83$ – *Eigentlich sollten alle Rechnungen den gleichen Wert ergeben. Da der zweite Messpunkt falsch ist, ist natürlich auch dessen Ergebnis falsch. Die anderen Abweichungen sind durch geringe Ungenauigkeiten der Messung verursacht.*

127. $c = 0.05$ mol/l

128. Beim Fluorometer haben eingestrahltes Licht (Anregungslicht) und Fluoreszenzlicht (emittiertes Licht) verschiedene Wellenlängen, die Sie mit jeweils einem eigenen Monochromator auswählen können. Beim Atomabsorptions-Spektrometer emittiert die Lampe bereits genau die benötigten Wellenlängen – und nur diese.

129.* Der M^+-Peak gibt uns eine relative Molekülmasse von 99. Daraus und aus der Elementarzusammensetzung kommen wir auf die Summenformel $C_4H_5NO_2$. Hier fällt auf, dass relativ wenig Wasserstoff vorkommt. Die kleine Zacke im IR bei 2250 zeigt eher eine Dreifachbindung als eine kumulierte Doppelbindung an (also $C{\equiv}C$ oder $C{\equiv}N$ eher als $C{=}C{=}C$ oder $C{=}C{=}N$), die starke Bande bei 1750 einen Aldehyd, ein Keton oder einen Ester. Das NMR-Spektrum ist bemerkenswert leer, wir haben einmal drei Wasserstoffe und einmal zwei, die beiden Gruppen koppeln nicht miteinander und sind also voneinander entfernt.

Besonders hilfreich ist das Massenspektrum, wir haben eine Abspaltung von 31 (99−68) und eine von 40 (99−59). Bei dem Versuch, diesen Werten Sinn zu geben, kommen wir für 31 auf HNO oder CH_3O oder CH_5N, für 40 auf C_2O oder C_2NH_2 oder C_3H_4. Die vernünftigste Annahme (auch mit Blick auf das NMR-Spektrum) wäre CH_3O und C_2NH_2, das man auch als $CH_3{-}O{-}$ und $-CH_2{-}C{\equiv}N$ anordnen könnte. *Eine theoretische Alternative wäre $-N{=}C{=}CH_2$. So eine kumulierte Doppelbindung wäre jedoch extrem unstabil, die $-C{\equiv}N$-Gruppe ist viel stabiler und in der organischen Chemie häufig. Und gegen die Möglichkeit $-C{\equiv}C{-}NH_2$ spricht, dass dann die beiden H-Atome im NMR-Spektrum ganz woanders angezeigt wären, siehe Propionsäureamid im Abschnitt 12.4.* Dann bleibt nur noch ein C und ein O übrig, mit denen wir die beiden Gruppen verbinden.

$$CH_3{-}O{-}\overset{\overset{\displaystyle O}{\|}}{C}{-}CH_2{-}C{\equiv}N$$ Cyanessigsäure-Methyl-Ester

Kapitel 13

130. $\pm$ 1.25 V – *Die Spannung ist die Differenz der beiden Potenziale, hier unter Normalbedingungen sind es die Standardpotenziale, welche in der Spannungsreihe aufgelistet sind. Also* −0.44 V *minus* +0.81 V *gibt* 1.25 V. *Ob* + *oder* − *hängt davon ab, welche Elektrode links und welche rechts steht, bzw. wie Sie Ihr Voltmeter angeschlossen haben.*

131. 2×10^{25} mol/l Zn^{2+} – *Das Standardpotenzial ist* −0.76 V. *Um es in Richtung* + *zu verschieben, muss man das Gleichgewicht nach links schieben, also die Konzentration von* Zn^{2+} *erhöhen. Jede Erhöhung um den Faktor* 10 *gibt eine Änderung um* 0.060/n V = 0.030 V. *Diesen Vorgang muss man etwas mehr als* 25-*mal wiederholen* (0.76/0.03 = 25.3) *um auf Null zu kommen. Die Konzentration von* 2×10^{25} mol/l *ist natürlich nicht erreichbar.*

132. 1 : 100 – $n = 3$; 0.060/n V = 0.020 V *für jede Änderung um* 10; 10 x 10 = 100.

133. pH = 2 – *Um eine Potenzialdifferenz von* 0.30 V *zu messen, muss der Unterschied der* H^+*-Konzentrationen* 10^5 *sein* (0.060 V x 5 = 0.30 V). *Da der* pH*-Wert eine logarithmische Skala ist, bedeutet ein solcher Konzentrationsunterschied eine Änderung des* pH*-Werts um* 5 *Einheiten. Negative Spannung heißt, das Gleichgewicht liegt weiter auf der rechten Seite, enthält also* MEHR H^+*-Ionen, daher ist der* pH *in Richtung niedrigerer Werte verschoben.*

Kapitel 14

140. a) 87.5 % b) 12.5 %

141. 36 Tage

142. 300 Stunden – *Man könnte also theoretisch* 4−5 *Stunden pro Arbeitstag dort verbringen. Eine derartige Dosisleistung ist allerdings für einen Dauerarbeitsplatz extrem hoch und sollte natürlich vermieden werden.*

143.* Aus Radium entsteht beim Zerfall zunächst das Edelgas Radon. Dieses Gas breitet sich in der Umgebung aus, zerfällt weiter zu Polonium, das auch noch radioaktiv ist und sich als Feststoff an Oberflächen abscheidet.

Kapitel 15

150. a) 0.12 mol/l, 2.4 mmol b) 0.120 mol/l, 2.40 mmol c) 0.1200 mol/l, 2.400 mmol

151. a) 17 mg b) 16.8 mg c) 16.81 mg

Sie können das Ergebnis überprüfen, indem Sie die letzte Stelle der Angabe variieren und beobachten, welche Stellen sich im Ergebnis ändern. Wenn Sie z.B. statt mit 40 mg *mit* 39 *oder* 41 *rechnen, so erhalten Sie am Rechner die Werte* 16.39 *und* 17.23. *Offensichtlich ist also in diesem Fall die zweite Stelle* (6 *bzw.* 7) *bereits etwas unsicher.*

A.4 Weiterführende Literatur

Die Wissenschaft, sie ist und bleibt,
was einer ab vom andern schreibt.
Eugen Roth (1895-1976)

Es gibt natürlich unzählige Chemiebücher. Den meisten scheint allerdings gemeinsam, dass der Autor / die Autoren eine Anzahl von vorhandenen Lehrbüchern durchgesehen haben, und dann die so erhaltenen Information zu einem weiteren Buch vereinigt haben. Das Resultat ist meist nicht besonders originell und häufig sogar furchtbar fad. Ich habe unten vor allem Bücher aufgelistet, die sich durch die eine oder andere Eigenschaft von der Masse abheben.

Im Zeitalter des Internet ist es außerdem nicht schwierig, Information über Bücher (mit Rezensionen von Fachleuten und Benutzern) zu finden. Noch ein Tipp: wenn Sie in einer Buchhandlung aussuchen, beurteilen Sie Chemiebücher NICHT nach den Abbildungen sondern lesen Sie einzelne Textpassagen. Durch die verbesserten Möglichkeiten der Computergraphik kann man leicht wunderbare Bilder produzieren, die dazu passenden Erklärungen lassen aber oft zu wünschen übrig. Und dreidimensional wirkende, bunte Abbildungen von Atomen bringen keine echte Information, wenn der zugehörige Text derselbe alte Sermon ist, denn schon unsere Großväter nicht verstanden haben.

Richard E. Dickerson, Irving Geis: „Chemie: Eine lebendige und anschauliche Einführung“ Verlag Wiley-VCH

Ein Superbuch. Es bringt wirklich anschauliche und ungewöhnliche Erklärungen auf breitester Basis, ist leicht und flüssig zu lesen und verzichtet auf Details. Es ist allerdings ziemlich dick und schwer und entsprechend teuer. *Tipp: wenn sie zu Fuß einkaufen gehen, Rucksack mitnehmen.*

Hans Breuer: „dtv-Atlas Chemie 1, Allgemeine und organische Chemie“, „dtv-Atlas Chemie 2, Organische Chemie und Kunststoffe“ Verlag dtv

Ein reines Nachschlagewerk für jemanden, der sich für bestimmte Details interessiert. Graphisch sehr gut gestaltet aber manchmal etwas unvollständig (vor allem der zweite Teil).

Jürgen Falbe, Manfred Regitz: „Römpp Basislexikon Chemie, Kompaktausgabe“ Verlag Thieme

Ebenfalls ein Nachschlagewerk. Ist sehr viel besser als das zuvor genannte, jedoch auch viel, viel teurer. *Aber wenn jemand reiche Verwandte hat, die nach einem Weihnachtsgeschenk suchen ... ?* Es gibt übrigens auch ein sechsbändiges Römpp-Chemie-Lexikon!

John Emsley: „Parfüm, Portwein, PVC...“ Verlag Wiley-VCH

Kein Lehrbuch der Chemie, sondern etwas zum Schmökern für chemisch Interessierte. Das Buch bringt eine Fülle von Information die man in einem normalen Lehrbuch nie finden wird, allerdings nur von ganz speziellen Teilgebieten. Überaus interessant und fesselnd zu lesen – auch für chemische Laien.

John Emsley: „Sonne, Sex und Schokolade“ Verlag Wiley-VCH

Der Nachfolgeband ist genauso gelungen wie der erste Teil. *Das ist nicht immer so, oft schreiben Autoren nach ihrem ersten Bestseller recht schwache Fortsetzungen. Das gilt aber hier nicht - und gilt selbstverständlich auch nicht für UNSERE Bücher!*

Nick Arnold: „Chemical Chaos“ Verlag Scholastic Paperbacks (Serie: Horrible Science) Sprache: Englisch

Eigentlich ein Scherzbuch, englischer Humor für Halbwüchsige. Aber ganz lustig zu lesen und vor allem die einfachste Methode, sich mit den englischen Chemie-Fachausdrücken vertraut zu machen. *Ab einer gewissen Spezialisierung gibt es Fachbücher und Primärliteratur nur mehr in Englisch, und wenn man im Internet anderes als Gebrauchtwaren oder Partnerbörsen nachschlagen will, geht ohne Englisch ohnehin nix mehr.*

Anton Zeilinger: „Einsteins Schleier – Die neue Welt der Quantenphysik“ Verlag C.H. Beck

Kein Chemiebuch sondern etwas für jene, die ein wenig mehr über Quantenmechanik wissen wollen. Hervorragend geschrieben! Seitdem ich dieses Buch gelesen habe, bilde ich mir ein, die Quantenmechanik zu verstehen. *Das ist natürlich eine Illusion – aber die moderne Physik sagt ja, das ALLES Illusion ist.*

Dudley H. Williams, Ian Fleming: „Strukturaufklärung in der organischen Chemie“ Verlag Wiley-VCH

Das klassische Buch für alle, denen das Kapitel 12 so gut gefallen hat, dass sie sich weiter mit dem Thema beschäftigen möchten, und die aus noch viel mehr Spektren die chemische Struktur der zugehörigen Verbindung austüfteln wollen.

A.5 Stichwortverzeichnis

Edgar Wawra, Gertrude Pischek, Ernst Müllner

Chemie berechnen

Ein Lehrbuch für Mediziner und Naturwissenschafter

UTB: facultas.wuv. 4. Aufl. 2009. 278 Seiten, div. Abb., broschiert,
EUR 19,90 (D) / EUR 20,50 (A) / sFr 35,90
ISBN 978-3-8252-8204-2

Chemie ist schrecklich, Rechnen ist mühsam, aber muss deshalb chemisches Rechnen schrecklich mühsam sein?

Ein Buch für Einsteiger in die Chemie ... ob für das Studium oder die Tätigkeit im chemischen Labor. Vorausgesetzt werden ausschließlich die Grundrechnungsarten. Alles Weitere wird ausführlich erklärt und anhand passender Rechenbeispiele Schritt für Schritt erläutert. Im Anschluss an jedes Kapitel finden sich zusätzliche Aufgaben entweder als Übungsmöglichkeit zur Selbstkontrolle oder als Arbeitsmaterial für die Lehre. Die Lösungen sind ebenfalls angegeben.